囲碁ディープラーニングプログラミング

Max Pumperla、Kevin Ferguson［著］
山岡忠夫［訳］

アニーへ　全ては君のために

—— Max

イアンへ

—— Kevin

Deep Learning and the Game of Go

●原著サポート、ソースコードのダウンロード
公式サイト（英語） https://www.manning.com/books/deep-learning-and-the-game-of-go
GitHub リポジトリ https://github.com/maxpumperla/deep_learning_and_the_game_of_go
※サイトの運営・管理はすべて原著出版社と著者が行っています。

●本書の正誤に関するサポート情報を以下のサイトで提供していきます。
https://book.mynavi.jp/supportsite/detail/9784839967093.html

翻訳者まえがき

最近、ニュースなどで人工知能が取り上げられることが増えており、関心を集めています。そのきっかけの1つとなったのが囲碁プログラムの「AlphaGo」です。AlphaGoはディープラーニングを使うことで、人間を超えるには後10年はかかると言われていたコンピュータ囲碁で、人間のトッププレイヤーに勝つことができました。AlphaGoのニュースは、専門家でない方でもディープラーニングに関心を持つきっかけとなりました。そして、プログラミングに興味のある読者の方は、AlphaGoの仕組みを理解して、実際に自分でも作って試してみたいと思ったのではないでしょうか。

本書は、AlphaGoの仕組みを1つずつ実装しながらディープラーニングを学べる入門書です。わかりやすく丁寧にディープラーニングの概念を説明しながら、実際に手を動かしながらディープラーニングを使った囲碁プログラムを作成していくことで、体験しながらディープラーニングとAlphaGoの仕組みについて理解できるようになっています。囲碁の知識は前提としていません。囲碁のルール自体はシンプルで、囲碁を知らない方でも、途中の基本的なルールの解説を読めば問題なく読み進められます。

本書を通して、ニューラルネットワークの基本、教師あり学習、モンテカルロ木探索、強化学習について実戦的に学べます。プログラミング言語にはPython、ディープラーニングフレームワークにはKerasを用いており、どちらも覚えやすく使いやすいため入門に適しています。ソースコードはすべてGitHubで提供されているため、囲碁プログラムの詳細をすべて作らなくても、関心のある部分を作成して試すことができます。プログラムをオンラインで対局させる方法も解説しており、実際に作ったプログラムを他のプレイヤーと対局させることができます。

翻訳者である私も、AlphaGoのニュースに衝撃を受けて、実際にプログラミングして実験してみた一人です。本書のようなわかりやすい入門書があれば真っ先に手に取っていたと思います。本書が、これからディープラーニングを学ぶ方の助けになれば幸いです。

翻訳にあたっては、できるだけ原文の内容がそのまま伝わるように努めました。原文の軽快でわかりやすい文章が伝わっていることを願います。

最後に翻訳の機会を与えていただいたマイナビ出版の山口正樹さんに感謝いたします。

山岡忠夫

序文

AlphaGoチームのメンバーである私たちにとって、AlphaGoの物語は生涯の冒険でした。多くの大きな冒険がそうであるように、それは小さな一歩から始まりました。強い人間のプレイヤーによってプレイされた囲碁の棋譜を使った単純な畳み込みニューラルネットワークの訓練からです。これは、最近の機械学習の発展において重大なブレークスルーをもたらしただけでなく、囲碁のプロ棋士であるファン・フイ（Fan Hui）、イ・セドル（Lee Sedol）、そしてカ・ケツ（Ke Jie）との対局を含む、忘れられない一連のイベントにつながりました。これらの対局が世界中の囲碁のプレイされる方法へ持続的に影響を与えていることや、より多くの人々に人工知能の分野を認識させることや関心を持たせることに役割を果たしたことを私たちは誇りに思っています。

しかし、なぜ私たちがゲームに関心があるのか疑問に思うかもしれません。子供がゲームを使って現実世界の側面について学ぶのと同じように、機械学習の研究者はゲームを使って人工のソフトウェアエージェントを訓練します。このように、AlphaGoプロジェクトは、ゲームを現実世界の模擬的な縮図として使用するというDeepMindの戦略の一部です。これは私たちが人工知能を研究し、世界で最も複雑な問題を解決することができる汎用的な学習システムを1日で構築することを目標にして、学習エージェントを訓練することに役立ちます。

AlphaGoは、ノーベル賞受賞者のダニエル・カーネマン（Daniel Kahnemann）が、人間の認知に関する著書『**ファスト&スロー**（Thinking Fast and Slow）』で説明している思考の2つのモードに似た方法で機能します。AlphaGoの場合、遅い思考モードは、**モンテカルロ木探索**と呼ばれる計画アルゴリズムによって実行されます。これは、可能な将来の着手と応手を表すゲーム木を拡張することによって、特定の局面から計画するものです。しかし、およそ10^{170}（1の後に0が170続く）という多くの可能な囲碁の局面があり、ゲームのすべての手順を探索することは不可能であることがわかります。これを回避し、探索空間のサイズを縮小するために、モンテカルロ木探索と**深層学習**（**ディープラーニング**）コンポーネント（それぞれの側が勝つ可能性と最も有望な着手を推定する2つのニューラルネットワーク）を組み合わせました。

後のバージョンのAlphaZeroは、**強化学習**の原理を使用して完全に自分自身とのみ対局するため、人間の訓練データが不要になりました。AlphaZeroは囲碁のゲーム（およびチェスと将棋）を最初から学び、何百年にも渡って人間のプレイヤーによって開発された多くの戦略を発見（そして後で破棄）し、その過程でそれ自身のユニークな多くの戦略を生み出しました。

この本の中では、Max PumperlaとKevin Fergusonが、AlphaGoからその後の拡張まで、この魅惑的な旅を案内します。この本の終わりには、AlphaGoスタイルの囲碁エンジンを実装する方法を理解するだけでなく、最新のAIアルゴリズムの最も重要な構成要素のいくつかについても実践的な理解が深まります。それらは、モンテカルロ木探索、深層学習、および強化学習です。著者はこれらのトピックを注意深く結び付けて、囲碁のゲームをエキサイティングでわかりやすい実行例として使用しました。これまでに発明された最も美しく挑戦的なゲームの1つの基本を学ぶことができることも加えておきます。

さらに、この本は、完全にランダムな着手から洗練された自己学習型囲碁AIになるまで、本を進めるにつれて発展する実用的な囲碁ボットを構築することを可能にします。著者は手取り足取りして導き、基礎となる概念の優れた説明と実行可能なPythonコードの両方を提供します。囲碁ボットを実際に動作させてプレイさせるために必要なデータフォーマット、開発、クラウドコンピューティングなどのトピックの必要な詳細に飛び込むことを躊躇しません。

要約すると、本書**『囲碁ディープラーニングプログラミング』**は、現代の人工知能と機械学習についての非常に読みやすく魅力的な入門書です。人工知能の中で最もエキサイティングなマイルストーンの1つとされてきたことを取り上げ、それを楽しい最初の科目の内容に変換することに成功しています。この道のりをたどる読者なら誰でも、「速い」パターンマッチングと「遅い」計画の組み合わせを必要とするすべての状況で応用可能な、現代のAIシステムを理解し構築することができるでしょう。つまり、基本的な認識には速い思考と遅い思考が必要です。

—— Thore Graepel, DeepMindの研究員
DeepMindのAlphaGoチームを代表して

はじめに

2016年初頭にAlphaGoのニュースが公開されたとき、私たちはコンピュータ囲碁の画期的進歩について非常に興奮しました。当時、囲碁のための人工知能が人間レベルになるには、少なくとも後10年はかかると考えられました。私たちは対局を注視し、早くから起きて、遅くまでライブ中継を見ることを躊躇しませんでした。確かに、私たちはファン・フイ（Fan Hui）、イ・セドル（Lee Sedol）、そして後のカ・ケツ（Ke Jie）との試合などに魅了されました。

AlphaGoが登場した直後に、AlphaGoの核となるメカニズムのいくつかを実装できるかどうかを確認するために、私たちはBetaGo（http://github.com/maxpumperla/betago参照）という小さなオープンソースライブラリを手がけました。BetaGoの目的は、関心のある開発者のためにAlphaGoの背後にあるいくつかのテクニックを説明することでした。私たちはDeepMindの信じられないほどの成果と競争するためのリソース（時間、コンピューティングパワー、または知識）を持っていないということを受け入れるほどには現実的でしたが、独自の囲碁ボットを作成するのはとても楽しいことでした。

それ以来、私たちは頻繁にコンピュータ囲碁について話す光栄な機会を得ることができました。私たちは二人とも長いあいだ囲碁の愛好家であり、機械学習の実践者**でもある**ので、私たちが追いかけてきたイベントから一般の人々がいかに何も拾えていないか知るのは簡単なことでした。実際、少なくとも西欧諸国の見方では、数百万人がこのゲームを見ている間、本質的に2つのばらばらなグループがあるように見えることは少し皮肉でした。

- 囲碁のゲームを理解し愛しているが、機械学習についてはほとんど知らない人
- 機械学習を理解し評価しているが、囲碁のルールをほとんど知らない人

外から見ると、どちらの分野も同様に不透明で、複雑で、習得が難しいように思われるかもしれません。ここ数年でますます多くのソフトウェア開発者が機械学習、特に**深層学習**を習得している間、囲碁のゲームは西側の多くの人にはほとんど知られていないままです。私たちはこれを非常に残念に思います。そして本書が上記の2つのグループをより近づけてくれることを心から望んでいます。

私たちは、AlphaGoを支える原理は、実践的な方法で一般的なソフトウェアエンジニアの読者に教えることができると強く信じます。囲碁を楽しむことと理解することは、**プレイして**試すことから来ています。同じことが機械学習やその他の分野についても当てはまると言えます。

この本の最後で、囲碁か機械学習のどちらか（望むなら両方！）に対する私たちの熱意の一部を分かち合うことができれば幸いです。それに加えて、囲碁ボットを構築する方法を理解して、あなた自身で試してみれば、他の多くの興味深い人工知能に応用することができるようになります。お楽しみください！

本書について

「**囲碁ディープラーニングプログラミング**」は、実践的で楽しい事例である囲碁を実行するAIを構築することによって最新の機械学習技術を紹介することを目的としています。第3章の終わりまでに、あなたは実用的な囲碁プレイプログラムを作ることができます。そこから、各章であなたのボットのAIを改善するための新しい方法を紹介します。実験することで、各手法の長所と短所について学ぶことができます。最後の章では、AlphaGoとAlphaGo ZeroがすべてのAI技術を信じられないほど強力なAIに統合する方法を示しています。

◉ 対象読者

本書は、機械学習で実験を始めたい、そして数学的なアプローチよりも実践的なアプローチを好むソフトウェア開発者に向けています。私たちはあなたがPythonの実用的な知識を持っていると仮定しますが、他の現代の言語でも同じアルゴリズムを実装することができます。囲碁の知識は前提としていません。あなたがチェスやその他の似たようなゲームが好きなら、あなたの大好きなゲームにテクニックの大部分を適応させることができます。あなたが囲碁プレイヤー**であれば**、あなたのボットがプレイを学ぶのを見て楽しい時間を過ごせるでしょう。我たちは確かにそうでした！

◉ 本書の読み方

本書は14の章からなる3つの部と5つの付録から成ります。

■ 第I部：基礎

は本書後半部分のための主要な概念を紹介します。

- **第1章「機械学習の導入」**では、人工知能の領域、機械学習、および深層学習の軽い抽象レベルの概要を説明します。それらがどのように相互に関連しているのか、そしてあなたがこれらの分野のテクニックでできることとできないことを説明します。
- **第2章「機械学習の問題としての囲碁」**では、囲碁のルールを紹介し、ゲームをプレイするコンピュータに何を教えることができるかを説明します。
- **第3章「最初の囲碁ボットの実装」**では、囲碁の盤面を実装して、石を配置し、Pythonでフルゲームをプレイします。この章の終わりには、最も弱い囲碁 AIをプログラムします。

■ 第II部：機械学習とゲームAI

は、強力なAIを作成するための技術的および方法論的基盤を提示します。特に、AlphaGoが非常に効果的に使用する3つの柱もしくは技法を紹介します。それは、**木探索**、**ニューラルネットワーク**、そして**強化学習**です。

◉木探索

- **第4章「木探索によるゲームのプレイ」**では、ゲームプレイの手順を探索および評価するアルゴリズムの概要について説明します。まず、単純な総当たりのミニマックス探索から始め、次にαβ枝刈りやモンテカルロ探索などの高度なアルゴリズムを構築します。

◉ニューラルネットワーク

- **第5章「ニューラルネットワーク入門」**では、人工ニューラルネットワークのトピックについて実践的に紹介をします。Pythonで最初からニューラルネットワークを実装することによって手書き数字を予測することを学びます。
- **第6章「囲碁データのためのニューラルネットワークの設計」**では、囲碁データがどのように画像データと同様の特性を共有するかを説明し、着手予測のための畳み込みニューラルネットワークを紹介します。この章では、人気のある深層学習ライブラリKerasを使ってモデルを構築します。
- **第7章「データからの学習：深層学習ボット」**では、前の2つの章で習得した実践的な知識を適用して、深層ニューラルネットワークを使用した囲碁ボットを構築します。私たちはこのボットを強いアマチュアの実際のゲームデータで訓練し、このアプローチの限界を示します。
- **第8章「ボットの公開」**では、人間の相手がユーザインタフェースを介して対局できるように、ボットの提供を始めます。また、ローカルでも囲碁サーバでも、自分のボットを他のボットと対局させる方法を学びます。

◉強化学習

- **第9章「練習による学習：強化学習」**では、強化学習の基本、および囲碁の自己対局で強化学習を使う方法について説明します。
- **第10章「方策勾配による強化学習」**では、第7章の着手予測の改善に不可欠な方策勾配を丁寧に紹介します。
- **第11章「価値に基づく強化学習」**では、第4章の木探索と組み合わせたときに強力なツールとなる、いわゆる価値による方法を使用して局面を評価する方法について説明します。
- **第12章「actor-critic法による強化学習」**では、与えられた局面と与えられた次の着手の長期的な価値を予測するためのテクニックを紹介します。それは効率的に次の着手を選ぶために役立ちます。

■ 第III部：“全体は部分の総和に勝る”
は最後の部です。この部では、これまでに開発したすべての構築ブロックが、最終的にAlphaGoのしくみに近いアプリケーションを作成します。

- **第13章「Alpha Go：すべてまとめる」**では、技術的にも数学的にもこの本の頂点です。まず囲碁データでニューラルネットワークを訓練し（第5〜7章）、次に自己対局（第8〜11章）を進め、巧妙な木探索アプローチ（第4章）を組み合わせることで、超人レベルの囲碁ボットを作成する方法について説明します。
- 最後の章である**第14章「AlphaGo Zero：強化学習と木探索の統合」**では、ボードゲームAIの最新技術について説明します。AlphaGo Zeroの原動力となる、木探索と強化学習の革新的な組み合わせについて深く掘り下げます。

■ 付録
では、以下のトピックについて説明します。

- **付録A「数学の基礎」**では、線形代数と微積分のいくつかの基本を要約し、Pythonライブラリ NumPyで線形代数の構造を表現する方法を説明します。
- **付録B「誤差逆伝播法」**では、第5章以降で使用している、ほとんどのニューラルネットワークの学習法のより数学的な詳細について説明します。
- **付録C「囲碁プログラムとサーバ」**では、囲碁についてさらに学びたい読者のためにいくつかの資料を提供しています。
- **付録D「Amazon Web Servicesを使用したボットの訓練とデプロイ」**では、Amazonのクラウドサーバでボットを実行するためのクイックガイドです。
- **付録E「Online Go Server（OGS）へのボットの提出」**では、人気の高い囲碁サーバにボットを接続する方法について説明します。そこでは世界中のプレイヤーに対してボットをテストすることができます。

次のページの図は、章の依存関係をまとめたものです。

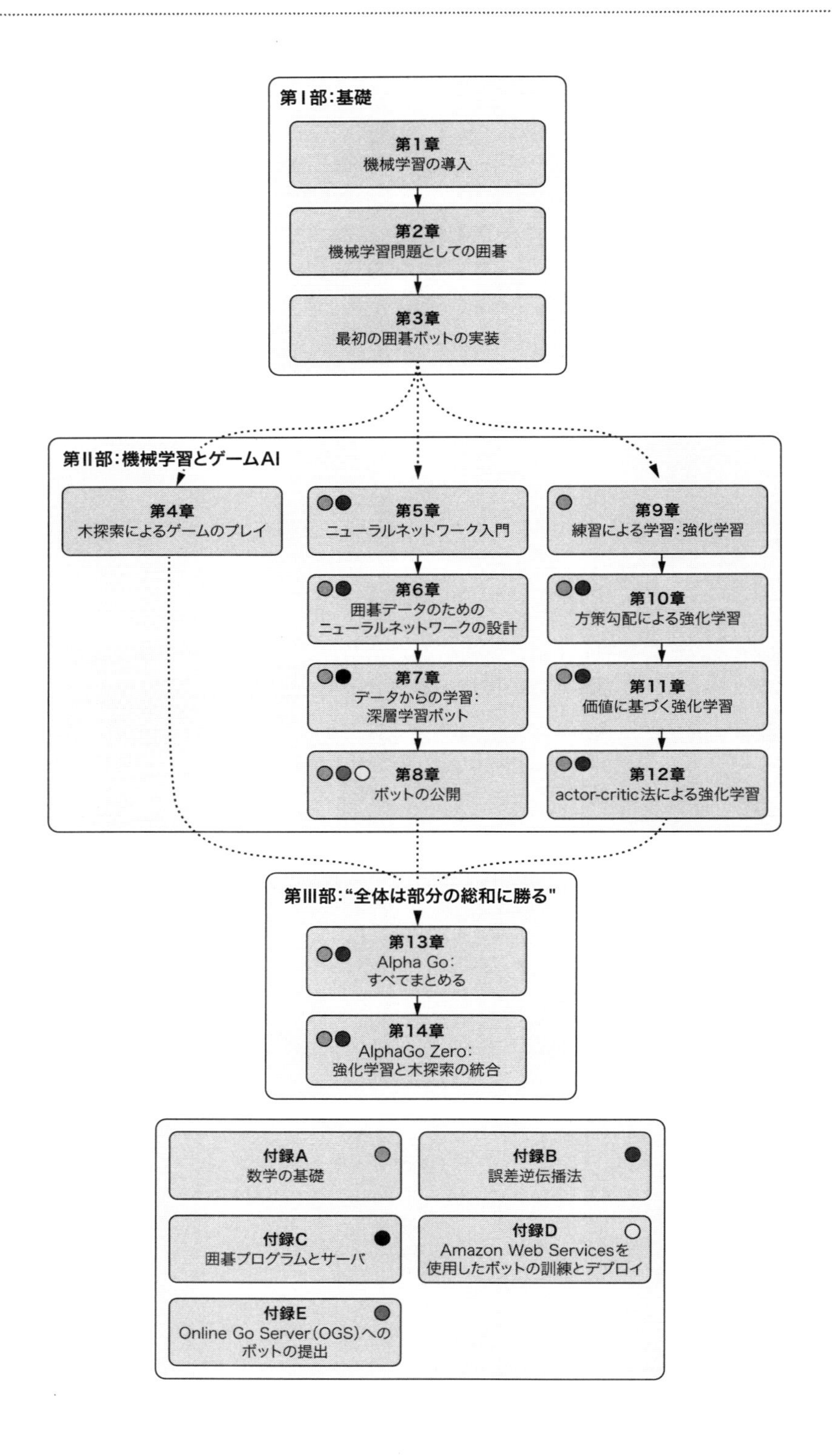

第I部：基礎
第1章
機械学習の導入
第2章
機械学習問題としての囲碁
第3章
最初の囲碁ボットの実装
第II部：機械学習とゲームAI
第4章
木探索によるゲームのプレイ
第5章
ニューラルネットワーク入門
第6章
囲碁データのための
ニューラルネットワークの設計
第7章
データからの学習：
深層学習ボット
第8章
ボットの公開
第9章
練習による学習：強化学習
第10章
方策勾配による強化学習
第11章
価値に基づく強化学習
第12章
actor-critic法による強化学習
第III部："全体は部分の総和に勝る"
第13章
Alpha Go：
すべてまとめる
第14章
AlphaGo Zero：
強化学習と木探索の統合
付録A
数学の基礎
付録B
誤差逆伝播法
付録C
囲碁プログラムとサーバ
付録D
Amazon Web Servicesを
使用したボットの訓練とデプロイ
付録E
Online Go Server（OGS）への
ボットの提出

目次

付録

第 I 部

基礎

機械学習とは何でしょうか？　囲碁とは何でしょうか？　また、囲碁がゲーム AI の重要なマイルストーンとなったのはなぜでしょうか？　コンピュータで囲碁をプレイすることはチェスやチェッカーをプレイすることとどう違うのでしょうか？

本部では、これらすべての質問に答えます。そして、本書の残りの部分の基盤となる柔軟な囲碁のゲームロジックライブラリを構築します。

第1章 深層学習に向けて：機械学習の導入

この章では、次の内容を取り上げます。

- **機械学習と従来のプログラミングとの違い**
- **機械学習で解決できる、または解決できない問題**
- **機械学習と人工知能の関係**
- **機械学習システムの構成**
- **機械学習の分野**

コンピュータが登場して以来、プログラマはコンピュータ上で人間のような振る舞いをする**人工知能（AI）**に興味を持っていました。AI研究者にとってゲームは長い間、広く取り上げられるテーマでした。パーソナルコンピュータの時代に、AIはチェッカー、バックギャモン、チェス、そしてほぼすべての古典的なボードゲームで人間を追い抜いきました。しかし、古代の戦略ゲームである囲碁は、何十年もの間、コンピュータの手の届かないところにとどまっていました。そして2016年、Google DeepMindのAlphaGo AIは14回の世界チャンピオンのイ・セドルに挑戦し、5試合で4勝をあげました。AlphaGoの次のリビジョンは、注目すべきほとんどすべての囲碁棋士を倒して60ストレートゲームを達成し、人間のプレイヤーの手の届かないところに行きました。

AlphaGoの画期的な進歩は、機械学習で従来のAIアルゴリズムを強化することでした。具体的には、AlphaGoは加工していないデータから有用な抽象概念を獲得できる深層学習と呼ばれる最新の手法を使用しました。これらのテクニックは、ゲームに限定されるものではありません。画像を識別したり、音声を理解したり、自然言語を翻訳したり、ロボットを誘導するためのアプリケーションにも応用されています。深層学習の基礎を習得すれば、それらのアプリケーションがどのように機能するかを理解することができます。

なぜコンピュータ囲碁に関する本を書くのでしょうか？　あなたは著者が死ぬほど囲碁に熱を上げていると思うかもしれません。その通りです。しかし、チェスやバックギャモンとは対照的に、囲碁を研究する本当の理由は、本当に強い囲碁AIには深層学習が必要だということです。Stockfishのような最上位のチェスエンジンは、チェス特有のロジックであふれていて、チェスエンジンを書くためにはゲームについてある程度の知識が必要です。深層学習では、強い囲碁のプレイヤーがどうしているかわからなくても、彼らを模倣するようにコンピュータに教えることができます。ゲームや現実の世界で、あらゆる種類のアプリケーションに開かれた強力なテクニックです。

チェスとチェッカーのAIは、人間のプレイヤーよりも深く、より正確に手を読むように設計されています。この技法を囲碁に適用するには、2つの問題があります。まず、あまり先までに読むことができません。なぜなら、考慮する手があまりにも多いからです。次に、先読みができても、結果が良いかどうかを評価する方法がわかりません。深層学習は、これらの問題の両方を解く鍵です。

この本は、AlphaGoを動かすテクニックを扱うことで、深層学習を実践的に紹介しています。そのために、囲碁について詳しく勉強する必要はありません。代わりに、マシンがどのように学ぶことができるかという一般的な原理を見ていきます。この章では、機械学習の概念と、それが解決できる（そしてできない）問題の種類を紹介します。機械学習の主要な分野を示すいくつかの例を取り上げ、深層学習がどのように機械学習に新しい領域をもたらしたかを示します。

1.1 機械学習とは何か？

友人の写真を識別する作業を考えてみましょう。写真がひどく照らされていたり、あなたの友人がヘアカットをしていたり、新しいシャツを着ていたりしても、ほとんどの人にとっては簡単に友人と識別できます。しかし、同じことをするようにコンピュータをプログラムしたいとします。あなたはどこから始めるでしょうか？ これは、機械学習が解決することができる種類の問題です。

従来、コンピュータプログラミングは、構造化されたデータに明確なルールを適用することが行われてきました。人間の開発者は、データに対する命令セットを実行するようにコンピュータをプログラムすることで、図1.1に示すように望む結果が得られました。税務フォームを考えてみましょう。すべての欄には明確な意味があり、そこからさまざまな計算を行う方法に関する詳細なルールがあります。あなたが住んでいる場所によっては、これらのルールは非常に複雑かもしれません。このようなタスクでは人間は簡単に間違うのに対して、まさにコンピュータプログラムが卓越している種類のタスクです。

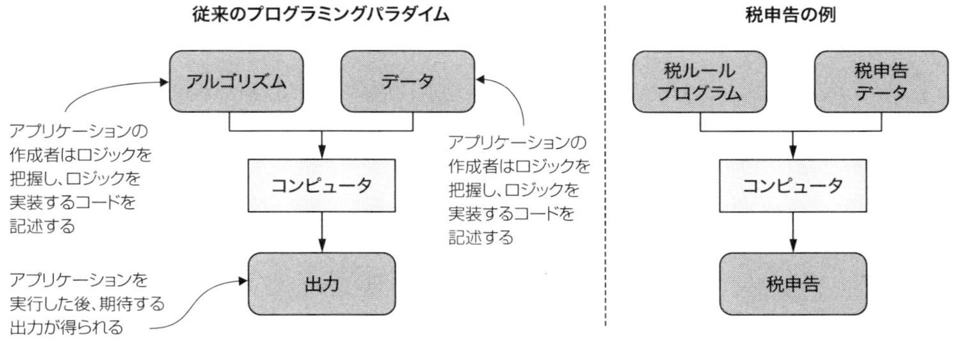

図1.1 ほとんどのソフトウェア開発者が慣れ親しんでいる標準的なプログラミングパラダイムの図解：開発者はアルゴリズムを把握しコードを実装し、ユーザがデータを提供します。

従来のプログラミングパラダイムとは対照的に、機械学習は、プログラムやアルゴリズムを直接的に実装するのではなく、事例データから推論するためのテクニック集です。したがって、機械学習ではまだコンピュータデータを与えていますが、命令を与えて出力を期待するのではなく、**期待する出力を与えてマシン自身でアルゴリズムを見つけること**ができるようにします。

写真に写っている人物を識別できるコンピュータプログラムを構築するために、友人の大量の画像を分析し、友人かどうかを出力する関数を生成するアルゴリズムを適用することができます。これを正しく行うと、生成された関数はこれまで見たことのない新しい写真にも一致します。もちろん、アルゴリズムには目的についての知識はありません。できるのは、元の画像に似たものを識別することだけです。

このような状況では、機械の**訓練データ**を提供する画像と人物の名前を識別する**ラベル**を与えます。私たちの目的に合ったアルゴリズムを**訓練**すれば、そのアルゴリズムを使って新しいデータのラベルを**予測**してテストすることができます。図1.2に、機械学習のパラダイムの枠組みとともに例を示します。

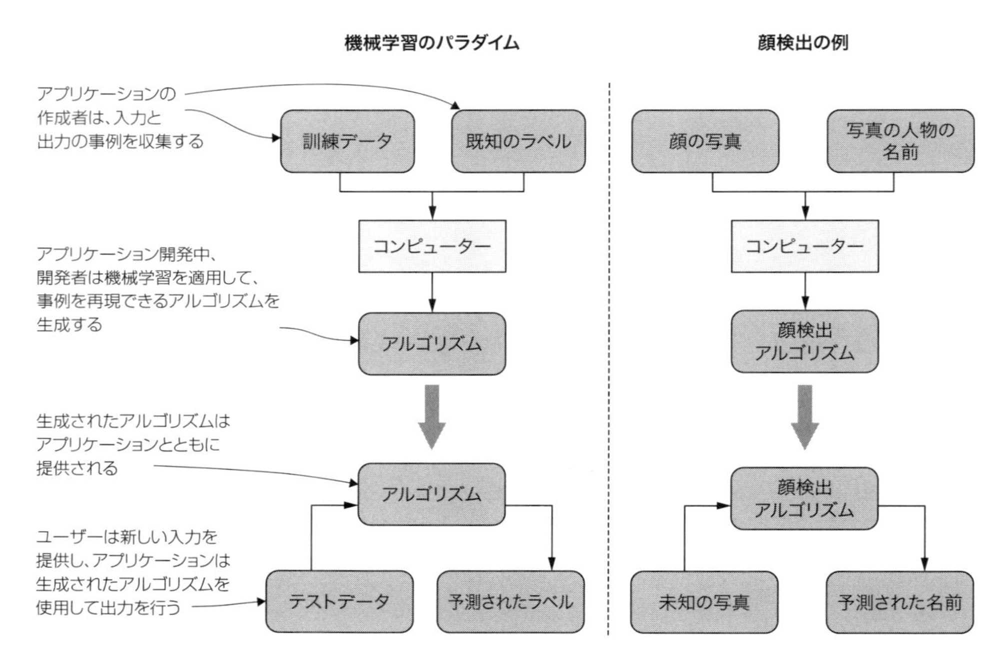

図1.2 機械学習パラダイム：開発中に、データセットからアルゴリズムを生成し、それを最終的なアプリケーションに組み込みます。

ルールが明確でないときは機械学習が行われます。"私がそれを見てそれを知っている"様々な問題を解決することができます。関数を直接プログラミングする代わりに、関数が何をすべきかを示すデータを提供し、データと一致する関数を系統的に生成します。

実際には、機械学習と従来のプログラミングを組み合わせて、有用なアプリケーションを構築します。顔検出アプリケーションでは、機械学習アルゴリズムを適用する前に、サンプル画像の検索、読み込み、および変換の方法をコンピュータに指示する必要があります。それ以外にも、手書きのヒューリスティックスを使って、夕焼けやラテアートの写真から顔領域を切り出します。それから、機械学習を応用して顔の名前を識別することができます。従来のプログラミング技法と高度な機械学習アルゴリズムが混在していると、いずれかを単独で用いるよりも優れていることがよくあります。

1.1.1 機械学習はAIとどのように関連しているか

最も広い意味での**人工知能**（AI, Artificial intelligence）とは、コンピュータに人間の行動を模倣させるための技術を指します。AIには、次のような膨大な技術が含まれています。

- 論理生成システム。形式論理を適用して式を評価する場合。
- エキスパートシステム。プログラマが人間の知識をソフトウェアに直接コード化しようとする場合。
- ファジー論理。コンピュータが不正確な文を処理するのに役立つアルゴリズムを定義する場合。

これらの種類のルールベースのテクニックは、**古典的なAI**または**GOFAI**（「古き良きAI（good old-fashioned AI)」）と呼ばれることがあります。

機械学習はAIの多くの分野の1つに過ぎませんが、間違いなく今日では最も成功したものの1つです。特に、深層学習の一分野は、何十年もの間研究者にとってとらえどころのなかったタスクを含めて、AIに最もエキサイティングなブレークスルーをもたらしました。古典的なAIでは、研究者は人間の行動を研究し、それに合ったルールをコード化しようとします。機械学習と深層学習は、問題を逆にします。今度は人間の行動の事例を収集し、一般的なアルゴリズムを適用してルールを抽出します。

深層学習は随所で耳にするため、コミュニティのある人たちは**AI**と**深層学習**を同じ意味で使用しています。わかりやすくするために、コンピュータで人間の行動を模倣するという一般的な問題を指すために**AI**を使用し、それらの特定のアルゴリズムを指すために**機械学習**または**深層学習**を使用します。

1.1.2 機械学習でできることとできないこと

機械学習は特殊な技術です。機械学習を使用してデータベースレコードを更新したり、ユーザインタフェースをレンダリングしたりすることはありません。以下の状況では、伝統的なプログラミングが優先されるべきです。

- **従来のアルゴリズムは、問題を直接解決します。**問題を解決するコードを直接書くことができれば、理解、保守、テスト、およびデバッグがより簡単になります。
- **完璧な精度を期待する場合。**すべての複雑なソフトウェアにはバグが含まれています。しかし、従来のソフトウェアエンジニアリングでは、体系的にバグを特定して修正することを期待しています。それは機械学習では必ずしも可能ではありません。もちろん、機械学習システムを改善することができます。しかし、特定のエラーに集中することは、システム全体を悪化させることがあります。
- **単純なヒューリスティックがうまくいく場合。**ほんの数行のコードで十分なルールを実装できたら、それで十分です。単純なヒューリスティックは、明確に実装され、理解して維持するのが簡単です。機械学習で実装される関数は不透明であり、更新するために別個の訓練プロセスが必要です。（一方で、ヒューリスティックによる複雑な処理を維持しているなら、機械学習に取って代わる良い候補です。）

従来のプログラミングで解決するのが難しい問題と機械学習でも解決するのが事実上不可能な問題の差は、多くの場合紙一重です。画像内の顔を検出することと顔に名前をタグ付けすることは、これまで見た例の1つに過ぎません。テキストが書かれている言語を特定することと、そのテキストを特定の言語に翻訳することは、異なる例です。

たとえば、問題の複雑さが非常に高い場合など、機械学習が実際に役立つ従来のプログラミングに頼っている状況もあります。非常に複雑で情報量の多いシナリオに直面した場合、人間は、マクロ経済、株式市場の予測、政治などを考えて、経験則に従って決める傾向があります。プロセス管理者やいわゆる専門家は、機械学習によって得られた洞察をもとに直感を働かせることで、しばしば大きな恩恵を得ることができます。多くの場合、現実世界のデータには予想以上に多くの構造があり、これらの分野の多くで自動化と拡張の恩恵を受け始めているところです。

1.2 事例による機械学習

機械学習の目的は、直接実装するのが難しい機能を構築することです。多数の汎用的な関数のあつまりからなる**モデル**を選択することで行います。それから、その関数のあつまりから私たちの目標に合った関数を選択する手順が必要です。このプロセスは、モデルの**訓練**または**フィッティング**と呼ばれます。非常に簡単な例を使って説明します。

人の身長と体重を集めてグラフにプロットしたとしましょう。図1.3は、プロサッカーチームの名簿から抜き出したいくつかのデータポイントを示しています。

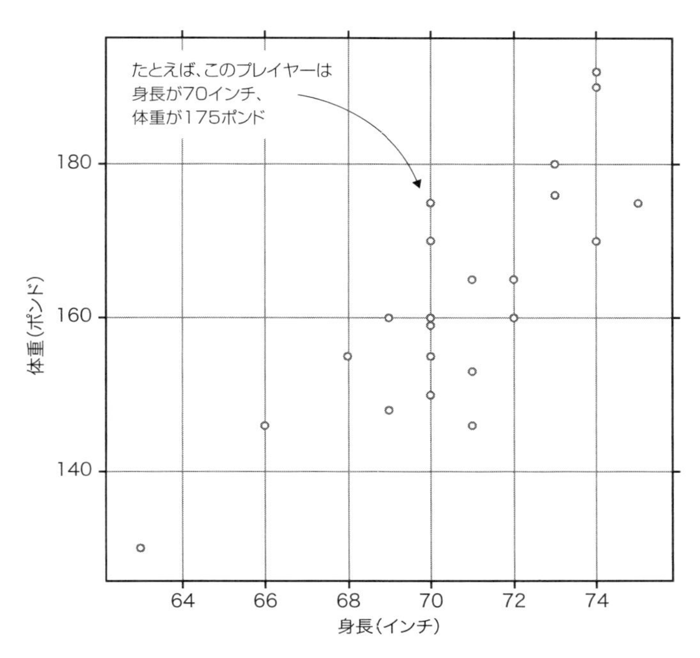

図1.3　簡単なサンプルデータセット：グラフ上の各点は、サッカー選手の身長と体重を表します。目標は、これらのポイントにモデルを適合させることです。

これらの点を数学的な関数で表したいとします。まず、点が多かれ少なかれ直線を右上方向に引けることに気づきます。高校の代数に戻って考えると、$f(x) = ax + b$ の形の関数は直線を表していることを思い出すかもしれません。したがって、a と b の値を見つけることができ、$ax + b$ がデータポイントにかなり近づくように思われるかもしれません。a と b の値は、把握する必要がある**パラメータ**または**重み**です。これがモデルです。これらを使って任意の関数を生成できるPythonコードを書くことができます。

```
class GenericLinearFunction(object):
    def __init__(self, a, b):
        self.a = a
        self.b = b
    def evaluate(self, x):
        return self.a * x + self.b
```

aとbの正しい値はどうすれば見つけられるでしょうか？　これを行うための厳密なアルゴリズムがありますが、迅速かつ泥臭い解決策としては、定規を使ってグラフに直線を描き、それを式に当てはめてみてください。図1.4は、データセットの全体的な傾向に沿ったそのような線を示しています。

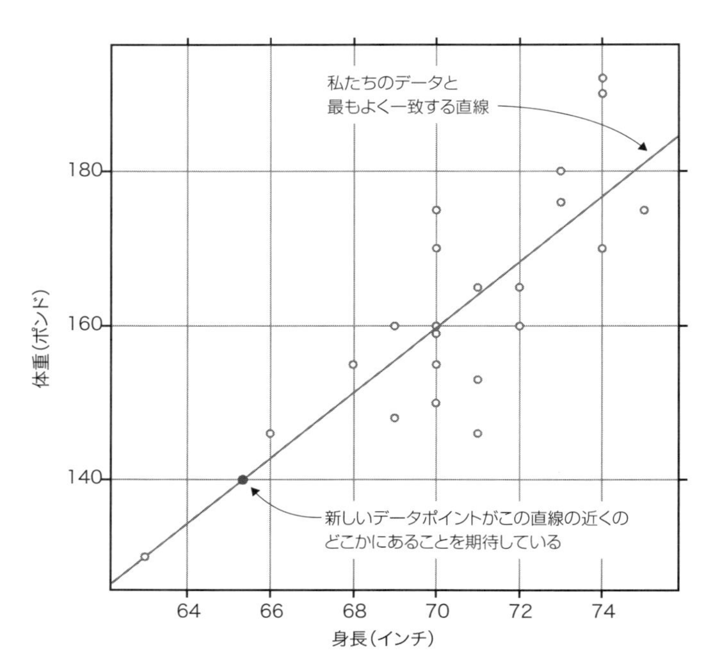

図1.4 最初に、データセットは大まかに線形傾向に従うことに気づきました。次に、データに合った特定の直線の式を見つけました。

直線が通過する2つの点に目を向けると、その直線の式を計算でき、$f(x) = 4.2x - 137$ に近いものが得られます。ここでは、データと一致する特定の関数があります。新しい人物の身長を測定すると、その式を使って体重を推定することができます。厳密には正しくありませんが、実用上問題ない程度に近い値かもしれません。GenericLinearFunction を特定の関数にすることができます。

```
height_to_weight = GenericLinearFunction(a=4.2, b=-137)
height_of_new_person = 73
estimated_weight = height_to_weight.evaluate(height_of_new_person)
```

新しい人がプロサッカー選手である限り、かなり良い見積もりになるはずです。私たちのデータセットのすべての人は、かなり近い年齢の男性で、毎日同じスポーツのために訓練をしています。女性のサッカー選手やオリンピックのウェイトリフターや赤ちゃんに関数を適用しようとすると、結果が大きく不正確になります。私たちの関数は、私たちの訓練データに対してのみ良好です。

これは機械学習の基本プロセスです。ここでは、モデルは $f(x) = ax + b$ のようなすべての関数のあつまりです。そして、実際に単純なものであっても統計家が常に使用する実用的なモデルです。より複雑な問題に取り組む際には、より洗練されたモデルと高度な訓練手法を使用します。しかし、核となる考え方は同じです。最初に可能な関数の大きな集合を記述し、その集合から最良の関数を特定することです。

コラム　Pythonと機械学習

この本のコードサンプルはすべてPythonで書かれています。なぜPythonなのでしょうか？　まず、Pythonは一般的なアプリケーション開発のための表現力豊かな高水準言語です。さらに、Pythonは機械学習および数学的プログラミングのための最も一般的な言語の1つです。この組み合わせにより、Pythonは機械学習を統合するアプリケーションにとって自然な選択となります。

Pythonは数値計算パッケージの驚くほど豊富なコレクションがあるために機械学習の用途において普及しています。この本で使用するパッケージには、次のものがあります。

- **NumPy**は、Pythonの数値計算エコシステムの基盤です。数値ベクトルと配列を表す効率的なデータ構造、および高速な数学演算ライブラリを提供します。機械学習や統計のためのすべての注目すべきライブラリは、NumPyと統合されています。
- **TensorFlow**と**Theano**の２つは、グラフ計算ライブラリです。("図"のようなグラフではなく、接続されたネットワークでの意味、グラフ理論）複雑な一連の数学演算を指定して、高度に最適化された実装を生成することができます。
- **Keras**は、深層学習のための高水準のライブラリです。これは、ニューラルネットワークを記述する便利な方法を提供し、計算を処理するためにTensorFlowまたはTheanoに依存します。
  この本のコード例はKeras 2.2とTensorFlow 1.8を念頭において作成しています。最小限の修正で2.xシリーズのKerasのバージョンでも使うことができるはずです。

1.2.1 ソフトウェアアプリケーションでの機械学習の使用

前の節では、純粋に数学的なモデルを見てきました。どのようにして実際のソフトウェアアプリケーションに機械学習を適用できるでしょうか？

ユーザがタグ付きの数百万枚の写真をアップロードした写真共有アプリを開発しているとします。新しい写真のタグを提案する機能を追加したいとします。この機能は、機械学習に最適な候補です。

まず、私たちはどのような関数を学ぶべきかについて具体的に述べなければなりません。次のような関数があるとします。

```
def suggest_tags(image_data):
"""Recommend tags for an image.

Input: image_data is a photo in bitmap format

Returns: a ranked list of suggested tags
"""
```

そうすると、残りの作業は比較的簡単です。しかし、どのようにしてsuggest_tagsのような関数の実装をはじめるのかは明らかではありません。ここで、機械学習の出る番です。

これが通常のPython関数であれば、ある種の画像オブジェクトを入力として使用し、おそらく文字列のリストを出力として返すことが期待されます。機械学習アルゴリズムは入力と出力に関してあまり柔軟ではありません。一般的にベクトルと行列で動作します。最初のステップとして、入力と出力を数学的に表現する必要があります。

入力する写真のサイズを一定の大きさ、たとえば128x128ピクセルにリサイズすると、それを128行と128列の行列としてエンコードすることができます。1ピクセルあたり1つの浮動小数点値です。出力はどうでしょうか？　1つの選択肢は、識別するタグのセットを制限することです。もしかすると1,000の最も人気のあるタグをアプリで選択させることができるかもしれません。その場合、出力はサイズ1,000のベクトルになり、ベクトルの各要素は特定のタグに対応します。出力値を0と1の間の値をとれるようにすると、推奨タグのランク付けされたリストを生成できます。図1.5は、アプリケーション内の概念と数学的構造との間のこの種のマッピングを示しています。

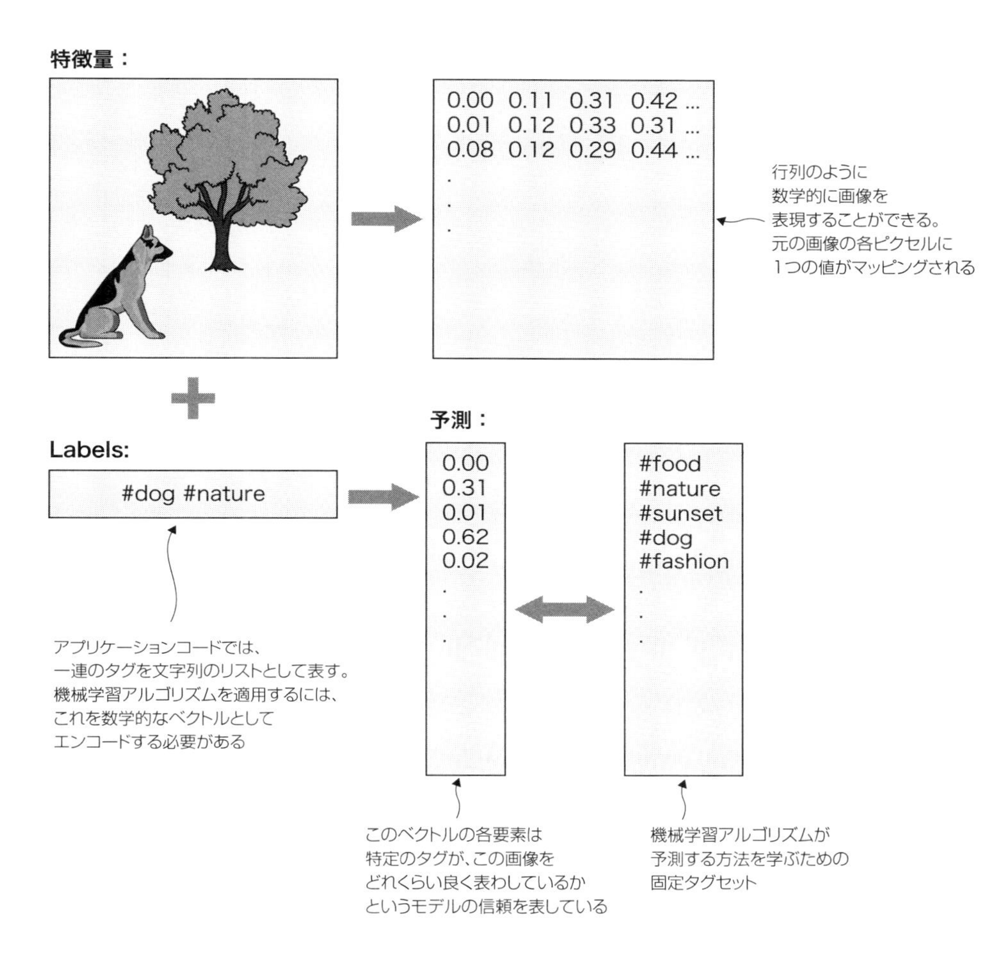

図1.5 機械学習アルゴリズムはベクトルや行列などの数学的構造で動作する：私たちの写真のタグは、文字列のリストのような標準的なコンピュータデータ構造に格納されています。上の図は、そのリストを数学的ベクトルとしてエンコードするための1つの可能な方式です。

このデータ前処理ステップは、すべての機械学習システムに不可欠な部分です。通常、データを生のフォーマットで読み込み、いくつかの前処理ステップを実行して**特徴量**、すなわち機械学習アルゴリズムに供給できる入力データを作成します。

1.2.2 教師あり学習

次に、モデルを訓練するためのアルゴリズムが必要です。このケースでは、既に何百万もの正解サンプルがあります。ユーザが既にアップロードして、アプリを使って手動でタグ付けした写真です。できるだけこれらのサンプルに一致するように関数を学習させることができます。そして、賢明な方法で新しい写真に対しても汎化することを望みます。この技法は、**教師あり学習**として知られています。そのように呼ばれる理由は、人間が作成したサンプルの**ラベル**が訓練プロセスの指針を提供するためです。

訓練が完了すると、アプリケーションとして最終的に学習した関数を提供できます。ユーザが新しい写真をアップロードするたびに、それを訓練されたモデル関数に渡し、返されたベクトルを受け取ります。ベクトルの各値を、それが表すタグに戻すことができます。最も大きな値を持つタグを選択してユーザに表示することができます。概説した手順は、図1.6のように表すことができます。

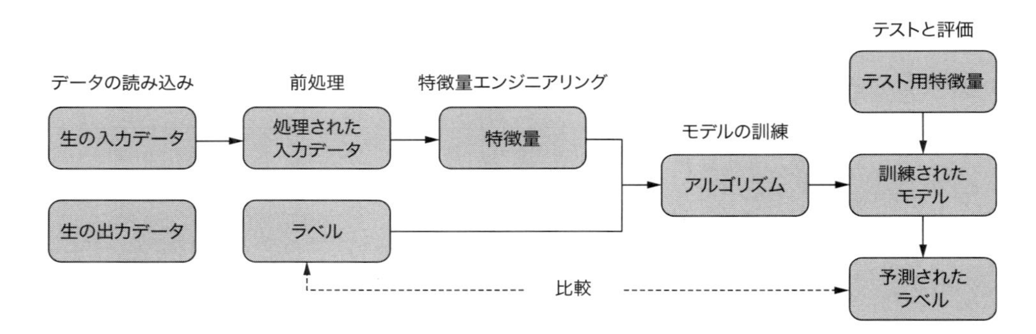

図1.6 教師あり学習のための機械学習パイプライン

訓練されたモデルをどのようにテストすればよいでしょうか？ 標準的な方法は、その目的のためにオリジナルのラベル付きデータの一部を取っておくことです。訓練を開始する前に、検証データとして、たとえば10%のデータを取っておくことができます。**検証セット**は訓練データの一部として含まれて**いません**。その後、訓練されたモデルを検証セット内の画像に適用し、提案されたタグを既知の良好なタグと比較することができます。これにより、モデルの精度を計算できます。異なるモデルを試したいと思えば、より良い測定のための一貫した測定基準があります。

ゲームAIでは、人間のゲームの記録からラベル付き訓練データを抽出することができます。そして、オンライン対局は機械学習にとって大きな恵みです。人間がゲームをオンラインでプレイすると、ゲームサーバはコンピュータで読み取り可能な記録を保存することがあります。教師あり学習をゲームに適用する方法の例をいくつか挙げます：

- チェスの完全な棋譜の集合を与えられた場合、ゲーム状態をベクトルまたは行列形式で表現し、データから次の手を予測する方法を学ぶことができます。
- 局面を与えて、その状態で勝利する尤度を予測する方法を学ぶことができます。

1.2.3 教師なし学習

教師あり学習とは対照的に、**教師なし学習**と呼ばれる機械学習の一分野には、学習プロセスを導くためのラベルがありません。教師なし学習では、アルゴリズムは入力データ内からパターンを独自に見つけることを学ばなければなりません。図1.6との唯一の違いは、ラベルないことです。そのため、以前のように予測を評価することはできません。他のすべてのコンポーネントは同じままです。

その一例が、**外れ値検知**（outlier detection）です。データセットの全体的な傾向に合わないデータポイントを特定します。サッカー選手データセットでは、外れ値はチームメイトの典型的な体格に合わない選手を示します。たとえば、高さと幅のペアからあなたが目測した線までの距離を測定するアルゴリズムを考え出すことができます。データポイントが平均線までの一定の距離を超える場合は、それを外れ値として検知します。

ボードゲームAIでは、ボード上のどの駒がまとまっているか、またはグループを形成しているのかという質問が自然に発生します。次の章では、囲碁のゲームにとってこれが何を意味するのかを詳しく説明します。関係がある駒のグループを見つけることは、**クラスタリング**（clustering）または**チャンキング**（chunking）と呼ばれることがあります。図1.7は、これがチェスではどのように見えるかの例を示しています。

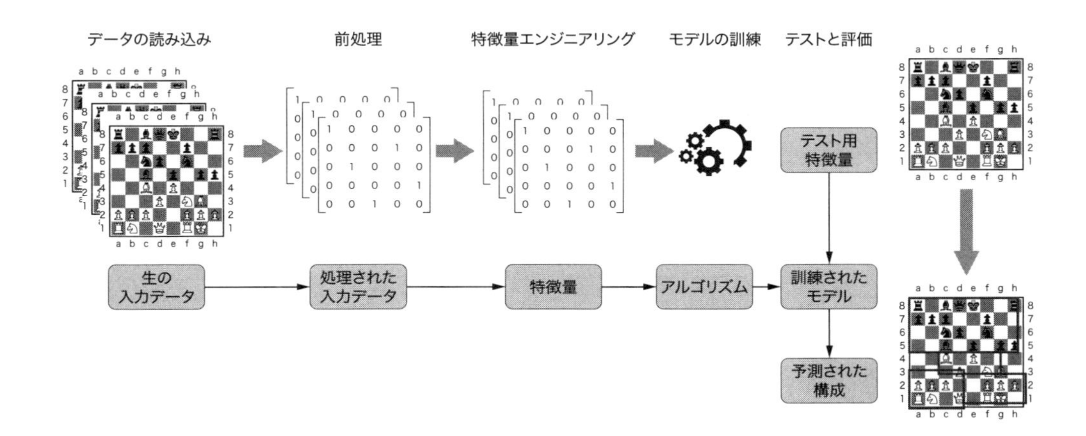

図1.7 チェスの駒組みからクラスタまたはチャンクを見つけるための教師なし機械学習パイプライン

1.2.4 強化学習

教師あり学習は強力ですが、質の高い訓練データを見つけることが大きな障害となります。家を清掃するロボットを作っているとします。ロボットには、障害物の近くにいることを検出できるさまざまなセンサーと、床を回り、左右に操縦するモーターがあります。センサーの入力を分析し、どのように動かすべきかを決める関数を備えた制御システムが必要です。しかし、教師あり学習ではそれは不可能です。ロボットはまだ存在しないため、訓練データとして使用する事例がありません。

代わりに、ある種の試行錯誤である**強化学習**を適用することができます。非効率的または不正確な制御システムから始め、次にロボットにそのタスクを試みさせます。タスクの実行中に、制御システムがとらえたすべての入力とそれに対する決定を記録します。それが完了したら、それがどれほどうまくいったかを評価する方法が必要です。おそらく、掃除された床の割合とバッテリーの消費量を計算する必要があります。このような経験全体が訓練データの小さな塊として与えられ、制御システムを改善できます。プロセス全体を何度も何度も繰り返すことで、効率的な制御関数を徐々に学習することができます。図1.8にこのプロセスをフローチャートとして示します。

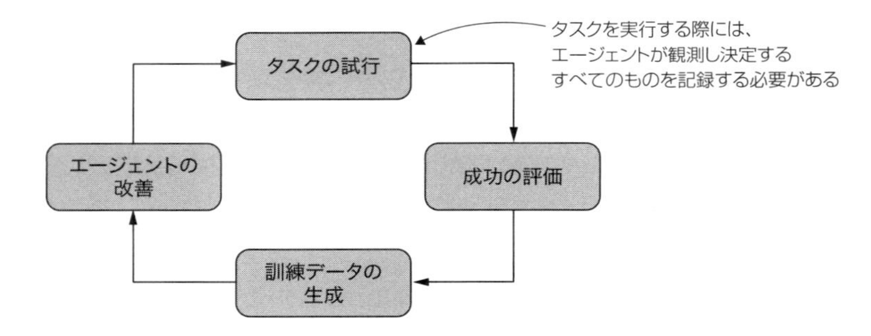

図1.8 強化学習エージェントでは試行錯誤によって環境とやりとりすることを学ぶ：繰り返し、エージェントに教師信号を覚えるというタスクを試みさせます。毎回、漸進的な改善を行うことができます。

1.3 深層学習

この本は文章で構成されています。文章は単語でできています。単語は文字でできています。文字は線と曲線で構成されています。そして最終的にそれらの線と曲線はインクの小さな点でできています。子どもに読ませるように教えるとき、最初に文字、次に単語、そして文章、そして最後に完全な本というように、最も小さな部分から始めます。（通常、子供たちは線と曲線を自分で認識することを学びます。）このような階層は、人々が複雑な概念を学ぶ自然な方法です。各レベルで、我々はいくつかの詳細を無視し、概念はより抽象的になります。

深層学習は機械学習にも同じ考え方を適用します。深層学習は、特定のモデルファミリー（互いに連鎖した単純な関数のシーケンス）を使用する機械学習の一分野です。これらの関数の連鎖は、生物の脳の構造に漠然とヒントを得ていることから、**ニューラルネットワーク**として知られています。深層学習の核となる考え方は、これらの一連の関数が、より単純なものの階層として複雑な概念を分析できるということです。深いモデルの最初の層は、点の集合を線にまとめるように、元のデータを基本的な方法で整理することを学習することができます。連鎖した各層は、前の層をより高度で抽象的な概念に編成します。これらの抽象的な概念を学ぶプロセスは、**表現学習**と呼ばれます。

深層学習の驚くべき点は、中間概念が何であるかを事前に知る必要がないことです。十分な層を持つモデルを選択し、十分な訓練データを提供すると、訓練プロセスは徐々に生データをより高度な概念に編成します。しかし、訓練アルゴリズムはどのような概念を使うべきかを知っているでしょうか？ 実際には知っていません。訓練事例とよく似た方法で入力を整理するだけです。したがって、人間がデータについて考える方法とこの表現方法が一致するという保証はありません。図1.9は、表現学習が教師あり学習のフローにどのように適合するかを示しています。

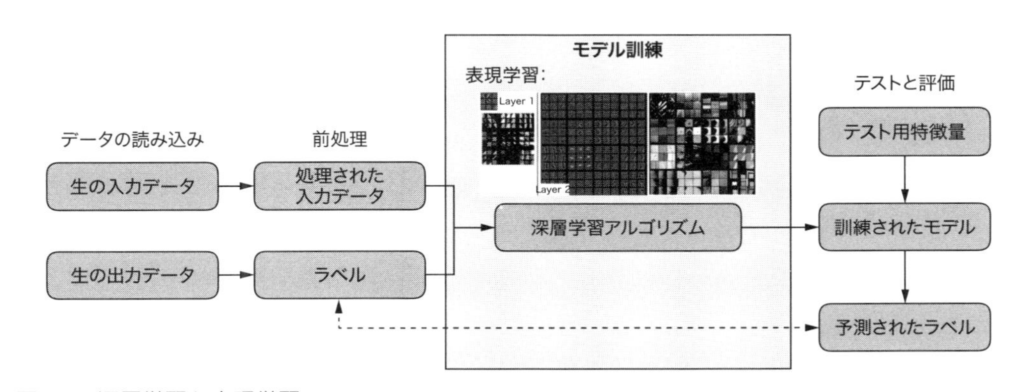

図1.9　深層学習と表現学習

もちろん、すべての計算にはコストがかかります。深いモデルには、学習するための膨大な重みがあります。身長と体重のデータセットに使用した単純な$ax + b$のモデルを思い出してください。そのモデルはちょうど2つの重みを学習する必要がありました。画像タグ付けアプリケーションに適した深いモデルは、100万の重みを持つことがあります。その結果、深層学習では、より大きなデータセット、より多くのコンピューティングパワー、より実践的な訓練手法が求められます。どちらのテクニックも適した場所があります。以下の場合は、深層学習が良い選択です。

- **データ形式が構造化されていない場合。**画像、音声、文章は、深層学習に適しています。この種のデータに単純なモデルを適用することは可能ですが、一般的には高度な前処理が必要です。
- **大量のデータがある場合、またはより多くのデータを取得する計画がある場合。**一般に、モデルが複雑になればなるほど、それを訓練するために必要なデータが増えます。
- **コンピューティングパワーが十分にある場合、または十分な時間がある場合。**深いモデルは、訓練と評価の両方でより多くの計算を必要とします。

以下の場合は、よりパラメータの少ない従来のモデルの方が良い選択です。

- **構造化されたデータがある場合。**入力がデータベースレコードのような場合は、単純なモデルを直接適用することができます。
- **説明可能なモデルが必要な場合。**単純なモデルでは、最後に学習した関数を見て、個々の入力がどのように出力に影響するかを調べることができます。これは、あなたが研究している現実世界のシステムがどのように働くかについての洞察を与えることができます。深いモデルでは、入力の特定の部分と最終的な出力との間の接続は長くて絡み合っており、モデルを解釈するのは困難です。

深層学習は使用するモデルの種類のことを指すため、主要な機械学習の技法のいずれにも深層学習を適用できます。たとえば、持っている訓練データの種類に応じて、深いモデルや単純なモデルを使った教師あり学習を行うことができます。

1.4 本書で学ぶ内容

この本は、深層学習と強化学習の実践的な手引きを提供します。この本を最大限に活用するには、Pythonコードの読み書きが不自由なくできて、線形代数と微積分を多少は知っている必要があります。この本では、以下の内容を学びます。

- 深層学習ライブラリのKerasを使用してニューラルネットワークを設計、訓練、テストする方法。
- 教師ありで深層学習の問題を解く方法。
- 強化学習の問題を解く方法。
- 深層学習と実用的なアプリケーションを統合する方法。

この本では、具体的かつ楽しい例を使用します。つまり、囲碁をプレイするAIを構築します。囲碁ボットは、深層学習と標準のコンピュータアルゴリズムを組み合わせています。わかりやすいPythonを使用して、ゲームのルールを適用し、ゲーム状態を追跡し、ゲームの可能なシーケンス（手の系列）を先読みします。深層学習は、ボットがどの手が調べる価値があるのかを特定し、ゲーム中にどちらが優勢かを評価するのに役立ちます。各段階で、より洗練されたテクニックを適用することで、ボットと対局してみて改善されていることを観察できます。

特に囲碁に興味がある場合は、自分のアイデアを試してみるための出発点として、この本で構築するボットを使うことができます。同じテクニックを他のゲームに適用することもできます。また、ゲーム以外の他のアプリケーションに深層学習の機能を追加することもできます。

1.5 まとめ

- 機械学習は、直接関数を記述するのではなく、データから関数を生成するためのテクニック集です。機械学習を使用して、あまりにもあいまいで直接解決できない問題を解決できます。
- 機械学習では、一般に、まず**モデル**を選択する必要があります。これは汎用的な数学的な関数のあつまりです。次に、モデルを**訓練**します。アルゴリズムを適用して、そのあつまりで最高の関数を見つけます。機械学習の技術の多くは、適切なモデルを選択し、特定のデータセットをそのモデルと連携させるように変換することにあります。
- 機械学習の主な3つの領域は、教師あり学習、教師なし学習、強化学習です。
- 教師あり学習は、正しいことがわかっている事例から関数を学習することです。人間の行動や知識の事例が利用できる場合は、教師あり学習を適用してコンピュータで模倣することができます。
- 教師なし学習は、事前に構造がわかっていないデータから構造を抽出することです。一般的なアプリケーションでは、データセットを論理的なグループに分割します。
- 強化学習は、試行錯誤によって関数を学習することです。プログラムがいかに良く目標を達成しているかを評価するコードを書くことができれば、強化学習を適用して多くの試行を繰り返すことでプログラムを段階的に改善することができます。
- 深層学習は、画像や文章のような構造化されていない入力をうまく処理する特定の種類のモデルによる機械学習です。今日のコンピュータサイエンスで最もエキサイティングな分野の1つです。コンピュータができることについての私たちの想像は絶えず広がっています。

第2章 機械学習の問題としての囲碁

この章では、次の内容を取り上げます。

- なぜゲームはAIにとって良いテーマなのでしょうか？
- なぜ囲碁は深層学習に適した問題なのでしょうか？
- 囲碁のルールはどのようなものでしょうか？
- 機械学習でゲームプレイのどのような側面を解決できるでしょうか？

2.1 なぜゲームなのか？

ゲームはAI研究に好まれるテーマです。楽しいからという理由だけではなく、現実の複雑さを単純化するので、研究しているアルゴリズムに集中できるという理由もあります。

TwitterやFacebookで「傘を忘れた！」のようなコメントを見たとします。あなたはすぐに友人が雨に降られたと結論づけます。しかし、その情報は文のどこにも含まれていません。あなたはどうやってその結論に達しましたか？　まず、傘が何であるかについての一般的な知識を適用しました。次に、明るい晴れた日に「傘を忘れた」と言うのはとても奇妙なことです。

人間であれば、文章を読むときに、文脈を簡単に考慮します。これはコンピュータにとってはそれほど簡単ではありません。最新の深層学習の技術は、提供された情報を非常に効果的に処理します。しかし、私たちがすべての関連情報を見つけ出し、それをコンピュータに提供するには限界があります。ゲームはその問題を回避できます。ゲームは、決定に必要なすべての情報がルールに記された人工的な世界で行われます。

ゲームは、特に強化学習に適しています。強化学習は、プログラムを繰り返し実行し、タスクをどれだけうまく達成したかを評価する必要があることを思い出してください。建物の周りを移動するロボットを訓練するために強化学習を使用しているとします。制御システムがきめ細かく調整される前に、ロボットが階段を落ちたり家具を傷つけたりする危険性があります。もう1つの選択肢は、ロボットが動作する環境をコンピュータシミュレーションで構築することです。これにより、訓練されていないロボットを現実世界で走らせるリスクを排除しますが、新しい問題が生じます。まず、詳細なコンピュータシミュレーションを開発しなければなりません。それは、それ自体で重大なプロジェクトです。第二に、シミュレーションが完全に正確でない可能性が常にあります。

一方、ゲームでは、私たちがする必要があるのは、AIを動かすことだけです。学習中に数百万回の対局に敗れたとして、気にする必要があるでしょうか？　強化学習では、ゲームは容易でない研究にとって不可欠です。BreakoutのようなAtariのビデオゲームで、多くの最先端のアルゴリズムが最初に実証されました。

誤解のないように言うと、物理的な世界の問題にも強化学習をうまく適用することができます。多くの研究者とエンジニアが行っています。しかし、ゲームから始めると、現実的な訓練環境を作り出すという問題が解決され、強化学習の仕組みと原理に集中することができます。

この章では、囲碁のゲームのルールを紹介します。次に、ボードゲームAIの構造の概要を説明し、深層学習を導入できるポイントを明らかにします。最後に、開発中のゲームAIの強さをどのように評価できるかについて説明します。

2.2 囲碁の紹介

あなたはこの本を読むために強い囲碁のプレイヤーである必要はありませんが、コンピュータプログラムで実装できるほど十分にルールを理解する必要があります。幸いにも、囲碁のルールは非常に単純です。端的に言うと、2人のプレイヤーは黒のプレイヤーから始めて、黒と白の石を交互に盤に置きます。目標は、できるだけ多くの領域を自分の石で囲むことです。

ルールは単純ですが、囲碁の戦略は無限の深さを持っています。しかし、この本で取り上げることはしません。詳細を知りたい場合は、この章の最後にいくつかの資料を提供しています。

2.2.1 盤面

囲碁の盤面は図2.1に示すように正方形の格子です。石は、四角形の内側ではなく、交点に置きます。標準的な盤面は19×19（19路盤）ですが、短時間での対局用に小さな盤面を使用することがあります。小さな盤面として9×9（9路盤）と13×13（13路盤）が一般的です。（サイズは盤上の交点の数であり、正方形の数ではありません。）9つの交点に点で印が付けられていることを確認してください。これらの点を**星**と呼びます。主な目的は、プレイヤーが盤上の距離を判断するのを助けることで、ゲームプレイには影響を与えません。

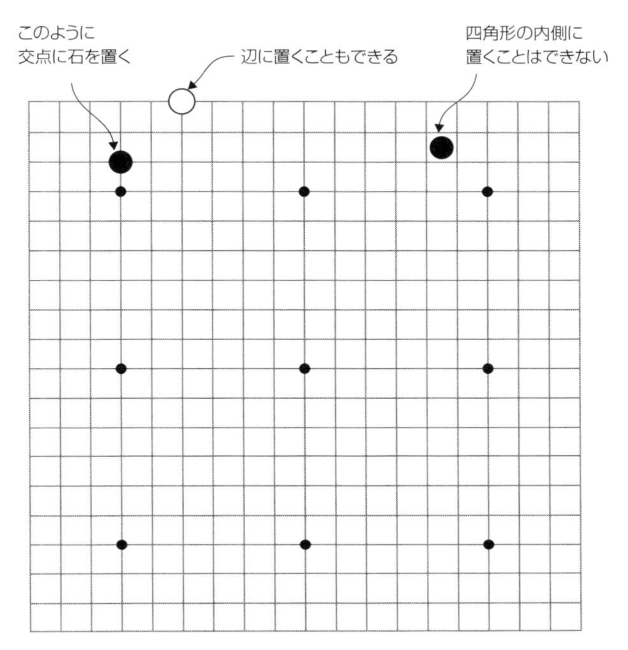

図2.1 標準的な19路盤：点で印の付いた交点は星です。星は単にプレイヤーの目印のためにあります。石は交点に置きます。

2.2.2 着手と取り

1人のプレイヤーは黒石でプレイし、もう1人は白石でプレイします。2人のプレイヤーは、黒石のプレイヤーから始めて、盤上に石を打ちます。石は盤上で移動しませんが、囲われると取られて除かれることがあります。相手の石を取るためには、自分の石で相手の石を完全に囲む必要があります。どういうことか見てみましょう。

隣り合っている同じ色の石は、図2.2に示すように、共に接続されているとみなされます。接続は、上、下、左、右だけを考慮します。対角線は含みません。接続された石のグループに隣接する、石が存在しない交点は、そのグループの**呼吸点**と呼ばれます。すべてのグループには、少なくとも1つの呼吸点が必要です。つまり、相手の呼吸点を埋めることで相手の石を取ることができます。

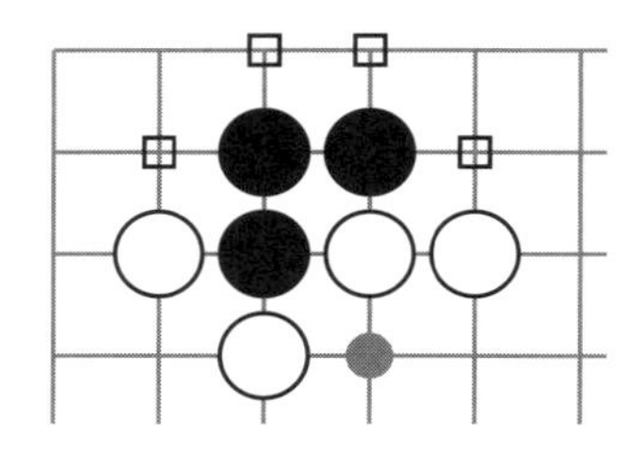

図2.2　3つの黒石がつながっている：黒は四角の印をつけた点に4つの呼吸点を持っています。白はそのすべての呼吸点に白石を打つことで黒石を取ることができます。

相手の石のグループの残り1つの呼吸点に石を打つと、その石のグループを取る（capture）ことができ、盤上から取り除かれます。そして、どちらかのプレイヤーが着手（move）するときに、新たに空になった点を（着手が合法である限り）使用できます。反対に、取ることができない限り、**呼吸点のない石を打つことはできません。**

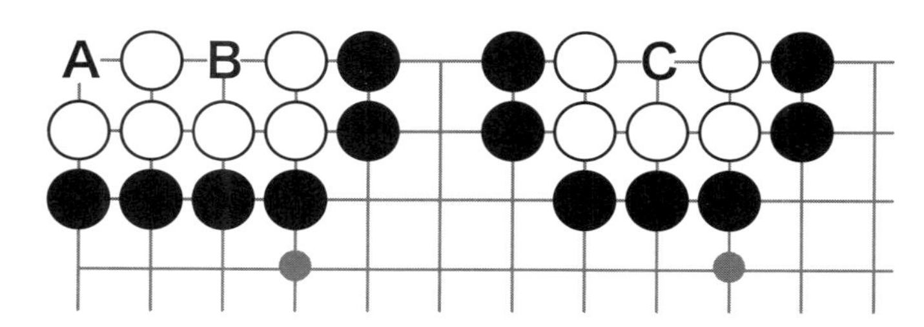

図2.3　左の白石は取ることができない：黒はAにもBにも打てません。黒石は呼吸点がないので、非合法手です。一方、黒はCで5つの白石を取ることができます。

取りに関するルールで興味深い結果があります。石のグループが内側に2つの完全に別個の呼吸点を持っているなら、そのグループは決して取られません。図2.3を見てください。黒石は呼吸点を持たないため、黒はAに打つことができません。黒はBにも打つことができないため、黒は白石のグループの残り2つの呼吸点を埋める方法がありません。これらの内側の呼吸点は**眼**（eyes）と呼ばれます。一方、黒は5つの白石を取るためにCに打つことができます。そちらの白石のグループには眼が1つしかなく、ある時点で取られる運命にあります。

明示的にルールの一部ではありませんが、2つの眼を持つグループを取ることができないという考え方は、囲碁の最も基本的な戦略の一部です。実際、これは私たちがボットのロジックに具体的に記述する唯一の戦略です。すべてのより高度な囲碁の戦略は、機械学習を通じて推論されます。

2.2.3 終局と勝敗の決定

どちらのプレイヤーも石を打たずに、手番をパスすることができます。両方のプレイヤーが連続してパスすると、対局が終了します。勝敗を決定する前に、プレイヤーは死に石を特定します。2つの眼を作ることができない石や、近くの石につなぐことができない石を死に石と呼びます。死に石は、勝敗の決定時に取りとまったく同じように扱われます。双方に不一致がある場合、プレイヤーは対局を再現することによって解決することができます。しかし、これは非常にまれです。グループの死活が不明な場合、プレイヤーは通常、パスする前に解決しようとします。

ゲームの目標は、相手よりも盤上に大きな領域を囲むことです。得点を加算するには2通りの方法がありますが、ほとんど同じ結果が得られます。

最も一般的な加算方法は**日本ルール**（territory scoring）です。この場合、自分の石に完全に囲まれた盤上のすべての交点（「地」と呼びます）につき1目を加算し、取った相手の石ごとに1目を加算します。より多く得点したプレイヤーが勝者です。

もう1つの加算方法は**中国ルール**（area scoring）です。中国ルールでは、地の得点に加えて、盤上にあるすべての石につき1目を加算します。非常にまれな場合を除いて、いずれの方法でも勝者は同じになります。どちらのプレイヤーも最後までパスしない場合、取った石の差は盤上の石の差に等しくなります。

日本ルールは日常的な対局ではより一般的ですが、中国ルールの方がコンピュータにとって少し扱いやすくなります。本書全体を通して、別段の記載がない限り、AIは中国ルールに従ってプレイしていると想定しています。

さらに、白のプレイヤーは、黒番の有利を調整するために追加で得点します。この追加の得点のことを**コミ**と呼びます。コミは通常日本ルールでは6目半で、中国ルールでは7目半になります。この本の中ではコミを7目半とします。

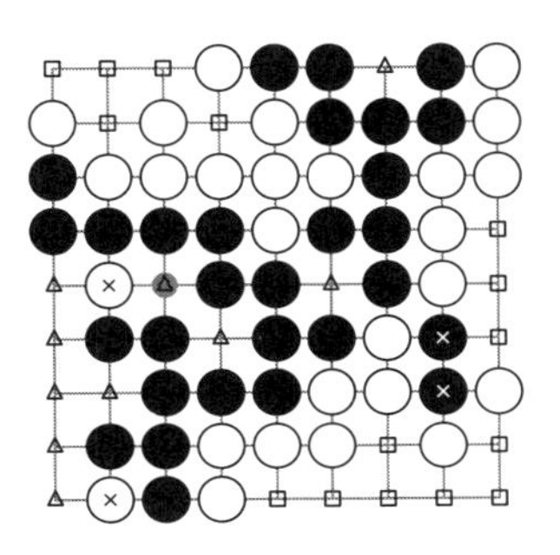

図2.4 9路盤の最終的な局面：死に石はXで印されています。黒の地には三角形が付いています。白の地には四角が付いています。

図2.4は、9路盤の例を示しています。加算方法は次のとおりです。

1. 最初に、Xでマークされた石は死んだと見なされます。プレイヤーが実際に対局で取っていないにもかかわらず、取った石としてカウントされます。黒はまた、図示していませんがゲームの序盤で取った石があります。黒には3つの取った石があり、白には2つの取った石があります。
2. 黒は12目の地を持っています。三角で印された10目と、死んだ白石の2目を加えます。
3. 白は17目の地を持っています。四角で印された15目と死んだ黒石の2目を加えます。
4. 黒は死んだ黒石を取り除いた後、盤上に27の石を持っています。
5. 白は死んだ白石を取り除いた後、盤上に25の石を持っています。
6. 日本ルールでは、白は地が17目＋取った石が2＋コミが 6目半で、合計25目半あります。黒は地が12目＋取った石が3で、合計15目あります。
7. 中国ルールでは、白は地が17目＋盤上に25石＋コミが7目半で、合計49目半があります。黒は地が12目＋盤上に27石で、合計39目あります。
8. どちらの方法でも、白が10目半差で勝ちます。

終局にはもう1つの方法があります。どちらのプレイヤーもいずれの時点でも投了することができます。経験豊かなプレイヤー同士の試合では、はっきりと劣勢の場合に投了することが礼儀正しいと考えられています。AIが良い相手になるためには、いつ投了すべきかを学ぶべきです。

2.2.4 コウ

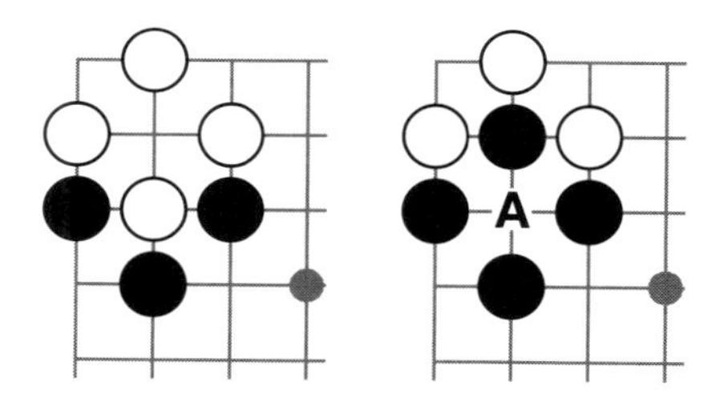

図2.5 コウのルールの図解：まず、黒は白石を1つ取ります。白はAに打つことで黒石を取りたいが、前の局面に戻ってしまいます。コウのルールは、取った後に再び取るという無限の繰り返しを防ぐために、このような着手を禁止します。白はまずは盤上の別の場所に着手しなければなりません。その後、盤全体でみると新しい局面となるので、白は後でAに打つことで黒石を取りに戻ってくることがあります（黒がそれを阻止しないと仮定しています）。

石を打てる場所にはもう1つの制限があります。対局が確実に終了するように、局面を以前の状態に戻す着手をすることは禁止されています。図2.5に、これがどのように起こるかの例を示します。

図では、黒がちょうど1つの白石を取りました。白は、先ほど打たれた黒石を取り返すために、Aと記された場所に着手したいかもしれません。しかし、そうすると2手前と同じ局面に戻ってしまいます。代わりに、白は盤上のどこか別の場所にまずは着手する必要があります。その後で、白がAで黒石を取ると、盤上全体では局面が異なるので、合法です。もちろん、黒には弱い石を守る機会があります。コウとなる石を再び取るためには、白のプレイヤーは盤上のどこかで十分に黒の注意を引けるだけの邪魔をする必要があります。

このような状況は、永遠を意味する**劫**という日本語から**コウ**と呼ばれています。プレイヤーは、コウが盤上にあるときに特別な戦略を採用します。これは、以前の世代の囲碁AIの弱点でした。第7章では、ニューラルネットワークにコウの戦略を学習するヒントを与える方法を示します。それは、ニューラルネットワークを効果的に訓練するための一般的な手法です。ニューラルネットワークに学習させたいルールを明確にすることができない場合でも、注意を喚起したい状況を強調する方法で入力をエンコードすることができます。

2.3 ハンディキャップ

実力差がある2人のプレイヤーが対局する場合、対局の面白さ保つ単純なシステムがあります。弱いプレイヤーが黒番となり、対局が始まる前に盤にいくつかの石を置きます。これらの石は置き石と呼び、置き石を置いて対局することを置き碁と呼びます。次に、より強いプレイヤーが白番となり、最初の着手をします。さらに、置き碁では、通常、コミは0.5目に減らします。通常、コミの目的は、先手の有利を調整することですが、置き石は黒に有利な得点を与えることです。そのため、両者の目的は互いに食い違います。コミの残った0.5目は引き分けを避けることだけが目的です。

伝統的には星に置き石を置きますが、黒のプレイヤーに置く場所を選択させることがあります。

2.4 さらに知るためには

ゲームのルールを説明してきましたが、何が囲碁に夢中にさせるのかには触れてすらいません。それはこの本の範囲を超えていますが、何回か対局をしてみて自分自身でさらに学ぶことをお勧めします。

- 囲碁を始める最善の方法は、飛び込んで対局を始めることです。オンラインで軽い気持ちでできる対局を見つけることが以前より簡単になりました。Online Go Server（https://online-go.com）は、Webブラウザで直接対局できる人気のあるサーバです。ルールを学んだだけでも、ランキングシステムにより勝負になる相手を見つけることができます。他の一般的な囲碁サーバには、Kiseido Go Server（http://gokgs.com）やTygem（http://www.tygemgo.com/）があります。
- Sensei's Library（https://senseis.xmp.net）は、Wiki形式の参考資料であり、たくさんの戦略、ヒント、歴史、トリビアがあります。
- Janice Kimの **Learn To Play Go** シリーズは、英語の囲碁の書籍の中で最高にランク付けされています。まったくの初心者に向けては、第1巻と第2巻を強くお勧めします。あっという間に囲碁の要点を理解できるようになります。

2.5 機械に何を教えられるか？

囲碁や三目並べ（tic-tac-toe）をプレイするようにコンピュータをプログラミングするかどうかにかかわらず、ほとんどのボードゲームAIは似たような全体構造をしています。この節では、その構造の概要を説明し、AIが解決する必要のある具体的な問題を特定します。ゲームに応じて、最適な解決策にはゲーム固有のロジック、機械学習、またはその両方を含みます。

2.5.1 序盤での着手の選択

ゲームの序盤には、ゲームの残りの部分で膨大な数のバリエーションがあるため、特定の着手を評価することが困難です。チェスと囲碁AIの両方は、多くの場合、定石（定跡）を使います。定石とは、熟練した人間の対局から取った序盤の手順のデータベースのことです。これを構築するには、強いプレイヤーの棋譜のコレクションが必要です。棋譜を分析して、共通の局面を探します。どのような共通の局面でも、次の着手に強い一致がある場合、たとえば、1つまたは2つの着手が全体の80%を占める場合、その着手を定石に追加します。ボットは、対局するときに定石を調べることができます。初期の局面が定石に現れた場合、ボットは熟練者の着手を調べます。

ゲームが進行するにつれて盤から駒が取り除かれるチェスとチェッカーでは、AIに同様の終盤のデータベースが含まれています。盤上の駒が少数になったら、すべてのバリエーションを事前に計算できます。この技法は、終局に向かって盤が埋まっていく囲碁には実際に適用されません。

2.5.2 局面の探索

ボードゲームAIの背後にある核となる概念は木探索です。人間が戦略ゲームをどのようにプレイするかを考えてみましょう。まず、次の手番のための可能な着手を考えます。それから、相手がどのように反応しそうかと考え、それにどのように対応するかなどを計画する必要があります。私たちはできるだけ多くのバリエーションを読んで、その結果が良いかどうかを判断します。次に、少し前に戻って別のバリエーションを見て、それが良いかどうかを確認します。

これは、ゲームAIで使用される木探索アルゴリズムがどのように機能するかを非常に良く説明しています。もちろん、コンピュータは何の問題もなく何百万もの局面を探索できますが、人間は頭の中に一度に少しのバリエーションしか残すことができません。人間は直感でコンピューティング能力不足を補います。熟練したチェスと囲碁のプレイヤーは、考慮する価値のある手を驚くほどうまく見つけます。

最終的に、チェスではコンピューティングパワーによって人間に勝ちました。しかし、トップの人間のプレイヤーと競うことができるようになった囲碁AIには、人間の直感をコンピュータにもたらしたという興味深い紆余曲折がありました。

2.5.3 検討する着手の削減

ゲーム木探索では、与えられた手番での可能な着手の数が分岐の数です。

チェスでは、分岐の数の平均は約30です。ゲームの開始時に、各プレイヤーは最初の着手において20の合法手から選択できます。対局が進行すると数が少し増えます。その規模では、4手または5手先の可能なすべての手を先読みすることは現実的であり、チェスエンジンはそれよりもさらに深く有望な手順を読みます。

それと比較すると、囲碁の分岐の数は膨大であることがわかります。対局の最初の着手では、361の合法手があり、その数の減少はとてもゆっくりです。手番ごとに平均して約250の有効な手があります。これは、4手先読みしただけで、約40億の局面を評価する必要があることを意味します。検討する数を絞り込むことが重要です。

表2.1 ゲームの局面のおよその数

	分岐の数が30の場合（チェス）	分岐の数が250の場合（囲碁）
2手後	900	62,500
3手後	27,000	1.5億
4手後	810,000	40億
5手後	2.4億	1兆

囲碁では、盤面の最も重要な部分を確実に識別するルールを書くことは非常に困難であるため、ルールを基にして着手を選択する方法がこのタスクでは普通でないことが分かります。しかし、深層学習はこの問題にまさに適しています。人間の囲碁プレイヤーを模倣するために教師あり学習を適用してコンピュータを訓練することができます。

強い人間のプレイヤー同士の大量の棋譜を収集することから始めます。ここでオンライン対局サーバは豊富な資料になります。次に、コンピュータ上ですべての対局を再現して、各局面とその局面での着手を抽出します。それが訓練データセットとなります。適切な多層ニューラルネットワークを用いることで、人間の着手を50%以上の精度で予測することが可能です。予測された人間の着手を再現するボットを構築することができ、それはすでに人間らしい対局相手になります。しかし、真の実力は、これらの着手の予測と木探索を組み合わせときに発揮されます。つまり、予測された着手により、探索する枝のランク付けを行います。

2.5.4 局面の評価

分岐の数により、AIがどれだけ先まで読むことができるかが制限されます。もしゲームの最後までの手順を完全に読み切ることができれば、誰が勝つのかを知ることができます。そうであれば、手順が良いかどうかを判断するのは簡単です。しかし、それは三目並べ（tic-tac-toe）よりも複雑なゲームでは現実的ではありません。可能なバリエーションの数が大きすぎるためです。ある時点で、手順を読むのをやめて、そのうち1つを選択する必要があります。そのために、手順の最後に読んだ局面に対して、数値スコアを付けます。分析したすべてのバリエーションの中から、最高得点につながる手を選択します。そのスコアをどのように計算するかは難しい部分です。それは、局面評価の問題です。

チェスAIでは、局面の評価はチェスプレイヤーにとって納得できる論理に基づいています。相手が自分のポーンを取って、自分が相手のルークを取れば、自分にとって良いと評価する、といった簡単なルールから始めることができます。トップのチェスエンジンは、駒が盤上のどこまで移動できて、他のどの駒が移動を妨げているのかといったことよりもはるかに洗練されたルールを持っています。

囲碁では、局面の評価は着手の選択よりも難しい場合があります。ゲームの目標はより多くの領域を囲むことですが、領域を数えるのは驚くほど困難です。境界は終局間際まで曖昧なままです。取った石を数えることはあまり役に立ちません。終局まで取った石がわずかの場合があります。これは、人間の直感が支配する別の領域です。

深層学習はここでも大きなブレークスルーとなりました。着手の選択に適したニューラルネットワークは、局面を評価するためにも訓練することができます。次の手を予測するためにニューラルネットワークを訓練する代わりに、誰が勝つのかを予測するように訓練します。ネットワークを設計して、その予測を確率として表現することで、局面を評価するための数値スコアが与えられます。

2.6 囲碁AIの強さを測定する方法

囲碁AIを作成していると、自然にどれだけ強いか知りたいと思うことでしょう。ほとんどの囲碁プレイヤーは、伝統的な日本のランキングシステムに精通しているので、同じ基準でボットの強さを測定したいと考えます。強さのレベルを測定する唯一の方法は、他の相手と対局することです。そのために他のAIや人間のプレイヤーと対局する必要があります。

2.6.1 伝統的な囲碁の段級位

囲碁プレイヤーは一般的に、伝統的な日本のシステムによって級（初心者）または段（上級者）の位を与えられます。段位は、アマチュアの段位とプロの段位に分かれています。最高の級位は1級であり、数が多いほど弱くなります。段位の数は反対方向に進みます。1段は1級より位1つ強く、段位の数が大きくなるほど強くなります。アマチュアプレイヤーの場合、伝統的に7段が最高位です。アマチュアプレイヤーは地域の囲碁協会から認定を受けることができます。また、オンラインのサーバでもプレイヤーのレーティングを測ることができます。段級位がどのように積み上げられているかを表2.2に示します。

表 2.2　伝統的な囲碁の段級位

25級	ルールを学んだばかりの初心者
20級 〜 11級	初心者
10級 〜 1級	中級者
1段以上	強いアマチュアプレイヤー
7段	トップアマチュアプレイヤー、プロの強さに近い
プロ1段 〜 プロ9段	世界で最強のプレイヤー

アマチュアの段級位は、2人のプレイヤーの力の差を埋めるために必要な置き石の数に基づいています。例えば、アリスが2級でボブが5級であれば、通常、アリスがボブに3石の置き石を与えることで勝率が等しくなることを意味します。

プロの段位は少し違う方法で定められ、タイトル戦に近いものです。地域の囲碁協会は、主要な大会の結果に基づいてトップのプレイヤーにプロの段位を与え、その段位は生涯にわたって保持されます。アマチュアとプロの基準は直接比較できませんが、プロの段位を持つプレイヤーは、少なくともアマチュアの7段のプレイヤーと同じくらい強いと思っても差し支えありません。トッププロの強さはそれよりもはるかに上です。

2.6.2 囲碁 AIのベンチマーク

あなた自身のボットの強さを見積もる簡単な方法は、強さがわかっている他のボットと対局することです。GNU GoやPachiなどのオープンソースの囲碁エンジンは、優れたベンチマークとなります。GNU Goは5級くらいで、Pachiは1段くらいです（Pachiのレベルは、提供する計算力に依存します）。したがって、ボットとGNU Goを100回対局させた場合、およそ50局で勝利すれば、ボットは5級近くのどこかにあると結論づけることができます。

より正確な段級位を測るために、AIをランキングシステム付きの公開されている囲碁サーバで対局するように仕掛けることができます。合理的な見積もりを得るためには、数十回の対局で十分です。

2.7 まとめ

- 既知のルールで制御された環境を作成できるため、ゲームはAI研究で広く使われているテーマです。
- 今日の最も強力な囲碁AIは、ゲーム固有の知識ではなく機械学習に依存しています。考慮すべきバリエーションが非常に多いため、ルールベースの囲碁AIは歴史的に強くはありませんでした。
- 囲碁で深層学習を適用できる2つの箇所は、着手選択と局面評価です。
- 着手選択における課題は、特定の局面で考慮すべき一連の手を狭めることです。適切な着手選択を行わなければ、囲碁AIが読む分岐が多すぎます。
- 局面評価は、どちらのプレイヤーがどれくらい優勢かを推定する問題です。良い局面評価がなければ、囲碁AIは良い変化を選ぶことができません。
- 囲碁AIの強さを、GNU GoやPachiのような広く利用されていて強さがわかっているボットと対局することによって測定することができます。

第3章 最初の囲碁ボットの実装

この章では、次の内容を取り上げます。

- **Pythonによって囲碁の盤面を実装します**
- **一連の石を配置し、ゲームをシミュレートします**
- **合法な着手が確実に行われるように、囲碁のルールをコード化します**
- **自分自身のコピーと対局できる単純なランダムなボットを構築します**
- **ボットと最後まで対局します**

この章では、囲碁のゲームを表現するデータ構造と、囲碁をルール通りに実行するアルゴリズムを提供する柔軟なライブラリを構築します。前の章で見たように、囲碁のルールは単純ですが、それをコンピュータ上で実装するためには、すべてのエッジケースを注意深く検討する必要があります。あなたが囲碁の初心者である場合や、ルールの復習をする必要がある場合は、第2章を読んで確認してください。この章は純粋に技術的な内容で、詳細を十分に理解するためには囲碁のルールに関する実用的な知識が必要です。

囲碁のルールを表すことは、賢いボットを作成するための基礎であり、非常に重要です。ボットに着手の良し悪しを教える前に、合法と非合法な着手が何であるかを教える必要があります。

この章の最後に、最初の囲碁ボットを実装します。そのボットはまだ非常に弱いですが、次の章で、もっと強力なバージョンに発展させるために必要な、囲碁のゲームについてのすべての知識を持っています。

はじめに形式的に盤面について紹介し、コンピュータを使って囲碁をプレイするための、プレイヤーや石、着手とは何か？　と言った基本的な概念について取り掛かります。次に、ゲームプレイの側面に移ります。どの石を取る必要があるのか、コウのルールをいつ適用するのかを、どのようにしてコンピュータで素早く確認するのでしょうか？　ゲームはいつ、どのように終わるのでしょうか？ この章ではこれらの質問にすべて答えます。

3.1 Pythonによる囲碁ゲームの表現

囲碁は正方形の盤上でプレイされます。通常、初心者は9 x 9（9路盤）または13 x 13（13路盤）の盤から始めて、上級者やプロ棋士は19 x 19（19路盤）の盤でプレイします。しかし、原理上は、囲碁は任意のサイズの盤でプレイできます。着手のための正方形の格子を実装するのはかなり単純ですが、その裏で複雑な問題を処理する必要があります。

私たちが**dlgo**と呼ぶモジュールを段階的に構築することで、Pythonで囲碁ゲームを表現していきます。この章では、ファイルを作成し、最終的に私たちの最初のボットにつながるクラスと関数を実装することが求められます。この章および後の章のすべてのコードは、GitHub上にあります。

`http://mng.bz/gYPe`

このリポジトリを参照するためには複製を作成する必要がありますが、最初からファイルを作成してライブラリがどのように構築されているかを1つ1つ確認することを強くお勧めします。GitHubリポジトリのマスターブランチには、本書で使用されているすべて（それ以上）のコードが含まれています。この章から、その章に必要なコードだけを含む、各章のための特別なgitブランチがあります。たとえば、この章のコードはchapter_3のブランチにあります。次の章でも同じ命名規則に従います。GitHubリポジトリにはこの章や後の章のコードのための豊富なテストコードを含みます。

囲碁を表現するPythonライブラリを構築するには、以下のような異なるユースケースをサポートするために十分な柔軟性を持つデータモデルが必要です。

- 人間相手の対局で、ゲームの進行状況を追跡します。
- ボット同士の対局で、ゲームの進行状況を追跡します。これは上記とまったく同じように見えるかもしれません。しかし、いずれ判明しますが、わずかな違いがあります。最も注目すべき点は、素朴なボットは、いつゲームが終わったかを認識するのに苦労するということです。2つの単純なボットをお互いに対局させることは、後の章で使用される重要な技法なので、ここで取り上げる価値があります。
- 同じ局面から予測される多くの手順を比較します。
- 棋譜をインポートし、それらから訓練データを生成します。

プレイヤーや着手が何であるかといったいくつかの簡単な概念から始めます。これらの概念は、後の章で上記のすべてのタスクに取り組むための基礎となります。

最初に、新しいdlgoフォルダを作成し、そこに空の__init__.pyを配置してPythonモジュールとして読み込めるようにします。また、gotypes.pyとgoboard_slow.pyという2つのファイルを追加で作成します。これらのファイルに盤面とゲームプレイに関連するすべての機能を追加します。この時点のフォルダ構成は次のようになります。

```
dlgo
    _init__.py
    gotypes.py
    goboard_slow.py
```

黒と白のプレイヤーは交互に手番を握ります。異なる石の色を表現するためにenumを使用します。プレイヤーは黒または白のいずれかです。一度プレイヤーが石を置くと、Playerインスタンスのotherメソッドを呼び出すことで色を切り替えることができます。このPlayerクラスをgotypes.pyに追加してください。

リスト3.1　enumを使ったプレイヤーの表現

```
import enum

class Player(enum.Enum):
    black = 1
    white = 2

    @property
    def other(self):
        return Player.black if self == Player.white else Player.white
```

本章のはじめに述べたように、この本ではPython 3を使用しています。その理由の1つは、gotypes.pyで使っているenumのように、プログラミング言語の現代的な機能の多くがPython 3の標準ライブラリの一部であるということです。

次に、盤上の座標を表すために、タプルを使用します。次のPointクラスもgotypes.pyに追加します。

リスト3.2　タプルを使用した盤上の点の表現

```
from collections import namedtuple

class Point(namedtuple('Point', 'row col')):
    def neighbors(self):
        return [
            Point(self.row - 1, self.col),
```

```
            Point(self.row + 1, self.col),
            Point(self.row, self.col - 1),
            Point(self.row, self.col + 1),
        ]
```

名前付きタプルを使用すると、point [0] と point [1] の代わりに point.row と point.col として座標にアクセスできます。これにより読みやすさが大幅に向上します。

また、プレイヤーが1手で取ることができる行動を表す構造も必要です。通常、手番では盤上に石を置きますが、プレイヤーはいつでもパスまたは投了することができます。アメリカ囲碁協会（American Go Association, AGA）の慣例では、**着手**（move）という語はこれら3つの行動のいずれかを意味し、**打つ**（play）は実際に石を置くことを意味します。したがって、Moveクラスでは、3つのタイプの着手（打つ、パス、投了）をすべてコード化し、着手がこれらのタイプのうちの1つに対応することを確認します。打つ場合は、打つ場所のPointを引数として渡す必要があります。このMoveクラスをgoboard_slow.pyファイルに追加します。

リスト3.3　着手の設定：打つ、パス、投了

```
import copy
from dlgo.gotypes import Player

class Move():    ❶
    def __init__(self, point=None, is_pass=False, is_resign=False):
        assert (point is not None) ^ is_pass ^ is_resign
        self.point = point
        self.is_play = (self.point is not None)
        self.is_pass = is_pass
        self.is_resign = is_resign

    @classmethod
    def play(cls, point):    ❷
        return Move(point=point)

    @classmethod
    def pass_turn(cls):    ❸
        return Move(is_pass=True)

    @classmethod def resign(cls):    ❹
        return Move(is_resign=True)
```

❶ プレイヤーが手番で取ることができるアクションは、is_play、is_pass、is_resignのいずれかに

なる

❷ この着手は盤上に石を置く

❸ この着手はパスする

❹ この着手は、現在のゲームを投了する

以下では、クライアントは一般的にMoveコンストラクタを直接呼び出すことはありません。代わりに、Move.play、Move.pass_turn、またはMove.resignを呼び出して着手のインスタンスを作成します。

これまでのところ、Playerクラス、Pointクラス、およびMoveクラスはすべてプレーンなデータ型です。これらは盤を表現するための基本ですが、ゲームのロジックを含んでいません。これは意図的に行われており、このようにゲームプレイの懸案事項を分けるとメリットがあります。

次に、上記の3つのクラスを使ってゲーム状態を更新できるクラスを実装します。

- Boardクラスは、石を置くロジックと石を取るロジックを担当します。
- GameStateクラスは、盤面のすべての石が含むだけでなく、どちらの手番かと前の状態が何であったかを追跡します。

3.1.1 囲碁の盤面の実装

GameStateに取り掛かる前に、まずBoardクラスを実装しましょう。最初のアイデアは、盤上の各点の状態を追跡する19 x 19の配列を作成することです。これは良い出発点です。ここで、盤から石を取り除く条件をチェックするアルゴリズムについて考えてみましょう。1つの石の呼吸点の数は、その直接の近傍にある空の点の数によって定義されることを思い出してください。4つの隣接点すべてが敵石で占められている場合、その石には呼吸点がなくなり、取られます。接続された石のグループが大きい場合は、状況を確認することがより難しくなります。例えば、黒石を置いた後、すべての隣接した白石をチェックして、黒が取って取り除かなければならない石をチェックする必要があります。具体的には、次のことをチェックする必要があります。

1. まず、隣接する点のいずれかに呼吸点が残っているかどうかを確認します。
2. 次に、隣接する点に隣接する点のいずれかに呼吸点が残っているかどうかを確認します。
3. その後、隣接する点に隣接する点に隣接する点を次々に調べる必要があります。

この手順では、完了するまでに数百のステップが必要になることがあります。既に200手打たれた盤上において、蛇行してつながる相手の領域を想像してみてください。この処理を高速化するために、直接接続されたすべての石を1つの構成単位として明示的に追跡します。

3.1.2 連（string）：接続された石のグループ

前節では、単独で石を調べると計算量が増えることがわかりました。代わりに、同じ色の接合された石のグループと**その呼吸点**を同時に追跡します。これは、ゲームロジックとして実装するよりもはるかに効率的です。

同じ色のつながった石のグループを、図3.1に示すように、**石の連**（string of stones）または単に**連**（string）と呼びます。次のGoStringの実装のように、Pythonのset型を使うことでこの構造を効率的に構築できます。これをgoboard_slow.pyに追加します。

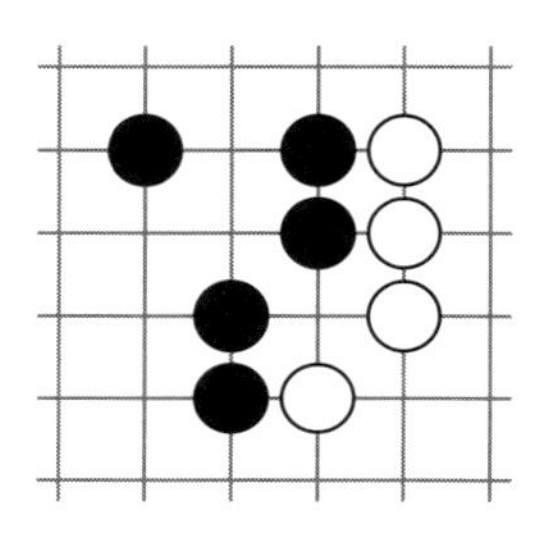

図3.1　この局面では、黒は3つの連、白は2つの連を持っている：大きい白の連には6つの呼吸点があり、1つの白石には3つしかありません。

リスト3.4　setによる石の連のエンコード

```
class GoString():    ❶
    def __init__(self, color, stones, liberties):
        self.color = color
        self.stones = set(stones)
        self.liberties = set(liberties)

    def remove_liberty(self, point):
        self.liberties.remove(point)

    def add_liberty(self, point):
        self.liberties.add(point)

    def merged_with(self, go_string):    ❷
        assert go_string.color == self.color
        combined_stones = self.stones | go_string.stones
        return GoString(
            self.color,
```

```
            combined_stones,
            (self.liberties | go_string.liberties) - combined_stones)

    @property
    def num_liberties(self):
        return len(self.liberties)

    def __eq__(self, other):
        return isinstance(other, GoString) and \
            self.color == other.color and \
            self.stones == other.stones and \
            self.liberties == other.liberties
```

❶ 連は、同じ色の石でつながった石のグループ
❷ 両方の連のすべての石を含む新しい連を返す

GoStringは自分自身の呼吸点を直接追跡しており、num_libertiesを呼び出すことで、いつでも呼吸点の数にアクセスできます。これは、上記の単独の石から始める単純なアプローチよりはるかに効率的です。

また、remove_libertyとadd_libertyを使用して、指定した連に呼吸点を追加したり削除したりすることもできます。連の呼吸点は、通常、連の隣に石を打つと減少し、連に隣接する敵石をその連または他のグループが取ると増加します。

さらに、GoStringのmerged_withメソッドに注目してください。これは、プレイヤーが石を置いて2つのグループを連結するときに呼び出されます。

3.1.3 盤上に石を置くことと取ること

石と石の連について検討した後、次のステップでは当然、実際に石を盤上に置く方法について検討します。リスト3.4のGoStringクラスを使用すると、石を置くアルゴリズムは次のようになります。

1. 同じ色の隣接する連をマージします。
2. 敵の色の隣接する連の呼吸点を減らします。
3. 敵の色の連の呼吸点が0になっている場合は、その連を取り除きます。

また、新たに作成された連の呼吸点が0である場合、着手を拒否します。これは必然的に、次のBoardクラスの実装につながり、goboard_slow.pyにも実装されます。num_rowsとnum_colsを適切にインスタンス化することによって、盤面に任意の数の行または列を持たせます。内部的に盤面の状態を追跡するために、石の連を格納する辞書型（dictionary）の

プライベート変数_gridを使用します。まず最初に、サイズを指定して盤面のインスタンスを起動しましょう。

リスト 3.5　Boardインスタンスの作成

```
class Board():    ❶
    def __init__(self, num_rows, num_cols):
        self.num_rows = num_rows
        self.num_cols = num_cols
        self._grid = {}
```

❶ 盤面は、指定された行数と列数で空の格子として初期化される

次に、Boardの石を置くためのメソッドについて検討します。place_stoneでは、まずは、呼吸点のために、指定された点に隣接するすべての石を調べなければなりません。

リスト 3.6　呼吸点のために隣接する点をチェックする

```
def place_stone(self, player, point):
    assert self.is_on_grid(point)
    assert self._grid.get(point) is None
    adjacent_same_color = []
    adjacent_opposite_color = []
    liberties = []
    for neighbor in point.neighbors():    ❶
        if not self.is_on_grid(neighbor):
            continue
        neighbor_string = self._grid.get(neighbor)
        if neighbor_string is None:
            liberties.append(neighbor)
        elif neighbor_string.color == player:
            if neighbor_string not in adjacent_same_color:
                adjacent_same_color.append(neighbor_string)
            else:
                if neighbor_string not in adjacent_opposite_color:
                    adjacent_opposite_color.append(neighbor_string)
        new_string = GoString(player, [point], liberties)
```

❶ まず、この点の直接の隣を調べる

リスト3.6の最初の2行はユーティリティメソッドを使用して、点が指定された盤面の範囲内にあり、点にまだ打たれていないことを確認します。これらの2つのメソッドは、以下のように定義されます。

リスト3.7　石を置くためと取り除くためのユーティリティメソッド

```
def is_on_grid(self, point):
    return 1 <= point.row <= self.num_rows and \
        1 <= point.col <= self.num_cols

def get(self, point):   ❶
    string = self._grid.get(point)
    if string is None:
        return None
    return string.color

def get_go_string(self, point):   ❷
    string = self._grid.get(point)
    if string is None:
        return None
    return string
```

❶ 盤上の点の内容を返す。その点に石がある場合はPlayer、それ以外の場合はNoneを返す

❷ ある点における石の連全体を返す。その点に石がある場合はGoString、そうでない場合はNoneを返す

同様に、指定された点に関連付けられた石の連を返すようにget_go_stringも定義します。この機能はおおむね役立ちますが、**自殺手**を防止することは特に重要です（3.2節でより詳しく説明します）。

new_stringを定義した直後から、リスト3.6のplace_stoneの定義を続けます。それは、次のような3ステップのアプローチで概説できます。

リスト3.8　place_stoneの定義の続き

```
for same_color_string in adjacent_same_color:   ❶
    new_string = new_string.merged_with(same_color_string)
for new_string_point in new_string.stones:
    self._grid[new_string_point] = new_string
for other_color_string in adjacent_opposite_color:   ❷
    other_color_string.remove_liberty(point)
for other_color_string in adjacent_opposite_color:   ❸
    if other_color_string.num_liberties == 0:
        self._remove_string(other_color_string)
```

❶ 同じ色の隣接する連をマージする

❷ 敵の色の隣接する連の呼吸点を減らす

❸ 敵の色の連の呼吸点が0になっている場合は、それを取り除く

さて、Boardの定義に欠けているのは、リスト3.8の最後の行のremove_stringで必要とされるように、石の連を取り除く方法だけです。リスト3.9に示すように、これは実際にはかなり単純ですが、敵の連を取り除くときに他の石が呼吸点を得るかもしれないことに留意する必要があります。例えば、図3.2では、黒は白石を取ることができ、それによって、それぞれの黒の石の連に1つの呼吸点が追加されることがわかります。

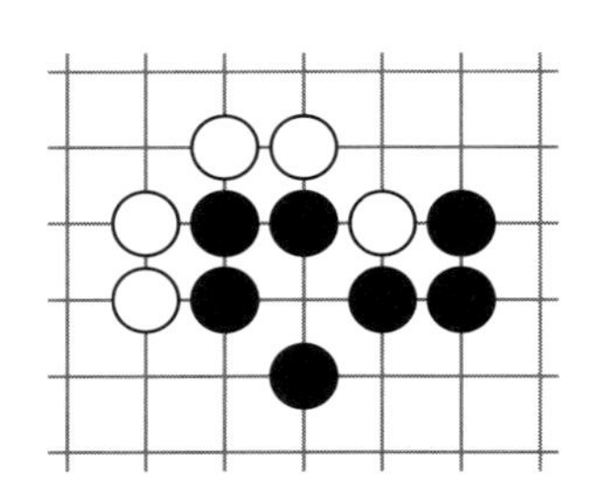

図3.2 黒は白石を取ることができるので、取った石に隣接するそれぞれの連が呼吸点を取り戻すことができます。

リスト3.9 place_stoneの定義の続き

```
def _remove_string(self, string):
    for point in string.stones:
        for neighbor in point.neighbors():    ❶
            neighbor_string = self._grid.get(neighbor)
            if neighbor_string is None:
                continue
            if neighbor_string is not string:
                neighbor_string.add_liberty(point)
        self._grid[point] = None
```

❶ 連を取り除くと、他の連に対して呼吸点を作成できる

この定義でBoardの実装を終了します。

3.2 ゲーム状態と非合法な着手のチェック

Boardクラスに石を置くためのルールと取るためのルールを実装したので、ゲーム状態を捉えて実際にゲームをプレイするGameStateクラスの実装に進みましょう。大まかに言えば、**ゲーム状態**は、主に局面から成り、次のプレイヤー、前のゲーム状態、最後に行われた着手についてわかっています。以下は定義の始まりにすぎませんが、この章ではGameStateにさらに多くの機能を追加します。これもgoboard_slow.pyに追加します。

リスト 3.10　囲碁のためのゲーム状態のエンコーディング

```
class GameState():
    def __init__(self, board, next_player, previous, move):
        self.board = board
        self.next_player = next_player
        self.previous_state = previous
        self.last_move = move

    def apply_move(self, move):    ❶
        if move.is_play:
            next_board = copy.deepcopy(self.board)
            next_board.place_stone(self.next_player, move.point)
        else:
            next_board = self.board
        return GameState(next_board, self.next_player.other, self, move)

    @classmethod
    def new_game(cls, board_size):
        if isinstance(board_size, int):
            board_size = (board_size, board_size)
        board = Board(*board_size)
        return GameState(board, Player.black, None, None)
```

❶ 着手を適用した後、新しいGameStateを返す

GameStateクラスに次のコードを追加するだけで、この時点ですでに、終局しているか決定することができます。

リスト 3.11　終局しているか判定する

```
def is_over(self):
    if self.last_move is None:
        return False
```

```
    if self.last_move.is_resign:
        return True
    second_last_move = self.previous_state.last_move
    if second_last_move is None:
        return False
    return self.last_move.is_pass and second_last_move.is_pass
```

apply_moveに現在のゲーム状態に着手を適用する方法を実装したので、どの着手が合法であるかを識別するコードも記述する必要があります。人間は誤って非合法な着手を試みる可能性があります。ボットは、何もわかっていないので、非合法な着手を試みるかもしれません。そのため、以下の3つのルールをチェックする必要があります。

- 打つ点が空であることを確認します。
- 着手が自殺手ではないことを確認します。
- 着手がコウのルールに違反していないことを確認します。

1つ目は実装するのが簡単ですが、他の2つは、適切に扱うのがやや難しいため、それぞれ別に取り上げて説明します。

3.2.1 自殺手

あなたの石の連に1つだけ呼吸点が残っていて、その呼吸点を埋める点に打つとき、それを**自殺手**と言います。たとえば、図3.3では、黒石が自ら取られています。

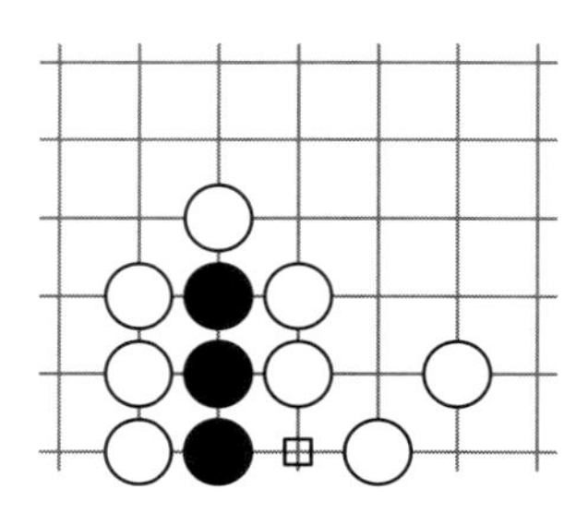

図3.3 この盤面の状態では、3つの黒石に1つの呼吸点、つまりマークされた点が残っている：自殺手のルールのために、黒はそこに打つことができません。一方、白は、マークされた点に打つことで3つの黒石を取ることができます。

白はマークされた点に打つことでいつでも黒石を取ることができ、黒はそれを防ぐ方法がありません。しかし、マークされた点に黒が打てばどうなるでしょうか？ グループ全体で呼吸点がなくなり、取られるでしょう。ほとんどのルールではそのような着手を禁止していますが、いくつかの例外があります。最も注目すべきことに、自殺手は、最大の国際棋戦の1つである4年に1回開催されるIng Cupで認められています。

私たちのコードでは自殺手のルールを強制します。これは、最も一般的なルールと一致しており、ボットが考慮する必要がある着手の数も減らすことができます。自殺手が最善手であること考案することは可能ですが、そのような状況は一般的に知られていません。

図3.3の周りの石を少し変更すると、図3.4のように全く別の状況になります。

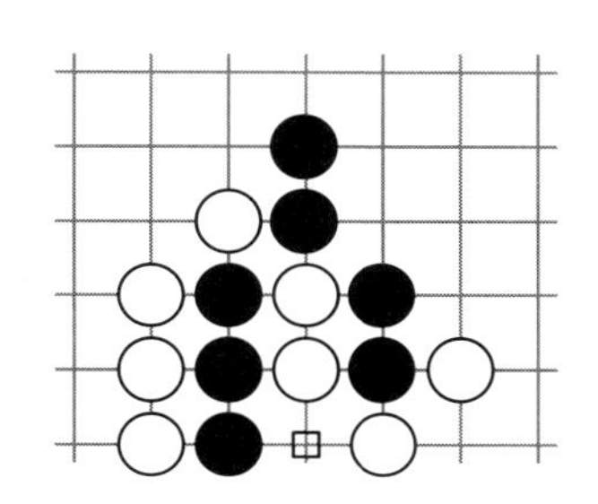

図3.4　このような状況では、マークされた点は黒にとって自殺手ではなく、石を取ることができる点：黒は2つの白石を取り、それによって2つの呼吸点を取り戻すからです。

図3.4のように、通常は、新たに打たれた石に呼吸点があるかどうかを確認する前に、まず相手の石を取り除かなければならないことに注意してください。すべてのルールで、この着手は自殺手ではなく、有効な石を取る手です。なぜなら、黒は2つの白石を取って2つの呼吸点を取り戻すからです。

Boardクラスは実際に自殺手を許可しますが、GameStateではBoardのコピーに着手を適用し、その後呼吸点の数をチェックすることでルールを適用します。

リスト3.12　　自殺手のルールを強制するためにGameStateの定義を続ける

```
def is_move_self_capture(self, player, move):
    if not move.is_play:
        return False
    next_board = copy.deepcopy(self.board)
    next_board.place_stone(player, move.point)
    new_string = next_board.get_go_string(move.point)
    return new_string.num_liberties == 0
```

3.2.2 コウ

自殺手を確認したので、コウのルールの実装に移ります。第2章では、コウとは何か、そしてなぜそれが囲碁にとって重要なのかについて簡単に説明しました。大まかに言えば、着手によって完全に同じ以前の局面に戻る場合に、コウのルールが適用されます。これは、次の図の手順が示すように、プレイヤーがすぐに反撃できないことを意味するものではありません。図3.5では、白が底辺に孤立した石を打ったところです。黒の2つの石は、ただひとつの呼吸点が残っていますが、白石も同じです。

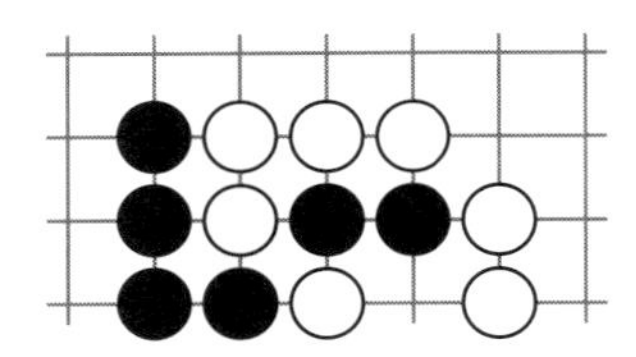

図3.5 白はこの状況で2つの黒石を取りたいと思っているが、白石には1つの呼吸点しか残っていない

黒は今、図3.6に示すように、この白石を取って2つの石を救うことができます。

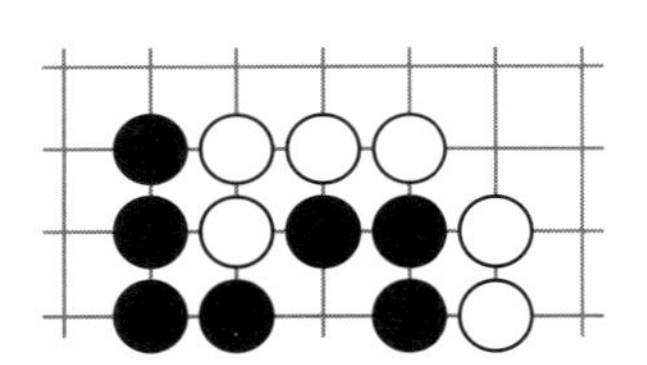

図3.6 続いて、黒は孤立した白石を取って2つの石を救おうする

しかし、図3.7に示すように、白は図3.5で打ったのと**同じ点**にすぐに打つことができます。

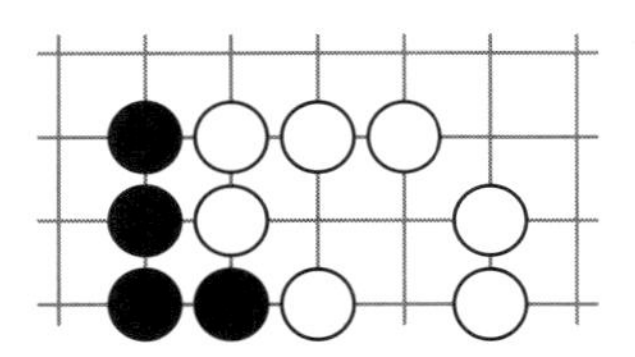

図3.7 このような状況では、白はウッテガエシ（snap-back）できる：コウのルールに違反することなく、3つの黒石を取り返すことができます。

図3.5と3.7は全体の局面が異なるため、白は3つの黒石をすぐに取り返すことができ、コウのルールは適用されません。このような手は**ウッテガエシ**（snap-back）として知られています。単純な状況では、コウのルールは、すぐに石を取り返すことができないことを意味します。しかし、ウッテガエシは非常に一般的であり、そのような局面の存在は、コウを実装する際に非常に慎重になる必要があることを示しています。

さまざまな方法でコウのルールを規定できますが、非常にまれな状況を除いては、それらの方法は実質的に同じです。私たちのコードで適用するルールは次のとおりです。プレイヤーは以前のゲーム状態を再現する手を打つことができません。ゲーム状態には盤上の石と次の手番のプレイヤーの両方が含まれます。この特定の処理方法は、**スーパーコウルール**（situational superko rule）として知られています。

各GameStateインスタンスは前の状態へのポインタを保持しているので、ゲーム木をさかのぼって、履歴全体に対して新しい状態と比較することによって、コウのルールを適用することができます。これを行うために、GameStateの実装に次のメソッドを追加します。

リスト3.13　現在のゲーム状態はコウのルールに違反しているか？

```
@property
def situation(self):
    return (self.next_player, self.board)

def does_move_violate_ko(self, player, move):
    if not move.is_play:
        return False
    next_board = copy.deepcopy(self.board)
    next_board.place_stone(player, move.point)
    next_situation = (player.other, next_board)
    past_state = self.previous_state
    while past_state is not None:
        if past_state.situation == next_situation:
            return True
        past_state = past_state.previous_state
    return False
```

この実装は単純で正確ですが、比較的遅いです。着手のたびに、盤の状態の深いコピーを作成し、この状態を以前のすべての状態と比較しなければなりません。3.5節では、このステップを高速化する興味深いテクニックを紹介します。

3.2節で説明したコウと自殺手の両方の知識を使って、着手が有効かどうかを判断できるようになりました。これで、GameStateの定義を終えます。

リスト3.14　この着手は指定されたゲーム状態に対して有効か？

```
    def is_valid_move(self, move):
        if self.is_over():
            return False
        if move.is_pass or move.is_resign:
            return True
        return (
            self.board.get(move.point) is None and
            not self.is_move_self_capture(self.next_player, move) and
            not self.does_move_violate_ko(self.next_player, move))
```

3.3 終局

コンピュータ囲碁の重要な概念は**自己対局**です。自己対局では、通常、弱い囲碁対局エージェントから始め、それ自身と対局を行い、対局結果を使ってより強力なボットを構築します。第4章では、局面を評価するために自己対局を使用します。第9～12章では、個々の着手とそれらを選択したアルゴリズムを評価するために自己対局を使用します。

この手法を利用するには、自己対局でゲームを確実に終局させる必要があります。人間の対局では、どちらのプレイヤーも次の着手で優位を得ることができないときに終局します。これは人間にとっても難しい概念です。初心者はしばしば相手の領域で見込みのない着手をするか、相手が強固と思われる領域に割り込むのを見て終局します。コンピュータにとって、それはさらに困難です。合法的な着手がある限り、ボットが引き続きプレイすると、最終的には自分の呼吸点を埋めて、すべての石を失います。

ボットが合理的な方法で終局するのに役立つヒューリスティックを考えることができます。例えば、

- 同じ色の石で完全に囲まれた領域には着手しない。
- 呼吸点が1つになる石を着手しない。
- 常に呼吸点が1つの敵石を取る。

残念ながら、**これらのルールはすべて厳しすぎです**。もしボットがこのルールに従えば、生きているグループを殺したり、死んでいるグループを助けたり、単により良い局面を与えて、強い相手に付け込まれるでしょう。ほとんどの場合、私たちの手作りのルールはボットの選択肢を可能な限り制限しないため、より洗練された高度な戦術のアルゴリズムを自由に学習することができます。

この問題を解決するために、囲碁の歴史を見てみましょう。古くは、勝者は盤上に最も多くの石を持っていたプレイヤーでした。プレイヤーは可能なすべての点を埋めてゲームを終了し、グループの眼だけを空にします。これは、ゲームの終わりを長引かせる可能性があるため、プレイヤーはスピードアップの仕方を思いつきました。もし黒が明らかに領域を支配していれば、そこに打たれた白石は最終的に取られるため、黒は実際にその領域を石で埋める必要はありません。プレイヤーの両者は必然的にその領域を黒の領域として数えることに同意するでしょう。これは領土（地）の概念に由来します。そして、何世紀にもわたって明示的に地を数えるようにルールが進化しました。

石の数でスコアを計算することは、領域か領域でないかの問題を回避しますが、それでもボットが自分の石を殺すのを防ぐ必要があります。図3.8を見てください。

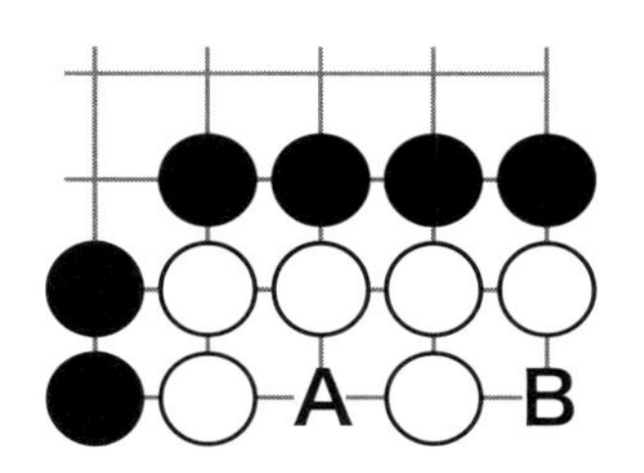

図3.8　白は辺にN1とN3の2つの眼を持ち、どちらの点にも石を置くべきではない：そうしないと、黒にグループ全体を取られてしまいます。私たちの素朴なボットが自分の眼を埋めることは許されません。

可能な限り厳密な定義に従って、ボットが自分の眼を埋めるのを防ぐルールをハードコードします。その目的のために、**眼**は、すべての隣接する点と、4つの角のうちの少なくとも3つが味方の石で埋まっている空の点と定義します。

注：経験豊富な囲碁のプレイヤーは、前述の眼の定義は、いくつかのケースで有効な眼を見逃してしまうことに気づくかもしれません。実装を簡単にするために、それらの誤りは許容します。

盤の辺においては特例を設けます。その場合、すべての角に味方の石が含まれていなければなりません。

agentというdlgoの新しいサブモジュールを作成し、（agentという名前で新しいフォルダを作り、そのフォルダに空の__init__.pyを用意します）次のis_point_an_eye関数をhelpers.pyファイルに追加します。

リスト3.15　盤上の指定された点は眼か？

```
from dlgo.gotypes import Point
```

```
def is_point_an_eye(board, point, color):
    if board.get(point) is not None:  ❶
        return False
    for neighbor in point.neighbors():  ❷
        if board.is_on_grid(neighbor):
            neighbor_color = board.get(neighbor)
                if neighbor_color != color:
                    return False

    friendly_corners = 0  ❸
        off_board_corners = 0
        corners = [
            Point(point.row - 1, point.col - 1),
            Point(point.row - 1, point.col + 1),
            Point(point.row + 1, point.col - 1),
            Point(point.row + 1, point.col + 1),
    ]
    for corner in corners:
        if board.is_on_grid(corner):
            corner_color = board.get(corner)
            if corner_color == color:
                friendly_corners += 1
        else:
            off_board_corners += 1
    if off_board_corners > 0:
        return off_board_corners + friendly_corners == 4  ❹
    return friendly_corners >= 3  ❺
```

❶ 眼は空の点

❷ 隣接するすべての点には味方の石が含まれている必要がある

❸ 点が盤の中央にある場合、4つの角のうち3つの角を支配する必要がある。辺ではすべての角を支配する必要がある

❹ 点が角または辺にある

❺ 点は中央にある

この章でまだ対局の結果を決定することは明示的に関心がありませんが、ゲームの終わりにスコアを数えることは間違いなく重要なトピックです。

それぞれの大会と囲碁連盟では、わずかに異なるルールが適用されます。この本を通して、ボットは**中国ルール**（Chinese counting）とも呼ばれるAmerican Go Association（AGA）のルールに従って**領域を計算**します。日常的な対局では**日本ルール**が普及していますが、AGAルールはコンピュータにとってやや簡単です。ルールの違いがゲームの結果に影響を与えることはほとんどありません。

3.4 最初のボット：考えられる限り最も弱い囲碁 AI

盤面とゲーム状態の実装が完了したら、最初の囲碁対局ボットを構築する準備ができました。このボットは非常に弱いプレイヤーですが、これから改良するすべてのボットの基礎となります。まず、すべてのボットが従うインターフェースを定義します。

リスト 3.16　囲碁エージェントのための中心的なインターフェース

```
class Agent():
    def __init__(self):
        pass

    def select_move(self, game_state):
        raise NotImplementedError()
```

このたった1つのメソッドのみです。すべてのボットは、現在のゲーム状態での着手を選択します。もちろん、内部的には、現在の局面を評価するといった他の複雑なタスクが必要になるかもしれませんが、ゲームをプレイするためには、ボットが必要とするものはこれですべてです。エージェントの定義をagentモジュールのbase.pyに追加します。

私たちの最初の実装は、可能な限り素朴なものになります。ボットは、自分の眼を埋めない限り有効な着手をランダムに選択します。そのような着手がなければ、パスします。このランダムなボットをagent配下のnaive.pyに配置します。第2章で述べた通り、囲碁の級位は通常30級から1級の範囲であることを思い出してください。その基準では、私たちのランダムなボットは疑問の余地のなく初心者である30級レベルでプレイします。

リスト 3.17　ランダムな囲碁ボット、およそ30級の強さでプレイする

```
import random
from dlgo.agent.base import Agent
from dlgo.agent.helpers import is_point_an_eye
from dlgo.goboard_slow import Move
from dlgo.gotypes import Point

class RandomBot(Agent):
    def select_move(self, game_state):
        """Choose a random valid move that preserves our own eyes."""
        candidates = []
        for r in range(1, game_state.board.num_rows + 1):
            for c in range(1, game_state.board.num_cols + 1):
                candidate = Point(row=r, col=c)
```

```
                if game_state.is_valid_move(Move.play(candidate)) and \
                    not is_point_an_eye(game_state.board,
                                        candidate,
                                        game_state.next_player):
                    candidates.append(candidate)
        if not candidates:
            return Move.pass_turn()
    return Move.play(random.choice(candidates))
```

この時点で、モジュールの構成は次のようになります（サブモジュールを初期化するために空の__init__.pyをフォルダに配置してください）。

```
dlgo
    ...
    agent
        __init__.py
        helpers.py
        base.py
        naive.py
```

最後に、ランダムなボットの2つのインスタンス間で完全なゲームを行うドライバプログラムを構成します。まず、盤面全体や個々の着手をコンソール上に表示する便利なヘルパー関数をいくつか定義します。

盤面の座標はさまざまな方法で指定できますが、ヨーロッパではAから始まるアルファベットを列に、1から始まる数字を行にラベル付けするのが最も一般的です。この座標表記では、19路盤の場合、左下隅はA1、右上隅はT19になります。慣例により、Jとの混同を避けるためにIを省略することに注意してください。

文字列変数 `COLS = 'ABCDEFGHJKLMNOPQRST'` を定義します。この文字列は盤面の列を表します。コマンドラインに盤面を表示するために、空の場所はドット（.）、黒石はx、白石はoで表します。次のコードは、dlgoパッケージのutils.pyという新しいファイルに追加します。コマンドラインに次の着手を表示するprint_move関数と、現在の盤面のすべての石を表示するprint_board関数を作成します。このコードをdlgoモジュールの外にあるbot_v_bot.pyというファイルに置きます。

リスト3.18　ボット対ボットのためのユーティリティ関数

```
from dlgo import gotypes

COLS = 'ABCDEFGHJKLMNOPQRST'
```

```
STONE_TO_CHAR = {
    None: '.',
    gotypes.Player.black: 'x',
    gotypes.Player.white: 'o',
}

def print_move(player, move):
    if move.is_pass:
        move_str = 'passes'
    elif move.is_resign:
        move_str = 'resigns'
    else:
        move_str = '%s%d' % (COLS[move.point.col - 1], move.point.row)
    print('%s %s' % (player, move_str))

def print_board(board):
    for row in range(board.num_rows, 0, -1):
        bump = " " if row <= 9 else ""
        line = []
        for col in range(1, board.num_cols + 1):
            stone = board.get(gotypes.Point(row=row, col=col))
            line.append(STONE_TO_CHAR[stone])
print('%s%d %s' % (bump, row, ''.join(line)))
print('    ' + '  '.join(COLS[:board.num_cols]))
```

ゲームが終わったと判断するまで、9路盤で交互に着手する2つのランダムなボットを起動するスクリプトを構成します。

リスト3.19　ボット自身と対局するためのスクリプト

```
from dlgo import agent
from dlgo import goboard
from dlgo import gotypes
from dlgo.utils import print_board, print_move
import time

def main():
    board_size = 9
    game = goboard.GameState.new_game(board_size)
    bots = {
        gotypes.Player.black: agent.RandomBot(),
        gotypes.Player.white: agent.RandomBot(),
    }
    while not game.is_over():
        time.sleep(0.3)    ❶
```

```
        print(chr(27) + "[2J")  ❷
        print_board(game.board)
        bot_move = bots[game.next_player].select_move(game)
        print_move(game.next_player, bot_move)
        game = game.apply_move(bot_move)

if __name__ == '__main__':
    main()
```

❶ ボットの着手が速すぎて観察できないため、スリープタイマーを0.3秒に設定する

❷ 着手する前に画面をクリアする。こうすることで、盤面は常にコマンドライン上の同じ位置に印刷される

以下のコマンドを実行して、コマンドラインでボットの対局を開始します。

```
python bot_v_bot.py
```

画面上に多くの着手が表示されることを確認できるはずです。両方のプレイヤーがパスするとゲームが終了します。黒石をx、白石をo、空をドット（.）として記号化したことを思い出してください。以下は、実行されたゲームにおける最後の白の着手の例です：

```
9 o.ooooooo
8 ooooxxoxx
7 oooox.xxx
6 o.ooxxxxx
5 ooooxxxxx
4 ooooxxxxx
3 o.ooox.xx
2 ooooxxxxx
1 o.oooxxx.
  ABCDEFGHJ
Player.white passes
```

このボットは非常に弱いだけでなく、イライラする相手でもあります。たとえ見込みのない局面であっても、盤面全体がいっぱいになるまで頑なに石を打ちます。さらに、ボットをどのくらい頻繁に対局させても、**学習することはありません。**このランダムなボットは、現在のレベルで永遠に成長しません。

本書の残りの部分では、これらの弱点の両方を徐々に改善し、より興味深く強力な囲碁エンジンを構築します。

3.5 ゾブリストハッシュによるゲームプレイのスピードアップ

ランダムなボットとの対局方法を説明してこの章を終える前に、重要な技術を導入することで、現在の実装におけるスピードの問題を手早く片付けましょう。私たちの実装をスピードアップする方法に興味がないなら、スキップして3.6節に進んでもかまいません。

3.2節のスーパーコウを思い出してください。ゲームの局面の全履歴を調べて、現在の局面が以前に現れたどうかを調べる必要があります。これは計算コストが非常に高い処理です。この問題を回避するために、処理の組立を若干変更します。過去の局面を全部保存するのではなく、**ハッシュ値**を保存するだけにします。

ハッシュのテクニックはコンピュータサイエンスにおいて、いたるところで使用されており、特に**ゾブリストハッシュ**（Zobrist hashing）（1970年代初めに最初の囲碁ボットの1つを作ったコンピュータ科学者アルバート・ゾブリストの名前から付けられた）は、チェスのようなゲームで広く使われています。ゾブリストハッシュでは、盤上の石のそれぞれにハッシュ値を割り当てます。囲碁では、各石は黒または白のいずれかであるため、19路盤では、完全なゾブリストハッシュテーブルは2 * 19 * 19 = 722のハッシュ値で構成されます。個々の石を表す722個のハッシュの一部を使用して、最も複雑な局面をエンコードします。図3.9にこれがどのように動作するかを示します。

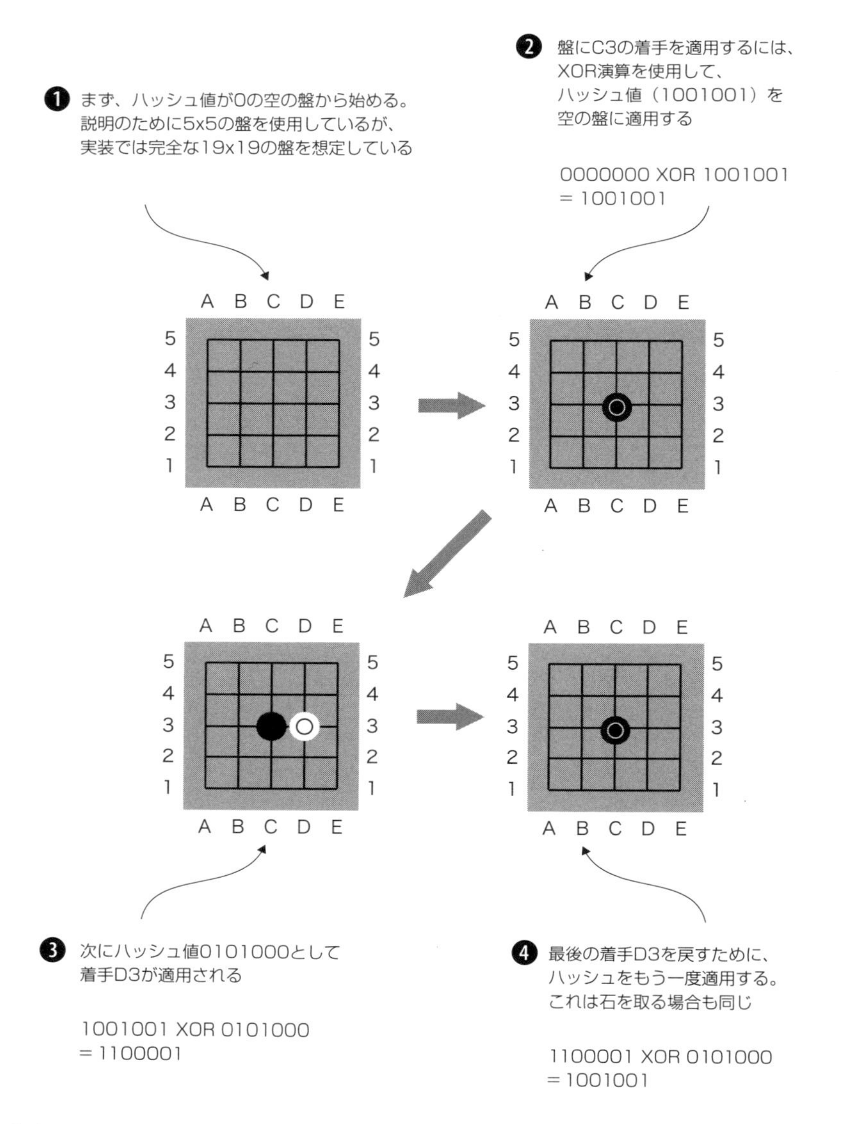

図3.9　ゾブリストハッシュを使用して着手をエンコードし、ゲームの状態を効率的に保存する

図3.9に示す手順で興味深いのは、完全な盤の状態を1つのハッシュ値でエンコードできることです。空の盤のハッシュ値から始めますが、単純化のためにこれを0にします。最初の着手のハッシュ値を使ってXOR（排他的論理和）演算を実行することで、この着手を盤に適用することができます。この操作を**ハッシュを適用する**と呼びます。この規則に従い、新しい着手ごとに、現在のハッシュを盤に適用することができます。これにより、現在の盤の状態を1つのハッシュ値として追跡することができます。

ハッシュをもう一度適用することで着手を取り消すことができます（これはXOR演算の非常に便利な特性です）。これを**ハッシュ値の取り消し**（unapplying）と呼びます。これは重要なことです。なぜなら、この特性によって、石を取る際に盤から石を簡単に取り除くことができるからです。例えば、盤上のC3の単一の黒石が取られた場合、単にC3のハッシュ値を適用するだけで、現在の盤の状態のハッシュからそれを削除することができます。もちろん、このシナリオでは、C3を取るための白石のハッシュ値も同様に適用する必要があります。白の着手が複数の黒石を取る場合は、それらのすべてのハッシュを取り消します。

ハッシュの衝突（2つの異なるゲーム状態が決して同じハッシュ値にならないことを意味する）が発生しないように、ハッシュ値を十分大きくかつ全般的に選択した場合、このように局面をエンコードすることができます。実際には、ハッシュの衝突をチェックするのではなく、単にハッシュの衝突がないと仮定します。

盤面の実装にゾブリストハッシュを実装するには、まずハッシュを生成する必要があります。3 * 19 * 19の取りうる点の状態ごとに、Pythonのrandomライブラリを使って64ビットの乱数を生成します。Pythonでは記号^はXOR演算を実行することに注意してください。空の盤の場合、値0を選択します。

リスト3.20　ゾブリストハッシュの生成

```
import random

from dlgo.gotypes import Player, Point

def to_python(state):
    if state is None:
        return 'None'
    if state == Player.black:
        return Player.black
    return Player.white

MAX63 = 0x7fffffffffffffff

table = {}
empty_board = 0
for row in range(1, 20):
    for col in range(1, 20):
        for state in (Player.black, Player.white):
            code = random.randint(0, MAX63)
            table[Point(row, col), state] = code

print('from .gotypes import Player, Point')
print('')
print("__all__ = ['HASH_CODE', 'EMPTY_BOARD']")
```

```
print('')
print('HASH_CODE = {')
for (pt, state), hash_code in table.items():
    print('    (%r, %s): %r,' % (pt, to_python(state), hash_code))
print('}')
print('')
print('EMPTY_BOARD = %d' % (empty_board,))
```

このスクリプトを実行すると、コマンドラインに目的のハッシュが表示されます。また、上記のコードを実行すると、Python コードがコマンドラインに出力されます。この出力を dlgo モジュールの zobrist.py ファイルに配置します。

利用可能なハッシュが得られたので、やらなければいけないことは、ハッシュを格納することで、古いゲーム状態の追跡メカニズムを置き換えるだけです。goboard.py という goboard_slow.py のコピーを作成し、この節の残りの部分で必要な変更を行います。あるいは、GitHub リポジトリの goboard.py のコードを利用することもできます。GoString と、stones と liberties の両方をイミュータブルにするという、小さな変更から始めます。イミュータブルとは、一度作成されたら変更できないことを意味します。これは、set の代わりに Python の frozenset を使って行うことができます。frozenset には要素を追加または削除するメソッドがないため、既存の set を変更する代わりに新しい set を作成する必要があります。

リスト 3.21　GoString インスタンスに、stones と liberties のイミュータブルな set を追加する

```
class GoString():
    def __init__(self, color, stones, liberties):
        self.color = color
        self.stones = frozenset(stones)
        self.liberties = frozenset(liberties)   ❶

    def without_liberty(self, point):   ❷
        new_liberties = self.liberties - set([point])
        return GoString(self.color, self.stones, new_liberties)

    def with_liberty(self, point):   ❸
        new_liberties = self.liberties | set([point])
        return GoString(self.color, self.stones, new_liberties)
```

❶ stones と liberties がイミュータブルな frozenset のインスタンスになった
❷ without_liberty メソッドは、以前の remove_liberty メソッドを置き換え ...
❸ ... さらに with_liberty は add_liberty を置き換える

まず、イミュータブルな状態とするため、GoStringの2つのメソッドを置き換えます。merged_withやnum_libertiesのような他のヘルパーメソッドはそのまま残します。

次に、Boardクラスの関連部分を更新します。この章の残りの部分のコードはすべて、goboard_slow.pyをコピーしたgoboard.pyに入れてください。

リスト3.22 Boardクラスが空の盤と表す値_hashでインスタンス化されるようになった

```
from dlgo import zobrist

class Board():
    def __init__(self, num_rows, num_cols):
        self.num_rows = num_rows
        self.num_cols = num_cols
        self._grid = {}
        self._hash = zobrist.EMPTY_BOARD
```

次に、place_stoneメソッドで、新しい石が置かれるたびに、それぞれの色のハッシュを適用します。この章の他のコードと同様に、これらの変更をgoboard.pyファイルに適用してください。

リスト3.23 石を置くことは、その石のハッシュを適用することを意味する

```
    new_string = GoString(player, [point], liberties)  ❶

    for same_color_string in adjacent_same_color:  ❷
        new_string = new_string.merged_with(same_color_string)
    for new_string_point in new_string.stones:
        self._grid[new_string_point] = new_string

    self._hash ^= zobrist.HASH_CODE[point, player]  ❸

    for other_color_string in adjacent_opposite_color:
        replacement = other_color_string.without_liberty(point)  ❹
        if replacement.num_liberties:
            self._replace_string(other_color_string.without_liberty(point))
        else:
            self._remove_string(other_color_string)  ❺
```

❶ この行のplace_stoneは変わらないままで同じ
❷ 同じ色の隣接した連をマージ
❸ 次に、この点とプレイヤーのハッシュコードを適用
❹ 次に、相手の色の隣接する連の呼吸点を減らす
❺ 相手の色の連の呼吸点が0になったら、それを取り除く

石を取り除くには、その石のハッシュをもう一度盤面に適用するだけです。

リスト3.24　石を取り除くということは、石のハッシュ値を取り消すことを意味する

```
def _replace_string(self, new_string):  ❶
    for point in new_string.stones:
    self._grid[point] = new_string

def _remove_string(self, string):
    for point in string.stones:
        for neighbor in point.neighbors():   ❷
            neighbor_string = self._grid.get(neighbor)
            if neighbor_string is None:
                continue
            if neighbor_string is not string:
                self._replace_string(neighbor_string.with_liberty(point))
        self._grid[point] = None

        self._hash ^= zobrist.HASH_CODE[point, string.color]   ❸
```

❶ この新しいヘルパーメソッドは盤面を更新する
❷ 連を削除すると、他の連に対して呼吸点を作ることができる
❸ ゾブリストハッシュを使って、この着手のハッシュを取り消す必要がある

Boardクラスに追加する最後のメソッドは、現在のゾブリストハッシュを返すユーティリティメソッドです。

リスト3.25　盤の現在のゾブリストハッシュを返す

```
def zobrist_hash(self):
    return self._hash
```

Boardクラスをゾブリストハッシュでコード化したので、ここでGameStateを改善する方法を見てみましょう。

これまでは、すべての過去の状態を巡ってコウをチェックしなければならないため、前のゲーム状態を単純にself.previous_state = previousのように設定していました。これは、計算コストが高すぎると述べました。代わりに、ゾブリストハッシュを保存したいので、次のコードリストに示すように、新しい変数previous_statesを使用してこれを行います。

リスト 3.26　ゾブリストハッシュでゲーム状態を初期化する

```
class GameState():
    def __init__(self, board, next_player, previous, move):
        self.board = board
        self.next_player = next_player
        self.previous_state = previous
        if self.previous_state is None:
            self.previous_states = frozenset()
        else:
            self.previous_states = frozenset(
                previous.previous_states |
                {(previous.next_player, previous.board.zobrist_hash())})
        self.last_move = move
```

盤が空の場合、self.previous_states は空のイミュータブルな frozenset です。それ以外の場合は、次のプレイヤーの色と直前のゲーム状態のゾブリストハッシュのペアを追加します。すべての準備ができたので、最終的に does_move_violate_ko の実装を大幅に改善することができます。

リスト 3.27　ゾブリストハッシュを使用してコウのゲーム状態を高速で確認する

```
    def does_move_violate_ko(self, player, move):
        if not move.is_play:
            return False
        next_board = copy.deepcopy(self.board)
        next_board.place_stone(player, move.point)
        next_situation = (player.other, next_board.zobrist_hash())
        return next_situation in self.previous_states
```

以前の盤の状態を next_situation in self.previous_states の 1 行でチェックすることで、変更前の盤の状態の明示的なループよりも 1 桁高速になります。
この興味深いハッシュのトリックは、後の章でより速い自己対局を可能にし、ゲームプレイをはるかに早く改善できるようになります。

コラム　Boardの実装のさらなる高速化

元のgoboard_slow.py実装の詳細な説明を行った後、goboard.pyでゾブリストハッシュを使って高速化する方法を示しました。GitHubリポジトリには、goboard_fast.pyと呼ばれるもう1つのBoardの実装があります。ここでは、ゲームプレイの速度をさらに高速化しています。これらの速度の向上は、後の章では非常に重要ですが、読みやすさとのトレードオフになります。

Boardをもっと速くする方法に興味があるなら、goboard_fast.pyとそこにあるコメントを見てください。ほとんどの最適化はPythonオブジェクトの生成とコピーを避けるためのトリックです。

3.6 ボットとの対局

自分自身と対局する弱いボットを作成したので、あなた自身と対局することで、あなたが第2章で学んだ知識をテストすることができるか疑問に思うかもしれません。それは確かに可能です。ボット対ボットの対局に比べて多くの変更を必要としません。

人間の入力から座標を読み取るのに役立つユーティリティ関数がもう1つ必要です。それをutils.pyに追加します。

リスト3.28　人間の入力をBoardのための座標に変換する

```
    def point_from_coords(coords):
        col = COLS.index(coords[0]) + 1
        row = int(coords[1:])
        return gotypes.Point(row=row, col=col)
```

この関数は、C3またはE7などの入力をBoardの座標に変換します。これを念頭に置いて、human_v_bot.pyの9路盤のゲーム用のプログラムを次のように組み立てることができます。

リスト3.29　ボットと対局できるようにスクリプトを組み立てる

```
from dlgo import agent
from dlgo import goboard
from dlgo import gotypes
from dlgo.utils import print_board, print_move, point_from_coords
from six.moves import input
```

```
def main():
    board_size = 9
    game = goboard.GameState.new_game(board_size)
    bot = agent.RandomBot()

    while not game.is_over():
        print(chr(27) + "[2J")
        print_board(game.board)
        if game.next_player == gotypes.Player.black:
            human_move = input('-- ')
            point = point_from_coords(human_move.strip())
            move = goboard.Move.play(point)
        else:
            move = bot.select_move(game)
        print_move(game.next_player, move)
        game = game.apply_move(move)

if __name__ == '__main__':
    main()
```

人間のプレイヤーは黒、ランダムなボットは白として対局します。以下コマンドでスクリプトを開始します。

```
python human_v_bot.py
```

着手を入力して、確認してEnterを入力するように指示されます。たとえば、最初の着手としてG3に打つ場合、ボットの応答は次のようになります。

```
Player.white D8
9 .........
8 ...o.....
7 .........
6 .........
5 .........
4 .........
3 ......x..
2 .........
1 .........
  ABCDEFGHJ
```

あなたが望むならば、このボットとの対局を最後まで続けてプレイすることができます。しかし、ボットはランダムな着手をするので、あまり興味はないでしょう。

囲碁のルールに従うという点では、このボットはすでに完成しているので、囲碁のゲームについて知る必要があることはすべて知っています。今後はゲームプレイを改善するアルゴリズムのみに集中することができるため、このことは重要です。したがって、このボットはこれからのベースラインとなります。次の章では、より強力なボットを作成するためのより興味深いテクニックを紹介します。

3.7 まとめ

- 囲碁の2人のプレイヤーは、列挙型を使用するとうまくコード化できます。
- 盤上の点は、すぐ隣の点によって特徴付けられます。
- 着手は、打つ、パス、または投了のいずれかです。
- 石の連は、同じ色の石の接続されたグループです。連は、石を置いた後に取られる石を効率的にチェックするために重要です。
- Boardクラスには、石を打つことと取ることに関するすべてのロジックを含んでいます。
- 一方、GameStateクラスは、誰の手番であるか、現在盤上にある石、および以前の状態の履歴を追跡します。
- コウは、スーパーコウルールを使用して実装できます。
- ゾブリストハッシュは、ゲームプレイの履歴を効率的に符号化し、コウのチェックを高速化する重要な技法です。
- 囲碁対局エージェントは、select_moveという1つのメソッドを定義するだけで定義できます。
- ランダムなボットは、他のボットや人間と対局することができます。

第Ⅱ部

機械学習とゲームAI

第Ⅱ部では、伝統的なゲームAIと現代的なゲームAIの両方のコンポーネントについて学びます。

ゲームAIやあらゆる種類の最適化問題に欠かせないツールである様々な木探索アルゴリズムから始めましょう。次に、数学の基本から始めて、実用的な設計上の考慮事項に至るまで、深層学習とニューラルネットワークについて学びます。最後に、強化学習、つまりゲームのAIが練習を通じて改善するためのフレームワークについて紹介します。

もちろん、これらのテクニックはどれもゲームに限りません。コンポーネントを習得すると、あらゆる種類の領域にそれらを適用する機会が見えてきます。

第4章 木探索によるゲームプレイ

この章では、次の内容を取り上げます。

- **ミニマックスアルゴリズムで最善の手を見つけます**
- **スピードアップのためのミニマックス木探索の枝刈り**
- **ゲームへのモンテカルロ木探索の適用**

2つのタスクが与えられたとします。最初は、チェスをプレイするコンピュータプログラムを書くことです。2つ目は、倉庫から注文の品を効率的に選ぶ方法を計画するプログラムを作成することです。これらのプログラムは何が共通点でしょうか？　一見、共通点はほとんどありません。しかし、私たちが一歩退いて抽象的に考えると、いくつかの類似点を見つけることができます。

- **一連の決定をしています。**チェスでは、決定はどの駒を動かすかについてです。倉庫では、次に取り上げる品についての決定が行われます。
- **初期の決定が、将来の決定に影響する可能性があります。**チェスでは、早くポーンを動かすと、クイーンが何十手か後に反撃にさらされる可能性があります。倉庫では、始めに棚17の製品を取りに行くと、後で棚99まで引き返す必要があるかもしれません。
- **一連の決定の最後に、目標をどれくらい達成したかを評価することができます。**チェスでは、ゲームの終わりに達すると、誰が勝ったかがわかります。倉庫では、すべての品を収集するのにかかった時間を合計することができます。
- **可能な手順の数が膨大になる可能性があります。**チェスで展開できる手は約10^{100}通りあります。倉庫では、20項目を拾い上げる場合、20億通りの経路が選択できます。

もちろん、この類推には限界があります。例えば、チェスでは、積極的にあなたの意図を妨害しようとする相手と交互に手番を持ちます。それは倉庫では起こりません。

コンピュータサイエンスでは、**木探索**アルゴリズムは、多くの可能な一連の決定をループして、最良の結果につながるものを見つけるための戦略です。この章では、ゲームに適用される木探索アルゴリズムについて説明します。多くの原理は他の最適化の問題にも拡張することができます。私たちは**ミニマックス**探索アルゴリズムから始めます。このアルゴリズムでは、各手番で2人の対局相手の視点を切り替えます。ミニマックス探索アルゴリズムは最適な手順を見つけることができますが、複雑なゲームに適用するには遅すぎます。次に、木の小さな部分だけを探索しながら有用な結果を得るための2つの手法を見ていきます。これらのうちの1つは**枝刈り**（pruning）で、木の枝の部分を除外して探索を高速化します。効果的に枝刈りするには、問題の現実世界の知識をコードに取り入れる必要があります。それが不可能な場合は、**モンテカルロ木探索**（MCTS）アルゴリズムを適用できる場合があります。MCTSは、ドメイン固有のコードを使わずに良好な結果を見つけることができる確率的な探索アルゴリズムです。

あなたのツールキットにこれらのテクニックを使えば、さまざまなボードゲームやカードゲームをプレイできるAIを構築することができます。

4.1 ゲームの分類

木探索アルゴリズムは、主に、手番を順番に持ち、各手番に別々の選択肢があるゲームに関連します。多くのボードゲームとカードゲームがこれに該当します。一方、木探索は、コンピュータがバスケットボール、ジェスチャーゲーム、またはWorld of Warcraftをプレイするのには役立ちません。ボードゲームとカードゲームは、2つの有用な特性によってさらに分類することができます。

- **確定と不確定**——**確定**ゲームでは、ゲームの経過はプレイヤーの決定にのみ依存します。**不確定**ゲームでは、サイコロやカードのシャッフルのようなランダムな要素があります。
- **完全情報と不完全情報**——**完全情報**ゲームでは、両方のプレイヤーがいつでもすべてのゲーム状態を見ることができます。たとえば、ボード全体が見えていたり、全員のカードがテーブル上にあったりします。**不完全情報**ゲームでは、各プレイヤーはゲーム状態の一部しか見ることができません。各プレイヤーが一部のカードを扱い、他のプレイヤーが何を保持しているかを見ることができないカードゲームでは一般的です。不完全情報ゲームの魅力の一端は、ゲームの決定に基づいて他のプレイヤーが何を知っているかを推測することです。

表4.1 ボードゲームとカードゲームの分類

	確定	不確定
完全情報	囲碁、チェス	バックギャモン
不完全情報	海戦ゲーム（Battleship）、軍人将棋（Stratego）	ポーカー、スクラブル

この章では、主に完全確定情報ゲームに焦点を当てています。このようなゲームの各手番では、理論的には最適な手が1つあります。運や隠し事はありません。つまり、手を選択する前に、相手が選択する可能性があるすべての応手と、それ以降に選択できるすべての手を、ゲームの最後まで知ることができます。理論的には、ゲーム全体を最初の手で計画しておくべきです。ミニマックスアルゴリズムは、完璧なプレイを考え出して、それを正確に行います。

実際には、チェスや囲碁のような時代を超えたゲームでは、膨大な選択肢があります。人間にとっては、とても手が付けられないように思われ、コンピュータでさえそれらを最後まで計算することはできません。

この章のすべての例にはゲーム固有のロジックはほとんど含まれていないので、任意の完全確定情報ゲームにそれらを適用することができます。そのためには、goboardモジュールのパターンに従って、新しいゲームのロジックをPlayer、Move、GameStateなどのクラスに実装します。GameStateの必須関数は、apply_move、legal_moves、is_over、winnerです。私たちは三目並べ（tic-tac-toe）に向けてそれらを実装しました。GitHub（http://mng.bz/gYPe）のtttモジュールで見つけることができます。

AIの実験に向いたゲーム

なにかヒントがあった方が良いでしょうか？　次のゲームのルールを調べてみてください。

- チェス
- チェッカー
- リバーシ
- ヘックス（Hex）
- ダイヤモンドゲーム（Chinese checkers）
- マンカラ（Mancala）
- ナイン・メンズ・モリス
- 五目並べ

4.2 ミニマックス探索による相手の手の予測

どのようにしてゲーム内で次の手を決定するようにコンピュータをプログラムすることができるでしょうか？ まず、人間がどのように決定をするかについて考えてみます。最も単純な完全確定情報ゲーム、三目並べから始めましょう。ここで説明する戦略の技術的な名称は**ミニマックス法**（minimaxing）と言います。「最小化」は、**最小化と最大化**の縮約（contraction）です。つまり、あなたがスコアを最大化しようとすると、相手はあなたのスコアを最小化しようとします。相手もあなたと同様に最善手を選ぶと仮定する、という一文でアルゴリズムを要約することができます。

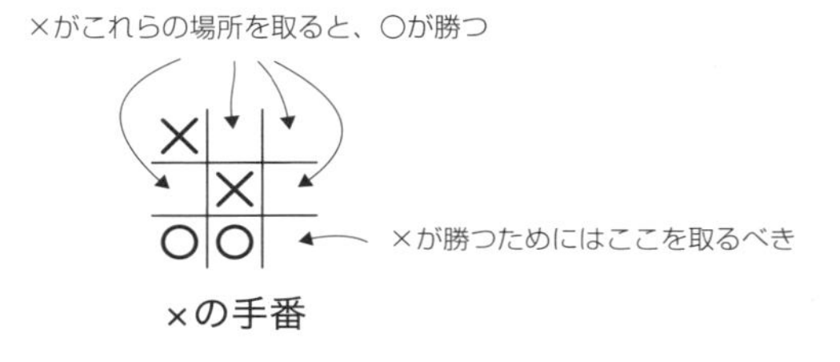

図4.1 ×は次にどこを取るべきか？：これは簡単で、右下隅を取るとゲームに勝利します。

実際にミニマックス法がどのように機能するかを見てみましょう。図4.1を見てください。×は次にどこを取るべきでしょうか？ ここにトリックはありません。左下を取るとゲームに勝利します。私たちはこれを一般的なルールにすることができます。それは、即座にゲームに勝つ手を取るということです。この計画が間違うことはありえません。このルールは次のリストのようなコードで実装できます。

リスト4.1 すぐにゲームに勝つ手を見つける関数

```
def find_winning_move(game_state, next_player):
    for candidate_move in game_state.legal_moves(next_player):   ❶
        next_state = game_state.apply_move(candidate_move)   ❷
        if next_state.is_over() and next_state.winner == next_player:
            return candidate_move   ❸
    return None   ❹
```

❶ すべての合法手についてループする
❷ この手を選ぶと盤がどうなるかを計算する
❸ これが勝利する手だ！ さらに調べる必要はない
❹ この手番で勝てない

図4.2は、この関数が調べる仮想の局面を表します。可能性のある局面を展開するこの構造を**ゲーム木**と呼びます。

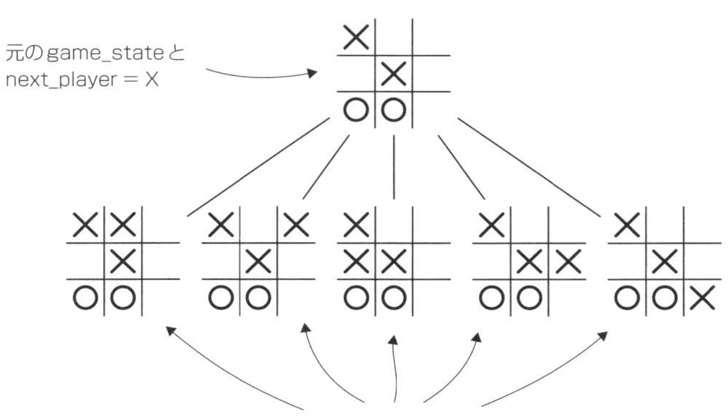

図4.2　必勝の手を見つけるためのアルゴリズムの図解：一番上の局面から開始します。可能なすべての手をループし、手を試した場合のゲームの状態を計算します。次に、その仮想のゲーム状態が×が勝った局面であるかどうかをチェックします。

少し話を戻しましょう。どのようにこの局面になったでしょうか？　おそらく、以前の局面は図4.3のような局面だったでしょう。〇のプレイヤーは、底の行に連続した3つの〇を作ることを単純に望みました。しかし、それは×が計画に協力することを前提としています。これは上記のルールに帰結します。つまり、相手が勝つ手を選択してはいけません。リスト4.2はこのロジックを実装しています。

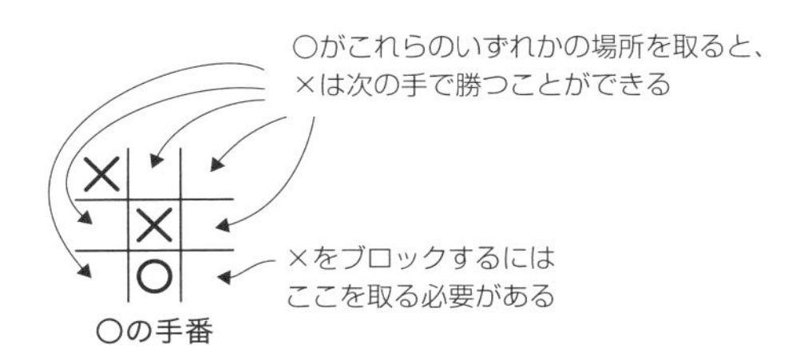

図4.3　〇は次にどこを取るべきか？：〇が左下を取る場合は、ゲームに勝つために×は右下を押さえると仮定しなければなりません。〇はこれを防ぐ唯一の手を見つけなければなりません。

リスト4.2　相手に勝つ手を与えないようにする関数

```
def eliminate_losing_moves(game_state, next_player):
    opponent = next_player.other()
    possible_moves = []  ❶
    for candidate_move in game_state.legal_moves(next_player):      ❷
        next_state = game_state.apply_move(candidate_move)  ❸
        opponent_winning_move = find_winning_move(next_state, opponent) ┐
        if opponent_winning_move is None:                                ├❹
            possible_moves.append(candidate_move)                        ┘
    return possible_moves
```

❶ は、検討する価値のあるすべての手のリストになる
❷ すべての合法手についてループする
❸ この手を選ぶと盤がどうなるかを計算する
❹ この手で相手が勝つだろうか？　そうでなければ、この手が候補となる

私たちは、相手が勝つ場所を防がなければならないことを知っています。したがって、私たちは相手も同じことをしようとすると仮定するべきです。そのことを念頭に置いて、勝つためにどのような手が取れますか？　図4.4の盤面を見てください。

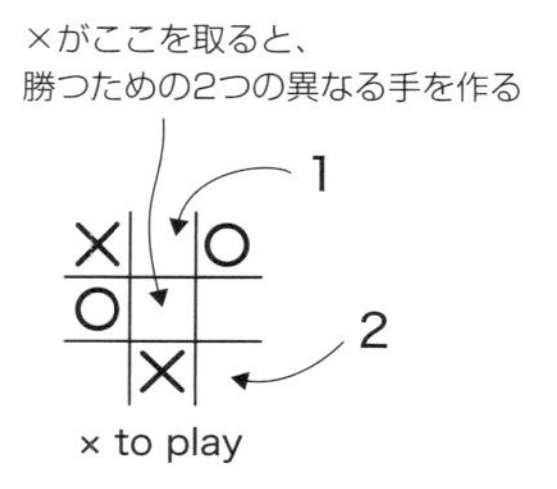

図4.4　×はどこを取るべきか？：×が中央を取ると、3つ並ぶ手が、異なる2手できます。つまり、⑴中央上と⑵右下です。〇はそれらの1つしか防げないため、×の勝利が保証されます。

中央を取ると、3つ並ぶ手が、異なる2手できます。つまり、中央上と右下です。相手は両方を防ぐことはできません。この一般的な原理を以下のように説明することができます。相手が勝つ手を防ぐことができない勝ちにつながる手を探すべきです。複雑に見えますが、すでに記述した関数の上にこのロジックを組み込むのは簡単です。

リスト 4.3　勝ちを保証する2手の手順を見つける関数

```
def find_two_step_win(game_state, next_player):
    opponent = next_player.other()
    for candidate_move in game_state.legal_moves(next_player):  ❶
        next_state = game_state.apply_move(candidate_move)  ❷
        good_responses = eliminate_losing_moves(next_state, opponent)  ┐
        if not good_responses:                                          ❸
            return candidate_move                                       ┘
    return None  ❹
```

❶ すべての合法手についてループする

❷ この手を選ぶと盤がどうなるかを計算する

❸ 相手は防ぐ手があるか？　そうでない場合は、この手を選択する

❹ どんな手を選んでも、相手は勝利を防ぐことができる

もちろん、対局相手はそれを予測して、そのような手を防ごうとします。これを一般的な戦略にすることができます。

1. まず、次の手で勝つことができるかを確認します。そうなら、その手を選びます。
2. そうでなければ、相手が次の手で勝つことができるかを確認します。もしそうなら、防いでください。
3. そうでなければ、2手で勝つことができるかを確認します。そうなら、そうなるようにその手を選びます。
4. そうでなければ、相手が2手の次の手で勝つことができるかを確認します…

3つの関数はすべて同様の構造を持つことに注意してください。各関数はすべての有効な手をループし、その手を取った後に得られる仮想的な局面を調べます。さらに、各関数は、前の関数を基にして、相手が応答として行うことをシミュレートします。この概念を一般化すると、最善手を常に識別できるアルゴリズムが得られます。

4.3 三目並べを解く：ミニマックスの例

前の節では、対局相手の手を1、2手先読みする方法を検討しました。この節では、三目並べで完全な手を選択するために、その戦略を一般化する方法を示します。核となる考え方はまったく同じですが、任意の手数を先読みする柔軟性が必要です。

最初にゲームの3種類の可能な結果である勝ち（win）、負け（loss）、引き分け（draw）を表す列挙型を定義しましょう。これらの結果は、特定のプレイヤーに関連して定義されます。つまり、1人のプレイヤーの負けは、他のプレイヤーの勝ちを意味します。

リスト4.4　ゲームの結果を表現する列挙型

```
class GameResult(enum.Enum):
    loss = 1
    draw = 2
    win = 3
```

あるゲーム状態を受け取って、プレイヤーがその状態から達成できる最高の結果を返す関数best_resultがあるとします。もしプレイヤーの勝ちが保証されれば、手順によらず、どんなに複雑な手順であっても、best_result関数はGameResult.winを返します。もしプレイヤーが引き分けになるしかない場合は、GameResult.drawが返されます。それ以外の場合は、GameResult.lossが返されます。この関数が既に存在すると仮定すると、手を選択する関数を書くのは簡単です。可能なすべての手をループし、best_resultを呼び出し、最良の結果をもたらす手を選択します。もちろん、同じ結果になる複数の手があるかもしれません。その場合はそれらの手からランダムに選ぶことができます。次のリストはこれを実装する方法を示しています。

リスト4.5　ミニマックス探索を実装するゲームプレイエージェント

```
class MinimaxAgent(Agent):
    def select_move(self, game_state):
        winning_moves = []
        draw_moves = []
        losing_moves = []
        for possible_move in game_state.legal_moves():           ❶
        next_state = game_state.apply_move(possible_move)        ❷
        opponent_best_outcome = best_result(next_state)               }
        our_best_outcome = reverse_game_result(opponent_best_outcome) }❸
```

```
        if our_best_outcome == GameResult.win:
            winning_moves.append(possible_move)
        elif our_best_outcome == GameResult.draw:       ❹
            draw_moves.append(possible_move)
        else:
            losing_moves.append(possible_move)
    if winning_moves:
        return random.choice(winning_moves)
    if draw_moves:                                      ❺
        return random.choice(draw_moves)
    return random.choice(losing_moves)
```

❶ すべての合法手についてループする

❷ この手を選択した場合のゲーム状態を計算する

❸ 相手が次に着手するために、ゲーム状態から最善の手を見つけ出す。自分の結果はそれとは反対になる

❹ この手を結果に応じて分類する

❺ 最善の結果につながる手を選ぶ

今問題なのはbest_resultを実装する方法です。前の節と同様に、ゲームの最後から始めて、逆方向に処理することができます。次のリストは、簡単なケースを示しています。ゲームがすでに終了している場合、可能性のある結果は1つだけです。行うことはそれを返すだけです。

リスト4.6　ミニマックス探索アルゴリズムの最初のステップ

```
def best_result(game_state):
    if game_state.is_over():
        if game_state.winner() == game_state.next_player:
            return GameResult.win
        elif game_state.winner() is None:
            return GameResult.draw
        else:
            return GameResult.loss
```

もしゲームの途中にある場合、先読みする必要があります。すでに、このパターンはおなじみです。まず、すべての可能な手をループし、次のゲーム状態を計算します。それから、その仮想の手に対抗するために、相手が最善を尽くすと仮定します。そのため、この新しい局面からbest_resultを呼び出します。それによって、**相手**が新しい局面から得られる結果がわかります。それを逆転することで自分の結果がわかります。検討しているすべての手の中から、最善の結果をもたらすものを選択します。リスト4.7は、このロジックを実装する方法を示しています。これは、best_resultの後半部分の実装です。図4.5に、三目並べの特定の局

面について、この関数が考慮する局面を示します。

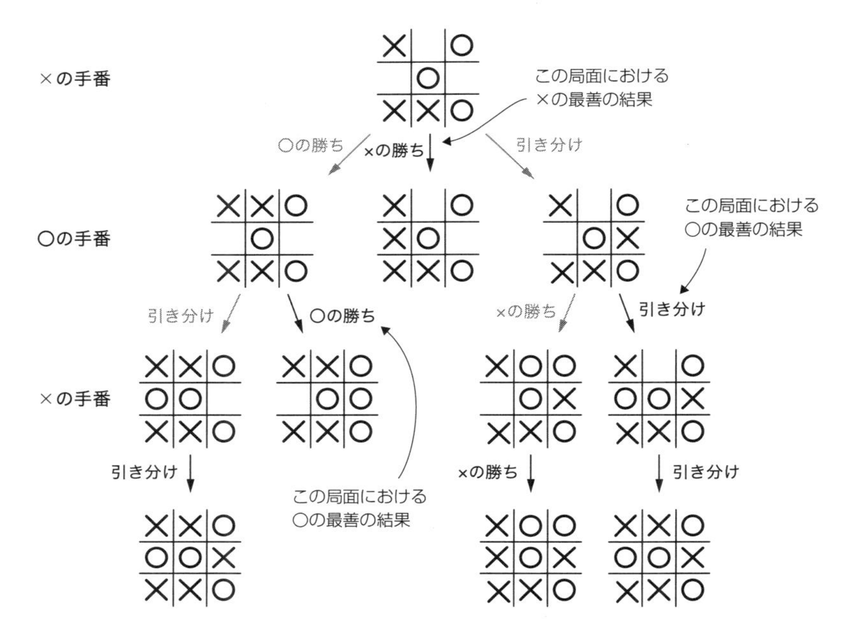

図4.5 三目並べのゲーム木：一番上の局面は、×の手番です。×が中央上を取った場合、○の勝ちが保証されます。×が左中央と取った場合、×が勝ちます。×が右中央を取った場合、○は引き分けを強制することができます。したがって、×は左中央の手を選択します。

リスト4.7 ミニマックス探索の実装

```
    best_result_so_far = GameResult.loss
    opponent = game_state.next_player.other
    for candidate_move in game_state.legal_moves():
        next_state = game_state.apply_move(candidate_move)  ❶
        opponent_best_result = best_result(next_state)  ❷
        our_result = reverse_game_result(opponent_best_result)  ❸
        if our_result.value > best_result_so_far.value:  ❹
            best_result_so_far = our_result
    return best_result_so_far
```

❶ この手を取った場合、ボードがどうなるか調べる

❷ 相手の最善手を見つける

❸ 相手が望む手と反対の手を求める

❹ この結果が、これまで調べた中で最高の結果よりも良いか確認する

このアルゴリズムを三目並べのような単純なゲームに適用すると、無敵の相手になります。このアルゴリズムと対局してみて、自分自身で確かめることができます。

GitHub（`http://mng.bz/gYPe`）のサンプルplay_ttt.pyを試してみてください。理論的には、このアルゴリズムは、チェス、囲碁、または他の完全確定情報ゲームでも機能します。実際には、これらのゲームではあまりにも遅すぎます。

4.4 枝刈りによる探索空間の削減

三目並べでは、完璧な戦略を見つけるために可能なすべてのゲームを計算しました。現代のコンピュータにとって、ゲーム木の複雑性が300,000以下の三目並べは取るに足らないものです。もっと興味深いゲームに同じテクニックを適用できるでしょうか？　たとえばチェッカーでは約500,000,000,000,000,000,000[1]の可能な局面があります。技術的には、現代のコンピュータのクラスタを使うとそれらをすべて探索することは可能ですが、それには何年もかかります。チェスと囲碁では、宇宙の原子の数よりも可能な局面の数が多くあります（事あるごとに指摘されるように）。それらをすべて探索することは不可能です。

複雑なゲームをプレイするために木探索を用いるには、木の一部を削減する戦略が必要です。この問題は**枝刈り**（pruning）と呼ばれます。

ゲーム木は2次元です。それらは幅と深さを持っています。**幅**は、指定された局面での可能な手の数です。**深さ**は、局面から最終的なゲーム状態（起こりうるゲームの終了状態）までの手数です。ゲーム中に、これらの2つの量は手番ごとに変わります。

通常、特定のゲームの典型的な幅と典型的な深さを考慮して、木のサイズを推定します。ゲーム木内の局面の数は、W^dという式で近似的に求められます。ここで、Wは平均の幅、dは平均の深さです。図4.6と図4.7は、三目並べのゲーム木の幅と深さを示しています。例えば、チェスでは、プレイヤーは通常、1回の着手につき約30の選択肢を持ち、ゲームは約80手まで続きます。木の大きさは約$30^{80} \approx 10^{118}$です。囲碁では、1手につき250の合法手があり、ゲームは150手続く可能性があります。よって、ゲーム木のサイズは$250^{150} \approx 10^{359}$局面になります。

1　5の後に0が20個続きます

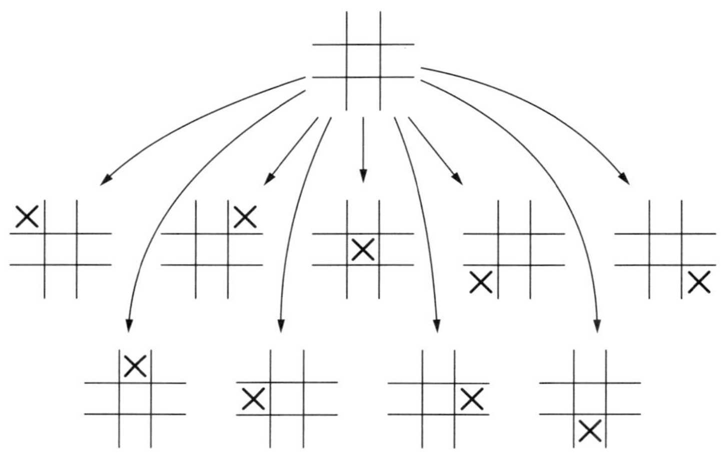

三目並べのゲーム木の最大の幅は9（ゲームの最初の着手時）

図4.6　三目並べのゲーム木の幅：最初の着手で9つの選択肢があるため、最大の幅は9です。しかし、合法手の数は各手番で減少するので、平均の幅は4または5手です。

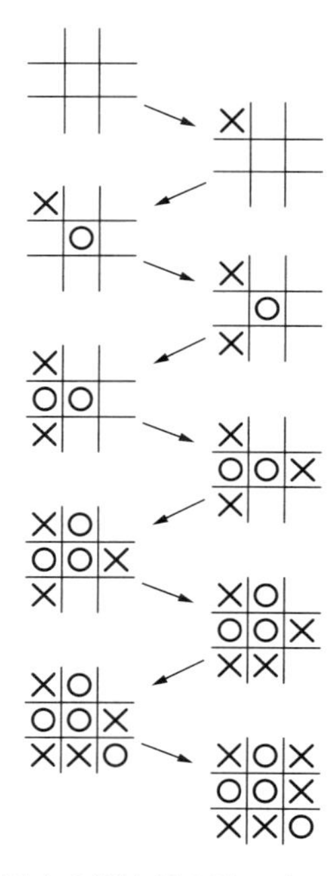

図4.7　三目並べのゲーム木の深さ：最大の深さは9手です。その後、ボードがいっぱいになります。

この式 W^dは、指数関数的な増加の例です。考慮する局面の数は探索の深さを増すにつれて急速に大きくなります。平均的な幅と深さが約10のゲームを想像してみてください。完全なゲーム木には、10^{10}（100億）の探索する局面が含まれています。

ここで、いくつかの控え目な枝刈りの方法を思いついているとしましょう。まず、各手番で考慮する手から2手を削減し、有効な幅を8に減らす方法を見つけたとします。さらに、10手の代わりに9手だけを調べて、ゲームの結果を調べることができたとします。探索する局面は、8^9（約1億3千万）になりました。完全な探索と比較して、計算の98%以上を削減できました！　重要なことは、探索の幅や深さをわずかに減らすだけで、手を選択するのに必要な時間を大幅に短縮できるということです。図4.8は、小さな木に対する枝刈りの影響を示しています。

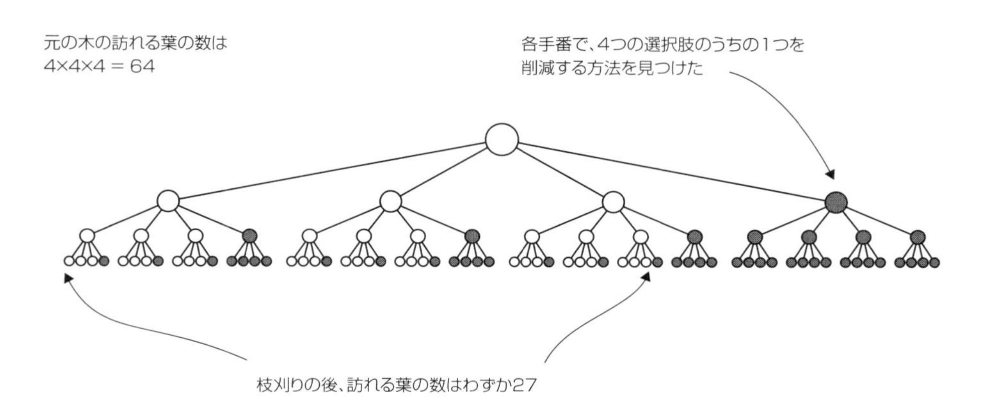

図4.8　枝刈りはゲーム木を早期に縮小することができる：この木の幅は4、高さは3で、合計64の葉を調べます。各手番で4つの可能な選択肢のうちの1つを削減する方法を見つけたとします。そうすると、訪れる葉はわずか27になります。

この節では、探索の深さを減らすための**局面評価関数**と、探索の幅を減らすための**αβ法**（alpha-beta pruning）という2つの枝刈りの技法について説明します。この2つの技法は、一体となって古典的なボードゲームAIを支えています。

4.4.1　局面評価による探索の深さの削減

ゲームの終了までゲーム木をたどると、勝者を簡単に計算することができます。ゲームの序盤はどうでしょうか？　人間のプレイヤーは、通常、ゲームの序盤から終盤を通して誰が優勢かという感覚を持っています。初心者の囲碁プレイヤーでさえ、相手を攻めているか、生き残るために凌いでいるかという本能的な感覚を持っています。コンピュータプログラムでこのような感覚を捉えることができれば、探索に必要な深さを減らすことができます。誰がどのくらい優勢かの感覚を模倣したものが、**局面評価関数**です。

多くのゲームでは、ゲームの知識を使用して、局面評価関数を手作業で作成することができます。例えば、

- **チェッカー** —— 盤上の通常の駒ごとに1点加算、キングにつき2点を加算します。自分の駒の価値から、相手の駒の価値を引きます。
- **チェス** —— ポーンごとに1点、ビショップとナイトごとに3点、ルークごとに5点、クイーンで9点を加算します。自分の駒の価値から、相手の駒の価値を引きます。

これらの評価関数は非常に単純化されています。トップのチェッカーやチェスのエンジンは、はるかに洗練されたヒューリスティックを使用しています。しかし、どちらの場合でも、AIは相手の駒を取り、自分の駒を残そうとします。さらに、より弱い駒と引き換えに、強い駒を取ろうとします。

囲碁では、同等のヒューリスティックは、取った石を加算し、相手が取った石の数を減算することです（同様に、盤上の石の数の違いを数えることができます）。リスト4.8では、このヒューリスティックを計算しています。これは効果的な評価関数ではないことが分かります。囲碁では、潜在的に石を**取る**ことができるということが、**実際に**取ることよりもはるかに重要です。いずれかの石が取られる前に対局が100手以上続くことはかなり一般的です。ゲーム状態の意味合いを正確に把握した局面評価関数を作成することは非常に困難です。

とは言え、枝刈りの技法を説明する目的では、このとても単純なヒューリスティックを使用することができます。非常に強力なボットを作成することはできませんが、完全にランダムな手を選ぶよりも優れています。第11章と第12章では、深層学習を使ってより良い評価関数を作成する方法について説明します。

評価関数を採用すると、**深さの枝刈り**を実装できます。ゲームの最後まで探索して実際に誰が勝ったかを調べるのではなく、一定数の手を探索し、評価関数を使って誰が勝つ可能性が高いかを推定します。

リスト4.8 とても単純化された囲碁の局面評価ヒューリスティック

```
def capture_diff(game_state):
    black_stones = 0
    white_stones = 0
    for r in range(1, game_state.board.num_rows + 1):
        for c in range(1, game_state.board.num_cols + 1):
            p = gotypes.Point(r, c)
            color = game_state.board.get(p)
            if color == gotypes.Player.black:
                black_stones += 1
            elif color == gotypes.Player.white:
                white_stones += 1
```

```
diff = black_stones - white_stones    ❶
if game_state.next_player == gotypes.Player.black:
    return diff                                      }❷
return -1 * diff   ❸
```

❶ 盤上の黒石と白石の数の差を計算する。プレイヤーが早々にパスしないかぎり、これは取った石の数の差と等しい

❷ 黒の手番の場合、(黒石) – (白石)を返す

❸ 白の手番の場合、(白石) - (黒石)を返す

図4.9に、深さの枝刈りを行う、部分的なゲーム木を示します（スペースを節約するためにほとんどの枝を図の外に置きましたが、アルゴリズムはそれらも調べます）。

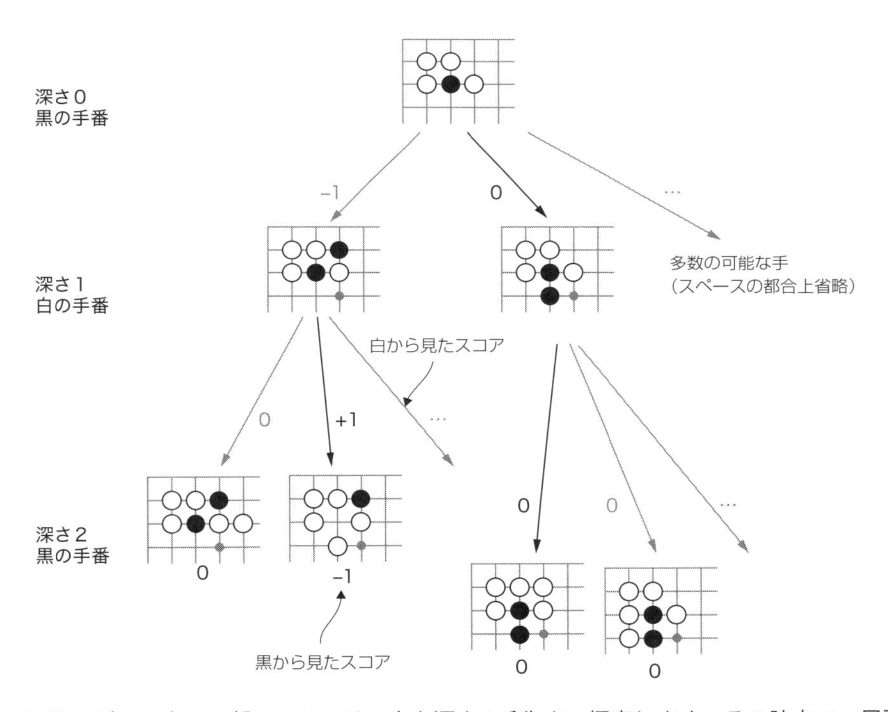

図4.9　囲碁のゲーム木の一部：ここでは、木を深さ2手先まで探索します。その時点で、局面を評価するために取った石の数を調べます。黒が一番左の枝を選ぶならば、白は石を取ることができ、黒に対して–1の評価が得られます。もし黒が中央の枝を選ぶならば、黒の石は（今のところ）安全です。その枝はスコア0と評価されます。したがって、黒は中央の枝を選択します。

この木では、2手先まで探索し、局面評価関数として取った石の数を使います。はじめの局面は黒の手番です。黒はただ1つの呼吸点を持つ石を1つ持っています。黒はどうすべき

でしょうか？　中央の枝に示されているように、黒が真下に伸びていれば、石は（今のところ）安全です。黒が他の場所に着手する場合、白は石を取ることができます。左の枝は、あり得る多くの手順の1つを示しています。

2手先を調べた後、評価関数をその局面に適用します。この場合、白が石を取るすべての枝は、白にとっては+1、黒にとっては–1と採点されます。他のすべての枝は0点です（2手で石を取る方法はありません）。このケースでは、黒は石を守る唯一の手を選択します。

リスト4.9は、深さの枝刈りの実装方法を示しています。このコードは、リスト4.7の完全なミニマックス法のコードとよく似ています。それらを並べて比較すると参考になります。違いに注意してください。

- win/lose/drawの列挙型を返す代わりに、局面評価関数の値を示す数値を返します。私たちの慣例では、スコアは手番を持つプレイヤーの視点からのものです。大きなスコアは、手番を持つプレイヤーが勝つことが予期されることを意味します。これは、相手の観点から局面を評価する場合は、スコアに–1を掛けて自分の視点に戻すことを意味します。
- max_depthパラメータは、先まで探索する手の数を制御します。各手番で、この値から1を減じます。
- max_depthが0になると、探索を停止し、局面評価関数を呼び出します。

リスト4.9　深さで枝刈りされたミニマックス探索

```
def best_result(game_state, max_depth, eval_fn):
    if game_state.is_over():
        if game_state.winner() == game_state.next_player:
            return MAX_SCORE
        else:
            return MIN_SCORE                                    ❶

    if max_depth == 0:
        return eval_fn(game_state)                              ❷

    best_so_far = MIN_SCORE
    for candidate_move in game_state.legal_moves():  ❸
        next_state = game_state.apply_move(candidate_move)  ❹
        opponent_best_result = best_result(next_state, max_depth - 1, eval_fn)  ❺
        our_result = -1 * opponent_best_result  ❻
        if our_result > best_so_far:
            best_so_far = our_result                            ❼
    return best_so_far
```

❶ すでに終局していれば、勝者が誰かわかる
❷ 最大の検索の深さに達したので、ヒューリスティックを使用して、この手順がどの程度良いか判断する
❸ すべての可能な手をループする
❹ この手を取った場合、盤面がどうなるか調べる
❺ この局面からの相手の最良の結果を見つける
❻ 相手が望む手と反対の手を求める
❼ この結果が、これまで調べた中で最高の結果よりも良いか確認する

あなた自身の評価関数を自由に試してみてください。それがボットの性格にどのように影響するのかを見ると面白いかもしれません。また、あなたは確実に私たちの簡単な例より少し良くすることができるでしょう。

4.4.2 αβ法による探索幅の削減

図4.10の図を見てください。黒の手番で、四角で印された点に着手することを検討しています。そこに打てば、白はAで4つの石を取ることができます。明らかに、それは黒の失敗です！　代わりに白が反応してBに打てばどうなるでしょうか？　そんなこと誰が気にするでしょう？　白のAでの応手はすでに十分に悪いです。黒の視点からは、Aが、白が選ぶことができる最善の手であるかどうかは実際には気にしません。1つの強力な応手が見つかるとすぐに、四角で印された点に着手することを却下し、次の選択肢に進むことができます。これが**αβ法**の背後にある考え方です。

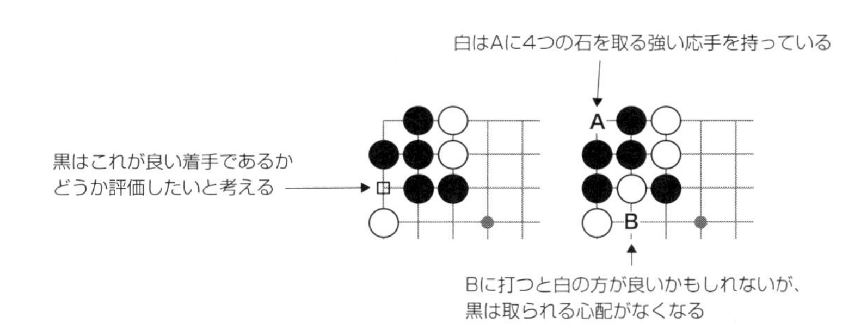

図4.10　黒のプレイヤーは、四角で印された点での着手を検討している：黒がそこに打てば、白は反応してAに打って4つの石を取ることができます。その結果は黒が悪いので、すぐに四角の位置での着手を却下することができます。黒がたとえばBに打てば、白の反応を考慮する必要はありません。

αβアルゴリズムがこの局面にどのように適用されるかを見てみましょう。αβ法は、通常の深さの枝刈りをした木探索と同じように始まります。図4.11に最初の手順を示します。

最初に黒にとっての評価を行うために手を選びます。その手を図にAで印します。それから、深さ3までの手をすべて評価します。白がどのように反応しても、黒は少なくとも2つの石を取ることができます。そこで、この枝を黒にとって+2のスコアと評価します。

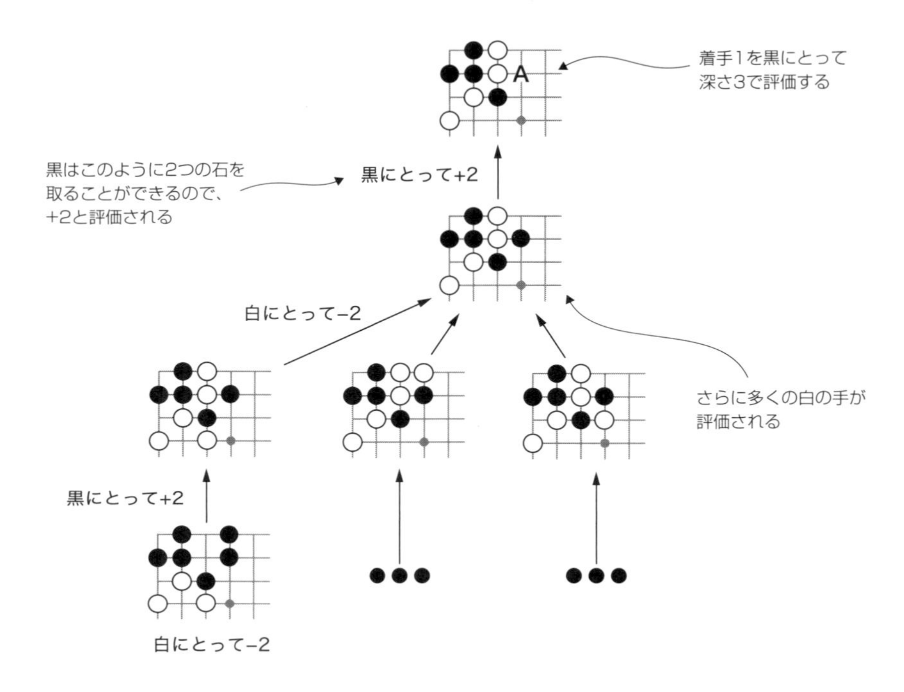

図4.11　$\alpha\beta$法のステップ1：ここでは、最初の黒の可能な手をすべて評価します。この手は黒にとって+2のスコアと評価されます。これまでのところ、アルゴリズムは前の節で説明した深さの枝刈りをした探索とまったく同じです。

今度は、図4.12でBと印された黒の次の候補手を検討します。深さの枝刈りをした探索の場合と同様に、すべての可能な白の応手を調べ、それらを1つずつ評価します。白は左上隅に打つと4つの石を取ることができます。その枝は黒にとってスコア−4で評価されます。ここで黒がAに着手すると、黒は少なくとも+2のスコアが保証されることがすでに分かっています。黒がBに着手する場合、白がどのようにして黒のスコアを−4にすることができるかを示しました。おそらく白はもっと良くすることができます。しかし、−4は既に+2より悪いので、さらに探索する必要はありません。他のたくさんの白の応手の評価をスキップすることができます。そして、それらの局面はそれぞれその後にさらに多くの組み合わせを持っています。計算量が省かれたにもかかわらず、深さ3で完全に探索したのとまったく同じ手を選択できます。

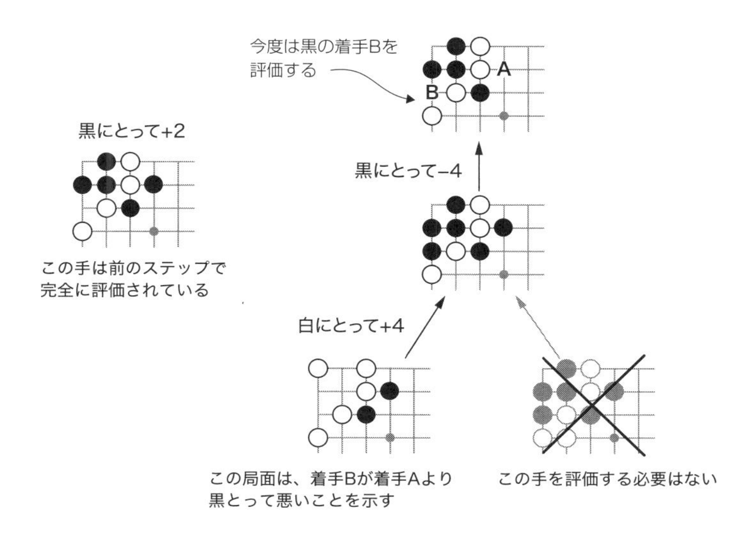

図4.12　αβ法のステップ2：黒の2つ目の手を評価します。ここで白は4つの石を取る応手を持っています。その枝は黒にとって−4と評価されます。その白の応手を評価するとすぐに、黒のこの手を完全に破棄し、他の可能な白の応手をスキップすることができます。評価していないより良い白の応手がある可能性がありますが、知る必要があるのは、Bでの着手がAでの着手よりも黒にとって悪いということです。

この例では、枝刈りがどのように動作するかを示すために、特定の順序で手を評価しました。実際の実装では、盤の座標の順に手を評価します。αβ法によって時間を省くことできるかどうかは、良い枝がどれだけ早く見つかるかによって決まります。早い段階で最善の枝を評価した場合、すぐに他の枝を除外することができます。最悪の場合は最善の枝を最後に評価し、そうするとαβ法は深さの枝刈りをした探索を完全に行った場合よりも速くなりません。

アルゴリズムを実装するには、探索中に各プレイヤーのための最善の結果を追跡する必要があります。これらの値は、伝統的に、「**アルファ**」と「**ベータ**」と呼ばれ、アルゴリズムの名前に由来しています。実装では、これらの値をbest_blackおよびbest_whiteと呼びます。

リスト4.10　枝の評価を停止できるかどうかの確認

```
def alpha_beta_result(game_state, max_depth, best_black, best_white, eval_fn):
...
    if game_state.next_player == Player.white:
        # Update our benchmark for white.
        if best_so_far > best_white:          } ❶
            best_white = best_so_far
        outcome_for_black = -1 * best_so_far
        if outcome_for_black < best_black:    } ❷
            return best_so_far
```

❶ 白の基準値を更新する
❷ 現在、白の手を選んでいる。それは前の黒の手よりも強い必要がある。黒の最良の選択に勝つ手が見つかると、すぐに探索を停止することができる

深さの枝刈りの実装をαβ法に拡張することができます。リスト4.10は、新たに追加された主要部分を示しています。このブロックは、白の視点から実装されています。黒のためにも同様のブロックが必要です。

まず、スコアbest_whiteを更新する必要があるかどうかを確認します。次に、白の手の評価を停止することができるかどうかを確認します。これを現在のスコアと、**いずれかの**枝で見つかった最良のスコアを比較することで行います。白が黒をより低いスコアにすることができる場合、黒はこの枝を選択しません。正確な最良のスコアを見つける必要はありません。αβ法の完全な実装を、次のリストに示します。

リスト4.11　αβ法の完全な実装

```
def alpha_beta_result(game_state, max_depth, best_black, best_white, eval_fn):
    if game_state.is_over():
        if game_state.winner() == game_state.next_player:
            return MAX_SCORE
        else:
            return MIN_SCORE                                        ❶

    if max_depth == 0:
        return eval_fn(game_state)                 ❷

    best_so_far = MIN_SCORE
    for candidate_move in game_state.legal_moves():   ❸
        next_state = game_state.apply_move(candidate_move)   ❹
        opponent_best_result = alpha_beta_result(
            next_state, max_depth - 1,
            best_black, best_white,
            eval_fn)                                  ❺
        our_result = -1 * opponent_best_result   ❻

        if our_result > best_so_far:
            best_so_far = our_result              ❼
        if game_state.next_player == Player.white:
            if best_so_far > best_white:
                best_white = best_so_far          ❽
            outcome_for_black = -1 * best_so_far
            if outcome_for_black < best_black:
                return best_so_far                ❾
        elif game_state.next_player == Player.black:
```

```
        if best_so_far > best_black:
            best_black = best_so_far          ❿
        outcome_for_white = -1 * best_so_far
        if outcome_for_white < best_white:
            return best_so_far                ⓫

return best_so_far
```

❶ 終局しているかチェックする

❷ 最大の検索の深さに達したので、ヒューリスティックを使用して、この手順がどの程度良いか判断する

❸ すべての有効な手をループする

❹ この手を取った場合、盤面がどうなるか調べる

❺ この局面からの相手の最良の結果を見つける

❻ 相手が望む手と反対の手を求める

❼ この結果が、これまで調べた中で最高の結果よりも良いか確認する

❽ 白の基準値を更新する

❾ 現在、白の手を選んでいる。それは前の黒の手よりも強い必要がある

❿ 黒の基準値を更新する

⓫ 現在、黒の手を選んでいる。それは前の白の手よりも強い必要がある

 4.5 モンテカルロ木探索アルゴリズムによるゲーム状態の評価

αβ法では、局面評価関数を使用して、考慮する必要がある局面の数を減らしました。しかし、囲碁の局面評価は非常に難しく、取った石の数に基づいた簡単なヒューリスティックでは多くの囲碁プレイヤーをだますことはできません。**モンテカルロ木探索アルゴリズム**（または「MCTS」）は、ゲームに関する戦略的知識なしにゲーム状態を評価する方法を提供します。ゲーム固有のヒューリスティックによらず、MCTSはランダムにゲームをシミュレートして、局面がどれほど良いかを推定します。このランダムなゲームプレイを1回行うことを、**ロールアウト**（rollout）または**プレイアウト**（playout）と呼びます。この本では、「ロールアウト」という言葉を使用します。

モンテカルロ木探索は、非常に複雑な状況を、乱数を用いて分析する**モンテカルロアルゴリズム**の1つに分類されます。乱数を用いることから、モナコの有名なカジノ地区に由来する名前が付けられました。

ランダムな手を選ぶことで良い戦略を構築することは不可能に思えるかもしれません。もちろん、完全にランダムな手を選ぶゲームAIは、極端に弱いでしょう。しかし、2つのランダムなAIをお互いに戦わせると、相手も同様に無知です。もし常に黒が白よりも勝率が高ければ、黒に何らかの優位な点があったはずです。したがって、ある局面からランダムにゲームを開始することで、その局面があるプレイヤーに有利かどうかを判断することができます。そうすることで、その局面が**なぜ**良いかを理解する必要はありません。

もちろん、不均衡な結果を偶然得ることはあります。10回ランダムなゲームをシミュレートし、7回白が勝った場合、白に優位性があると確信できるでしょうか？ そんなことはありません。白は、偶然期待するよりも2回だけ多くゲームに勝っただけです。黒と白が完全にバランスしていれば、10回のうち7回勝つ確率は約30%です。一方、白が100回のうち70回ランダムなゲームに勝った場合、開始局面が本当に白に有利であったと事実上確信できます。重要な考え方は、より多くのロールアウトを行うと、推定がより正確になることです。

MCTSアルゴリズムは以下の3つのステップを繰り返します。

1. 新しい局面をMCTSの木に追加します。
2. その局面からランダムなゲームをシミュレートします。
3. そのランダムなゲームの結果で木の統計情報を更新します。

この一連の処理は、使用可能な時間の間、できるだけ多く繰り返します。木の最上部にある統計は、どの手を選択するかを示します。

MCTSアルゴリズムの1回のラウンドについて説明します。図4.13にMCTSの木を示します。アルゴリズムのこの時点で、すでにいくつかのロールアウトを完了し、木の一部を構築して

います。各ノード（node）は、そのノードの後の任意の局面から開始したロールアウトに勝った方の数を追跡します。つまり、すべてのノードの集計にはすべての子の合計が含まれます。（通常、この時点では木にはさらに多くのノードがありますが、図ではスペースを節約するために多くのノードが省略されています）。

各ラウンドでは、新しい局面を木に追加します。最初に、木の最下部（**葉**（leaf））にあるノードを選択します。この木には5つの葉があります。

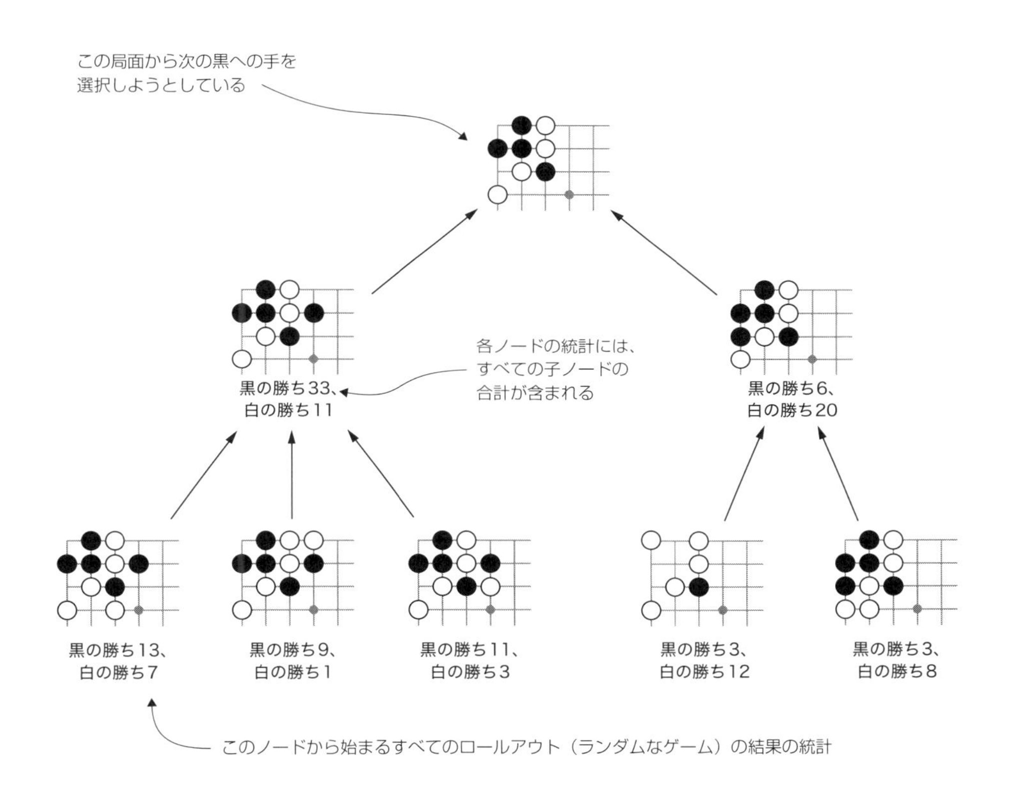

図4.13　MCTSのゲーム木：木の最上部は、現在の局面を表します。次の黒の手を選ぼうとしています。アルゴリズムのこの時点で、様々な可能な局面から70回ランダムなロールアウトを行っています。各ノードは、その子ノードから開始されたすべてのロールアウトに関する統計を追跡します。

最善の結果を得るには、少し注意して葉を選ぶ必要があります。4.5.2節でこれを行うための良い戦略を説明します。今のところ、一番左の枝の下までたどり着いたとします。その時点から、次の手をランダムに選択し、新しい局面を計算し、そのノードを木に追加します。図4.14に、この一連の処理の後の木がどうなるか示します。

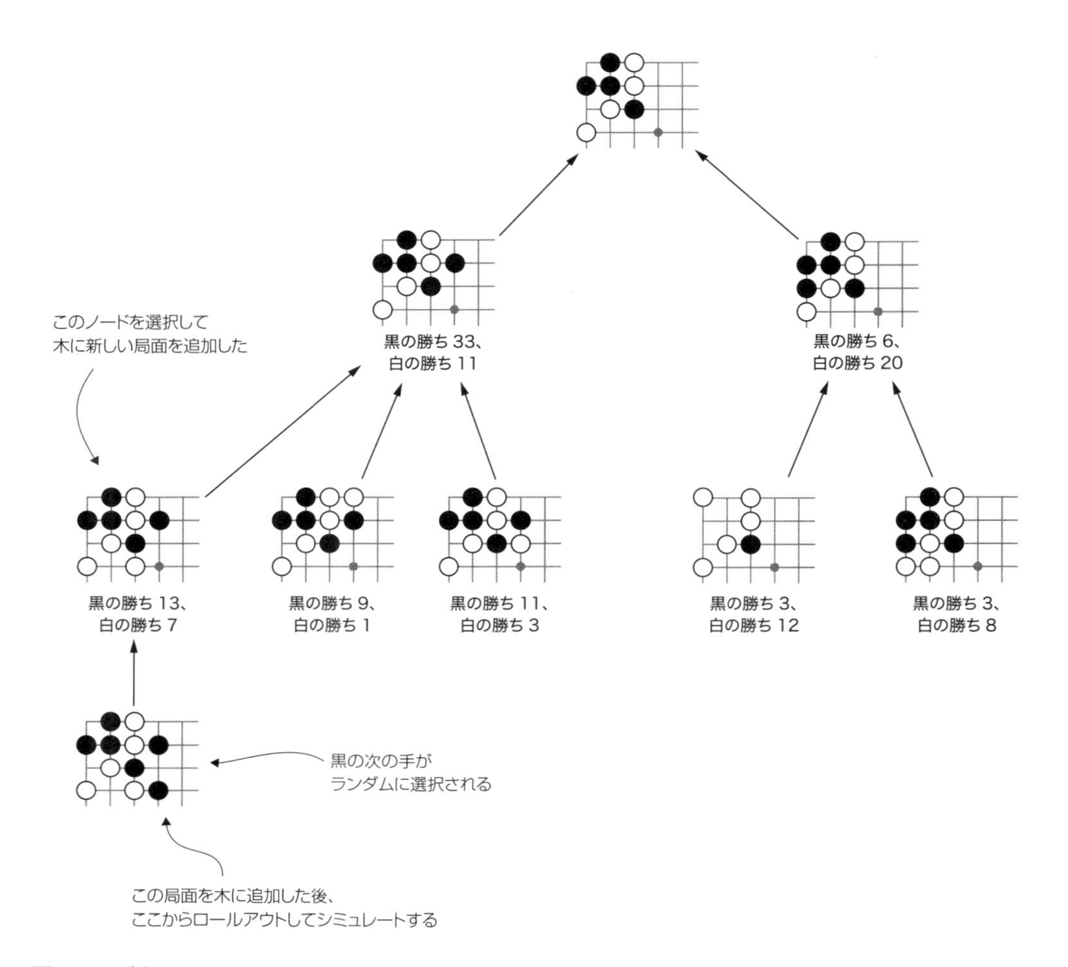

図4.14 新しいノードをMCTSの木に追加する：ここでは、新しいノードを追加する場所として一番左の枝を選択しました。そして、その局面から次の手をランダムに選択して木に新しいノードを作成します。

木の新しいノードがランダムなゲームの開始点になります。ゲームの残りの部分をシミュレートします。文字通り、ゲームが終了するまで、各手番で合法手を選択するだけです。それから、スコアを数えて勝敗を判定します。この場合、勝者が白であったとしましょう。このロールアウトの結果を新しいノードに記録します。さらに、すべてのノードの先祖まで辿って、新たなロールアウトの結果を集計に追加します。図4.15に、このステップが完了した後の木がどうなるかを示します。

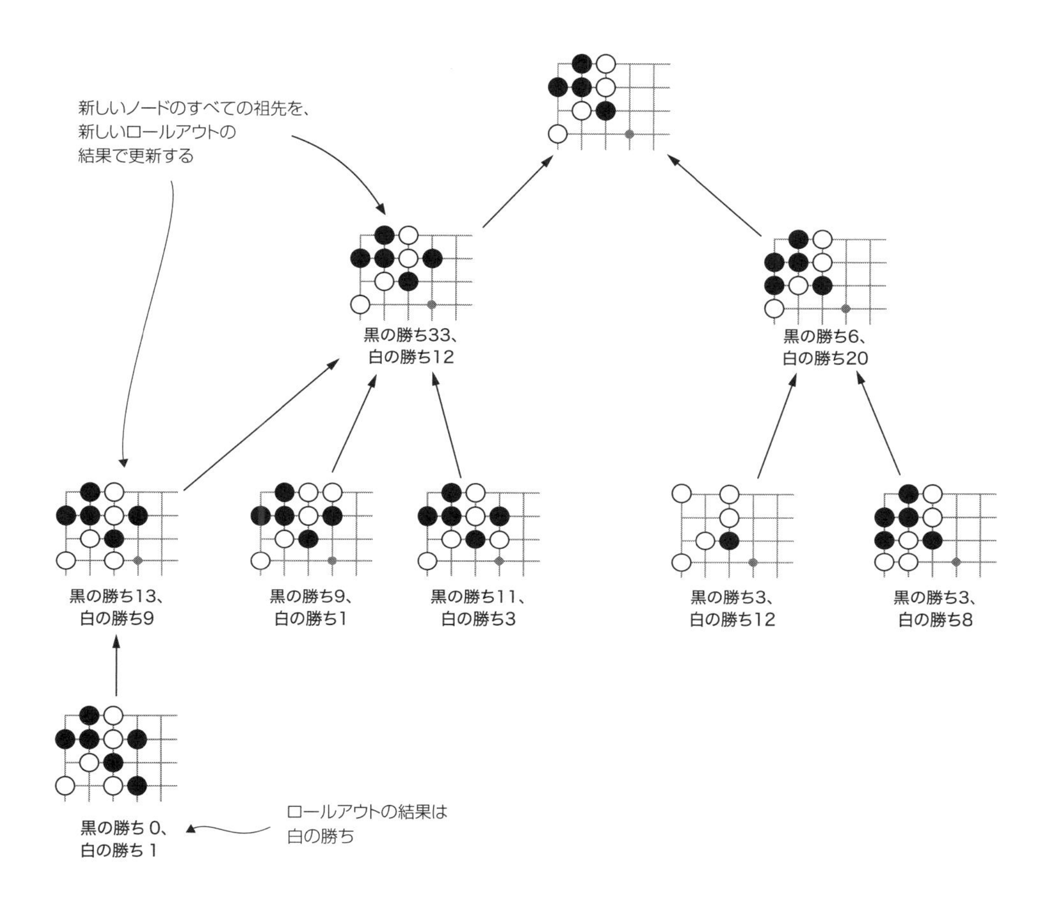

図4.15 新しいロールアウト後のMCTSの木の更新：このシナリオでは、ロールアウトの結果は白の勝ちでした。その勝ちを新しい木のノードとすべての親のノードに加算します。

この一連の処理の全体がMCTSの1回のラウンドです。これを繰り返すたびに、木が大きくなり、最上部の推定がより正確になります。通常、一定回数のラウンドを終えた後、または一定の時間が経過した後に停止します。その時点で、単純に勝率が最も高い手を選択します。

4.5.1 Pythonによるモンテカルロ木探索の実装

MCTSアルゴリズムを説明したので、実装の詳細を見てみましょう。まず、MCTSの木を表すデータ構造を設計します。次に、MCTSのロールアウトを実行する関数を記述します。

リスト4.12に示すとおり、まず、木の任意のノードを表す新しいクラスMCTSNodeを定義します。各MCTSNodeは以下のプロパティを追跡します。

- game_state：木のノードでの現在のゲーム状態（局面と次のプレイヤー）
- parent：親のMCTSNode。parentをNoneに設定することで、木の根（root）であることを示すことができます。
- move：このノードに直接つながった直前の着手。
- children：すべての子のノードのリスト
- win_countsおよびnum_rollouts：このノードから開始したロールアウトに関する統計情報
- unvisited_moves：まだ木の一部ではない、この局面からのすべての合法手のリスト。新しいノードを木に追加するたびに、unvisited_movesから1つの手を取り出し、新しいMCTSNodeを生成して子のリストに追加します。

リスト4.12　MCTSの木を表すデータ構造

```
class MCTSNode(object):
    def __init__(self, game_state, parent=None, move=None):
        self.game_state = game_state
        self.parent = parent
        self.move = move
        self.win_counts = {
            Player.black: 0,
            Player.white: 0,
        }
        self.num_rollouts = 0
        self.children = []
        self.unvisited_moves = game_state.legal_moves()
```

MCTSNodeは、2つの方法で更新できます。新しい子を木に追加することと、ロールアウトの統計を更新することができます。次のリストは、その両方の関数を示しています。

リスト4.13　MCTSの木のノードを更新する方法

```
    def add_random_child(self):
        index = random.randint(0, len(self.unvisited_moves) - 1)
        new_move = self.unvisited_moves.pop(index)
        new_game_state = self.game_state.apply_move(new_move)
        new_node = MCTSNode(new_game_state, self, new_move)
        self.children.append(new_node)
        return new_node
    def record_win(self, winner):
        self.win_counts[winner] += 1
        self.num_rollouts += 1
```

最後に、木のノードの役立つプロパティにアクセスするための3つの便利なメソッドを追加します。

- can_add_child は、この局面にまだ木に追加されていない合法手があるかどうかを返します。
- is_terminal は、このノードでゲームが終了したかどうかを返します。もしそうなら、ここから先は探索することができません。
- winning_pct は、特定のプレイヤーが勝ったロールアウトの割合を返します。

次のリストにこれらの関数の実装を示します。

リスト4.14 MCTS木のプロパティにアクセスするヘルパーメソッド

```
    def can_add_child(self):
        return len(self.unvisited_moves) > 0

    def is_terminal(self):
        return self.game_state.is_over()

    def winning_pct(self, player):
        return float(self.win_counts[player]) / float(self.num_rollouts)
```

木のデータ構造を定義したので、今ではMCTSアルゴリズムを実装できます。新しい木を生成することから始めます。根ノードは、現在のゲーム状態です。次に、ロールアウトを繰り返します。この実装では、各手番で固定数のラウンドを繰り返します。他の実装では、代わりに特定の時間の間実行することもできます。

各ラウンドは、子を追加することができるノード、すなわち木にまだ存在しない合法手を持つ局面を見つけるまで木を辿ることから始めます。select_move関数は、探索する最善の枝を選択する処理を隠蔽します。次の節で詳細を説明します。

適切なノードが見つかると、add_random_childを呼び出して後続の手を選択し、それを木に追加します。この時点で、ノードは、新たに作成されたMCTSNodeで、ロールアウトは未実行です。

simulate_random_gameを呼び出すことで、このノードからロールアウトを開始します。simulate_random_gameの実装は、第3章で説明したbot_v_botサンプルと同じです。

最後に、新たに作成したノードとそのすべての祖先の勝ちの数を更新します。この一連の処理の全体は、次のリストに実装されています。

リスト4.15　MCTSアルゴリズム

```
class MCTSAgent(agent.Agent):
    def select_move(self, game_state):
        root = MCTSNode(game_state)

    for i in range(self.num_rounds):
        node = root
        while (not node.can_add_child()) and (not node.is_terminal()):
            node = self.select_child(node)

    if node.can_add_child():                  ❶
        node = node.add_random_child()

    winner = self.simulate_random_game(node.game_state)    ❷
    while node is not None:
        node.record_win(winner)          ❸
        node = node.parent
```

❶ 新たな子ノードを木に追加する
❷ このノードからランダムなゲームをシミュレートする
❸ 木を遡ってスコアを伝播させる

割り当てられた回数のラウンドを完了したら、手を選択する必要があります。これを行うには、最上部のすべての枝をループし、最高の勝率となる1つの手を選択するだけです。次のリストに、これを実装する方法を示します。

リスト4.16　MCTSのロールアウトを完了した後の手の選択

```
class MCTSAgent(object):
...
    def select_move(self, game_state):
...
    best_move = None
    best_pct = -1.0
    for child in root.children:
        child_pct = child.winning_pct(game_state.next_player)
        if child_pct > best_pct:
            best_pct = child_pct
            best_move = child.move
    return best_move
```

4.5.2 探索する枝を選択する方法

私たちのゲームAIは、各手番に費やす時間が限られています。これは、一定数のロールアウトしか実行できないことを意味します。ロールアウトごとに、1つの手の評価が改善します。限られたリソースでのロールアウトを考えてみましょう。着手Aに1回余分なロールアウトを割り当てると、着手Bに割り当てるロールアウトが1回少なくなります。限られた回数をどのように配分するかを決める戦略が必要です。標準的な戦略は、**upper confidence bound for trees**（木のための信頼上限）、またはUCT式と呼ばれます。UCT式は、2つの相反する目標の間のバランスを取ります。

最初の目標は、最善の手を調べるために時間を費やすことです。この目標は**利用**（exploitation）と呼ばれています（つまり、これまでに発見した優位性を活用します）。これは、推定された勝率が最も高い手にもっと多くのロールアウトを割り当てることを意味します。これらの手の中には、偶然勝率が高いものもあります。しかし、これらの枝に対してより多くのロールアウトを実行すると、推定値はより正確になります。誤りの影響はより少なくなるでしょう。

一方、ノードを数回訪問しただけでは、推定値は大きく外れている可能性があります。たまたま実際には良い手の推定値が非常に低くなるかもしれません。さらにいくつかのロールアウトを費やせば、その手の本当の良さを明らかにすることができます。よって2番目の目標は、一番訪問していない枝についてより正確な推定値を得ることです。この目標は**探索**（exploration）と呼ばれています。

図4.16は、利用に偏った探索木と探索に偏った探索木を比較したものです。利用と探索のトレードオフは、試行錯誤によるアルゴリズムに共通する特性です。本書の後半で強化学習について説明する際に、再び取り上げます。

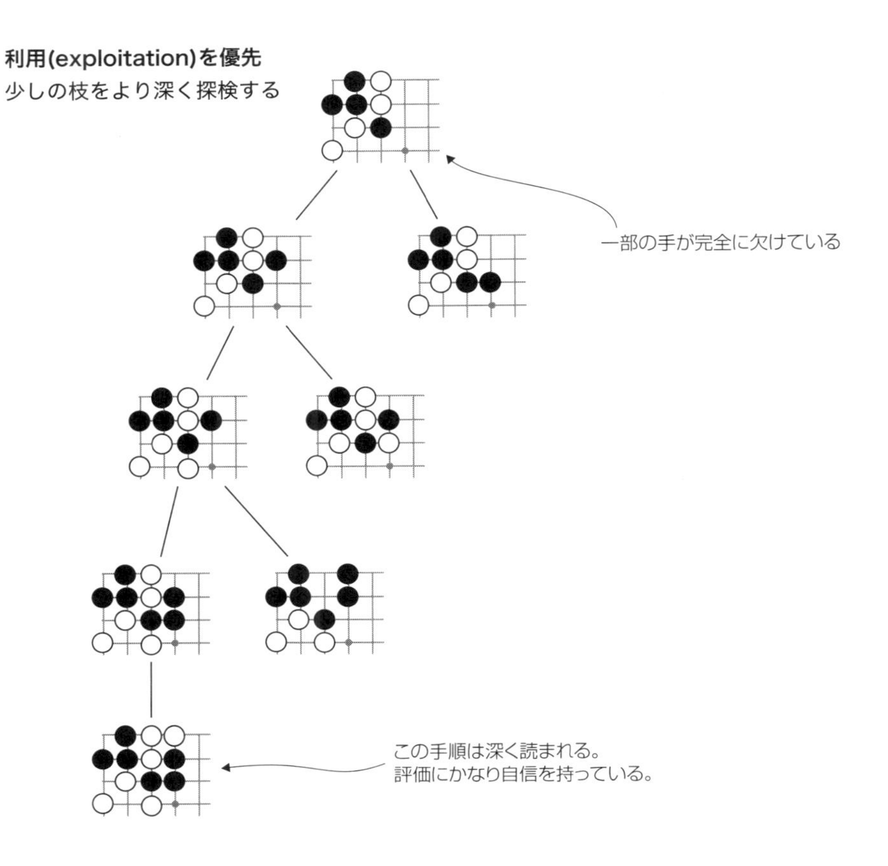

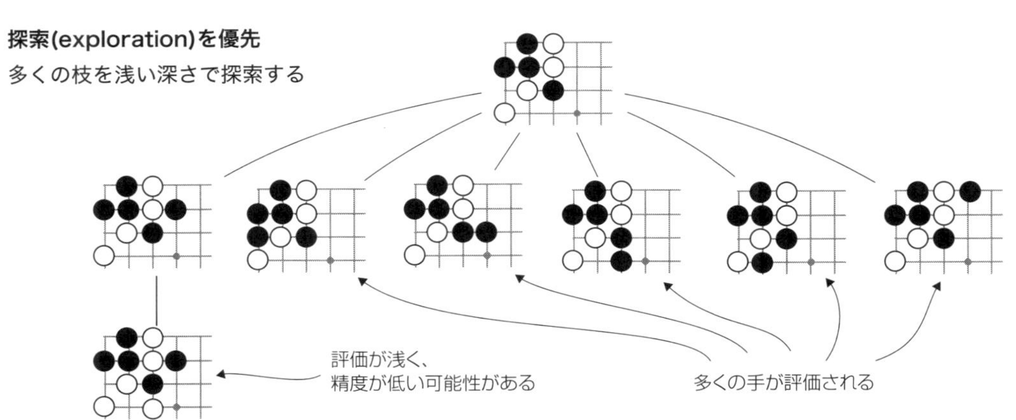

図4.16 利用と探索のトレードオフ（exploitation-exploration tradeoff）：両方のゲーム木で、7つの局面を訪問しました。左側では、探索は利用（exploitation）に向けて偏っています。木は最も有望な手に対して深くなります。右側では、探索は探索（exploration）の方向に偏っています。より多くの手を試しましたが、深さはそれほど深くなっていません。

考慮中の各ノードについて、利用（exploitation）の目標を表す勝率wを計算します。探索（exploration）を表すために、$c\sqrt{\log N/n}$を計算します。ここで、Nはロールアウトの総数で、nは考慮中のノードで開始されたロールアウトの数です。この固有の式には理論的根拠があります。探索（exploration）の目的のために、最小の訪問数のノードの値が最大になっていることに注意してください。

UCTの式を得るために、これらの2つの要素を組み合わせます。

$$w + c\sqrt{\frac{\log N}{n}}$$

ここで、cは、利用と探索の間の優先度のバランスを表すパラメータです。UCTの式は各ノードのスコアを提供し、最も高いUCTスコアを持つノードが次のロールアウトの開始点となります。

cの値が大きければ、最も探索されていないノードにもっと多くの時間を費やします。cの値が小さければ、最も有望なノードの評価を得るために多くの時間を費やします。最も効果的なゲームプレイヤーを作るcの選択は通常、試行錯誤によって行われます。1.5あたりから始めて、そこから実験することをお勧めします。パラメータcは時には温度と呼ばれます。温度が「より暑い」ときは、探索はより気まぐれで、温度が「低温」のときは、探索がより集中します。

リスト4.17に、この方策を実装する方法を示します。使用するメトリックを特定したら、子を選択することは、各ノードの式を計算し、最大の値を持つノードを選択するという単純な問題になります。ミニマックス探索と同じように、各手番で視点を切り替える必要があります。私たちは、次の手を選ぶプレイヤーの視点から勝率を計算するので、木を下っていくときに黒と白を交互に入れ替えます。

リスト4.17　UCTの式を使った探索するブランチの選択

```
def uct_score(parent_rollouts, child_rollouts, win_pct, temperature):
    exploration = math.sqrt(math.log(parent_rollouts) / child_rollouts)
    return win_pct + temperature * exploration

class MCTSAgent(object):
...
    def select_child(self, node):
        total_rollouts = sum(child.num_rollouts for child in node.children)

        best_score = -1
        best_child = None
        for child in node.children:
            score = uct_score(
```

```
                total_rollouts,
                child.num_rollouts,
                child.winning_pct(node.game_state.next_player), self.temperature)
            if score > best_score:
                best_score = uct_score
                best_child = child
        return best_child
```

4.5.3 モンテカルロ木探索を囲碁に適用するための実践的考察

前の節では、MCTSアルゴリズムの一般的な形式を実装しました。単純なMCTSの実装は、強いアマチュアプレイヤーのレベルである囲碁のアマチュア1段に達することができます。MCTSと他の技術を組み合わせることで、それよりもかなり強いボットを作ることができます。今日のトップ囲碁AIのほとんどは、MCTSと深層学習の両方を使用しています。あなたがMCTSボットと競合するレベルに到達することに興味があるなら、この節は考慮すべきいくつかの実践的な詳細について説明しています。

速いコードは強いボットを作る

MCTSは、フルサイズ（19×19）の囲碁で、手番につき約10,000回のロールアウトを実行可能な戦略になり始めています。私たちのリファレンス実装はそれを実行するには十分速くはありません。そうするには各手を選択するのに数分待つことになるでしょう。妥当な時間内に多数のロールアウトを完了するために、実装を少し最適化する必要があります。一方、小さな盤では、リファレンス実装でさえ楽しい対局相手になります。

他のすべてが同じであれば、より多くのロールアウトはより良い決定を意味します。同じ時間内により多くのロールアウトを実行できるように、コードを高速化するだけで、ボットを強くすることができます。MCTSに関連するコードだけではありません。例えば、石の取りを処理するコードは、ロールアウトごとに何百回も呼び出されます。すべての基本的なゲームロジックは最適化の標的になります。

より良いロールアウトの方策はより良い評価をする

ランダムなロールアウト中に手を選択するアルゴリズムは、**ロールアウトポリシー**（rollout policy）と呼ばれます。ロールアウトポリシーがより現実の対局に近づくほど、評価はより正確になります。第3章では、囲碁をプレイするRandomAgentを実装しました。この章では、ロールアウトポリシーとしてRandomAgentを使用します。しかし、RandomAgentが囲碁の知識なしで**完全に**ランダムに手を選択することは、現実の対局とはかけ離れています。そこでまず、盤面が埋まる前に、パスや投了をしないようにプログラムしました。次に、自分の眼を埋めないようにプログラムしたので、ゲームの終わりで自分の石を殺さないようになりました。このロジックがなければ、ロールアウトはさらに正確ではなくなります。

いくつかのMCTS実装はさらに進んで、ロールアウトポリシーにより多くの囲碁固有のロジックを実装しています。ゲーム固有のロジックを備えたロールアウトは、**重い**ロールアウトと呼ばれることもあります。対照的に、まったくランダムに近いロールアウトは**軽い**ロールアウトとも呼ばれます。

例を図4.17に示します。これは3×3の局所的なパターンで、黒石が白の次の手番で取られる危険性があります。黒は、少なくとも一時的に、伸びることでそれを防ぐことができます。これは**常に**最善の手ではありません。常に良い手でさえもありません。しかし、盤上の任意のランダムな点よりも良い手である可能性は高いです。

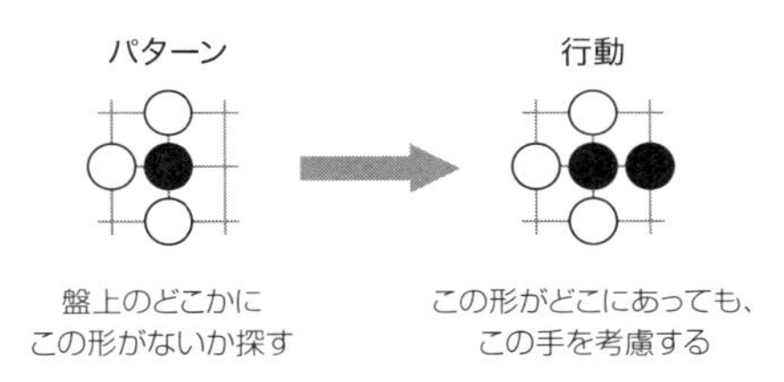

図4.17　局所的な戦術パターンの例：左の形を見ると、右の応手を考慮する必要があります。このような戦術パターンに従う方策は特に強いわけではありませんが、完全にランダムに手を選ぶよりもはるかに強くなります。

これらのパターンの良い一覧を構築するには、囲碁の戦術の知識が必要です。重いロールアウトで使用できる他の戦術パターンについて興味があるなら、Fuego（fuego.sourceforge.net/）またはPachi（github.com/pasky/pachi）という2つのオープンソースMCTS囲碁エンジンのソースコードを見ることを勧めます。

重いロールアウトを実装するときには注意してください。ロールアウトポリシーのロジックの計算が遅い場合は、多数のロールアウトを実行できません。結局は、より洗練された方策のメリットを帳消しにしてしまうかもしれません。

礼儀正しいボットは投了するときを知っている

ゲームAIを作ることは、最良のアルゴリズムを開発するための単なる練習ではありません。それはまた、人間の対局相手のための楽しい体験を作り出すことです。その楽しみの一部は、人間のプレイヤーに勝利の満足感を与えることから来ます。この本で実装した最初の囲碁ボット、RandomAgentは、対局して苛立たしいものでした。人間のプレイヤーが完全に優勢であっても、ランダムなボットは盤全体がいっぱいになるまで続けようとします。もちろん、人間のプレイヤーが手を止め、頭の中で対局を勝ちとすることを止めるものはありません。しかし、それはどことなく正々堂々としていないように感じます。ボットが潔く投了することができれば、はるかに良い体験になります。

基本的なMCTSの実装の上に、人に優しい投了ロジックを簡単に追加することができます。MCTSアルゴリズムは、手を選択する過程で推定される勝率を計算します。手番の中で、それら数字を比較して、どのような手を選ぶかを決めます。しかし、同じゲーム内の異なる時点での推定勝率を比較することもできます。数字が低下している場合、ゲームは人間の優勢に傾いています。最善の選択肢が十分に低い勝率、例えば10%になった場合、ボットを投了させることができます。

4.6 まとめ

- 木探索アルゴリズムは、最良の選択肢を見つけるために多くの可能な手順を評価します。木探索はゲームや一般的な最適化問題でも取り上げられます。
- ゲームに適用される木探索の形態は、**ミニマックス木探索**です。ミニマックス木探索では、反対の目標を持つ2人のプレイヤーを交互に入れ替えます。
- 完全なミニマックス木探索は、非常に単純なゲーム（三目並べなど）でのみ実用的です。複雑なゲーム（チェスや囲碁など）に適用するには、探索する木のサイズを小さくする必要があります。
- **局面評価関数**は、特定の局面からどのプレイヤーが勝つ可能性が高いかを推定します。局面評価機能が優れていれば、決定をするためにゲームの最後まで探索する必要はありません。この戦略が**深さの枝刈り**です。
- αβ法は、各手番で考慮する必要のある手の数を減らすため、チェスのように複雑なゲームでも実用的です。αβ法の考え方は直感で理解できます。可能な手を評価するときに、相手の手に1つの強い応手を見つけた場合、その手をすぐに考慮から完全に取り除くことができます。
- 良い局面評価のヒューリスティックがない場合、**モンテカルロ木探索**アルゴリズムを使用することがあります。このアルゴリズムは、特定の局面からランダムにゲームをシミュレートし、どのプレイヤーがより頻繁に勝つかを追跡します。

第5章 ニューラルネットワーク入門

この章では、次の内容を取り上げます。

- **人工ニューラルネットワークの基礎を案内します**
- **手書き数字を認識するようにネットワークに教えます**
- **層を組み立てることでニューラルネットワークを作成します**
- **ニューラルネットワークがデータからどのように学習するかを理解します**
- **単純なニューラルネットワークを一から実装します**

この章では、今日の**深層学習**の中心となるアルゴリズムの一種である人工ニューラルネットワーク（artificial neural networks; ANN）の核となる概念を紹介し、実装します。人工ニューラルネットワークの歴史は、驚くほど古く、1940年代初めになります。多くの分野で応用され広く成功を収めるには数十年かかりましたが、基本的な概念は有効なままです。

ANNの中核となる概念は、神経科学からインスピレーションを得ており、一部の脳機能の仮説と同じように機能する一連のアルゴリズムをモデル化するという考え方です。特に、人工ネットワークのための最小単位のブロックとして**ニューロン**の概念を使用します。ニューロンは**層**（layers）と呼ばれる群を形成し、これらの層は特定の方法で互いに**接続**されて**ネットワーク**を結びます。ニューロンは、入力データが与えられたときに、接続を介して層から層へ情報を転送することができ、信号が十分に強い場合にニューロンが**活性化する**（activate）と言います。このようにして、最後のステップである出力層に到達するまでデータがネットワークを介して伝播され、そこから**予測**が得られます。次に、その予測を**期待される出力**と比較して予測の**誤差**を計算し、ネットワークはその誤差を使って学習して将来の予測を改善します。

脳からヒントを得てアーキテクチャを類推することは時には役立ちますが、ここではそれを強調したくありません。事実、私たちは特に脳の視覚野について多くのことを知っていますが、その類推は誤解を招きかねず、有害でさえあります。飛行機が空気力学を利用するのと同じように、**生物の学習の原理**を明らかにするために人工ニューラルネットワークを考えるのは良いと思いますが、私たちは鳥をコピーしようとは思いません。

この章では、物事をより具体的にするために、最初から順を追って、ニューラルネットワークの基本的な実装を示します。このネットワーク、光学文字認識（OCR）の問題に適用します。つまり、手書きの数字の画像にどの数字が表示されているかをコンピュータに予測させます。

OCRデータセットの各画像は、格子上に配置されたピクセルで構成されています。ピクセル間の空間的な関係を分析して、それがどの数値を表すのかを理解する必要があります。他の多くのボードゲームと同様に、囲碁は格子上で行われます。良い手を選ぶためには、盤上の空間的な関係を考慮する必要があります。あなたは、OCRのための機械学習技術が囲碁のようなゲームにも適用できることを望むでしょう。結論を言うと、それは可能です。第6章から第8章は、これらの方法をゲームに適用する方法を示しています。

この章では、数学を少し用います。線形代数、微積分、確率論の基礎に慣れていないか、簡単な説明や復習が必要な場合は、最初に付録Aを読むことをお勧めします。また、ニューラルネットワークの学習手順のより難しい部分は、付録Bにあります。ニューラルネットワークを知っているが、実装したことがない場合は、5.5節に進んでください。ネットワークの実装にも慣れている場合は、第6章に進んでください。第6章では、第4章で作成したゲームで着手を予測するためにニューラルネットワークを適用します。

5.1 簡単な事例：手書き数字の分類

ニューラルネットワークを詳細に紹介する前に、最初に具体的な事例から始めましょう。この章では、約95%の精度で手書き数字の画像データをうまく予測できるアプリケーションを作成します。注目すべきことに、画像のピクセル値のみをニューラルネットワークに与えることですべてを行います。アルゴリズムは、数字の構造に関連のある情報を独自に抽出することを学びます。

それには、手書き数字のMNIST（National Institute of Standards and Technology）データセットを使用します。MNISTデータセットは、機械学習の研究者によく使用されており、深層学習の格好の題材となります。

この章では、NumPyライブラリを使って基本レベルの数学演算を処理します。NumPyはPythonで機械学習や数学の計算を行うための業界標準であり、本の残りの部分でもこれを使用していきます。この章のコードサンプルを試す前に、NumPyを好みのパッケージマネージャと一緒にインストールしてください。pipを使用している場合は、シェルからpip install numpyを実行してインストールします。Condaを使用している場合は、conda install numpyを実行してください。

5.1.1 手書き数字のMNISTデータセット

MNISTには、それぞれ28×28の画素からなる60,000枚の画像が含まれます。このデータがどう見えるかいくつかの例を図5.1に示します。人間には、これらの例のほとんどを認識するのは簡単であり、最初の行の例を7, 5, 3, 9, 3, 0などと簡単に読み取ることができます。しかし、人間にとってもその画像が何を表しているか読み取るのが難しいケースもあります。例えば、図5.1の第5行の4番目の画像は、4か9かで簡単に間違います。

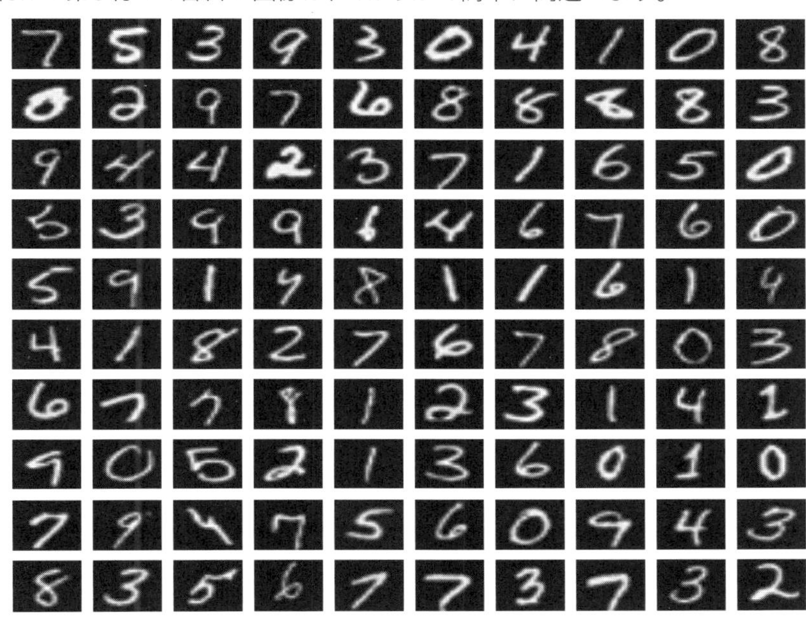

図5.1 手書き数字のためのMNISTデータセットのいくつかの例：MNISTデータセットは、光学文字認識の分野で十分に研究された対象です。

MNISTの各画像には、画像に描かれた正解の値を表す、0～9の数字の**ラベル**が付けられています。

データを調べるには、まずデータを読み取る必要があります。この本のGitHubリポジトリには、次のフォルダにあるmnist.pkl.gzというファイルがあります。

```
http://mng.bz/P8mn
```

このフォルダには、この章で記述するすべてのコードも含んでいます。これまでのように、この章の流れに沿ってソースコードを作成することをお勧めしますが、GitHubリポジトリにあるコードを実行することもできます。

5.1.2 MNISTデータの前処理

このデータセットのラベルは単純に0から9までの整数であるため、**one-hotエンコーディング**と呼ばれる技法を使用して、数字iを、位置iが1で残りがすべて0の長さ10のベクトルに変換します。この表現は非常に有用であり、機械学習の文脈で広く使用されています。ラベルiのためにベクトル内のi番目のスロットを確保することで、ニューラルネットワークのようなアルゴリズムでラベル間の識別が容易になります。例えば、one-hotエンコーディングを使用すると、数字2は[0, 0, 1, 0, 0, 0, 0, 0, 0, 0]と表されます。

リスト5.1　**MNISTラベルのone-hotエンコーディング**

```
import six.moves.cPickle as pickle
import gzip
import numpy as np

def encode_label(j):  ❶
    e = np.zeros((10, 1))
    e[j] = 1.0
    return e
```

❶ 添え字を長さ10のベクトルにone-hotエンコードする

one-hotエンコーディングの利点は、各数字に専用の「スロット」があることです。ニューラルネットワークで入力画像の**確率**を出力するために使用でき、これは後で役に立ちます。

mnist.pkl.gzファイルの内容を調べると、訓練、検証、テストの3つのデータセットにアクセスできます。第1章で、訓練データを使用して機械学習アルゴリズムを訓練または適合させ、テストデータを使用してアルゴリズムがどのくらい学習できたかを評価したことを思い出してください。検証データを使用してアルゴリズムの設定を調整し検証することができますが、この章では無視しても問題ありません。

MNISTデータセットの画像は2次元であり、28ピクセルの高さと幅を持っています。画像データをサイズ784 = 28×28の**特徴ベクトル**として読み込みます。つまり、画像の構造を破棄して、ベクトルとして表される画素だけを扱います。このベクトルの各値は、0から1の間のグレースケールの値を表し、0は白であり、1は黒です。

リスト5.2　**MNISTデータの再形成と訓練データとテストデータの読み込み**

```
def shape_data(data, encode=True):
    features = [np.reshape(x, (784, 1)) for x in data[0]]  ❶

    labels = [encode_label(y) for y in data[1]]  ❷

    return zip(features, labels)  ❸

def load_data():
    with gzip.open('mnist.pkl.gz', 'rb') as f:
        train_data, validation_data, test_data = pickle.load(f)  ❹

    return (shape_data(train_data), shape_data(test_data))  ❺
```

❶ 入力画像を長さ784の特徴ベクトルに変換する
❷ すべてのラベルはone-hotエンコードされている
❸ 次に、特徴量とラベルのペアを作成する
❹ MNISTデータを解凍して読み込むと、3つのデータセットが得られる
❺ ここで検証データを破棄し、他の2つのデータセットを再形成する

これでMNISTデータセットの単純化された表現が手に入りました。特徴量とラベルの両方がベクトルとしてエンコードされています。私たちのタスクは、特徴量をラベルに正確にマップする方法を学ぶことです。具体的に言うと、テストデータのラベルを予測できるように、訓練データの特徴量とラベルを学習するアルゴリズムを設計します。

ニューラルネットワークは、次の節で説明するように、このタスクをうまくこなせます。しかし、最初にこのアプリケーションで取り組まなければならない一般的な問題を示すために、素朴なアプローチについて説明します。数字の認識は人間にとっては比較的簡単なタスクですが、私たちがどうやってそれを行っているかを正確に説明するのは難しく、また、私たちが知っていることをどのように知っているのかを正確に説明することは困難です。あなたが説明できるより多くを知っているというこの現象は、**ポラニーのパラドックス**（Polanyi's paradox）と呼ばれています。そのため、問題をどのように解決するかを**明示的**に機械に明示することは非常に困難です。

重要な役割を果たす側面の一つは、**パターン認識**です。それぞれの手書きの数字は、原型の二値画像に由来するいくつかの特徴を持っています。例えば、0はおおよそ楕円形であり、多くの国では1は単に垂直の線です。このヒューリスティックを考えると、手書き数字を互いに比較することによって、素朴に分類することができます。8の画像が与えられた場合、他の数字よりも8の画像の平均画像に近い画像になります。次のaverage_digit関数はこれを行います。

リスト5.3　同じ数字を表す画像の平均値の計算

```
import numpy as np
from dlgo.nn.load_mnist import load_data
from dlgo.nn.layers import sigmoid_double

def average_digit(data, digit):        ❶
    filtered_data = [x[0] for x in data if np.argmax(x[1]) == digit]
    filtered_array = np.asarray(filtered_data)
    return np.average(filtered_array, axis=0)

train, test = load_data()
avg_eight = average_digit(train, 8)  ❷
```

❶ 与えられた数字を表すデータの全サンプルにわたる平均を計算する

❷ シンプルなモデルでは、8の平均をパラメータとして使用して、8を検出する

訓練セットの平均はどう見えるでしょうか？　図5.2に答えを示します。

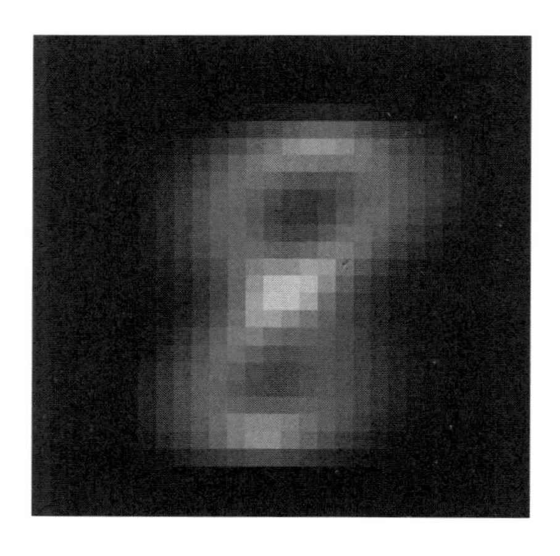

図5.2　MNISTの訓練セットから手書きの8の平均をとるとどう見えるか？：一般的に何百もの画像を平均化すると、認識不能な塊が生じますが、この8の平均は依然として8によく似ています。

手書きは個人ごとにかなり異なる可能性があるため、予想通り8の平均はややぼやけていますが、それはまだ8のような形をしています。この表現を使って、データセット内の他の8を識別できるでしょうか？　次のコードを使用して計算して、図5.2を表示しました。

リスト5.4　訓練セットの8の平均を計算して表示する

```
from matplotlib import pyplot as plt

img = (np.reshape(avg_eight, (28, 28)))
plt.imshow(img)
plt.show()
```


MNISTの訓練セットの8の平均値avg_eightは、何が、画像が8であることを意味するかに関する多くの情報が含まれています。非常に単純なモデルのパラメータとしてavg_eightを使用することで、数字を表す入力ベクトルxが8かどうかを判断します。ニューラルネットワークの文脈では、パラメータを指すときに重みと記述します。avg_eightは重みの役割を持ちます。

便宜上、転置を使用してW = np.transpose(avg_eight)を定義します。このようにして、Wとxの**ドット積**を単純に計算することができます。これは、Wとxの値の要素ごとの乗算を行い、784個の結果の値すべてを合計します。私たちのヒューリスティックが正しいとすると、xが8の場合、個々の画素はWとほぼ同じ場所でより暗い色調になり、逆も同様になります。逆に、xが8でなければ、重なりが少なくなるはずです。この仮説をいくつかの例で試してみましょう。

リスト5.5　ドット積を使用して、数字が重みにどれくらい近いか計算する

```
x_3 = train[2][0]      ❶
x_18 = train[17][0]    ❷

W = np.transpose(avg_eight)
np.dot(W, x_3)     ❸
np.dot(W, x_18)    ❹
```

❶ 訓練サンプルの添え字2は「4」
❷ 訓練サンプルの添え字17は「8」
❸ これは約20.1と評価される
❹ この項は約54.2で、はるかに大きくなる

私たちは、2つのMNISTサンプルを用いて重みWのドット積を計算しました。1つは4を表し、もう1つは8を表します。実際に、後者の8の結果は54.2で、4の結果の20.1よりもはるかに高いことがわかります。これは何かの手がかりのように思えます。8と予測するために、結果の値が十分大きいかどうかを、どのようにして決定すればよいでしょうか？　原理上は、2つのベクトルのドット積は任意の実数を出力します。ドット積の出力を[0, 1]の範囲に**変換**

することで、これに対処します。そうするために、例えば、カットオフ値（cut-off value）を0.5と定義し、この値より上の値をすべて8とすることができます。

これを行う1つの方法は、いわゆる**シグモイド**（sigmoid）関数です。シグモイド関数は、多くの場合ギリシャ文字の$\boldsymbol{\sigma}$で表されます。実数$\boldsymbol{x}$に対して、シグモイド関数は次のように定義されます。

$$\sigma(x) = \frac{1}{1 + e^{-x}}$$

図5.3に、どのように見えるかを示します。

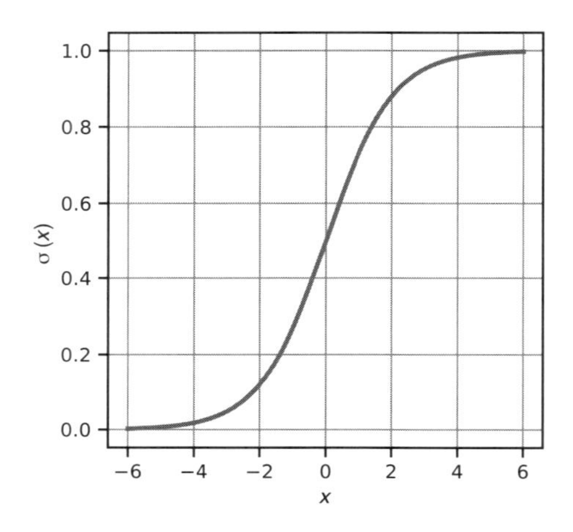

図5.3　シグモイド関数のグラフ：シグモイドは、実数の値を[0, 1]の範囲に写像します。0付近では勾配が急で、非常に小さい値と大きな値の両側で曲線は平坦になります。

次に、ドット積の出力に適用する前に、シグモイド関数をPythonでコーディングしましょう。

リスト5.6　倍精度浮動小数点数とベクトルに対するシグモイド関数の簡単な実装

```
def sigmoid_double(x):
    return 1.0 / (1.0 + np.exp(-x))


def sigmoid(z):
    return np.vectorize(sigmoid_double)(z)
```

倍精度浮動小数点数（double values）で動作するsigmoid_doubleと、この章で広く使用するベクトルのシグモイドを計算するバージョンの両方を提供することに注意してください。以前の計算にシグモイドを適用する前に、2のシグモイドはほとんど1に近いため、以前に計算した2つのサンプルsigmoid(54.2)とsigmoid(20.1)は実質的に区別できないことに注意が必要です。ドット積の出力を0にシフトすることでこの問題を解決できます。これを、**バイアス項**を適用すると言い、バイアス項は多くの場合bで表されます。私たちが計算したサンプルにおいて、適切なバイアス項はb = -45と推測できます。重みとバイアス項を使用して、次のようにモデルの**予測**を計算できるようになります。

リスト5.7 ドット積とシグモイドを使用して、重みとバイアスから予測を計算する

```
def predict(x, W, b):  ❶
return sigmoid_double(np.dot(W, x) + b)

b = -45  ❷

print(predict(x_3, W, b))  ❸
print(predict(x_18, W, b))  ❹
```

❶ 単純な予測は、np.doc(W, x) + bの出力にシグモイドを適用することで定義される
❷ これまでに計算した例に基づいてバイアス項を-45に設定した
❸「4」のサンプルの予測は0に近くなる
❹「8」の予測は0.96　ヒューリスティックの手がかりになりそう

2つのサンプルx_3とx_18について、満足のいく結果が得られます。後者の予測は1に近く、前者はほぼ0です。xと同じサイズのベクトルWに関して、入力ベクトルxを$\sigma(Wx + b)$に写像するこの手順は、**ロジスティック回帰**（logistic regression）と呼ばれます。長さ4のベクトルについて、このアルゴリズムを図5.4で図式化して説明します。

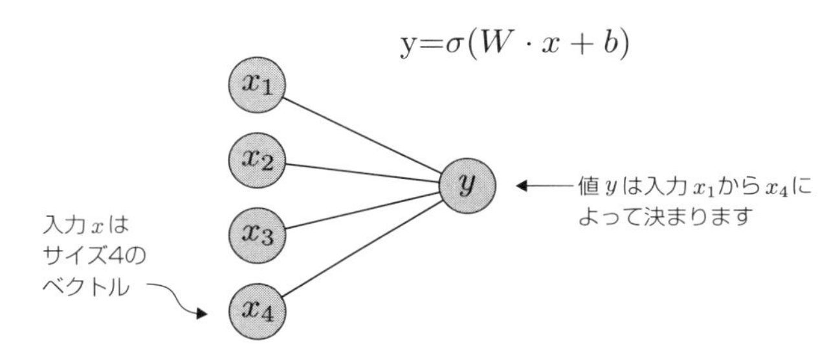

図5.4 ロジスティック回帰の例：長さ4の入力ベクトルxを0と1の間の出力値yに写像します。

この手順がどれほどうまくいくかを調べるために、すべての訓練サンプルとテストサンプルの予測を計算してみましょう。前に示したように、予測が8かどうかを決定するためのカットオフ（cut-off）または**識別閾値**（decision threshold）を定義します。ここで評価指標として、単に**正解率**を選択します。つまり、すべての予測について正しい予測の比率を計算します。

リスト5.8　識別閾値を用いてモデルの予測を評価する

```
def evaluate(data, digit, threshold, W, b):   ❶
    total_samples = 1.0 * len(data)
    correct_predictions = 0
    for x in data:
        if predict(x[0], W, b) > threshold and np.argmax(x[1]) == digit:    ❷
            correct_predictions += 1
        if predict(x[0], W, b) <= threshold and np.argmax(x[1]) != digit:   ❸
            correct_predictions += 1
    return correct_predictions / total_samples
```

❶ 評価指標として、すべての予測の正しい予測の比率である正解率を選択する
❷ 8のサンプルを「8」と予測することは正しい予測
❸ 予測値がしきい値を下回り、サンプルが「8」でない場合も正しい予測

この評価関数を使用して、3つのデータセット（訓練セット、テストセット、テストセット内のすべての8のセット）の予測精度を評価してましょう。以前と同様に閾値0.5、重みWおよびバイアス項bを使用して行います。

リスト5.9　3つのデータセットの予測精度の計算

```
evaluate(data=train, digit=8, threshold=0.5, W=W, b=b)        ❶

evaluate(data=test, digit=8, threshold=0.5, W=W, b=b)         ❷

eight_test = [x for x in test if np.argmax(x[1]) == 8]
evaluate(data=eight_test, digit=8, threshold=0.5, W=W, b=b)  ❸
```

❶ 単純なモデルの訓練データの精度は78%（0.7814）
❷ テストデータの精度はやや低く、77%（0.7749）
❸ テストセット内の8のセットでのみ評価すると、67%（0.6663）の精度

訓練セットの精度が約78%と最も高くなっています。訓練セットでモデルを**調整**したので、これは驚くべきことではありません。アルゴリズムがいかに良く**汎化**（generalize）してい

るか、つまり未知のデータに対してどれほどうまくいくかを教えてくれるわけではないので、訓練セットを評価するのは実際には意味がありません。テストデータのパフォーマンスは約77%と訓練セットに近いですが、これは注目すべき精度です。テストセット内のすべての8のセットでは、66%にしかなっていません。したがって、単純なモデルでは、未知の3つの8のサンプルのうち、2つにしか正解していません。この結果は、最初のベースラインとしては受け入れられるかもしれませんが、最良のものにはほど遠いものです。何がうまくいかなかったのでしょうか？

- 私たちのモデルは、特定の数字（ここでは8文字）とそれ以外の文字のみを区別することができます。訓練セットとテストセットの両方で、数字ごとの画像数の**バランス**が取れているため、実際には約10%のみが8です。したがって、常に0を予測するモデルは、約90%の精度になります。このような分類の問題を分析するときは、このような**クラスの不均衡**について留意してください。これに照らすと、テストデータに対する77%の精度は、もはや精度が高いとは言えません。**10個の数字すべてを正確に予測できるモデルを定義する必要があります。**

- 数千枚の自由に書かれた多様な手書き画像の集合は、そのような画像の1つと同じサイズの重みの集合であり、それに対して私たちモデルのパラメータは小さ過ぎます。このような小さなモデルでは、これらの画像で見つかる手書きの変動を捉えることができると考えるのは非現実的です。**より多くのパラメータを効果的に使用してデータの変動を捉えるアルゴリズムを見つけなければなりません。**
- 与えられた予測に対して、私たちは単に数字を8とするかどうかを決めるためにカットオフ値を選択しました。私たちはモデルの精度を評価するために実際の予測値を使用しませんでした。例えば、0.95での正解の予測は、0.51での予測よりも確かに強い結果を示しています。**予測が正解の値にどのくらい近いかという概念を形式化しなければなりません。**
- 私たちは直観に基づいてモデルのパラメータを手作りしました。これは第一歩としては良いかもしれませんが、機械学習に期待するのは、私たちがデータを見る必要はなく、むしろデータからアルゴリズムを学ばせることです。私たちのモデルが正しい予測をするたびに、その振る舞いを強化する必要があり、出力が間違っている場合は、それに応じてモデルを調整する必要があります。言い換えれば、**訓練データをどのくらい良く予測したかに応じてモデルのパラメータを更新するメカニズムを考案する必要があります。**

この小さな事例と私たちが構築した素朴なモデルについての議論は十分ではなかったかもしれませんが、私たちはすでにニューラルネットワークを構成する多くの部分を見てきました。次の章では、これらの4つのポイントのそれぞれに取り組むことで、この事例を中心にして築かれた**直感**を使用して、ニューラルネットワークの最初の一歩を踏み出します。

5.2 ニューラルネットワークの基礎

この節では、ニューラルネットワークを理解するためのすべての基本概念を紹介します。すでに取り上げた単純なモデルを拡張することで、それを行います。

5.2.1 単純な人工ニューラルネットワークとしてのロジスティック回帰

5.1節では、2値分類に使用されるロジスティック回帰を見てきました。要約すると、データサンプルを表す特徴ベクトルxを、まず重み行列Wで乗算し、次にバイアス項bを加えて、アルゴリズムに入力しました。実際には予測yが0と1の間になるように、それにシグモイド関数を適用しました。つまり、次の式になります。

$$y = \sigma(Wx + b)$$

ここで注意するべきことがいくつかあります。まず第1に、特徴ベクトルxは、Wとbによってyに接続されたニューロン（時にはユニットと呼ばれる）の集合と解釈することができます。次に、シグモイドは、$W \cdot x + b$の結果を[0,1]の範囲に写像するという点で、活性化関数として見ることができます。値が1に近いことをニューロンyが活性化すると解釈し、値が0に近い場合に活性化しないと解釈すると、この手順はすでに人工ニューラルネットワークの非常に小さな例とみなすことができます。

5.2.2 出力次元が複数あるネットワーク

5.1節の事例では、手書き数字を認識する問題を2値分類問題、すなわち他のすべての数字を8と区別する問題に単純化しました。しかし、本当は各数字を10個のクラスとして予測することに関心があります。少なくとも形式的には、y、W、bで表されるものを変更することによって、これをかなり簡単に達成することができます。つまり、モデルの出力、重み、バイアスを変更します。

まず、yを長さ10のベクトルにします。つまり、yは10個の数字のそれぞれの尤度を表す値を持ちます。

$$\mathrm{y} = \begin{bmatrix} y_0 \\ y_1 \\ \vdots \\ y_8 \\ y_9 \end{bmatrix}$$

次に、重みとバイアスをそれに適応させましょう。これまでWは長さ784のベクトルであったことを思い出してください。代わりに、Wを次元(10, 784)の行列にします。このようにして、Wと入力ベクトルxの行列乗算、つまりWxを計算することができます。その結果は長さ10のベクトルになります。続いて、バイアス項を長さ10のベクトルにすると、それをWxに加算できます。最後に、ベクトルzのシグモイドを、各要素にシグモイドを適用することで計算することができます。

$$\sigma(z) = \begin{bmatrix} \sigma(z_0) \\ \sigma(z_1) \\ \vdots \\ \sigma(z_8) \\ \sigma(z_9) \end{bmatrix}$$

図5.5に、4つの入力ニューロンと2つの出力ニューロンのためにわずかに変更された設定を示します。

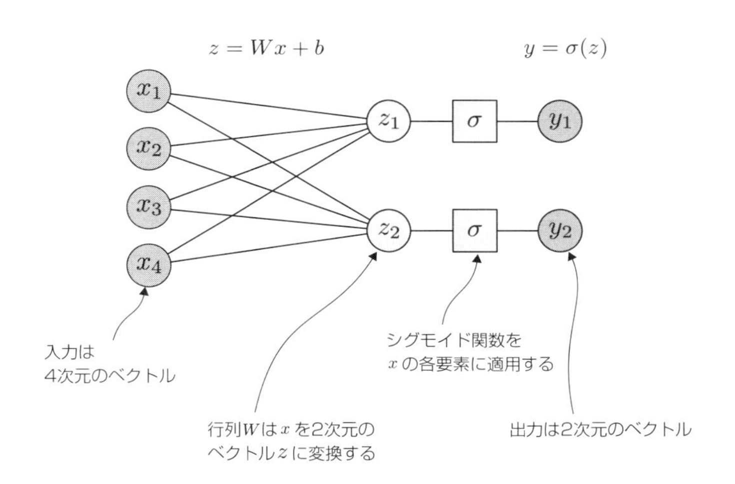

図5.5 この単純なネットワークでは、最初に2×4行列を乗算し2次元のバイアス項を加えた後、シグモイドを要素ごとに適用することによって、4つの入力ニューロンが2つの出力ニューロンに接続される

さて、私たちは何を得たでしょうか？　入力ベクトルxを出力ベクトルyに写像することができました。以前は、yは1次の値でした。このことの利点は、ベクトルからベクトルへの変換を何度も繰り返し行うことができる点です。それによって、**順伝播型ネットワーク**（feed-forward network）と呼ばれるものを構築することができます。

5.3 順伝播型ネットワーク

1つ前の節で行ったことを手早く要約しましょう。大まかに以下のステップが実行されました。

1. 入力ニューロンxのベクトルから出発して、単純な変換、すなわち$z=Wx+b$を適用しました。線形代数では、この変換は**アフィン線形変換**と呼ばれます。ここで、zを媒介変数として、以降の表記を簡単にします。
2. 次に、活性化関数、すなわちシグモイド$y=\sigma(z)$を適用して出力ニューロンyを得ます。σを適用した結果は、yがどれだけ活性化するかを示します。

順伝播型ネットワークの中心となる考え方は、この手順を繰り返し適用することで、この2つのステップで示される単純なビルディングブロックを何度も適用できるということです。これらのビルディングブロックは、層（layer）と呼ばれるものを形成します。このようにして、**複数の層を積み重ね**て**多層ニューラルネットワーク**を形成することができます。ステップまたは層をもう一つ追加し、前節の例を修正してみましょう。つまり、次の手順を実行します。

1. 最初に入力xから、$z^1 = W^1x + b^1$を計算します。
2. 中間結果z^1から、$y = W^2z^1 + b^2$を計算することによって出力yを得ます。

ここで上付き文字で現在の層を示し、下付き文字でベクトルまたは行列内の位置を示していることに注意してください。図5.6に、1つではなく2つの層で動作する方法を示します。

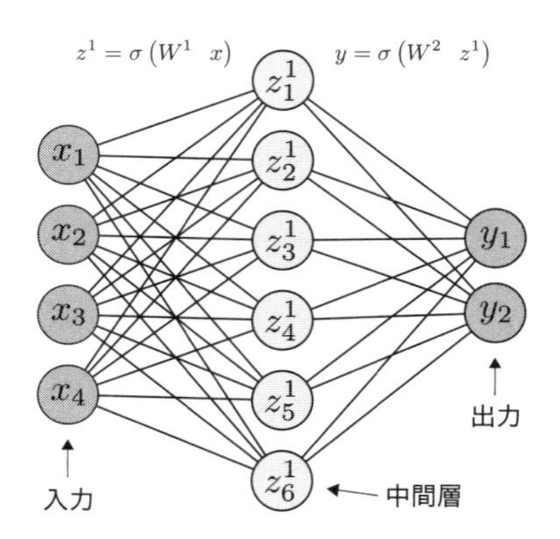

図5.6 2層の人工ニューラルネットワーク：入力ニューロンxは、出力ニューロンyに接続する中間のユニットzに接続します。

この時点で、積み重ねる層数は特定の数に制限されていないことは明らかです。実際には、もっと多くすることができます。さらに、必ずしも常にロジスティックシグモイドを活性化関数として使用する必要はありません。選択できる活性化関数は多数ありますが、次の章でその一部を紹介します。ネットワーク内のすべての層でこれらの関数を1つまたは複数のデータ要素に順次に適用することは、通常、**フォワードパス**（forward pass）と呼ばれます。データフローは、入力から出力、図では左から右にしか進まず、決して戻らないため、**順方向**（forward）と呼ばれます。

そうすると、3つの層を持つ通常の順伝播型ネットワークは図5.7のようになります。

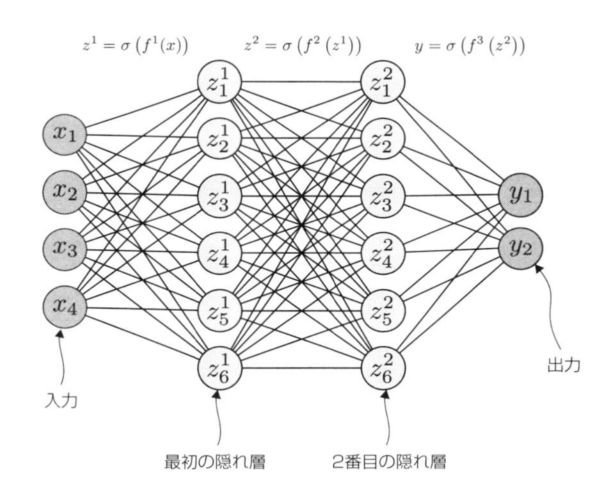

図5.7　3層のニューラルネットワーク：ニューラルネットワークの定義は、層数にも、層あたりのニューロン数にも制限がありません。

これまでに学んだことを要約するために、説明したすべての概念を1つの簡潔なリストにまとめてみましょう。

- **シーケンシャルニューラルネットワーク**は、特徴を写像したり、ニューロンを入力したり、xを予測したり、ニューロンを出力したりするためのメカニズムです。これを、単純な関数の層を順番に積み重ねることで行います。
- **層**は、与えられた入力を出力に写像するための処方箋です。データのバッチに対して層の出力を計算することは、フォワードパスと呼ばれます。同様に、シーケンシャルネットワークのフォワードパスを計算することは、各層の**フォワードパス**を入力から順に計算することです。
- シグモイド関数は活性化関数で、実数のニューロンのベクトルを受け取り、[0,1]の範囲に写像して**活性化し**ます。1に近い値を活性化すると解釈します。

- 重みの行列Wとバイアス項bが与えられると、アフィン線形変換$W \cdot x + b$を適用することで、層が形成されます。この種の層は、通常、**全結合層**（dense layerもしくはfully connected layer）と呼ばれます。原著では以降dense layerとしています。
- 実装によっては、全結合層に活性化が組み込まれている場合とそうでない場合があります。つまり、アフィン線形変換だけでなく、$\sigma(W \cdot x + b)$が層になる場合があります。一方、活性化関数だけで層とみなすことは一般的であり、私たちの実装ではそのようにします。結局は、実装により関数の一部を論理ユニットに分割してグループ化する方法が少しずつ異なっています。
- 順伝播型ニューラルネットワークは、活性化を伴う全結合層からなるシーケンシャルネットワークです。歴史的な理由から、このアーキテクチャは略して**MLP**（**多層パーセプトロン**（multi-layer perceptronor））と呼ばれることもあります。
- 入力ニューロンでも出力ニューロンでもないすべてのニューロンは、**隠れユニット**と呼ばれます。対照的に、入力ニューロンおよび出力ニューロンは時には**可視ユニット**と呼ばれます。この背後にあるのは、隠れユニットはネットワークの内部にあり、可視ユニットは直接観測可能であるということです。私たちは通常、システムのどの部分にもアクセスできるので、少し苦しいですが、それでもこの命名法を知っておくとよいでしょう。同じ理由により、入力と出力との間の層は**隠れ層**と呼ばれ、少なくとも2つの層を持つシーケンシャルネットワークは、少なくとも1つの隠れ層を持ちます。
- 特に断らない限り、xはネットワークへの入力を表し、yは出力を表します。どのサンプルを検討しているかを示す下付き文字が付くことがあります。

多くの層を積み重ねて多くの隠れ層を持つ大規模なネットワークを**深層ニューラルネットワーク**（deep neural network）と呼びます。そのため**深層学習**と呼ばれます。

コラム　非シーケンシャルなニューラルネットワーク

この本全体を通して、私たちは層が順に重ねられた**シーケンシャル**ニューラルネットワークにしか関心がありません。シーケンシャルネットワークでは、入力から始まり、後続する各層（隠れ層）には、前の層と後続の層が1つずつあり、出力層で終わります。これは、囲碁のゲームに深層学習を適用するために必要なすべてを扱うのに十分です。

一般に、ニューラルネットワークの理論は、任意の非シーケンシャルなアーキテクチャも許容します。例えば、いくつかのアプリケーションでは、2つの層の出力を連結または加算すること、すなわち、2つ以上の前の層を混合することが理にかなっています。このような状況では、複数の入力を混合して1つの出力を出力します。

別のアプリケーションでは、入力を複数の出力に分割することが役に立ちます。一般に、層は複数の入力と出力を持つことができます。このような非シーケンシャルなネットワークは、多くのアプリケーションで重要ですが、本書の範囲を超えています。

多層パーセプトロンの1つの層は、重み $\mathrm{W} = \mathrm{W}^1, \ldots, \mathrm{W}^1$ の集合、バイアス $\mathrm{b} = \mathrm{b}^1, \ldots, \mathrm{b}^1$ の集合および層ごとの活性化関数の集合で完全に記述されます。しかし、データから学び、パラメータを更新するために不可欠な要素がまだ欠けています。つまり、損失関数とそれらを最適化する方法です。

5.4 予測精度はどれくらいか？　損失関数と最適化

5.3節では、順伝播型ニューラルネットワークを組み立て、入力データを伝播する方法を定義しましたが、予測の精度をどのように評価するかはまだ明らかではありません。そのためには、予測が正解の値にどれくらい近いかを定義する尺度が必要です。

5.4.1 損失関数とは何か

予測がどれだけ目的を達成できなかったかを定量化するために、損失関数の概念を導入します。**損失関数**（loss functions）は、**目的関数**（objective functions）とも呼ばれます。重み W、バイアス b、シグモイド活性化関数を有する順伝播型ネットワークがあるとします。与えられた入力特徴量 $\mathrm{X}_1, \ldots, \mathrm{X}_\mathrm{k}$ の集合およびそれぞれのラベル $\widehat{y}_1, \ldots, \widehat{y}_\mathrm{k}$（ラベルの記号 $\widehat{y}$ は **yハット**と発音される）に対して、私たちのネットワークを使用して、予測 $y_1, \ldots, y_k$ を計算します。このような状況では、損失関数は次のように定義されます。

$$\sum_\mathrm{i} \mathrm{Loss}\left(\mathrm{W}, \mathrm{b}; \mathrm{X}_\mathrm{i}, \hat{y}_\mathrm{i}\right) = \sum_\mathrm{i} \mathrm{Loss}\left(\mathrm{y}_\mathrm{i}, \hat{y}_\mathrm{i}\right) \in \mathrm{R}$$

ここで $\mathrm{Loss}\left(y_\mathrm{i}, \widehat{y}_\mathrm{i}\right) \geq 0$ で、Lossは**微分可能な関数**です。言い換えれば、損失関数は、各(予測,ラベル)のペアに対して負でない値を割り当てる滑らかな関数です。また、特徴量およびラベルのバッチ（束ねたもの）の損失は、サンプルの損失の合計です。損失関数は、与えられたデータに対して、アルゴリズムのパラメータが適合しているかを評価します。訓練の目標は、パラメータを適合させるための良い戦略を見つけることによって**損失を最小化**することです。

5.4.2 平均二乗誤差

広く使用されている損失関数の一例は、**平均二乗誤差**（mean squared error）（**MSE**）です。MSEは私たちのユースケースには理想的ではありませんが、最も直感的な損失関数の1つです。MSEでは、距離の2乗を測定し、すべての観測されたサンプルについて平均をとることによって、予測が正解のラベルとどのくらい近いかを測定します。ラベルを $\widehat{y} = \hat{y}_1, \cdots, \hat{y}_\mathrm{k}$ で表し、予測を $y = y_1, \cdots, y_k$ で表すと、平均二乗誤差は次のように定義されます。

$$\mathrm{MSE}(y, \hat{y}) = \frac{1}{2}\sum_{i=1}^{k}(y_i - \hat{y}_i)^2$$

説明した理論の適用方法を見てから、様々な損失関数の利点と欠点について議論しましょう。今のところ、Python で平均二乗誤差を実装しましょう。

リスト 5.10　平均二乗誤差損失関数とその微分

```
import random
import numpy as np

class MSE():    ❶

    def __init__(self):
        pass

    @staticmethod
    def loss_function(self, predictions, labels):
        diff = predictions - labels
        return 0.5 * sum(diff * diff)[0]    ❷

    @staticmethod
    def loss_derivative(self, predictions, labels):    ❸
        return (predictions - labels)
```

❶ 平均二乗誤差を損失関数として使用する
❷ MSE を予測とラベルの差の二乗の 0.5 倍と定義することにより ...
❸ ... 損失の微分は単純に、予測 − ラベルとなる

目的関数（cost function）そのものを実装するだけでなく、予測に関連するその微分、すなわち loss_derivative を実装したことに注意してください。この微分はベクトルであり、単に予測からラベルを引くことによって得られます。

次に、MSE のこのような微分がニューラルネットワークの訓練においてどのように重要な役割を果たすのかを議論します。

5.4.3 損失関数の極小値を求める

一連の予測とラベルの損失関数は、モデルのパラメータがどれほどうまく調整されているかを示す情報を提供します。損失が少ないほど、予測は良くなり、逆もまた同様です。損失関数自体は、ネットワークのパラメータによる関数です。私たちのMSE実装では、重みを直接与えるのではなく、重みを使用して予測を計算することによって、predictionsを通して**暗黙的**に重みが与えられます。

理論的には、損失を最小化するためには、微分を計算して0にする必要があることがわかっています。微分が0になる点でのパラメータの組を**解**と呼びます。関数の微分を計算し、特定の点で評価することを、**勾配（gradient）の計算**と呼びます。MSEの実装で微分を計算する最初のステップを完了しましたが、それだけではありません。目的は、ネットワーク内のすべての重みとバイアス項の勾配を明示的に計算することです。

微積分の基礎を復習する必要がある場合は、付録Aを参照してください。図5.8に3次元空間の表面を示します。この表面は、2次元の入力の損失関数として解釈することができます。最初の2つの軸は重みを表し、3番目の上向きの軸は損失の値を表します。

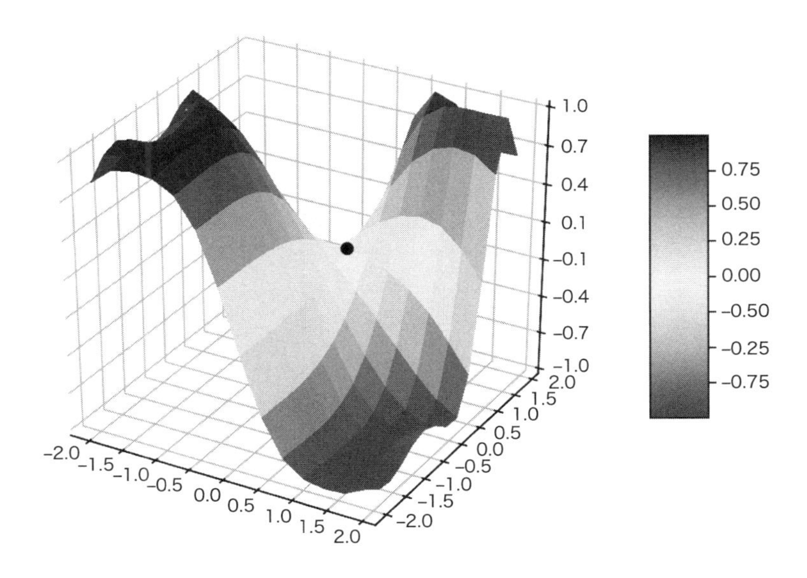

図5.8　2次元の入力の損失関数、すなわち損失の表面の例：この表面は、右下の暗い領域のあたりで最小値をとり、損失関数の微分を解くことによって計算することができます。

5.4.4 極小値を見つけるための勾配降下法

直感的に言えば、与えられた点の関数の勾配を計算すると、その勾配は最も急に上昇する方向を指します。損失関数LossとパラメータWから始めて、この関数の最小値を求める**勾配降下**アルゴリズムは次のようになります。

1. 現在のパラメータWに対するLossの勾配Δを計算します。すなわち、各重みWに対するLossの微分を計算します。
2. Δを減算してWを更新します。このステップを勾配に従うと言います。Δは最も急な上昇の方向を指しているので、それを減算すると最も急な下降の方向に向かいます。
3. Δが0になるまで繰り返します。

損失関数は負ではないので、最小値を持つことがわかっています。実際には、多くの、もっと言えば無限に極小値を持つことができます。たとえば、平面について考えると、その上のすべての点が極小です。

コラム　局所的および大局的な極小値

勾配降下法によって到達した勾配が0の点は、定義により極小です。微分可能な多変数関数の最小値の正確な数学的定義は、関数の曲率に関する情報を使用します。

勾配降下法では、最終的に最小値を見つけます。つまり、勾配が0の点を見つけるまで、関数の勾配に従うことができます。ただし、1つ注意点があります。最小値が**局所的な**最小値か**大局的な**最小値かどうかはわかりません。つまり、関数が取ることのできる局所的な最小の点であるプラトー(plateau)に捉まっているかもしれません。しかし、絶対的に最小の値となる他の点が存在する可能性があります。図5.8のマークされた点は極小値ですが、明らかにその表面上により小さな値があります。

この問題を解決するために私たちがしていることを、あなたは奇妙に思うかもしれません。実際には、勾配降下法はしばしば満足のいく結果につながるので、ニューラルネットワークの損失関数の文脈では、最小値が局所的であるか大局的であるかという質問を無視する傾向があります。実際には、収束するまでアルゴリズムを実行するのではなく、あらかじめ定義されたステップ数の後に停止することさえあります。

図5.9では、図5.8の損失の表面で勾配降下法がどのように働くかと、右上の点でパラメータが選択される様子を図示しています。

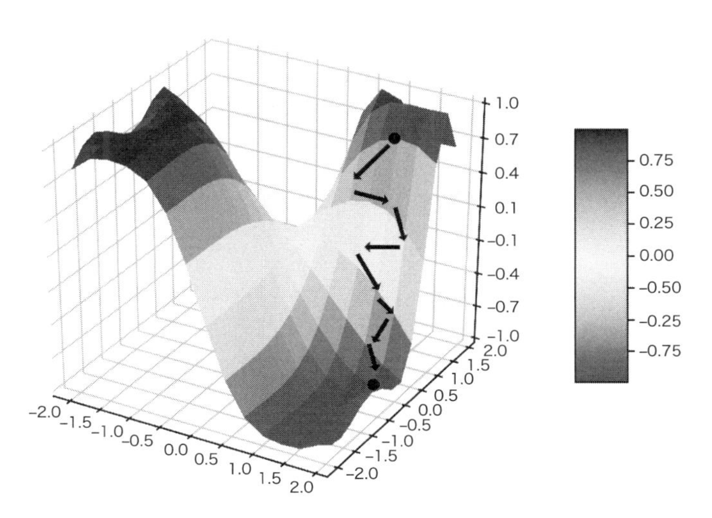

図 5.9　反復的に損失関数の勾配に従うと、最終的に最小値に到達する

私たちのMSEの実装では、平均二乗誤差の損失の微分は**公式**に基づいて計算するのが簡単であることが分かりました。ラベルと予測の差をとるだけです。しかし、このような**微分を評価**するには、まず予測を計算しなければなりません。実際、すべてのパラメータの勾配の全体を得るには、訓練セットのすべてのサンプルについて微分を評価し、集計する必要があります。私たちのネットワークのために数百万でないにしても通常は数千のデータサンプルを取り扱っていることを考えると、これは事実上実行不可能です。代わりに、**確率的勾配降下法**（stochastic gradient descent）と呼ばれる手法で勾配の計算を近似します。

5.4.5　損失関数の確率的勾配降下法

勾配を計算し、ニューラルネットワークの勾配降下法を適用するには、訓練セットの各点でネットワークのパラメータに関する損失関数とその微分を評価する必要があります。それはほとんどの場合、とても高価過ぎます。代わりに、**確率的勾配降下法**（stochastic gradient descent）、もしくは略して**SGD**と呼ぶ技法を使います。SGDを実行するには、最初に訓練セットからいくつかのサンプルを選択します。これを**ミニバッチ**と呼びます。各ミニバッチは、**ミニバッチサイズ**と呼ばれる固定の長さで選択します。私たちが取り組んでいる手書き数字認識のような分類問題では、各ラベルがミニバッチに現れるように、ラベルの数と同じ桁数でバッチサイズを選択することをお勧めします。

l層の順伝播型ニューラルネットワークとミニバッチサイズkの入力データ$x_1, \ldots, x_k$に対して、ニューラルネットワークのフォワードパスを計算し、そのミニバッチ対する損失を計算することができます。このバッチの各サンプルx_jについて、ネットワークの任意のパラメータに関する損失関数の勾配を評価することができます。層iの重みおよびバイアスの勾配をそれぞれ$\Delta_{\mathrm{j}} W^i$および$\Delta_{\mathrm{j}} b^i$と呼びます。

各層とバッチ内の各サンプルについて、それぞれの勾配を計算し、パラメータに対して以下の**更新ルール**を使用します。

$$W^i \leftarrow W^i - \alpha \sum_{j=1}^{k} \Delta_j W^i$$

$$b^i \leftarrow b^i - \alpha \sum_{j=1}^{k} \Delta_j b^i$$

これは、バッチから受け取った累積誤差を減算してパラメータを更新することを意味します。ここで、$\alpha > 0$はいわゆる**学習率**（learning rate）で、ネットワークの訓練に先立って指定される量です。

一度にすべての訓練サンプルについて合計すると、より正確な勾配に関する情報が得られます。ミニバッチを使用することは、勾配の精度の点では妥協ですが、計算効率がはるかに高くなります。ミニバッチのサンプルをランダムに選択するので、この方法を**確率的**勾配降下法と呼びます。勾配降下法では局所的な最小値に近づくことの理論的保証がありますが、SGDではそうではありません。図5.10に、SGDの一般的な動作を示します。近似的な確率的勾配のうちのいくつかは下降方向を示していないかもしれませんが、十分な反復を行うと、通常は（局所的な）最小値に近づきます。

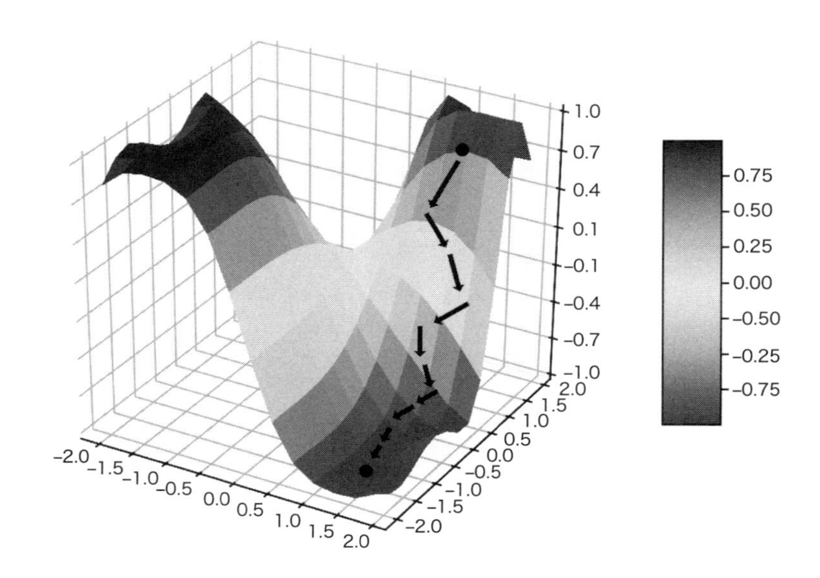

図5.10 確率的な勾配はあまり正確ではないため、損失の表面でそれらを追跡すると、局所的な最小値に近づく前に数回往復することがある

コラム　オプティマイザ

（確率的）勾配の計算は、微積分の基本原理によって定義されます。勾配を使用してどのようにパラメータを更新するかは定義されていません。SGDのための更新ルールのような技法は**オプティマイザ**と呼ばれます。

確率的勾配降下法のより洗練されたバージョンだけでなく、他にも多くのオプティマイザがあります。次の章でSGDの拡張の一部を説明します。これらの拡張のほとんどは、時間の経過とともに学習率を変化させるか、個々の重みをより細かく更新することを中心に展開されています。

5.4.6　ネットワークへの勾配の逆伝播

確率的勾配降下法を使用してニューラルネットワークのパラメータを更新する方法については説明しましたが、勾配に到達する方法については説明しませんでした。これらの勾配の計算に使用されるアルゴリズムは、逆伝播（backpropagation）アルゴリズムと呼ばれ、付録Bで詳細に説明されています。本項では、逆伝播の背後にある直感と順伝播型ネットワークを自分で実装するために必要な構成要素について説明します。

順伝播型ネットワークでは、単純なビルディングブロックを1ブロックずつ計算してフォワードパスを実行したことを思い出してください。最後の層の出力（ネットワークの予測）とラベルを使って損失を計算することができます。したがって、損失関数自体は、単純な関数で構成されています。損失関数の微分を計算するために、微積分の基本的な性質、すなわち連鎖律（chain rule）を使用することができます。この規則は、大まか言うと、合成関数の微分がそれぞれの関数の微分の**合成**であることを示しています。これは、層ごとに入力データを渡すのと同じように、**層ごとに微分を戻す**ことができることを意味します。言い換えれば、ネットワークを介して微分を逆に伝播させるので、**逆伝播**と呼ばれます。図5.11は、2つの全結合層とシグモイド活性化関数を持つ順伝播型ネットワークの誤差逆伝播を示しています。

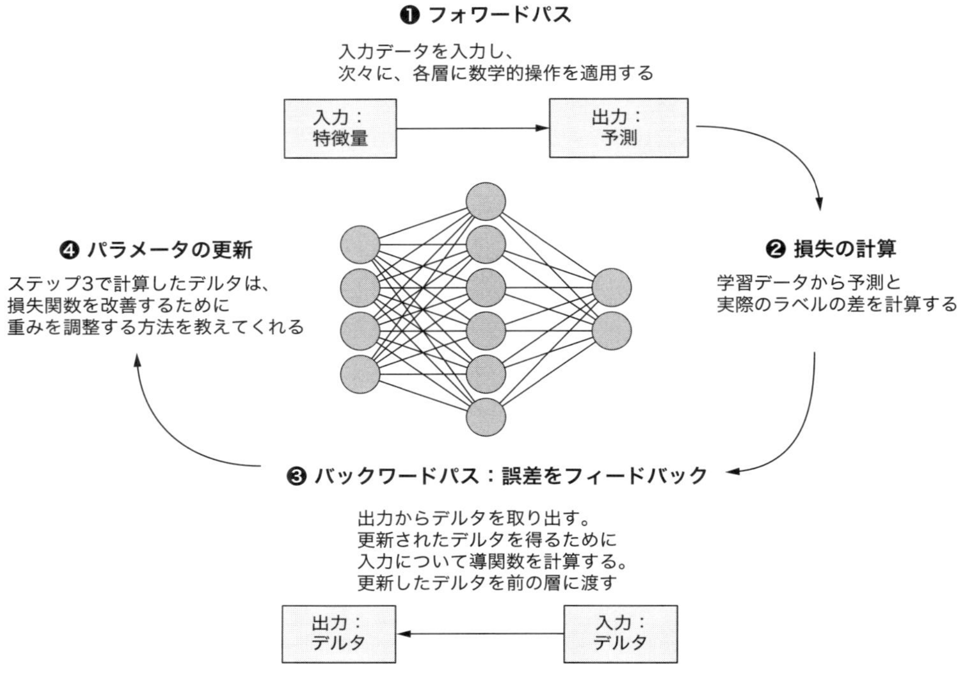

図5.11　シグモイド活性化関数とMSE損失関数による2層の順伝播型ニューラルネットワークのフォワードパスおよびバックワードパス

図5.11について説明していきます。一歩一歩進んでいきましょう。

1. **訓練データのフォワードパス**：このステップでは、入力データのサンプルxをネットワークに通して予測を得ます。
   a）まず、アフィン線形のパーツ$Wx+b$を計算します。
   b）次に、シグモイド関数$\sigma(x)$を結果に適用します。計算ステップでxは前の結果の出力を意味しており、わずかに記号の濫用があることに注意してください。
   c）出力層に達するまでこれらの2つのステップを繰り返します。この例では2つの層を選択しましたが、実際にはいくつ層があるかは関係ありません。
2. **損失関数の評価**：このステップでは、サンプルxに対するラベル$\widehat{y}$を使って、損失の値を計算することで予測値yと比較します。この例では、平均二乗誤差を損失関数として選択します。

3. **誤差の逆伝搬**：このステップでは、損失の値をネットワークに逆伝播します。微分を層ごとに計算することによって行います。これは、連鎖律によって可能です。フォワードパスは、入力データをネットワークに一方向に伝播しますが、バックワードパスは誤差を反対方向に逆伝播します。
   a）フォワードパスの逆の順序で、Δで表す誤差またはデルタを伝搬します。
   b）まず、損失関数の微分を計算します。これは最初のΔになります。ここでも、フォワードパスと同様に、記号を濫用し、処理のすべてのステップで逆伝播する誤差をΔと呼びます。
   c）次に、入力に対するシグモイドの微分を計算します。これは単純に$\sigma \cdot (1-\sigma)$です。次の層にΔを渡すことで、コンポーネントごとの乗算$\sigma \cdot (1-\sigma) \cdot \Delta$を行うことができます。
   d）xに対するアフィン線形変換$Wx+b$の微分は単純にWであり、Δを渡すことで$W^t \cdot \Delta$を計算します。
   e）これら2つのステップは、ネットワークの最初の層に達するまで繰り返されます。
4. **勾配情報で重みを更新**：最後のステップでは、計算したデルタを使用して、ネットワークのパラメータ、つまり重みとバイアス項を更新します。
   a）シグモイド関数にはパラメータがないので、何もしません。
   b）各層のバイアス項の更新量Δbは単にΔです。
   c）各層における重みの更新量ΔWは、$\Delta \cdot x^\top$で与えられます（xにデルタを掛ける前にxを転置する必要があります）。
   d）これまでxを単一のサンプルとして説明しました。しかし、説明したすべてのことはミニバッチであっても同じです。xがサンプルのミニバッチを表す場合、すなわち、xがすべての列が入力ベクトルである行列である場合も、フォワードパスおよびバックワードパスの計算は全く同じです。

順伝播型ネットワークを構築して実行するのに必要な数学をすべて説明したので、ニューラルネットワークを最初から実装することで、学んだ理論を実際に適用してみましょう。

5.5 Pythonを使いニューラルネットワークをステップバイステップで訓練する

前の節で多くの理論的基礎を説明しましたが、概念的な説明はほとんど行いませんでした。私たちの実装で気にする必要があるのは、Layerクラス、いくつかのLayerオブジェクトを1つずつ追加することによって構築されたSequentialNetworkクラス、および誤差逆伝播に必要なLossクラスの3つです。これらの3つのクラスは次に説明します。その後、手書き数字データを読み込んで調べ、それを私たちのネットワークの実装に適用します。図5.12は、前の節で説明したフォワードパスとバックワードパスを実装するために、これらのPythonクラスがどのように組み合わされているかを示しています。

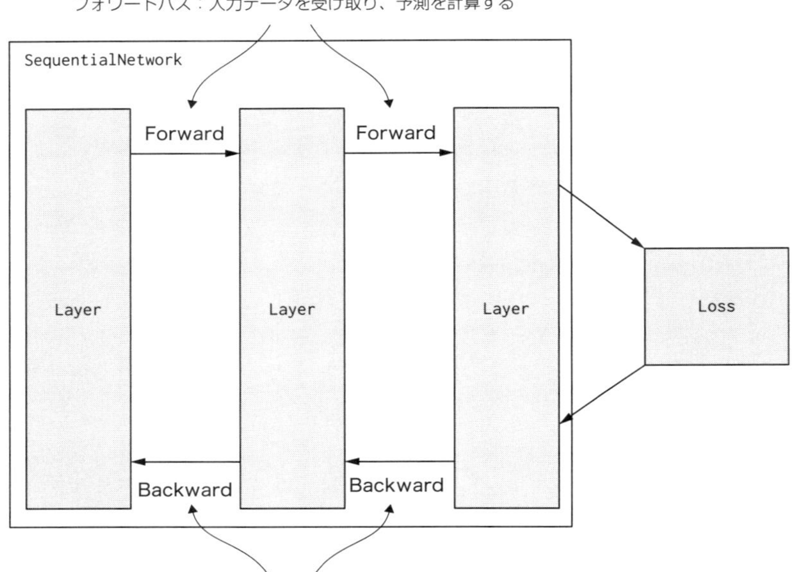

図5.12 順伝播型ネットワークをPythonで実装したクラスの図解：SequentialNetworkはいくつかのLayerインスタンスを含みます。各Layerは数学関数とその微分を実装しています。fowardメソッドとbackwardメソッドは、それぞれフォワードパスとバックワードパスを実装します。Lossインスタンスは損失関数（予測と訓練データ間の誤差）を計算します。

5.5.1 Pythonによるニューラルネットワークの層

汎用的なLayerクラスから始めます。前に説明したように、層は、入力データ、すなわちフォワードパスを処理するための処方箋だけでなく、誤差を**逆伝播**するためのメカニズムも備えていることに注意してください。バックワードパスで活性化関数の値を再計算しないようにするには、両方のパスで層に入出力するデータの**状態**を保持することが現実的です。それでも、以下に示すLayerの初期化は単純であるべきです。このクラスはlayers.pyというファイルに格納してください。これで、レイヤーモジュールの作成が始まります。この章の後半では、このモジュールのコンポーネントを使ってニューラルネットワークを構築します。

リスト5.11　基底となる層の実装

```
import numpy as np

class Layer(object):    ❶
    def __init__(self):
        self.params = []
        self.previous = None    ❷
        self.next = None        ❸

        self.input_data = None      ❹
        self.output_data = None

        self.input_delta = None     ❺
        self.output_delta = None
```

❶ 層を積み重ねてシーケンシャルニューラルネットワークを構築する
❷ 層はその前の層（'previous'）を知っている...
❸ ...そしてその後の層（'next'）も知っている
❹ 各層は、フォワードパスで入力データと出力データを保持することができる
❺ 同様に、層はバックワードパスの入出力データを保持する

本質的には、層はパラメータのリストを有し、現在の入力データと出力データの両方と、バックワードパスのためにそれぞれの入力および出力のデルタを保持します。

また、私たちはシーケンシャルニューラルネットワークに関心があるので、各層に後の層と前の層を与えることは理にかなっています。定義を続けて、次のコードを追加します。

リスト5.12　シーケンシャルネットワークにおける後の層と前の層を介した層の接続

```
    def connect(self, layer):    ❶
        self.previous = layer
        layer.next = self
```

❶ この方法では、層をシーケンシャルネットワークの直接隣接する層に接続する

次に、抽象的なLayerクラスで、サブクラスで実装する必要があるフォワードパスとバックワードパスのスタブを提供します。

リスト5.13 シーケンシャルニューラルネットワークの層におけるフォワードパスおよびバックワードパス

```
    def forward(self):    ❶
        raise NotImplementedError

    def get_forward_input(self):    ❷
        if self.previous != None:
            return self.previous.output_data
        else:
            return self.input_data

    def backward(self):    ❸
        raise NotImplementedError

    def get_backward_input(self):    ❹
        if self.next != None:
            return self.next.output_delta
        else:
            return self.input_delta

    def clear_deltas(self):          ❺
        pass

    def update_params(self, learning_rate):    ❻
        pass

    def describe(self):    ❼
        raise NotImplementedError
```

❶ 各層の実装は、入力データを順方向に伝播する機能を提供する必要がある

❷ input_dataは最初の層のために別に用意されており、他の層ではすべて前の出力を入力として受け取る

❸ 層は誤差の逆伝播を実装する必要がある。つまり、入力誤差をネットワークに逆伝播する方法

❹ input_deltaは最後の層のため別に用意されており、他のすべての層では後の層の誤差を受け取る

❺ ミニバッチあたりのデルタを計算して蓄積する。後で、これらのデルタをリセットする必要がある

❻ 指定されたlearning_rateを使用して、現在のデルタに応じて層のパラメータを更新する

❼ Layerの具象クラスは、プロパティを出力させることができる

ヘルパー関数として、get_forward_input と get_backward_input を提供しています。それらはそれぞれのパスで入力を受け取るだけですが、入力と出力のニューロンを特別扱いします。さらに、ミニバッチのデルタを累積した後、デルタを定期的にリセットするメソッド clear_deltas を実装しています。また、層を使用しているネットワークから指示された後に、その層のパラメータを更新する update_params も実装されます。

最後に、層にメソッドを追加して、自分自身の説明を出力できるようにします。これを追加することで、容易にネットワークの全体の様子がわかるようにします。

5.5.2 ニューラルネットワークにおける活性層

次に、私たちの最初の層となる ActivationLayer を実装します。すでに実装しているシグモイド関数を使用して実装します。誤差逆伝播を行うには微分が必要ですが、とても簡単に実装できます。

リスト 5.14　シグモイド関数の微分の実装

```
def sigmoid_prime_double(x):
    return sigmoid_double(x) * (1 - sigmoid_double(x))

def sigmoid_prime(z):
    return np.vectorize(sigmoid_prime_double)(z)
```

シモイドの微分のためにスカラーとベクトルの両方のバージョンを提供することに注意してください。ここで、活性化層としてシグモイド関数を使って ActivationLayer を定義する際に、シグモイド関数にパラメータがないことに注意してください。そのため、パラメータの更新について心配する必要はありません。

リスト 5.15　シグモイド活性化層

```
class ActivationLayer(Layer):    ❶
    def __init__(self, input_dim):
        super(ActivationLayer, self).__init__()

        self.input_dim = input_dim
        self.output_dim = input_dim

    def forward(self):
        data = self.get_forward_input()
        self.output_data = sigmoid(data)    ❷

    def backward(self):
```

```
        delta = self.get_backward_input()
        data = self.get_forward_input()
        self.output_delta = delta * sigmoid_prime(data)    ❸

    def describe(self):
        print("|-- " + self.__class__.__name__)
        print("  |-- dimensions: ({},{})"
            .format(self.input_dim, self.output_dim))
```

❶ この活性層はシグモイド関数を使ってニューロンを活性化する

❷ フォワードパスは入力データにシグモイドを適用するだけ

❸ バックワードパスは、この層の入力で評価されたシグモイド関数の微分と誤差との要素ごとの積である

勾配の実装を丁寧に調べて、図5.11で説明した図にどのように適合するかを確認します。この層のバックワードパスは実際には、この層の入力で評価されたシグモイド関数の微分と層の現在のデルタとの要素ごとの積、すなわち$\sigma(x) \cdot (1 - \sigma(x)) \cdot \Delta$です。

5.5.3 Pythonによる順伝播型ネットワークのビルディングブロックとしての全結合層

実装を続けて、次にDenseLayerに移ります。実装がより複雑な層ですが、この章で取り上げる最後の層になります。この層を初期化するにはもう少し変数が必要です。今度は重み行列、バイアス項、そしてそれぞれの勾配を考慮する必要があります。

リスト5.16　全結合層の初期化

```
class DenseLayer(Layer):

    def __init__(self, input_dim, output_dim):    ❶

        super(DenseLayer, self).__init__()

        self.input_dim = input_dim
        self.output_dim = output_dim

        self.weight = np.random.randn(output_dim, input_dim)    ❷
        self.bias = np.random.randn(output_dim, 1)

        self.params = [self.weight, self.bias]    ❸

        self.delta_w = np.zeros(self.weight.shape)    ❹
        self.delta_b = np.zeros(self.bias.shape)
```

❶ 全結合層には入力と出力の次元がある
❷ 重み行列とバイアスベクトルをランダムに初期化する
❸ 層のパラメータは重みとバイアスの項から構成される
❹ 重みとバイアスのデルタは0に設定されている

Wとbをランダムに初期化することに注意してください。ニューラルネットワークの重みを初期化するには多くの方法があります。ランダムな初期化は許容可能なベースラインですが、入力データの構造をより正確に反映できるように、パラメータを初期化するさらに洗練された方法があります。

コラム　最適化の開始点としてのパラメータの初期化

　パラメータを初期化することは興味深いトピックであり、第6章で他のいくつかの初期化手法について説明します。
　今のところ、初期化は学習に影響を与えることに留意してください。図5.10の損失の表面について考えると、パラメータの初期化は**最適化の開始点**を選択することを意味し、図5.10の損失の表面でSGDの開始点が異なれば異なる結果につながる可能性があることを容易に想像することができます。このことは初期化をニューラルネットワークの研究において非常に重要なトピックにします。

次の全結合層のフォワードパスは簡単です。

リスト5.17　全結合層のフォワードパス

```
def forward(self):
    data = self.get_forward_input()
    self.output_data = np.dot(self.weight, data) + self.bias    ❶
```

❶ 全結合層のフォワードパスは、重みとバイアスによって定義される、入力データのアフィン線形変換

バックワードパスについては、この層のデルタを計算するために、Wを転置し、それを入力のデルタで乗算、すなわち、$W^{\mathrm{t}}\Delta$を計算するだけでよかったことを思い出してください。Wとbの勾配、すなわち、$\Delta W = \Delta y^t$および$\Delta b = \Delta$も容易に計算できます。ここでyはこの層への入力を表します（つまり、現在使用しているデータで評価されます）。

リスト 5.18　全結合層のバックワードパス

```
def backward(self):
    data = self.get_forward_input()
    delta = self.get_backward_input()    ❶

    self.delta_b += delta    ❷

    self.delta_w += np.dot(delta, data.transpose())    ❸
    self.output_delta = np.dot(self.weight.transpose(), delta)    ❹
```

❶ バックワードパスでは、まず入力データとデルタを取得する
❷ 現在のデルタがバイアスのデルタに加算される
❸ 次に、この項を重みのデルタに加える
❹ 出力のデルタを前の層に渡すことで、バックワードパスが完了する

この層の実際の更新ルールは、ネットワークに対して指定した学習率に従って、デルタを累積することによって与えられます。

リスト 5.19　全結合層の重み更新のメカニズム

```
def update_params(self, rate):    ❶
    self.weight -= rate * self.delta_w
    self.bias -= rate * self.delta_b

def clear_deltas(self):    ❷
    self.delta_w = np.zeros(self.weight.shape)
    self.delta_b = np.zeros(self.bias.shape)

def describe(self):    ❸
    print("|--- " + self.__class__.__name__)
    print("  |-- dimensions: ({},{})"
          .format(self.input_dim, self.output_dim))
```

❶ 重みとバイアスのデルタを使用して、モデルのパラメータを勾配降下法で更新する
❷ パラメータを更新した後、すべてのデルタをリセットする必要がある
❸ 全結合層は、その入力と出力の次元で説明することができる

5.5.4 Pythonによるシーケンシャルニューラルネットワーク

ネットワークのビルディングブロックとして層を扱ったので、実際のネットワークそのものを見てみましょう。層の空のリストでシーケンシャルニューラルネットワークを初期化し、他の損失関数が与えられない限り、損失関数としてMSEを使用します。

リスト5.20　シーケンシャルニューラルネットワークの初期化

```
class SequentialNetwork():    ❶
    def __init__(self, loss=None):
        print("Initialize Network...")
        self.layers = []
        if loss == None:
            self.loss = MSE()    ❷
```

❶ シーケンシャルニューラルネットワークでは、層を順番に積み重ねる

❷ 損失関数が与えられない場合は、MSEを使用する

次に、層を1つずつ追加する機能を追加します。

リスト5.21　層をシーケンシャルに追加する

```
    def add(self, layer):    ❶
        self.layers.append(layer)
        layer.describe()
        if len(self.layers) > 1:
            self.layers[-1].connect(self.layers[-2])
```

❶ 層を追加するたびに、層を前の層に接続し、層の説明を出力する

私たちのネットワーク実装の中心となるのは、**train**メソッドです。訓練データをシャッフルし、サイズmini_batch_sizeのバッチに分割したミニバッチを入力として使用します。私たちのネットワークを訓練するために、ミニバッチを次々と送り込みます。学習を改善するために、訓練データのバッチを複数回ネットワークに送り込みます。そのことを複数回の**エポック**（epoch）で訓練すると言います。各ミニバッチについて、train_batchメソッドを呼び出します。test_dataが提供されている場合は、各エポックの後にネットワークの精度を評価します。

リスト5.22 シーケンシャルネットワークのtrainメソッド

```
def train(self, training_data, epochs, mini_batch_size,
          learning_rate, test_data=None):
    n = len(training_data)
    for epoch in range(epochs):   ❶
        random.shuffle(training_data)
        mini_batches = [
            training_data[k:k + mini_batch_size] for
            k in range(0, n, mini_batch_size)   ❷
        ]
        for mini_batch in mini_batches:
            self.train_batch(mini_batch, learning_rate)   ❸
        if test_data:
            n_test = len(test_data)
            print("Epoch {0}: {1} / {2}"
                  .format(epoch, self.evaluate(test_data), n_test))   ❹
        else:
            print("Epoch {0} complete".format(epoch))
```

❶ ネットワークを訓練するために、エポックの回数分繰り返しデータを渡す
❷ 訓練データをシャッフルし、ミニバッチを作成する
❸ ミニバッチごとにネットワークを訓練する
❹ テストデータが与えられた場合、各エポックの後にネットワークを評価する

次に、train_batchは、ミニバッチについてフォワードパスおよびバックワードパスを計算し、その後にパラメータを更新します。

リスト5.23 バッチデータでシーケンシャルニューラルネットワークを訓練する

```
def train_batch(self, mini_batch, learning_rate):
    self.forward_backward(mini_batch)   ❶

    self.update(mini_batch, learning_rate)   ❷
```

❶ ミニバッチでネットワークを訓練するために、フォワードパスとバックワードパスを計算し…
❷ …次にモデルパラメータを更新する

2つのステップのupdateとforward_backwardは、次のように計算されます。

リスト5.24 **更新ルールとフォワードおよびバックワードパス**

```
    def update(self, mini_batch, learning_rate):
        learning_rate = learning_rate / len(mini_batch)  ❶
        for layer in self.layers:
            layer.update_params(learning_rate)  ❷
        for layer in self.layers:
            layer.clear_deltas()  ❸

    def forward_backward(self, mini_batch):
        for x, y in mini_batch:
            self.layers[0].input_data = x
            for layer in self.layers:
                layer.forward()  ❹
            self.layers[-1].input_delta = \
                self.loss.loss_derivative(self.layers[-1].output_data, y)  ❺
            for layer in reversed(self.layers):
                layer.backward()  ❻
```

❶ 一般的な手法は、学習率をミニバッチサイズで正規化すること
❷ 次に、すべての層のパラメータを更新する
❸ その後、各階層のすべてのデルタをクリアする
❹ ミニバッチの各サンプルについて、特徴量を層から層へと送る
❺ 次に、出力データの損失の微分を計算する
❻ 最後に、層ごとに損失項の誤差逆伝播を行う

実装は簡単ですが、注目すべき点がいくつかあります。まず、更新を小さく抑えるため、学習率をミニバッチサイズで正規化します。次に、逆方向に層を横断することによって完全なバックワードパスを計算する前に、ネットワークの出力の損失の微分を最初に計算します。これは、バックワードパスの最初の入力のデルタになります。

SequentialNetworkの実装の残りの部分は、モデルの精度と評価に関係しています。テストデータでネットワークを評価するには、このデータをネットワークに順伝播する必要があります。これはsingle_forwardが行います。実際の評価はevaluateで行われ、正確に予測された結果の数を返して精度を評価します。

リスト 5.25　評価

```
    def single_forward(self, x):    ❶
        self.layers[0].input_data = x
        for layer in self.layers:
            layer.forward()
        return self.layers[-1].output_data

    def evaluate(self, test_data):    ❷
        test_results = [(
            np.argmax(self.single_forward(x)),
            np.argmax(y)
       ) for (x, y) in test_data]
        return sum(int(x == y) for (x, y) in test_results)
```

❶ 単一のサンプルを順方向に通し、結果を返す
❷ テストデータの精度を計算する

5.5.5　ネットワークを手書き数字分類へ適用

順伝播型ネットワークを実装したので、MNISTデータセットの手書き数字を予測する、冒頭の事例に戻りましょう。作成したばかりの必要なクラスをインポートした後、MNISTデータを読み込み、ネットワークを初期化し、層を追加して、データを使ってネットワークの訓練と評価を行います。

ネットワークを構築する際に、入力の次元が784で、出力の次元が10であることに注意してください。出力の次元がそれぞれ392、196、10の3つの全結合層を選択し、それぞれの後にシグモイド活性化関数を追加します。新しい全結合層ごとに、層の容量を効果的に半分にしています。層の大きさおよび層の数は、このネットワークのいわゆる**ハイパーパラメータ**です。私たちは、ネットワークアーキテクチャを調整するためにこれらの値を選択しました。他の層サイズを実験して、そのアーキテクチャに対するネットワークの学習プロセスを感覚的に理解することをお勧めします。

リスト 5.26　ニューラルネットワークのインスタンス化

```
from dlgo.nn import load_mnist
from dlgo.nn import network
from dlgo.nn.layers import DenseLayer, ActivationLayer

training_data, test_data = load_mnist.load_data()    ❶

net = network.SequentialNetwork()    ❷
```

```
net.add(DenseLayer(784, 392))    ❸
net.add(ActivationLayer(392))
net.add(DenseLayer(392, 196))
net.add(ActivationLayer(196))
net.add(DenseLayer(196, 10))
net.add(ActivationLayer(10))     ❹
```

❶ まず、訓練データとテストデータを読み込む
❷ 次に、シーケンシャルニューラルネットワークを初期化する
❸ 全結合層と活性化層を1つずつ追加する
❹ 最終層は、予測するクラスの数と同じ、サイズ10

必要なすべてのパラメータを渡してtrainを呼び出すことで、データでネットワークを訓練します。10エポックの訓練を行い、学習率を3.0に設定します。ミニバッチサイズとして、クラス数と同じ10を選択します。訓練データを完全にシャッフルすると、ほとんどのバッチで各クラスが現れ、良好な確率的勾配が得られます。

リスト5.27　訓練データでニューラルネットワークのインスタンスを実行

```
net.train(training_data, epochs=10, mini_batch_size=10,
          learning_rate=3.0, test_data=test_data)    ❶
```

❶ 訓練データとテストデータ、エポック数、ミニバッチサイズ、学習率を指定することで、モデルを簡単に訓練することができる

次のようにして実行します。

```
python test_network.py
```

コマンドラインに次のプロンプトが表示されます。

```
Initialize Network...
|--- DenseLayer
  |-- dimensions: (784,392)
|-- ActivationLayer
  |-- dimensions: (392,192)
|--- DenseLayer
  |-- dimensions: (192,10)
|-- ActivationLayer
  |-- dimensions: (10,10)
```

```
Epoch 0: 6628 / 10000
Epoch 1: 7552 / 10000
...
```

各エポックの実際の数は、結果が重みの初期値に大きく依存するという事実を別にして、ここでは重要ではありません。しかし、10エポック以下で95%以上の精度で終了することが多いことに注目してください。特に完全に一から行ったことを考えると、すでに目的は達成されています。このモデルはこの章の始めの素朴なモデルよりもはるかに優れています。さらに私たちはもっと良くすることができます。

検討した事例では、入力画像の空間構造を完全に無視して単純にベクトルとして扱いました。しかしながら、与えられた画素の近傍が使用すべき重要な情報であることは明らかです。最後に、囲碁に戻りたいと思います。第2〜3章で、石（の連）の近傍がどれほど重要かを見てきました。

次の章では、画像や囲碁の盤面のような空間的なデータからパターンを検出するのに適した特定の種類のニューラルネットワークを構築する方法を見ていきます。それにより、第7章の囲碁ボットの開発に近づくことができます。

5.6 まとめ

- **シーケンシャルニューラルネットワーク**は、層を直線状に積み重ねることで構築された単純な人工ニューラルネットワークです。画像認識など、さまざまな機械学習の問題にニューラルネットワークを適用できます。
- **順伝播型ネットワーク**は、活性化関数を備えた全結合層からなるシーケンシャルネットワークです。
- **損失関数**は予測の質を評価し、**平均二乗誤差**は実際に使用される一般的な損失です。損失関数を使用すると、モデルの精度を定量的に評価できます。
- **勾配降下法**は、関数を最小化するためのアルゴリズムです。 勾配降下は、関数の最も急な勾配をたどることで行います。 機械学習では、勾配降下法を使用して、損失が最小になるモデルの重みを見つけます。
- **確率勾配降下法**は勾配降下アルゴリズムを変形したものです。確率勾配降下法では、**ミニバッチ**ごとに勾配を計算して、ネットワークのパラメータを更新します。大規模な訓練セットでは、確率勾配降下は通常、通常の勾配降下法よりはるかに高速です。
- 逐次ニューラルネットワークでは、**逆伝播アルゴリズム**を使用して勾配を効率的に計算できます。 逆伝播とミニバッチの組み合わせにより、巨大なデータセットでの訓練が実用的な速さで行えます。

第6章 囲碁データのためのニューラルネットワークの設計

この章では、次の内容を取り上げます。

- データから次の着手を予測できる深層学習アプリケーションの構築
- 広く使われているKeras深層学習フレームワークの紹介
- 畳み込みニューラルネットワークの理解
- 囲碁データの空間構造を分析するのに適したニューラルネットワークの構築

前の章では、実際に動作するニューラルネットワークの基本原理を理解して、順伝播型ネットワークを一から実装しました。この章では、説明を囲碁に戻して、深層学習の技法を使用して、囲碁の盤面の状態から次の着手を予測する問題に取り組んでいきます。具体的には、第4章で開発した木探索の技法を使って囲碁のゲームデータを生成し、それを使用してニューラルネットワークを訓練します。次の図6.1に、この章で作成するアプリケーションの概要を示します。

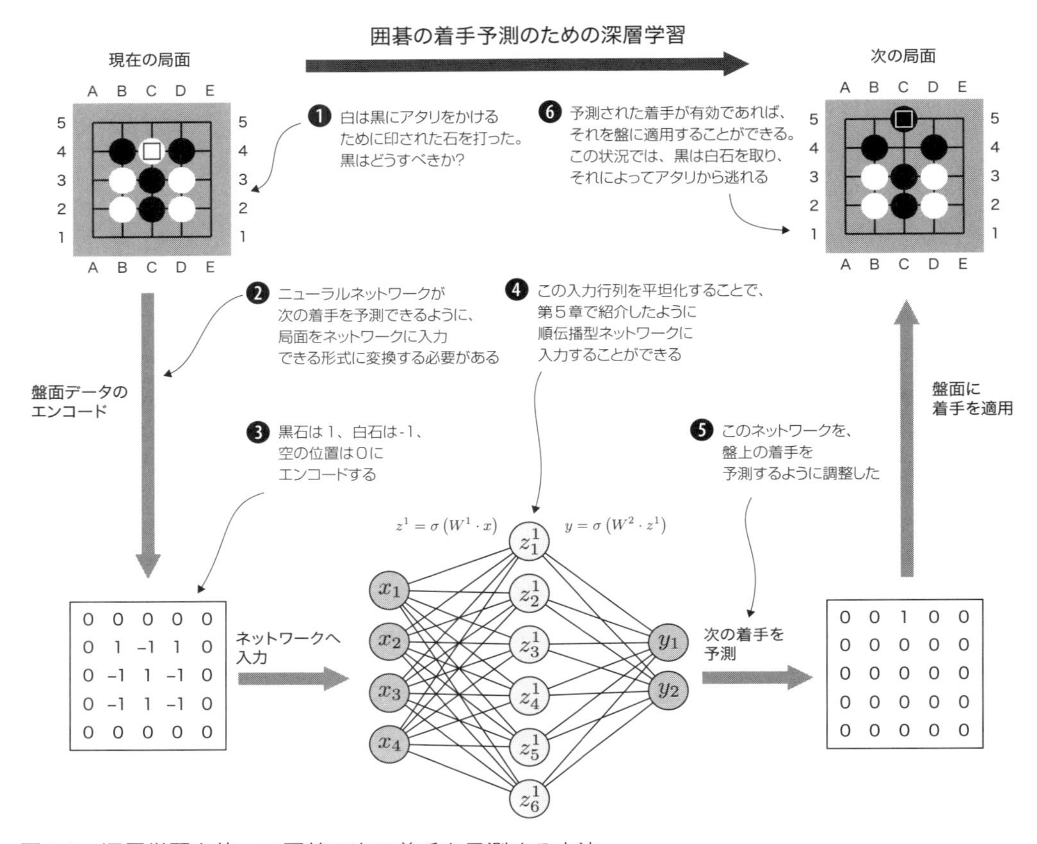

図6.1　深層学習を使って囲碁で次の着手を予測する方法

図6.1に示すように、ニューラルネットワークの実践的な知識を前の章と結びつけるためには、いくつかの重要なステップに取り組まなければなりません。

1. 第3章では、囲碁の盤におけるゲームプレイを実装することによって、囲碁のルールをマシンに教えることに焦点を当てました。第4章では、これらの構造を木探索に使用しました。しかし、前の章では、ニューラルネットワークに**数値の入力**が必要であることがわかりました。つまり、順伝播型アーキテクチャでは**ベクトル**を実装する必要があります。
2. 囲碁の局面を入力ベクトルに変換してニューラルネットワークに入力するには、いわゆるエンコーダを作成してその処理を行う必要があります。図6.1に、この章の6.1節で実装する単純な**エンコーダ**を図示しました。盤面は盤のサイズの行列としてエンコードされ、白石は–1、黒石は1、空の点は0として表されます。この行列は、前の章のMNISTデータで行ったのと同様に、ベクトルに平坦化（flatten）することができます。この表現方法は着手の予測で良い結果を得るにはあまりに簡単すぎますが、進むべき方向への第一歩です。第7章では、盤面をエンコードするためのより洗練された役に立つ方法を紹介します。

3. 着手を予測するためにニューラルネットワークを訓練するには、最初にデータを手に入れて、ネットワークに入力する必要があります。6.2節では、第4章のテクニックを使って棋譜を生成します。先ほど説明したように各局面を特徴量にエンコードし、各局面の次の着手をラベルとして保存します。
4. 第5章で行ったようにニューラルネットワークを実装することは非常に有益ですが、成熟した深層学習ライブラリを導入することで、スピードと信頼性を高めることも同様に重要になります。この6.3節では、Pythonで書かれた広く使われている深層学習ライブラリであるKerasを紹介します。その後、Kerasを使って着手予測のためのネットワークをモデル化します。
5. この時点で、なぜ、エンコードされた盤面をベクトルに平坦化することによって囲碁の盤面の空間構造を完全に破棄するのか不思議に思っているかもしれません。6.4節では、**畳み込み層**と呼ばれる、事例により適した新しい種類の層について学びます。その層を使用して、**畳み込みニューラルネットワーク**と呼ばれる新しいアーキテクチャを構築します。
6. この章を進むにつれ、着手の予測精度をさらに高める最新の深層学習の重要な概念をいくつか知ることができます。6.5節では**ソフトマックス**（softmax）により確率を効率的に予測したり、6.6節では**整流線形ユニット**（**ReLU**）と呼ばれる興味深い活性化関数を使用して、より深いニューラルネットワークを構築したりします。

6.1 ニューラルネットワークのための局面エンコーディング

第3章では、Goのゲーム内のすべてのエンティティ（Player、Board、GameStateなど）を表すPythonクラスのライブラリを作成しました。これで、囲碁の問題に機械学習を適用したいと思います。しかし、ニューラルネットワークのような数学モデルは、私たちのGameStateクラスのような高レベルのオブジェクトでは動作できません。それらはベクトルや行列のような数学的オブジェクトだけを扱うことができます。このセクションでは、ネイティブゲームオブジェクトを数学形式に変換するEncoderクラスを作成します。この章の残りの部分を通して、数学的表現を自分の機械学習ツールに与えることができます。

囲碁の着手予測のための深層学習モデルを構築するための第一歩は、ニューラルネットワークに入力できるデータを読み込むことです。これを行うには、図6.1で紹介した囲碁の盤面用の単純なエンコーダを定義します。**エンコーダ**は、第3章で実装した囲碁の盤面を適切な方法で変換します。これまでに学んだニューラルネットワークである多層パーセプトロンはベクトルを入力としましたが、6.4節ではより高次元のデータで動作する別のネットワークアーキテクチャについて説明します。図6.2は、そのようなエンコーダをどのように定義できるのかを示しています。

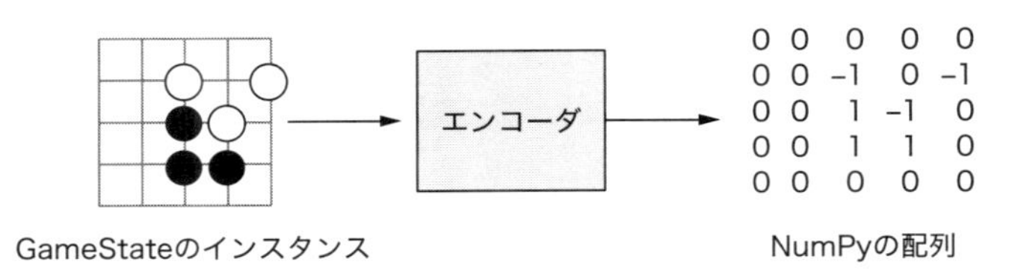

図6.2 Encoderクラスの図解：GameStateクラスを受け取り、それを数学的な形式、つまりNumPy配列に変換します。

エンコーダは、囲碁のゲーム状態のすべてをエンコードする方法を知っていなければなりません。特に、盤上の1つの点をエンコードする方法を定義する必要があります。逆もまた必要です。つまり、ネットワークで次の着手を予測した場合、それはエンコードされているため、盤上の実際の着手に変換し直す必要があります。この操作は**デコード**と呼ばれ、予測された着手を適用するために不可欠です。

これを念頭に置いて、この章と次の章で作成するエンコーダ用のインターフェースであるEncoderクラスを定義します。**encoders**という新しいモジュールをdlgoに定義します。空の__init__.pyで初期化し、base.pyというファイルを配置し、そのファイルに以下のように定義を行います。

リスト6.1 囲碁のゲーム状態をエンコードするためのEncoder抽象クラス

```
class Encoder():
    def name(self):    ❶
        raise NotImplementedError()

    def encode(self, game_state):    ❷
        raise NotImplementedError()

    def encode_point(self, point):          ❸
        raise NotImplementedError()

    def decode_point_index(self, index):    ❹
        raise NotImplementedError()

    def num_points(self):           ❺
        raise NotImplementedError()

    def shape(self):  ❻
        raise NotImplementedError()
```

❶ モデルが使用しているエンコーダの名前のロギングまたは保存をサポートする
❷ 囲碁の盤面を数値データに変換する
❸ 囲碁の盤上の点を整数インデックスに変換する
❹ 整数インデックスを囲碁の盤上の点に戻す
❺ 盤上の点の数、つまり盤の幅×高さ
❻ エンコードされた盤面の構造の形状（shape）

エンコーダの定義は単純ですが、もう1つの便利な機能をbase.pyに追加したいと思います。つまり、オブジェクトを明示的に作成するのではなく、その名前（文字列）でエンコーダを作成できる関数です。これは、エンコーダの定義に追加するget_encoder_by_name関数で行います。

リスト6.2　盤面のエンコーダを名前で参照する

```
import importlib

def get_encoder_by_name(name, board_size):        ❶
    if isinstance(board_size, int):
        board_size = (board_size, board_size)     ❷
    module = importlib.import_module('dlgo.encoders.' + name)
    constructor = getattr(module, 'create')       ❸
    return constructor(board_size)
```

❶ 名前を参照することでエンコーダのインスタンスを作成する
❷ board_sizeが1つの整数ならば、そこから正方形の盤を作る
❸ 各エンコーダの実装は、インスタンスを作成する「create」関数を提供する必要がある

今ではエンコーダがどのようなものであるか知っているので、最初のエンコーダとして図6.2の概念を実装しましょう。1つの色を1、もう1つを–1、空のポイントを0とします。正確な予測をするために、モデルはそれが誰の手番かも知る必要があります。したがって、黒に1、白に–1を使う代わりに、次の手番に1を、相手に–1を使うことになります。このエンコーダを、囲碁の盤面を盤と同じサイズの単一の行列または面にエンコードするので、OnePlaneEncoderを呼びます。第7章では、より多くの**特徴**を持つエンコーダを見ていきます。たとえば、黒と白の石のそれぞれに1つの面と、コウを表すために1つの面を持つエンコーダを実装します。今のところ、encodersモジュールのoneplane.pyで実装する、単純な1面のエンコードを使って説明を続けます。次のリストはその最初の部分を示しています。

リスト6.3　単純な1面の盤面のエンコーダでゲーム状態をエンコードする

```
import numpy as np

from dlgo.encoders.base import Encoder
from dlgo.goboard import Point

class OnePlaneEncoder(Encoder):
    def __init__(self, board_size):
        self.board_width, self.board_height = board_size
        self.num_planes = 1

    def name(self):    ❶
        return 'oneplane'

    def encode(self, game_state):    ❷
        board_matrix = np.zeros(self.shape())
        next_player = game_state.next_player
        for r in range(self.board_height):
            for c in range(self.board_width):
                p = Point(row=r + 1, col=c + 1)
                go_string = game_state.board.get_go_string(p)
                if go_string is None:
                    continue
                if go_string.color == next_player:
                    board_matrix[0, r, c] = 1
                else:
                    board_matrix[0, r, c] = -1
        return board_matrix
```

❶ このエンコーダは "oneplane" という名前で参照できる

❷ エンコードするために、現在のプレイヤーの石がある点を1を、相手の石がある点は−1、空の点は0で行列を埋める

次の部分の定義では、盤面の1つの点のエンコードとデコードを行います。エンコードは、盤上の点を盤の幅に盤の高さを掛けた長さのベクトルにマッピングすることによって行われます。デコードはそのようなベクトルから点の座標に復元します。

リスト6.4　1面の盤面のエンコーダによる点のエンコードおよびデコード

```
    def encode_point(self, point):    ❶
        return self.board_width * (point.row - 1) + (point.col - 1)

    def decode_point_index(self, index):    ❷
```

```
        row = index // self.board_width
        col = index % self.board_width
        return Point(row=row + 1, col=col + 1)

    def num_points(self):
        return self.board_width * self.board_height

    def shape(self):
        return (self.num_planes, self.board_height, self.board_width)
```

❶ 盤上の点を整数インデックスに変換する

❷ 整数インデックスを盤上の点に変換する

これで囲碁の盤面のエンコーダに関する節を終わります。エンコードを行いニューラルネットワークに入力できる実際のデータの作成に進みましょう。

6.2 木探索によるネットワークの訓練データの生成

囲碁に機械学習を適用する前に、訓練データセットが必要です。幸いなことに、強力なプレイヤーが常に公開された囲碁サーバでプレイしています。第7章では、これらのゲーム記録を見つけて処理することで訓練データを作成する方法について説明します。今のところ、自分自身でゲーム記録を生成します。この章の残りの部分では、第4章で作成した木検索ボットを使ってゲーム記録を生成する方法を説明します。この節では、それらの手法を使用して完全な囲碁のゲームデータを生成し、深層学習を使用して着手予測を行うために使用します。

準備のために、dlgoモジュールの外にgenerate_mcts_games.pyというファイルを作成してください。ファイル名が示唆するように、MCTSでゲームを生成するコードを記述します。各ゲームの各着手は、6.1節のOnePlaneEncoderでエンコードされ、後で使用するためにnumpyの配列に格納します。まず、generate_mcts_games.pyの先頭に次のimport文を記述します。

リスト6.5　モンテカルロ木探索のエンコードされたゲームデータを生成するためのインポート

```
import argparse
import numpy as np

from dlgo.encoders import get_encoder_by_name
from dlgo import goboard_fast as goboard
from dlgo import mcts
from dlgo.utils import print_board, print_move
```

これらのインポートしたモジュールは、既に見てきたもので、これからの目的のために使用するツールです。つまり、mctsモジュール、第3章のGoBoard実装、および先ほど定義したencodersモジュールです。ゲームデータを生成する関数の作成に移りましょう。generate_gameでは、第4章のMCTSAgentのインスタンスに自分自身と対局させます（第4章で、MCTSエージェントの**温度**が、木探索がどれだけ無作為になるかを調整していたことを思い出してください）。各手番について、着手が実行される前に盤の状態をエンコードし、着手をone-hotベクトルとしてエンコードし、着手を盤に適用します。

リスト6.6　本章におけるMCTSによるゲームの生成

```
def generate_game(board_size, rounds, max_moves, temperature):
    boards = [], moves = []   ❶

    encoder = get_encoder_by_name('oneplane', board_size)   ❷

    game = goboard.GameState.new_game(board_size)   ❸

    bot = mcts.MCTSAgent(rounds, temperature)       ❹

    num_moves = 0
    while not game.is_over():
        print_board(game.board) move = bot.select_move(game)   ❺
        if move.is_play:
            boards.append(encoder.encode(game))   ❻

            move_one_hot = np.zeros(encoder.num_points())
            move_one_hot[encoder.encode_point(move.point)] = 1
            moves.append(move_one_hot)   ❼

        print_move(game.next_player, move)
        game = game.apply_move(move)   ❽
        num_moves += 1
        if num_moves > max_moves:      ❾
            break

    return np.array(boards), np.array(moves)
```

❶ boardsにはエンコードされた盤の状態が格納され、movesにはエンコードされた着手が格納される

❷ OnePlaneEncoderを指定された盤のサイズで初期化する

❸ サイズboard_sizeの新しいゲームがインスタンス化される

❹ ラウンド数と温度が指定されたモンテカルロ木探索エージェントがボットになる

❺ 次の着手がボットによって選択される

❻ エンコードされた盤の状態がboardsに追加される
❼ one-hotエンコードされた次の着手がmovesに追加される
❽ その後、ボットの着手が盤に適用される
❾ 最大手数に達していない限り、次の手番を続ける

モンテカルロ木探索でゲームデータを作成してエンコードする手段ができたので、mainメソッドを定義し、いくつかのゲームを実行し、その後それらを永続化します。これをgenerate_mcts_games.pyに追加します。

リスト6.7　本章におけるMCTSゲームを生成するためのメインアプリケーション

```
def main():
    parser = argparse.ArgumentParser()
    parser.add_argument('--board-size', '-b', type=int, default=9)
    parser.add_argument('--rounds', '-r', type=int, default=1000)
    parser.add_argument('--temperature', '-t', type=float, default=0.8)
    parser.add_argument('--max-moves', '-m', type=int, default=60,
                        help='Max moves per game.')
    parser.add_argument('--num-games', '-n', type=int, default=10)
    parser.add_argument('--board-out')
    parser.add_argument('--move-out')

    args = parser.parse_args()   ❶
    Xs = [], ys = []

    for i in range(args.num_games):
        print('Generating game %d/%d...' % (i + 1, args.num_games))
        X, y = generate_game(args.board_size, args.rounds, args.max_moves,
                             args.temperature)   ❷
        Xs.append(X)
        ys.append(y)

    X = np.concatenate(Xs)       ❸
    y = np.concatenate(ys)

    np.save(args.board_out, X)   ❹
    np.save(args.move_out, y)

if __name__ == '__main__':
    main()
```


❶ このアプリケーションは、コマンドライン引数でカスタマイズすることができる
❷ 指定した数のゲームについて、ゲームデータを生成する

❸ すべてのゲームが生成されたら、それぞれの特徴量とラベルを連結する
❹ 特徴量とラベルのデータをコマンドラインオプションで指定された別々のファイルに保存する

このツールを使用することで、ゲームデータをとても簡単に生成できるようになりました。20個の9路盤のゲームのデータを作成し、特徴量をfeatures.npyに、ラベルをlabels.npyに保存するには、次のコマンドを実行するだけです。

```
python generate_mcts_games.py -n 20 --board-out features.npy --move-out labels.npy
```

このようなゲームの生成はかなり遅い可能性があります。多くのゲームを生成するには時間がかかることに注意してください。MCTSのラウンド数を減らすことができますが、それによってボットの対局レベルも低下します。そのため、GitHubリポジトリのgenerate_gamesの配下に生成済みのゲームデータを用意しました。出力はfeatures-40k.npyとlabels-40k.npyにあります。それには数百のゲームにわたる約40,000の動きを含んでいます。1回の移動に5,000 MCTSラウンドでこれらを生成しました。この設定では、MCTSエンジンがほぼ賢明な動きをするので、ニューラルネットワークがそれを模倣することを学べることは合理的で期待できます。

この時点で、生成されたデータにニューラルネットワークを適用するために必要なすべての前処理を行いました。第5章のネットワーク実装を使うとそれを簡単に行うことができますが（良い練習にはなりますが）、今後より複雑化する深層ニューラルネットワークに取り組むためには、より強力なツールが必要になります。その目的のために、次にKerasを紹介します。

6.3 深層学習ライブラリKeras

ニューラルネットワークの勾配およびバックワードパスを計算することは、低レベルの抽象概念を隠蔽する強力な深層学習ライブラリが多数出てきたことで、ますます失われた技術になりつつあります。この章までにニューラルネットワークを最初から実装してきたことは価値のあることですが、今こそより成熟して機能豊富なソフトウェアに移行するときです。

Keras深層学習ライブラリは、Pythonで書かれた、非常にエレガントで広く使われている深層学習ツールです。オープンソースプロジェクトは2015年に設立され、すぐに強力なユーザ基盤を獲得しました。コードはhttps://github.com/keras-team/kerasでホストされており、https://keras.ioに素晴らしい文書があります。

6.3.1 Kerasの設計原理

Kerasの強みの1つは、直感的で使いやすいAPIにより、迅速なプロトタイピングと速い実験サイクルが可能なことです。これにより、https://kaggle.comなどの多くのデータサイエンスチャレンジでKerasが人気を集めています。Kerasはモジュール式のビルディングブロックから構築され、もとはTorchなどの他の深層学習ツールに触発されたものでした。Kerasのもう1つの大きな利点は、その拡張性です。新しいカスタムレイヤーを追加したり、既存の機能を拡張したりするのは比較的簡単です。

Kerasが簡単に始められるもう1つの側面は、電池が付属（標準だけで使えることの比喩）していることです。例えば、MNISTのような多くの一般的なデータセットはKerasで直接読み込むことができ、GitHubリポジトリには多くの良いサンプルがあります。さらに、https://github.com/fchollet/keras-resourcesにKerasの拡張機能や独立したプロジェクトの、コミュニティによるエコシステムがあります。

Kerasの代表的な特徴は、**バックエンド**のコンセプトです。必要に応じて交換できるさまざまな強力なエンジンで動作します。Kerasのもう1つの特徴は、深層学習の**フロントエンド**、つまり、モデルを実行するための高レベルの抽象概念と機能の便利なセットを提供するライブラリであることです。しかし、実際にはバックグラウンドで力仕事をするバックエンドに支えられています。この本の執筆時点では、Kerasの公式のバックエンドはTensorFlow、Theano、Microsoft Cognitive Toolkitの3種類です。この本では、GoogleのTensorFlowライブラリのみを使用します。これはKerasで使用されるデフォルトのバックエンドです。

この節では、まずKerasをインストールし、第5章の手書き数値分類サンプルを実行することでAPIについて学び、それから囲碁の着手予測というタスクに進みます。

6.3.2 Keras深層学習ライブラリのインストール

Kerasを使い始めるには、最初にバックエンドをインストールする必要があります。私たちはTensorFlowをインストールします。それには、pipを実行するのが最も簡単です。

```
pip install tensorflow
```

使っているマシンにNVIDIA GPUと最新のCUDAドライバがインストールされている場合は、代わりにGPUアクセラレーションバージョンのTensorFlowをインストールしてみてください。

```
pip install tensorflow-gpu
```

tensorflow-gpuが使用マシンのハードウェアとドライバに互換性があるならば、それは大きな速度改善となるでしょう。

モデルのシリアライズや可視化に役立ついくつかの選択可能な依存ライブラリを、Keras用にインストールすることができますが、今はスキップしてライブラリ自体のインストールに直接進みます。

```
pip install Keras
```

6.3.3 Kerasでおなじみの最初のサンプルの実行

この節では、Kerasのモデルの定義と実行が基本的に4つのステップのワークフローに従うことを示します。

1. **データの前処理**：ニューラルネットワークに入力するデータセットを読み込んで準備します。
2. **モデルの定義**：モデルをインスタンス化し、必要に応じて層を追加します。
3. **モデルのコンパイル**：オプティマイザ、損失関数、オプションの評価指標のリストを使用して、定義したモデルをコンパイルします。
4. **モデルの訓練と評価**：深層学習モデルをデータに適合して評価します。

Kerasに取り掛かるために、前の章ですでに見てきた事例のサンプル、つまりMNISTデータセットによる手書き数字予測について説明します。第5章の単純なモデルはすでにKerasの構文に非常に近いことがわかります。そして、さらに使いやすくなります。

Kerasでは、シーケンシャルなモデルやより一般的な非シーケンシャルなモデルの2種類のモデルを定義することができます。ここではシーケンシャルなモデルのみ使用します。どちらのモデルタイプもkeras.modelsにあります。シーケンシャルなモデルを定義するには、第5章で独自の実装を行ったように、層を追加する必要があります。Kerasの層はkeras.layersモジュールから利用できます。KerasでMNISTを読み込むのは非常に簡単です。データセットはkeras.datasetsモジュールにあります。まず、このアプリケーションに取り組むために必要なものすべてをインポートしましょう。

リスト6.8　Kerasからモデル、層、データセットをインポート

```
import keras
from keras.datasets import mnist
from keras.models import Sequential
from keras.layers import Dense
```


次に、MNISTデータを読み込んで前処理します。これはほんの数行で実現できます。読み込み後、60,000の訓練サンプルと10,000のテストサンプルを平坦化し、単精度浮動小数点型（float）に変換し、入力データを255で除算して正規化します。これは、データセットのピクセル値が0から255までの値をとるためです。値を[0, 1]の範囲に正規化することで、ネットワークの訓練精度が向上します。また、第5章で行ったように、ラベルはone-hotエンコードされていなければなりません。Kerasでは以下のように行います。

リスト6.9　KerasによるMNISTデータの読み込みと前処理

```
(x_train, y_train), (x_test, y_test) = mnist.load_data()

x_train = x_train.reshape(60000, 784)
x_test = x_test.reshape(10000, 784)
x_train = x_train.astype('float32')
x_test = x_test.astype('float32')
x_train /= 255
x_test /= 255

y_train = keras.utils.to_categorical(y_train, 10)
y_test = keras.utils.to_categorical(y_test, 10)
```

データの準備ができたので、ニューラルネットワークを定義して実行できます。Kerasでは、Sequentialモデルを初期化して、層を1つずつ追加します。最初の層では、input_shapeで入力データの**形状**（shape）を指定する必要があります。私たちの事例では、入力データは長さ784のベクトルなので、形状としてinput_shape =(784,)を与えなければなりません。Kerasの全結合層は、activationキーワードを指定して作成することで、層に活性化関数を提供することができます。これまでに説明した唯一の活性化関数である、'sigmoid'を選択します。Kerasにはさらに多くの活性化関数がありますが、そのいくつかを後でより詳しく説明します。

リスト6.10　Kerasによる単純なSequentialモデルの構築

```
model = Sequential()
model.add(Dense(392, activation='sigmoid', input_shape=(784,)))
model.add(Dense(196, activation='sigmoid'))
model.add(Dense(10, activation='sigmoid'))
model.summary()
```

Kerasモデルを作成する次のステップは、損失関数とオプティマイザを使用してモデルを**コンパイル**することです。これは、文字列を指定することで行うことができ、オプティマイザとして'sgd'、損失関数として'mean_squared_error'を選択します。Kerasにはさらに多くの損失関数とオプティマイザがありますが、それらのライブラリを使い始める前に、第5章ですでに見てきた2つの選択肢（確率的勾配降下法と平均二乗誤差）を使用します。Kerasモデルのコンパイルステップでは、さらに評価メトリックのリストを引数に指定できます。私たちの最初のアプリケーションでは、唯一の指標としてaccuracyを使用しますaccuracyメトリックは、モデルの最高スコアの予測が実際のラベルと一致する頻度を示します。。

リスト6.11　Keras深層学習モデルのコンパイル

```
model.compile(loss='mean_squared_error',
              optimizer='sgd',
              metrics=['accuracy'])
```

このアプリケーションの最後のステップは、ネットワークの実際の訓練ステップを実行し、それをテストデータで評価することです。これは、訓練データに加えて、ミニバッチサイズと実行するエポックの数を指定して、モデルに対してfitを呼ぶことによって行います。

リスト6.12　Kerasモデルの訓練と評価

```
model.fit(x_train, y_train,
          batch_size=128,
          epochs=20)
score = model.evaluate(x_test, y_test)
print('Test loss:', score[0])
print('Test accuracy:', score[1])
```

要約すると、Kerasモデルの構築と実行は、データの前処理、モデル定義、モデルのコンパイル、モデルの訓練、評価の4ステップで行われます。Kerasの主な長所の1つは、この4つのステップのサイクルが非常に迅速に実行できることです。これにより、速い実験サイクルが実現します。多くの場合、最初のモデル定義はパラメータを微調整することで多く改善することができるため、このことは非常に重要です。

6.3.4 Kerasの順伝播型ニューラルネットワークによる着手予測

シーケンシャルなニューラルネットワークのためのKeras APIがどのようなものか分かったので、囲碁の着手予測の事例に戻りましょう。図6.3は処理のこのステップを示しています。まず、リスト6.13で示すように、6.2節で生成した囲碁データを読み込みます。これまでのMNISTの場合と同様に、囲碁の盤面のデータをベクトルに平坦化する必要があります。

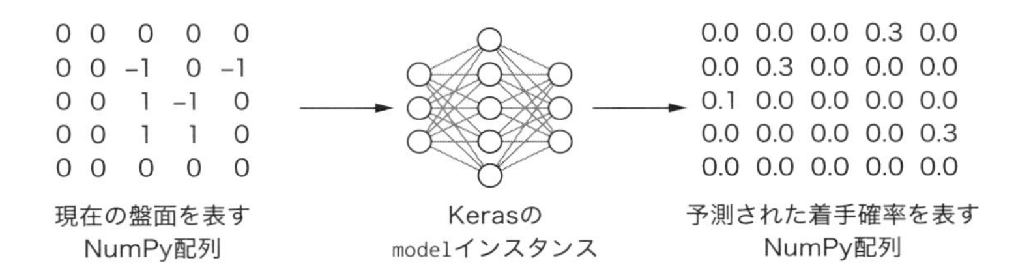

図6.3 ニューラルネットワークはゲームの着手を予測できます。ゲーム状態を既に行列としてエンコードしているので、その行列を着手予測モデルに渡すことができます。モデルは、それぞれの着手の確率を表すベクトルを出力します。

リスト6.13 以前に保存した囲碁のゲームデータの読み込みおよび前処理

```
import numpy as np
from keras.models import Sequential
from keras.layers import Dense

np.random.seed(123)   ❶
X = np.load('../generated_games/features-40k.npy')   ❷
Y = np.load('../generated_games/labels-40k.npy')
samples = X.shape[0]
board_size = 9 * 9

X = X.reshape(samples, board_size)   ❸
Y = Y.reshape(samples, board_size)
```

```
train_samples = int(0.9 * samples)    ❹
X_train, X_test = X[:train_samples], X[train_samples:]
Y_train, Y_test = Y[:train_samples], Y[train_samples:]
```

❶ random.seedを設定することによって、このスクリプトが正確に再現可能であることを確認する
❷ サンプルデータをNumPy配列に読み込む
❸ 入力を9×9行列ではなく、サイズ81のベクトルに変換する
❹ テストセットのデータの10%を遅らせる。他の90%を訓練する

次に定義した特徴量XとラベルYを使って、着手を予測するモデルを定義して実行しましょう。9路盤には81の着手があるので、ネットワークでは81のクラスを予測する必要があります。ベースラインとして、目をつぶって盤上の点をランダムにポイントしただけのふりをします。あなたが次のプレーを純粋な運で見つけることができるチャンスは81分の1、つまり1.2%です。そのため、モデルの精度が1.2%を大幅に超えるようにしてください。

平均二乗誤差損失と確率的勾配降下法オプティマイザでコンパイルした、それぞれsigmoid活性化関数を持つ3つのDense層からなる単純なKeras MLPを定義します。次に、このネットワークを15エポック訓練して、テストデータで評価します。

リスト6.14　生成した囲碁データに対してKeras多層パーセプトロンを実行する

```
model = Sequential()
model.add(Dense(200, activation='sigmoid', input_shape=(board_size,)))
model.add(Dense(300, activation='sigmoid'))
model.add(Dense(200, activation='sigmoid'))
model.add(Dense(board_size, activation='sigmoid'))
model.summary()

model.compile(loss='mean_squared_error',
              optimizer='sgd',
              metrics=['accuracy'])

model.fit(X_train, Y_train,
          batch_size=64,
          epochs=5,
          verbose=1,
          validation_data=(X_test, Y_test))

score = model.evaluate(X_test, Y_test, verbose=0)
print('Test loss:', score[0])
print('Test accuracy:', score[1])
```

このコードを実行すると、モデルの概要と評価指標がコンソールに出力されます。

```
_________________________________________________________________
Layer (type)                 Output Shape              Param #
=================================================================
dense_1 (Dense)              (None, 1000)              82000
_________________________________________________________________
dense_2 (Dense)              (None, 500)               500500
_________________________________________________________________
dense_3 (Dense)              (None, 81)                40581
=================================================================
Total params: 623,081
Trainable params: 623,081
Non-trainable params: 0
_________________________________________________________________
...
Test loss: 0.0129547887068
Test accuracy: 0.0236486486486
```

出力結果のTrainable params：623,081の行に注目してください。これは、訓練プロセスが600,000を超える個々の重みの値を更新していることを意味します。これは、モデルの計算量の大まかな指標です。またモデルの**能力**（capacity）を大まかにつかめます。それは、複雑な関連性を学ぶ能力です。さまざまなネットワークアーキテクチャを比較すると、パラメータの総数からモデルの合計サイズを大まかに計算することができます。

ご覧のとおり、実験の予測精度はわずか2.3%程度であり、一見して満足できるものではありません。しかし、ランダムな着手により推測するベースラインは約1.2%であったことを思い出してください。これは、パフォーマンスはそれほど良くありませんが、モデルは学習されており、ランダムよりは良い着手を予測できることを示しています。

サンプル局面を入力することで、モデルに対する洞察を得ることができます。図6.4は、正しい着手を明確にするために考案した盤面です。次にどちらがプレイしてもAまたはBのどちらかに着手することで2つの相手の石を取ることができます。この局面は訓練セットには現れません。

この局面を訓練済みモデルに入力して、その予測を表示することができます。

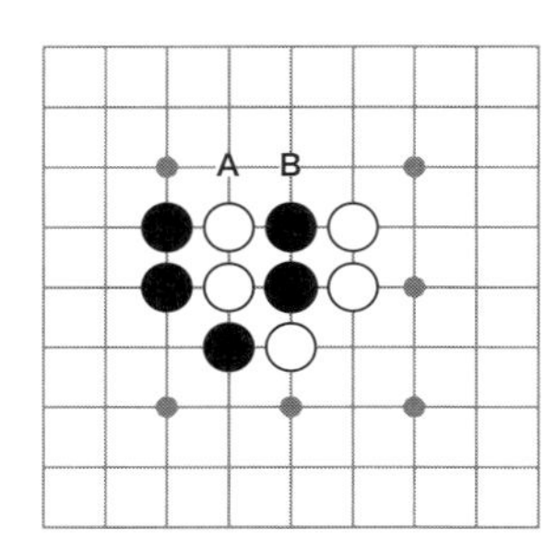

図6.4 モデルをテストするための局面の例：この局面では、黒はAに着手することで2石を取ることができます。または白はBに着手することによって2石を取ることができます。この領域では最初に着手する人がゲームにおいて大きな利点を得ます。

リスト6.15 **既知の局面でモデルを評価する**

```
test_board = np.array([[
    0, 0, 0, 0, 0, 0, 0, 0, 0,
    0, 0, 0, 0, 0, 0, 0, 0, 0,
    0, 0, 0, 0, 0, 0, 0, 0, 0,
    0, 1,-1, 1,-1, 0, 0, 0, 0,
    0, 1,-1, 1,-1, 0, 0, 0, 0,
    0, 0, 1,-1, 0, 0, 0, 0, 0,
    0, 0, 0, 0, 0, 0, 0, 0, 0,
    0, 0, 0, 0, 0, 0, 0, 0, 0,
    0, 0, 0, 0, 0, 0, 0, 0, 0,
]])
move_probs = model.predict(test_board)[0]
i = 0
for row in range(9):
    row_formatted = []
    for col in range(9):
        row_formatted.append('{:.3f}'.format(move_probs[i]))
        i += 1
    print(' '.join(row_formatted))
```

出力は次のようになります。

```
0.037 0.037 0.038 0.037 0.040 0.038 0.039 0.038 0.036
0.036 0.040 0.040 0.043 0.043 0.041 0.042 0.039 0.037
0.039 0.042 0.034 0.046 0.042 0.044 0.039 0.041 0.038
0.039 0.041 0.044 0.046 0.046 0.044 0.042 0.041 0.038
0.042 0.044 0.047 0.041 0.045 0.042 0.045 0.042 0.040
0.038 0.042 0.045 0.045 0.045 0.042 0.045 0.041 0.039
0.036 0.040 0.037 0.045 0.042 0.045 0.037 0.040 0.037
0.039 0.040 0.041 0.041 0.043 0.043 0.041 0.038 0.037
0.036 0.037 0.038 0.037 0.040 0.039 0.037 0.039 0.037
```

この行列は元の9路盤にマッピングされます。それぞれの数字は、次にその点に着手すべきというモデルの自信を表します。この結果はあまり印象的ではありません。すでに石がある場所に着手しないようにすることさえ学んでいません。しかし、盤の端のスコアが中心に近いスコアよりも一貫して低いことに注意してください。囲碁の従来の知識では、ゲームの終わりやその他の特別な状況を除いて、盤の端に着手するのを避けるべきです。つまり、モデルはゲームに関する正当な概念を学びました。戦略や効率性を理解することによってではなく、単にMCTSボットが行うことをコピーすることによってです。このモデルでは、多くの優れた着手を予測することはできませんが、全体的に悪い着手を避けることができました。

この章の残りの部分では、最初の実験の欠点に対処することを検討し、それと並行して囲碁の着手予測精度を向上させます。以下のポイントに対処します。

- この予測タスクに使用しているデータは、ランダム性の強い**木探索を使用して生成**されています。 特に、ゲーム中に大幅に優勢か大幅に劣勢の場合に、MCTSエンジンはおかしな着手をすることがあります。第7章では、実際の人間のゲームプレイから深層学習モデルを作成し、この状況を改善します。
- 使用したニューラルネットワークアーキテクチャは大幅に改善することができます。多層パーセプトロンは、囲碁の盤面データを捉えるのにはあまり適していません。2次元の盤面データをベクトルに平坦化しなければならないため、盤に関するすべての空間情報が失われます。6.4節では、囲碁の盤面の構造を捉えるために、はるかに優れた新しいタイプのネットワークについて学習します。
- これまでのすべてのネットワークでは、シグモイド活性化関数のみを使用しました。6.5と6.6節では、多くの場合より良い結果をもたらす2つの新しい活性化関数について学習します。
- 今までMSEのみを損失関数として使用していました。これは直感的に理解しやすいですが、私たちの事例にはあまり適していません。6.5節では、私たちの事例のような分類タスクに合わせて調整された損失関数を使用します。

これらのポイントのほとんどに対処することで、この章の最後では、最初のものよりも着手を予測できるニューラルネットワークを構築できます。第7章ではもっと強力なボットを構築するための重要なテクニックを学びます。

結局のところ、できるだけ正確に着手を予測するのではなく、できるだけ上手にプレイできるボットを作成したいということに注意してください。たとえ深層ニューラルネットワークが過去のデータから次の着手を非常に優れた精度で予測できるようにならない場合でも、深層学習は、依然として暗黙のうちに**ゲームの構造**を拾い、合理的な着手（または非常に良い着手さえ）をする力を持っています。

6.4 畳み込みネットワークによる空間解析

囲碁では、石の特定の領域のパターンが何度も何度も見られることがあります。人間のプレイヤーはこれらの形を何十種類も認識することを学び、それらの多くに示唆に富む名前（虎口:tiger's mouth、タケフ:bamboo joint、または私の個人的なお気に入り、花六:rabbitty six）を付けています。

人間のように決断を行うためには、私たちの囲碁AIは多くの領域の空間的配置を認識しなければなりません。畳み込みネットワークと呼ばれる特定の種類のニューラルネットワークは、このような空間的関係を検出するために特別に設計されています。畳み込みニューラルネットワーク（Convolutional neural networks; CNN）には、ゲーム以外にも多くの用途があります。CNNは、画像、音声、さらにはテキストにも適用できます。この節では、CNNを作成して囲碁のゲームデータに適用する方法を説明します。まず、畳み込みの概念を紹介します。次に、KerasでCNNを構築する方法を示します。最後に、畳み込み層の出力を処理するために役立つ方法を示します。

6.4.1 直感的に畳み込みとは何か

畳み込み層とそれから構築したネットワークは、コンピュータによる画像処理の伝統的な操作である**畳み込み**から名前が付けられています。畳み込みは、画像を変換したり、フィルタを適用したりする単純な操作です。同じサイズの2つの行列を使って、単純な畳み込みは、最初に、

1. これら2つの行列を要素ごとに乗算します
2. 結果の行列のすべての値を合計します

つまり、このような単純な畳み込みの出力はスカラー値です。図6.5では、このような操作の例を示し、2つの3×3行列の畳み込みを行い、スカラーを計算しています。

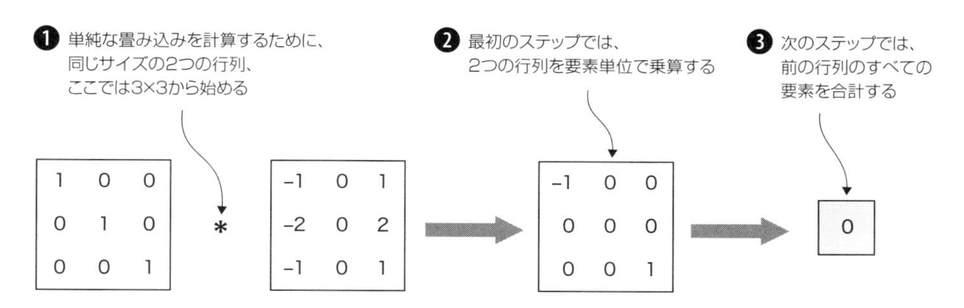

図6.5　単純な畳み込みでは、同じサイズの2つの行列を要素単位で掛け合わせ、すべての値を合計する

これらの単純な畳み込み自体はすぐには役に立ちませんが、私たちの事例に役立つより複雑な畳み込みを計算するために使用します。同じサイズの2つの行列から始めるのではなく、第2の行列のサイズを固定して、最初の行列のサイズを任意に増やしてみましょう。このシナリオでは、1番目の行列を入力画像と呼び、2番目の行列を**畳み込みカーネル**（convolutional kernel）または単に**カーネル**（kernel）と呼びます（時には**フィルタ**（filter）と呼ばれることもあります）。カーネルは入力画像よりも小さいので、入力画像の多くの**パッチ**で単純な畳み込みを計算することができます。図6.6に、3×3カーネルによる10×10入力画像の畳み込み演算が動作している様子を示します。

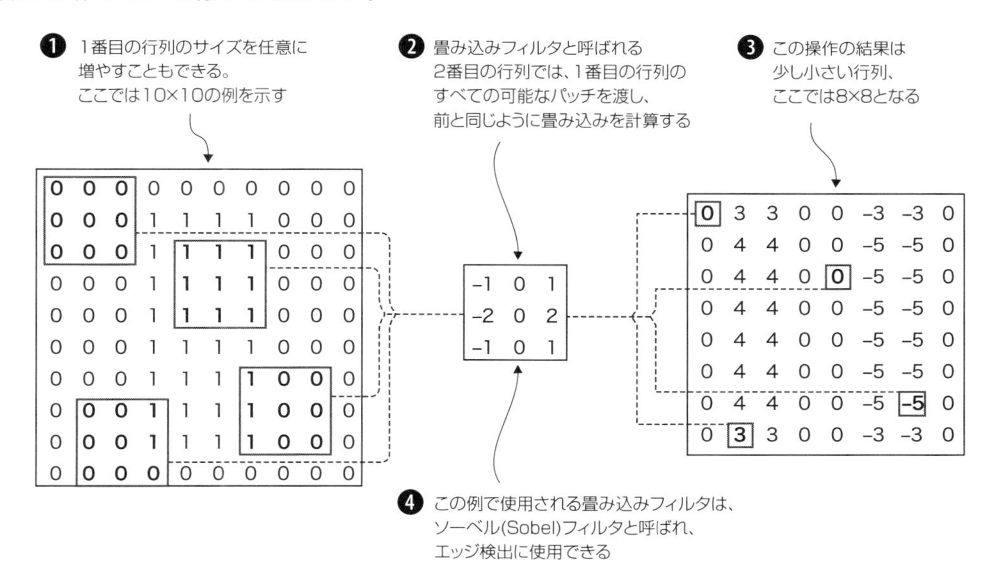

図6.6　入力画像のパッチに畳み込みカーネルを渡すことで、画像とカーネルとの畳み込みを計算することができる：この例で選択されたカーネルは垂直エッジ検出器です。

図6.6の例は、畳み込みがなぜ興味深いのかについて最初のヒントになるかもしれません。入力画像は、周りを0で囲まれた、値が1の4×8の中央のブロックからなる10×10の行列です。カーネルは、行列の1番目の列(−1, −2, −1)が3番目の列の負数(−1, −2, −1)で、中央の列がすべて0になるように選択されます。これは次のことを意味します。

- このカーネルを、すべてのピクセル値が同じ入力画像の3×3パッチに適用すると、畳み込みの出力は0になります。
- この畳み込みカーネルを、左の列の値が右よりも大きい画像のパッチに適用すると、畳み込みは負の値になります。
- この畳み込みカーネルを、右の列の値が左よりも大きい画像のパッチに適用すると、畳み込みは正の値になります。

畳み込みカーネルは、**入力画像の垂直エッジ**を検出するように選択します。オブジェクトの左側にあるエッジは正の値になり、右側のエッジは負の値になります。これは、図6.6の畳み込みの結果で確かめることができます。

図6.6のカーネルは、多くのアプリケーションで使用される古典的なカーネルであり、**ソーベルカーネル**（Sobel kernel）と呼ばれています。このカーネルを90度回転させると、水平エッジ検出器が完成します。同様に、画像をぼかしたり鮮明にしたり、コーナーやその他多くのものを検出する畳み込みカーネルを定義することができます。これらのカーネルの多くは標準的な画像処理ライブラリにあります。

興味深いのは、畳み込みを使用して画像データから価値のある情報を抽出できることです。これは、囲碁データからの次の着手を予測する事例においても当てはまります。前の例では、特定の畳み込みカーネルを選択しましたが、畳み込みがニューラルネットワークで使用される場合は、これらのカーネルが誤差逆伝播によってデータから学習されます。

これまでは、1つの入力画像に1つの畳み込みカーネルのみを適用する方法について説明しました。一般的に、多数の画像に多数のカーネルを適用して多数の出力画像を生成できると便利です。どうすればそのようにできるでしょうか？　4つの入力画像があり、4つのカーネルを定義しているとしましょう。それから、各入力について、畳み込みを合計して、1つの出力画像を出力します。以下では、そのような畳み込みの出力画像を**特徴マップ**（feature maps）と呼びます。今度は、1つの代わりに5つの結果の特徴マップを作成したい場合は、1つの入力画像につき5つのカーネルを定義します。n個の入力画像をm個の特徴マップにマッピングするには、**畳み込み層**（convolutional layer）と呼ばれる$n \times m$の畳み込みカーネルを使用します。図6.7に、この状況を示します。

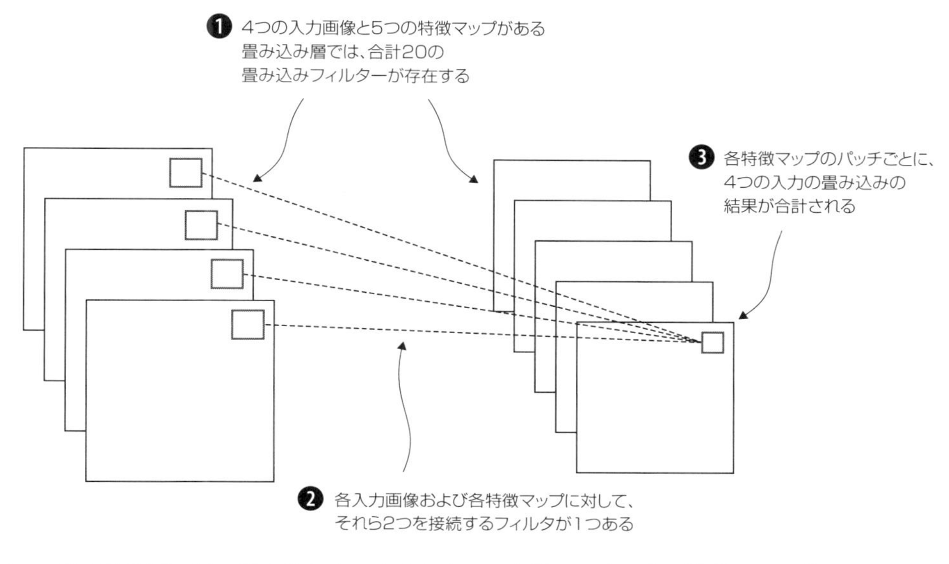

図6.7 畳み込み層では、畳み込みカーネルによって多数の入力画像が操作され、指定された数の特徴マップが生成される

このように、畳み込み層は、いくつかの入力画像を出力画像に変換し、それによって入力に関連する空間情報を抽出する方法です。また、予想できたかもしれませんが、畳み込み層が**連結**され、それによって畳み込み層のニューラルネットワークが形成されます。通常、畳み込み層および全結合層のみからなるネットワークは、**畳み込みニューラルネットワーク**（convolutional neural network）または単に**畳み込みネットワーク**（convolutional network）と呼ばれます。

これまでは、畳み込み層にデータを入力する方法についてのみ述べましたが、誤差逆伝播がどのように機能するかについては触れていません。この部分は数学的に本書の範囲を超えているため、意図的に説明しませんでしたが、それよりも重要なことは、Kerasがバックワードパスを処理してくれることです。

一般的に、畳み込み層は、同程度の全結合層よりもパラメータが少なくなります。28×28の入力画像にカーネルサイズ(3, 3)の畳み込み層を定義して出力サイズを26×26にすると、畳み込み層は3×3 = 9のパラメータになります。実際には、畳み込み層では通常、バイアスの項もあり、各畳み込みの出力に加算され、合計10のパラメータになります。これを、長さ28×28の入力ベクトルと長さ26×26の出力ベクトルを接続する全結合層と比較すると、このような全結合層にはバイアスを除いた28×28×26×26 = 529984のパラメータがあります。その一方、畳み込み演算は、全結合層で使用される通常の行列乗算よりも計算コストがかかります。

コラム　深層学習におけるテンソル

畳み込み層の出力は画像を束ねたものであると説明しました。そのように考えることは確かに役立つかもしれませんが、もう少し違った考えがあります。ベクトル（1D）は個々の要素で構成されていますが、要素は数字だけではありません。同様に、行列（2D）は列ベクトルからなりますが、行列乗算および他の演算（畳み込みなど）に使用される固有の2次元構造を有します。畳み込み層の出力は、三次元構造を有します。畳み込み層のフィルタは、もう一次元多く、4D構造を有します（すなわち、入力画像と出力画像の各組み合わせに対して2Dフィルタがあります）。そして、それはそこで終わりません - 高度な深層学習技術ではより高次元のデータ構造に対処することが一般的です。

線形代数では、ベクトルと行列に相当する高次元のものはテンソルと呼ばれます。付録Aではもう少し詳しく説明しますが、ここでテンソルの定義に入ることはしません。実際、本書の残りの部分では、テンソルの正式な定義は必要ありません。しかし、概念については別にして、テンソルは後の章で使用する便利な用語を提供します。例えば、畳み込み層から出てくる画像の集合は、3-テンソルと呼ぶことができます。畳み込み層の4Dフィルタは、4-テンソルを形成します。したがって、畳み込みは、4-テンソル（畳み込みフィルタ）を3-テンソル（入力画像）で操作して別の3-テンソルに変換する操作です。より一般的には、シーケンシャルなニューラルネットワークは、段階的に変化する次元のテンソルを変換するメカニズムであると言えます。テンソルを使用してネットワークに入力データを「流す(flowing)」というこの考えは、TensorFlowの名前の由来になっています。TensorFlowは、広く使われているGoogleの機械学習ライブラリで、Kerasモデルを実行するために使われます。

6.4.2　Kerasによる畳み込みニューラルネットワークの構築

Kerasを使って畳み込みニューラルネットワークを構築して実行するには、盤面データのような2次元データの畳み込みを実行するConv2Dという新しい種類の層を使用します。また、畳み込み層の出力をベクトルに平坦化し、全結合層に入力できるようにするFlattenという別の層も使用します。

まず、入力データの前処理ステップが以前とは少し違って見えるようになります。囲碁の盤面を平坦化する代わりに、2次元構造をそのまま維持します。

リスト6.16　読み込みと畳み込みニューラルネットワークのための囲碁データの前処理

```
import numpy as np
from keras.models import Sequential
from keras.layers import Dense
from keras.layers import Conv2D, Flatten   ❶
```

```
np.random.seed(123)
X = np.load('../generated_games/features-40k.npy')
Y = np.load('../generated_games/labels-40k.npy')

samples = X.shape[0]
size = 9
input_shape = (size, size, 1)   ❷
X = X.reshape(samples, size, size, 1)   ❸

train_samples = int(0.9 * samples)
X_train, X_test = X[:train_samples], X[train_samples:]
Y_train, Y_test = Y[:train_samples], Y[train_samples:]
```

❶ 2D畳み込み層と入力をベクトルへ平坦化する2つの新しい層をインポートする
❷ 入力データの形状は3次元で、9路盤を表現する1つの面を使用する
❸ 次に入力データを再形成（reshape）する

これで、KerasのConv2Dオブジェクトを使ってネットワークを構築できます。2つの畳み込み層を使用し、2番目の層の出力を**平坦化**し、2つの全結合層を接続して、これまでと同じようにサイズ9×9の出力を行います。

リスト6.17　**Kerasによる囲碁データ用の単純な畳み込みニューラルネットワークの構築**

```
model = Sequential()
model.add(Conv2D(filters=48,   ❶
                 kernel_size=(3, 3),   ❷
                 activation='sigmoid',
                 padding='same',   ❸
                 input_shape=input_shape))

model.add(Conv2D(48, (3, 3), padding='same', activation='sigmoid'))   ❹

model.add(Flatten())   ❺

model.add(Dense(128, activation='sigmoid'))
model.add(Dense(size * size, activation='sigmoid'))   ❻
model.summary()
```

❶ 私たちのネットワークの最初の層は、48の出力フィルタを持つConv2D層
❷ この層では、3×3の畳み込みカーネルを選択する
❸ 通常、畳込みの出力は入力よりも小さくなる。padding = 'same'を追加することで、Kerasに行列をエッジの周りに0で埋め込むようにできるため、出力は入力と同じ次元を持つようになる

❹ 2番目の別の畳み込み層。簡潔さのために "filters" と "kernel_size" 引数を省略している
❺ 次に、前の畳み込み層の3D出力を平坦化する
❻ ... MLPの例のように、さらに2つの全結合層を接続する

このモデルのコンパイル、実行、評価は、MLPの例とまったく同じです。実際、私たちが変更したのは入力データの形状とモデル自体の仕様だけです。

実際にこのモデルを実行した場合、テストの精度は実際には2.3%に低下します。これで完全に問題ありません。さらに、畳込みモデルの能力を最大限に引き出すにはいくつかのトリックがあります。この章の残りの部分では、畳み込みニューラルネットワークの着手予測精度を向上させるために、より高度な深層学習の技法を紹介します。

6.4.3 プーリング層による空間の削減

畳み込み層を使用するほとんどの深層学習アプリケーションで非常に一般的な手法の1つは、**プーリング**（pooling）です。前の層に含まれるニューロンの数を減らすために、プーリングを使用して画像を縮小します。

プーリングの概念は簡単に説明できます。画像のパッチを1つの値にグループ化、またはプーリングすることによって画像をダウンサンプリングします。図6.8の例は、画像のそれぞれの分解された2×2パッチの最大値のみを保持することによって、画像を1/4に縮小する方法を示しています。

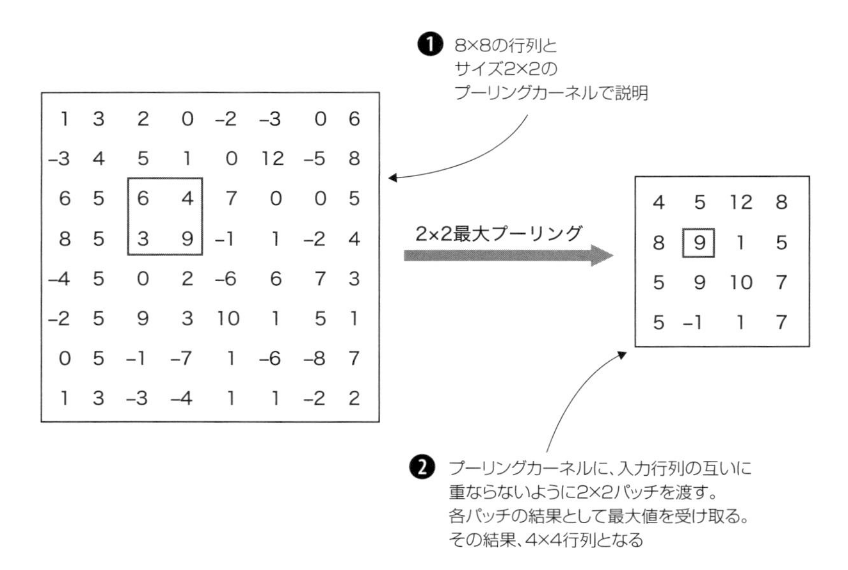

図6.8 2×2最大プーリングカーネルを適用することによって、8×8画像をサイズ(4, 4)の画像に縮小する

この手法は**最大プーリング**（max pooling）と呼ばれ、プーリングに使用される分割パッチのサイズは**プールサイズ**（pool size）と呼ばれます。パッチ内の値の平均を計算するなど、他の種類のプーリングを定義することもできます。このバージョンは**平均プーリング**（average pooling）と呼びます。

通常、以下のように、畳み込み層の前または後に接続することで、ニューラルネットワークの層を定義できます。

リスト6.18　Kerasモデルにプールサイズ(2, 2)の最大プーリング層を追加

```
model.add(MaxPooling2D(pool_size=(2, 2)))
```

リスト6.4のMaxPooling2DをAveragePooling2Dに置き換えてみることもできます。画像認識のような場合には、畳み込み層の出力サイズを減らすために、実際にプーリングが不可欠であることが多いです。操作によって画像をダウンサンプリングすることで少し情報を失いますが、通常、十分に予測精度を保持できます。同時に必要な計算量を大幅に削減します。

実際にプーリング層を試す前に、囲碁の着手予測をより正確にするためのいくつかのツールについて説明します。

6.5 囲碁の着手確率の予測

第5章で初めてニューラルネットワークを導入してから、唯一の活性化関数、すなわちロジスティックシグモイド関数のみを使用してきました。また、平均二乗誤差を損失関数として使用してきました。どちらの選択肢も最初の良い選択であり、深層学習のツールボックスの一部であることは確かですが、私たちの事例にはあまり適していません。

結局、囲碁の着手を予測するとき、本当に知りたいのは次の質問です。盤上の可能な各着手について、その着手が次に打たれる手である**可能性**はどれくらいですか？　各手番で、盤上には多くの良い手があります。私たちは深層学習の実験を行い、アルゴリズムにデータを入力して次の着手を探すことにしました。しかし、最終的に表現の学習、特に深層学習の目的は、ゲームの構造について十分に学び、着手の確率を予測できるようになることです。つまり、**可能な**すべての着手の**確率分布**を予測したいと考えています。これはシグモイド活性化関数では保証できません。代わりに、最後の層に確率を予測するために使用されるソフトマックス（softmax）活性化関数を導入します。

6.5.1 最後の層にソフトマックス活性化関数を使用

ソフトマックス活性化関数は、ロジスティックシグモイドσの直接的な一般化です。ベクトル$x = (x_1, \cdots, x_l)$のsoftmax関数を計算するには、最初に各コンポーネントに指数関数を適用します。つまり、e^{x_i}を計算します。次に、これらそれぞれの値をすべての値の合計で**正規化**します。

$$\mathrm{softmax}\,(x_i) = \frac{e^{x_i}}{\sum_{j=1}^{l} e^{x_j}}$$

これが意味することは、定義によって、ソフトマックス関数の成分は非負であり、合計すると1になることです。つまり、ソフトマックス関数は確率を出力します。どのように動作するかを見てみましょう。

リスト 6.19　**Python でソフトマックス活性化関数を定義する**

```
import numpy as np

def softmax(x):
    e_x = np.exp(x)
    e_x_sum = np.sum(e_x)
    return e_x / e_x_sum

x = np.array([100, 100])
print(softmax(x))
```

Python でソフトマックスを定義した後、長さ2のベクトル、つまり $x=(100, 100)$ のソフトマックスを計算します。xのシグモイドを計算すると、結果は(1, 1)に近くなります。しかし、この例のソフトマックスを計算すると、(0.5, 0.5)が得られます。これは期待通りです。ソフトマックス関数の値の合計が1になり、両方の要素が同じであるため、ソフトマックスは両方の要素に等しい確率を割り当てます。

ほとんどの場合、ニューラルネットワークの最後の層の活性化関数としてソフトマックス活性化関数が適用されているため、出力確率の予測結果は保証できます。

リスト 6.20　**Keras モデルにプールサイズ(2, 2)の最大プーリング層を追加する**

```
model.add(Dense(9*9, activation='softmax'))
```

6.5.2 分類問題のための交差エントロピー誤差

前の章では、損失関数として平均二乗誤差から始め、それが事例にとって最良の選択ではないと述べました。これをフォローアップするために、何が間違っているのかを詳しく見て、実行可能な代替案を提案しましょう。

着手予測の事例を**分類問題**として定式化したことを思い出してください。つまり、9×9のクラスのうち1つだけが正解のクラスです。正解のクラスは1とラベル付けされ、その他のクラスはすべて0とラベル付けされます。各クラスの予測値は常に0と1の間の値になります。これは、予測データがどのように見えるかの前提となっており、使用する損失関数はそれを反映するはずです。MSEが何をしているかを見ると、予測とラベルの差の2乗を取っており、0から1の範囲に制限されているという事実を使用していません。実際、MSEは出力が連続的な範囲である**回帰問題**に最適です。人の身長を予測することを考えてください。そのようなシナリオでは、MSEは大きな差にペナルティを課します。私たちのシナリオでは、予測と実際の結果との差の**最大**は1です。

MSEのもう1つの問題は、81通りの予測値に同じようにペナルティを課すことです。最終的には、「1」とラベル付けされた1つの真のクラスを予測することのみに関心があります。0.6の値で正しい着手を予測し、0.4を割り当てているものを除いて他のすべてを0と予測するモデルがあるとしましょう。この状況では、平均二乗誤差は $(1-0.6)^2+(0-0.4)^2=2\times0.4^2$、つまり約0.32です。予測は正しいですが、両方の0でない予測に同じ損失の値、すなわち約0.16を割り当てています。小さい方の値に同じ重点を置くのは本当に価値があるでしょうか？これを正しい着手が再び0.6で、他の2つの着手の予測が0.2になる状況と比較すると、MSEは $(0.4)^2+2\times0.2^2$、つまり約0.24であり、前のシナリオよりも大幅に低い値になります。しかし、たとえ値0.4が本当に正確であっても、それは**次の着手の候補とする本当に強い着手**になるでしょうか？　私たちは実際にこれを損失関数でペナルティ化すべきでしょうか？

この問題に対処するために、**多クラス交差エントロピー損失関数**（categorical cross-entropy loss function）、略して交差エントロピー誤差（cross-entropy loss）を導入します。モデルのラベル $\widehat{y}$ と予測 y について、この損失関数は以下のように定義されます。

$$-\sum_i \widehat{y}_l \log(y_i)$$

これは、多くの計算を含む多くの項の合計のように見えるかもしれませんが、この式はただ1つの項、つまり $\widehat{y}_i$ が1である項のみになります。言い換えれば、交差エントロピー誤差は、$\widehat{y}_i = 1$ のインデックスiに対して単純に $-\log(y_i)$ を計算するだけです。単純ですが、これで何が得られるでしょう？

- 交差エントロピー誤差はラベルが1である項にのみペナルティを課すため、他のすべての値の分布は直接影響を受けません。具体的には、0.6の確率で正しい次の着手を予測するシナリオでは、0.4の着手予測と、2つの0.2の着手予測の間に違いはありません。どちらの場合においても、交差エントロピー誤差は $-\log(0.6) = 0.51$ です。
- 交差エントロピー誤差は[0, 1]の範囲に合わせて調整されます。$\log(1) = 0$ で、0と1の間の x では、x が0に近づくにつれて、$-\log(x)$ が無限に近づきます。つまり、$-\log(x)$ はどこまでも大きくなります（MSEのように二次関数的に大きくなるだけではありません）。
- さらに、x が1に近づくにつれてMSEはより急速に低下します。つまり、あまり自信がない予測では損失が大幅に減ります。図6.9に、MSEと交差エントロピー誤差を視覚的に比較します。

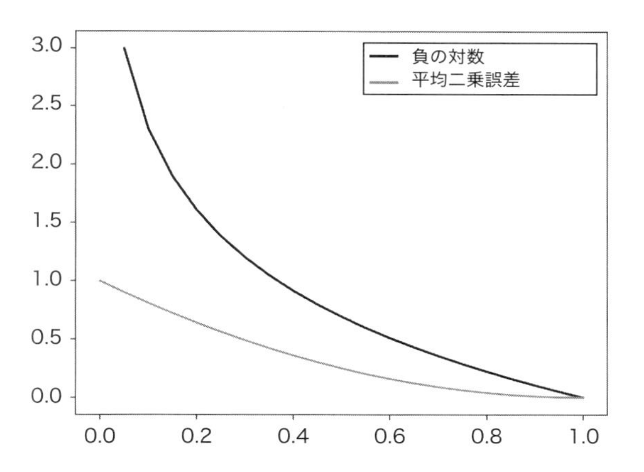

図6.9 交差エントロピー誤差は、[0, 1]の範囲内の各値に対してより高い損失をもたらすことを示している

交差エントロピー誤差をMSEと区別する他の重要な点は、確率勾配降下（SGD）を用いた学習中の振る舞いです。実際のところ、MSEの勾配の更新は、より高い予測値（yが1に近い値）に近づくにつれて、小さくなり、学習は一般的に遅くなります。これと比較すると、交差エントロピー誤差はSGDのような減速を示さず、パラメータの更新は予測値と真の値の差に比例します。ここでは詳しく説明しませんが、これは着手予測の事例に大きなメリットをもたらします。

MSEの代わりに、多クラス交差エントロピー誤差を使ってKerasモデルをコンパイルすることは、MSEの場合と同様に簡単です。

リスト6.21　多クラス交差エントロピーを用いたKerasモデルのコンパイル

```
model.compile(loss='categorical_crossentropy'...)
```

交差エントロピー誤差とsoftmax活性化を使用することで、分類ラベルを扱い、ニューラルネットワークで確率を予測する態勢が以前よりも大幅に改善されました。この章を終えるために、より深いネットワーク、つまりより多くの層を持つネットワークを構築するための2つの技法を追加してみましょう。

6.6 ドロップアウトおよび正規化線形関数を使った、より深いネットワークの構築

これまでのところ、2〜4層以上のニューラルネットワークを構築していません。結果が改善されることを期待して、層をもっと追加したくなるかもしれません。それが簡単であれば素晴らしいことでしょうが、実際には考慮すべきいくつかの側面があります。より深いニューラルネットワークを構築することで、モデルが持つパラメータの量が増え、それによってデータに適合する能力が増しますが、問題が発生することもあります。これがうまくいかない主な理由の1つに**過剰適合**（overfitting）があります。これは、**学習**データを予測する上ではモデルがより改善されていくものの、テストデータには最適とは言えない状況を意味します。極端に言えば、これまでに見たものを完全に予測したり暗記したりするモデルは、少し異なるデータに対しては何をすべきかわからないため、役に立たちません。モデルは汎化できる必要があります。これは、囲碁のように複雑なゲームで次の着手を予測する場合に特に当てはまります。訓練データを収集するのにどれだけの時間を費やしても、モデルが以前に遭遇していない対局の状況が常に存在します。いずれにしても、次の強い着手を見つけることが重要です。

6.6.1 正則化のためのニューロンのドロップ

過学習を防ぐことは、一般的に機械学習における共通の課題です。過学習の問題に対処するために考案されたいわゆる**正則化**（regularization）**の技法**に関する多くの文献を見つけることができます。深層ニューラルネットワークの場合、**ドロップアウト**（dropout）と呼ばれる驚くほど簡単で効果的な技法を適用することができます。ネットワーク内の層にドロップアウトを適用すると、訓練ステップごとに**ランダム**にいくつかのニューロンを選んで0に設定します。つまり、それらのニューロンを訓練の処理から完全に削除します。各訓練ステップで、新しいニューロンをランダムに選択してドロップします。これは、通常、現在の層でドロップするニューロンの割合を**ドロップアウト率**（dropout rate）で指定することによって行われます。図6.10は、各ミニバッチ（フォワードパスおよびバックワードパス）ごとに確率的にニューロンの半分がドロップされるドロップアウト層の例を示しています。

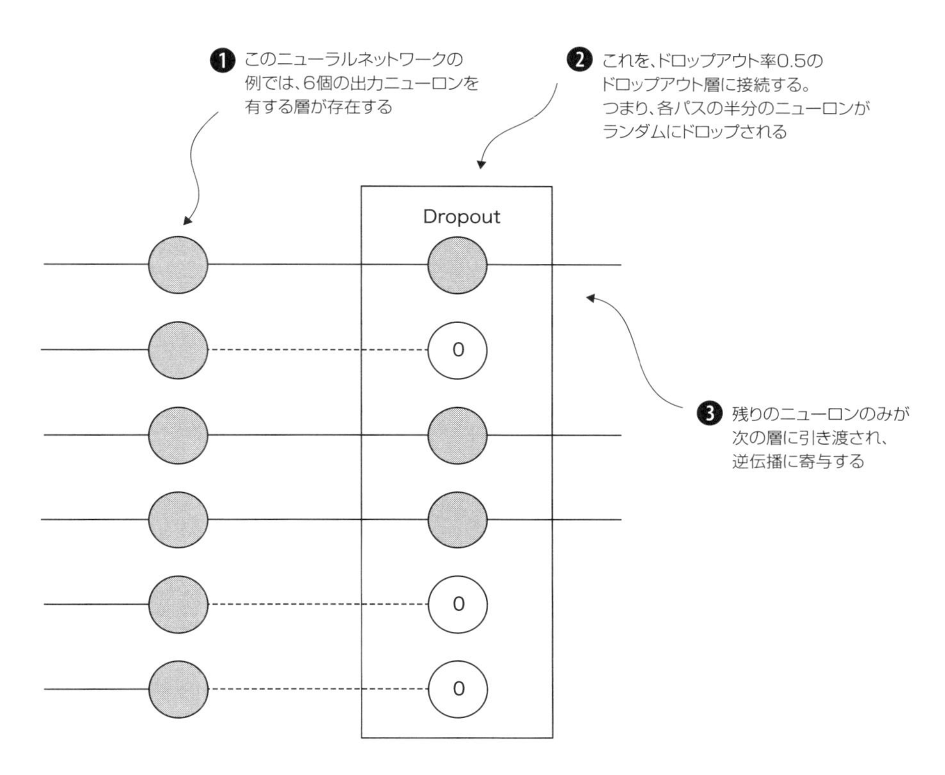

図6.10　50%の割合のドロップアウト層は、ネットワークに入力されるデータの各ミニバッチの計算からのニューロンの半分をランダムにドロップする

この背後にある原理は、ニューロンをランダムにドロップすることによって、個々の層、それによってネットワーク全体が、与えられたデータに特化し過ぎることを防ぐことです。層は、個々のニューロンにあまり依存しないように十分柔軟でなければなりません。そうすることで、ニューラルネットワークを過学習から守ることができます。

Kerasでは、次のようにドロップアウトrateを持つDropout層を定義できます。

リスト6.22　**Kerasモデルのためのドロップアウト層のインポートと追加**

```
from keras.layers import Dropout

...
model.add(Dropout(rate=0.25))
```

このようにしてシーケンシャルネットワークの他のすべての層の前後にドロップアウト層を追加できます。特に、より深いアーキテクチャではドロップアウト層を追加することは、多くの場合不可欠です。

6.6.2 正規化線形活性化関数（ReLU）

この章の最後のビルディングブロックとして、シグモイドや他の活性化関数よりも深いネットワークでより良い結果を得ることが多い、**正規化線形活性化関数**（rectified linear unit activation function）（ReLU）を紹介します。図6.11に、ReLUの形を示します。

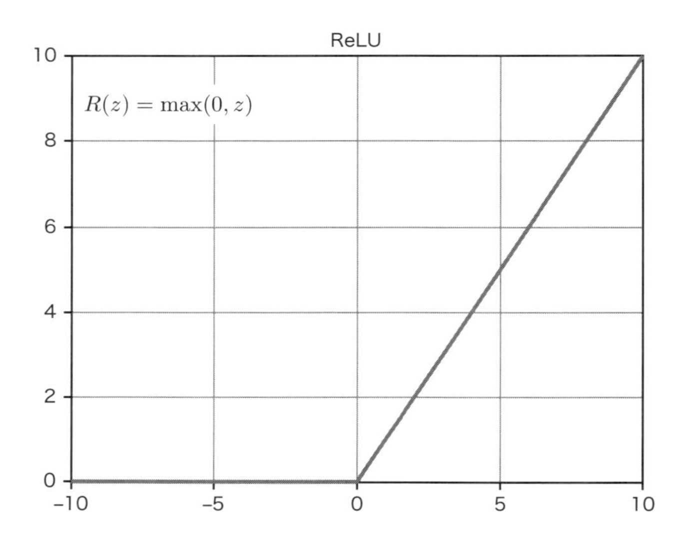

図6.11　ReLU活性化関数は、負の入力を0にして、正の入力をそのままにする

ReLUは負の入力を0にして無視し、正の入力をそのまま返します。正の信号が強いほど、ReLUによる活性化が強くなります。この解釈に従うと、正規化線形活性化関数は、弱い信号は無視されるが、強い信号はニューロンの発火につながる、脳内の単純なニューロンモデルにかなり近くなります。この簡単な類推以上に、ReLUの理論的な利点について根拠を示すつもりはありませんが、ReLUを使用することは多くの場合満足のいく結果につながることに注目してください。KerasでReLUを使用するには、層のactivation引数でsigmoidをreluに置き換えます。

リスト 6.23　全結合層に正規化線形活性化関数の追加

```
from keras.layers import Dense

...
model.add(Dense(activation='relu'))
```


6.7 より強力な着手予測ネットワークのためすべてをまとめる

前の節では、最大プーリング層を持つ畳み込みネットワークの導入だけでなく、交差エントロピー誤差、最後の層でのソフトマックス活性化、正則化のためのドロップアウト、およびReLU活性化を行い、ネットワークのパフォーマンスを向上させました。この章を終えるために、学んだすべての新しい要素を、囲碁の着手予測の事例のためのニューラルネットワークに導入してみましょう。

まず、簡単な1面のエンコーダでエンコードされた囲碁データを読み込み、畳み込みネットワーク用に再形成する方法を思い出してみましょう。

リスト 6.24　畳み込みニューラルネットワークのための囲碁データの読み込みと前処理

```
import numpy as np
from keras.models import Sequential
from keras.layers import Dense, Dropout, Flatten
from keras.layers import Conv2D, MaxPooling2D

np.random.seed(123)
X = np.load('../generated_games/features-40k.npy')
Y = np.load('../generated_games/labels-40k.npy')

samples = X.shape[0]
size = 9
input_shape = (size, size, 1)

X = X.reshape(samples, size, size, 1)

train_samples = int(0.9 * samples)
X_train, X_test = X[:train_samples], X[train_samples:]
Y_train, Y_test = Y[:train_samples], Y[train_samples:]
```

次に、リスト6.3の前の畳み込みネットワークを次のように強化しましょう。

- 基本アーキテクチャをそのままにして、2つの畳み込み層から始めて、最大プーリング層と2つの全結合層を接続します。
- 正則化のために3つのドロップアウト層、つまり各畳み込み層の後に1つずつと、1つ目の全結合層の後に1つのドロップアウト層を追加します。それぞれのドロップアウト率は50%にします。
- 出力層はソフトマックス活性化に変更し、内部の層はReLU活性化に変更します。
- 損失関数を平均二乗誤差の代わりに交差エントロピー誤差に変更します。

Kerasでこのモデルがどのようになるか見てみましょう。

リスト6.25　ドロップアウトとReLUを使った囲碁データ用の畳み込みネットワークの構築

```
model = Sequential()
model.add(Conv2D(48, kernel_size=(3, 3),
                 activation='relu',
                 input_shape=input_shape))
model.add(Dropout(rate=0.5))
model.add(Conv2D(48, (3, 3), activation='relu'))
model.add(MaxPooling2D(pool_size=(2, 2)))
model.add(Dropout(rate=0.5))
model.add(Flatten())
model.add(Dense(512, activation='relu'))
model.add(Dropout(rate=0.5))
model.add(Dense(size * size, activation='softmax'))
model.summary()

model.compile(loss='categorical_crossentropy',
              optimizer='sgd',
              metrics=['accuracy'])
```

最後に、このモデルを評価するには、次のコードを実行します。

リスト6.26　強化された畳み込みネットワークの評価

```
model.fit(X_train, Y_train,
          batch_size=64,
          epochs=100,
          verbose=1,
          validation_data=(X_test, Y_test))
score = model.evaluate(X_test, Y_test, verbose=0)
print('Test loss:', score[0])
print('Test accuracy:', score[1])
```

この例ではエポック数が100に増えていますが、以前は15を使用していました。出力は次のようになります。

```
_________________________________________________________________
Layer (type)                 Output Shape              Param #
=================================================================
conv2d_1 (Conv2D)            (None, 9, 9, 48)          480
_________________________________________________________________
dropout_1 (Dropout)          (None, 9, 9, 48)          0
_________________________________________________________________
conv2d_2 (Conv2D)            (None, 9, 9, 48)          20784
_________________________________________________________________
max_pooling2d_1 (MaxPooling2 (None, 4, 4, 48)          0
_________________________________________________________________
dropout_2 (Dropout)          (None, 4, 4, 48)          0
_________________________________________________________________
flatten_1 (Flatten)          (None, 768)               0
_________________________________________________________________
dense_1 (Dense)              (None, 512)               393728
_________________________________________________________________
dropout_3 (Dropout)          (None, 512)               0
_________________________________________________________________
dense_2 (Dense)              (None, 81)                41553
=================================================================
Total params: 456,545
Trainable params: 456,545
Non-trainable params: 0
_________________________________________________________________
...
Test loss: 3.81980572336
Test accuracy: 0.0834942084942
```

このモデルでは、テストの精度が最大8%以上向上します。これは、ベースラインのモデルを大幅に上回っています。また、出力のTrainable params：456,545に注目してください。ベースラインのモデルには60万を超える学習可能なパラメータがありました。精度を3倍に高めると同時に、重みの数も削減できています。これは、改善の功績はそのサイズだけでなく、新しいモデルの**構造**にも依存していることを意味します。

マイナス面としては、エポック数を増やしたために、訓練の所要時間が大幅に長くなったことです。このモデルはより複雑な概念を学んでいます。そしてそれはより多くの訓練パスを必要とします。エポックをさらに高く設定する忍耐力がある場合は、このモデルを使用してさらに数パーセントの精度を上げることができます。第7章では、このプロセスを高速化することができる高度なオプティマイザを紹介します。

次に、サンプルの盤面をモデルに入力して、推奨された着手を確認しましょう。

```
0.000 0.001 0.001 0.002 0.001 0.001 0.000 0.000 0.000
0.001 0.006 0.011 0.023 0.017 0.010 0.005 0.002 0.000
0.001 0.011 0.001 0.052 0.037 0.026 0.001 0.003 0.001
0.002 0.020 0.035 0.045 0.043 0.030 0.014 0.006 0.001
0.003 0.020 0.030 0.031 0.039 0.039 0.018 0.007 0.001
0.001 0.021 0.033 0.048 0.050 0.032 0.017 0.006 0.001
0.001 0.010 0.001 0.039 0.035 0.022 0.001 0.004 0.001
0.000 0.006 0.008 0.017 0.017 0.010 0.007 0.002 0.000
0.000 0.000 0.001 0.001 0.002 0.001 0.001 0.000 0.000
```

盤上の最高得点の着手のスコアは0.052です。これは、図6.4の黒が2つの白石を取るA点に対応します。モデルはまだ戦術のマスターではないかもしれませんが、それは間違いなく石を取ることについて何かを学んでいます！　もちろん、結果は完璧には程遠いです。まだ石のある多くの点にまだ高いスコアを与えています。

この時点で、私たちはモデルを実験して何が起こるかを見ることをお勧めします。ここに実験を始めるためのいくつかのアイデアがあります。

- この問題に最も効果的なのは、最大プーリング、平均プーリング、プーリングなしのどれでしょうか。（プーリング層を削除すると、モデル内の訓練可能なパラメータの数が増えることに注意してください。精度が上がった場合にも、追加の計算を支払っていることを忘れないでください。）
- 3つ目の畳み込み層を追加すること、2つの層に存在するフィルタの数を増やすことのどちらがより効果的でしょうか？
- 最後から2番目のDense層を小さくしても、それでも良い結果を得ることができますか？
- ドロップアウト率を変えることによって結果を改善することができますか？
- 畳み込み層を使わずにモデルをどの程度精度にできますか？ そのモデルのサイズと訓練時間を、CNNでの最良の結果と比較してみてどうなりますか？

次の章では、ここで学んだすべてのテクニックを適用して、シミュレートされたゲームだけではなく、**実際のゲームデータ**で訓練された深層学習囲碁ボットを構築します。また、入力をエンコードする新しい方法も学びます。これにより、モデルのパフォーマンスが向上します。これらのテクニックを組み合わせることで、合理的な着手を行い、少なくとも初心者の囲碁プレイヤーに勝てるボットを構築することができます。

6.8 まとめ

- エンコーダを使用して、囲碁の盤面の状態をニューラルネットワークの入力に変換できます。これは、囲碁に深層学習を適用するための重要な第一歩です。
- 木探索で囲碁データを生成すると、ニューラルネットワークに適用するための最初の囲碁データセットが得られます。
- Kerasは、強力な深層学習ライブラリであり、多くの関連する深層学習アーキテクチャを作成できます。
- 畳み込みニューラルネットワークを使用すると、入力データの空間構造を利用して関連する特徴量を抽出できます。
- プーリング層を使用すると、画像のサイズを縮小して計算量を削減できます。
- ネットワークの最後の層でソフトマックス活性化を使用すると、出力確率を予測できます。
- 囲碁の着手予測ネットワークでは、損失関数として、平均二乗誤差よりも多クラス交差エントロピーを使用することより自然な選択です。
- ドロップアウト層を使用すると、深いネットワークアーキテクチャの過学習を避ける簡単な道具が得られます。
- シグモイド活性化関数の代わりに正規化線形関数を使用すると、パフォーマンスが大幅に向上する可能性があります。

第7章 データからの学習：深層学習ボット

この章では、次の内容を取り上げます。

- **実際の囲碁の棋譜をダウンロードして処理します**
- **保存した棋譜の標準フォーマットを理解します**
- **そのようなデータを用いて着手予測のための深層学習モデルを訓練します**
- **より高度な囲碁の盤面のエンコーダを使用して強力なボットを作成します**
- **独自の実験を行い、それらを評価する方法**

前の章では、深層学習アプリケーションを構築するための多くの基本的な要素を学んで、学んだ道具をテストするためにいくつかのニューラルネットワークを構築しました。私たちにまだ欠けている重要な要素の1つは、良い学習データです。教師あり深層ニューラルネットワークは、入力するデータより良くなることはありません。これまでのところ自前で生成したデータしか持っていませんでした。

この章では、囲碁データの最も一般的なデータ形式であるSmart Game Format（SGF）について学びます。事実上すべての人気のある囲碁サーバから、SGF形式の棋譜を入手することができます。囲碁の着手予測用の深層ニューラルネットワークに動力を与えるために、この章では、囲碁サーバから多くのSGFファイルをダウンロードし、スマートな方法でエンコードし、そのデータでニューラルネットワークを訓練します。結果として得られた訓練済みネットワークは、以前の章のどのモデルよりもはるかに強力です。

図7.1に、この章の最後に作成する内容を示します。

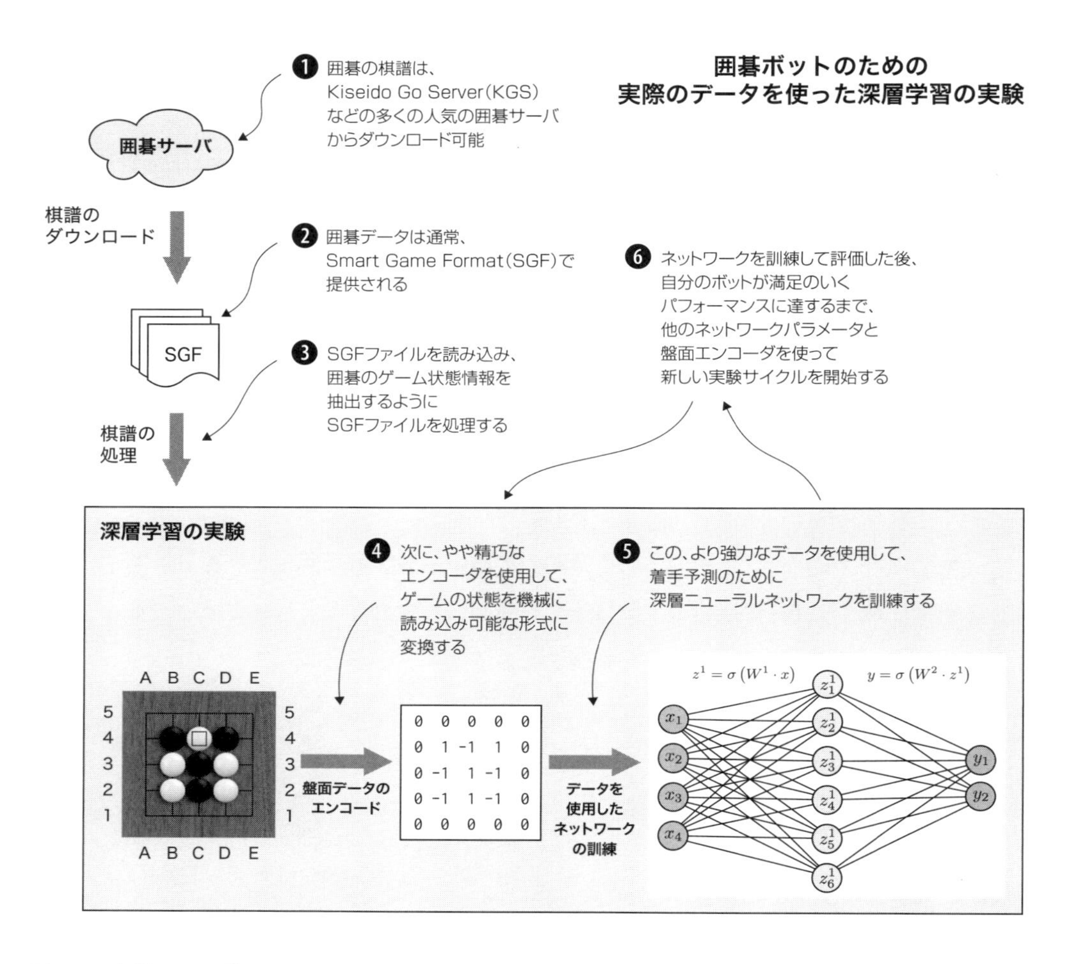

図7.1 実世界の囲碁データを使用して、深層学習囲碁ボットを構築する：この章では、このようなアプリケーションを段階的に構築する方法を学びます。これらの記録を見つける方法、それらを訓練セットに変換する方法、そして人間のプレーヤーの決定を模倣するためにKerasモデルを訓練する方法を学ぶでしょう。

この章の最後では、複雑なニューラルネットワークを使用して独自の実験を行い、強力なボットをすべてあなた自身で構築することができます。まずは、実世界の囲碁データにアクセスする必要があります。

7.1 囲碁の棋譜のインポート

これまで使用したすべての囲碁データは、自前で生成を行いました。前の章では、生成されたデータの着手を予測するために深層ニューラルネットワークを訓練しました。期待できる最高のものは、ネットワークがこれらの着手を完全に予測できることでした。その場合、**データを生成した木探索アルゴリズムの着手と同程度に**、ネットワークも着手を行います。見方によれば、ネットワークに入力するデータは、それから訓練された深層学習ボットに上限を与えます。ボットはデータを生成するプレイヤーの強さを上回ることはできません。

強力な人間の相手が対局した実際の棋譜を深層ニューラルネットワークへの入力として使用することで、ボットの強さを大幅に向上させることができます。世界で最も人気のある囲碁プラットフォームの1つであるK Go Server（KGS、旧称Kiseido Go Server）のゲームデータを使用します。KGSからデータをダウンロードして処理する方法を説明する前に、まず囲碁データが格納されるデータフォーマットを紹介します。

7.1.1 SGFファイルフォーマット

Smart Game Format（SGF）（当初はSmart Go Format（SGF）と呼ばれていた）が、80年代後半から開発され、現行の4回目のメジャーリリース（FF [4]と呼ばれる）が90年代後半にリリースされました。SGFは、囲碁や、囲碁のためのバリエーション（例えば、プロ棋士による対局の解説のための拡張など）、および他のボードゲームを表現するために使用できる分かりやすいテキストベースのフォーマットです。この章の残りの部分では、扱っているSGFファイルは囲碁向けに構成されていると仮定します。この節では、この非常に表現力のあるゲームフォーマットのいくつかの基本を説明しますが、詳細を知りたい場合はSensei's Libraryのhttps://senseis.xmp.net/?SmartGameFormatで調べることができます。

SGFの中心的な部分は、ゲームに関するメタデータと実際に行われた着手から構成されています。メタデータは2つの大文字を指定してプロパティをエンコードし、その値を角括弧で囲んで指定します。たとえば、盤のサイズ（SZ）9×9で対局する囲碁ゲームは、SGFではSZ[9]としてエンコードされます。囲碁の着手は、次のようにエンコードされます。盤の3行3列への白の着手はSGFではW[cc]となり、7行3列の黒の着手はB[gc]となります。文字BとWは石の色を表し、行と列の座標はアルファベット順に索引付けされています。パスを表現する場合には、空の動きB[]とW[]を使用します。

次のSGFファイルの例は、第2章の最後の、終局まで打たれた9路盤の例から取ったものです。この例は、SGFが現行バージョン（FF[4])であり、ゲームが囲碁（囲碁のゲーム番号は1で、SGFではGM[1]）で、9路盤の対局で、ハンディキャップなし（HA[0])、黒が先手であることの補償として白に6目半のコミ（KM[6.5]）を出すことを示しています。このゲームは、日本ルール（RU[Japanese]）で、結果（RE）は白の9目半勝ち（RE[W+9.5]）です。

```
(;FF[4] GM[1] SZ[9] HA[0] KM[6.5] RU[Japanese] RE[W+9.5]
;B[gc];W[cc];B[cg];W[gg];B[hf];W[gf];B[hg];W[hh];B[ge];W[df];B[dg]
;W[eh];B[cf];W[be];B[eg];W[fh];B[de];W[ec];B[fb];W[eb];B[ea];W[da]
;B[fa];W[cb];B[bf];W[fc];B[gb];W[fe];B[gd];W[ig];B[bd];W[he];B[ff]
;W[fg];B[ef];W[hd];B[fd];W[bi];B[bh];W[bc];B[cd];W[dc];B[ac];W[ab]
;B[ad];W[hc];B[ci];W[ed];B[ee];W[dh];B[ch];W[di];B[hb];W[ib];B[ha]
;W[ic];B[dd];W[ia];B[];
TW[aa][ba][bb][ca][db][ei][fi][gh][gi][hf][hg][hi][id][ie][if][ih][ii]
TB[ae][af][ag][ah][ai][be][bg][bi][ce][df][fe][ga]
TT[]W[])
```

SGFファイルは、セミコロンで区切られたノードのリストとして編成されています。最初のノードには、ゲームに関するメタデータ（ボードサイズ、ルールセット、ゲーム結果、その他の情報）が含まれています。後続の各ノードは、ゲーム内の動きを表します。空白はまったく重要ではありません。例の文字列全体を1行にまとめることもできますが、それでも有効なSGFです。最後に、TWの下にリストされている白の領土に属するポイントと、TBの下の黒に属するポイントも表示されます。テリトリーインジケーターは白の最後の移動と同じノードの一部であることに注意してください（W[]、パスを示します）：あなたはそれらをゲームのその位置についての一種のコメントとして考えることができます。

この例では、SGFファイルの主要な特性のいくつかを説明し、訓練データを生成するためにゲームレコードを再生するために必要なすべてを示します。SGFフォーマットはさらに多くの機能をサポートしていますが、それらは主にゲームの記録に解説や注釈を追加するのに役立ちますので、この本にはそれらを必要としません。

7.1.2 KGSから囲碁の棋譜をダウンロードして再生する

https://u-go.net/gamerecords/のページに行くと、様々なフォーマット（zip、tar.gz）でダウンロードできる棋譜の表が表示されます。このゲームデータは、2001年からK Go Serverから収集され、少なくとも1人のプレイヤーが7段以上であったか、または2人のプレイヤーが6段であったゲームのみを含みます。第2章で、段位は1段から9段に及ぶ強い位であったことを思い出してください。また、これらのゲームはすべて19路盤で対局されていますが、第6章ではそれほど複雑でない9路盤で生成されたデータのみを使用しました。

これは囲碁の着手予測のための信じられないほど強力なデータセットです。この章では、強力な深層学習ボットを訓練するために使用します。私たちが行いたいことは、個々のファイルへのリンクを含むHTMLを取ってきて、ファイルをアンパッキングし、SGFの棋譜を処理することによって、このデータを自動でダウンロードすることです。

このデータを深層学習モデルへの入力として使用するための第一歩として、メインdlgoモジュール内にdataという新しいサブモジュールを作成し、いつも通り空の__init__.pyを配置します。このサブモジュールには、本書に必要な囲碁データ処理に関連するすべてが含まれます。

次に、ゲームデータをダウンロードするために、dataサブモジュール内に新しいファイルindex_processor.pyを配置してKGSIndexというクラスを作成します。このステップは完全に技術的なものであり、囲碁や機械学習の知識に寄与しないので、ここでは実装を省略します。詳細に興味がある場合、コードはGitHubリポジトリにあります。KGSIndexの実装には、後で使用するメソッド、つまりdownload_filesが1つあります。このメソッドでは、ページhttps://u-go.net/gamerecords/をミラーリングし、関連するすべてのダウンロードリンクを見つけて、それぞれのtar.gzファイルをdataという別のフォルダにダウンロードします。それを呼び出す方法は次のとおりです。

リスト7.1　KGSから囲碁データを含むzipファイルのインデックスを作成する

```
from dlgo.data.index_processor import KGSIndex

index = KGSIndex()
index.download_files()
```

これを実行すると、次のようにコマンドラインに出力されます。

```
>>> Downloading index page
KGS-2017_12-19-1488-.tar.gz 1488
KGS-2017_11-19-945-.tar.gz 945

...

>>> Downloading data/KGS-2017_12-19-1488-.tar.gz
>>> Downloading data/KGS-2017_11-19-945-.tar.gz

...
```

このデータをローカルに保存したので、ニューラルネットワークで使用するために処理してみましょう。

7.2 深層学習のための囲碁データの準備

第6章では、第3章で紹介したBoardとGameStateクラスによってデータが既に提示されている場合の囲碁データの簡単な**エンコーダ**を見てきました。SGFファイルを扱う場合は、私たちの囲碁対局フレームワークに必要なゲーム状態情報を作成することができるように、まずコンテンツを抽出（先に述べた「**アンパッキング**」）してゲームを再生する必要があります。

7.2.1 SGFの棋譜から囲碁ゲームを再生する

囲碁のゲーム状態情報のためにSGFファイルを読むことは、フォーマット仕様を理解して実装することを意味します。これは特に難しいことではありませんが（最終的には文字列に固定されたルールセットを適用するだけです）、囲碁ボットを構築するうえで最も興味深い側面ではなく、完璧にこなすには労力と時間が必要です 。これらの理由から、SGFファイルを処理するすべてのロジックを処理するgosgfというサブモジュール[※1]をdlgo内に導入します。この章では、このサブモジュールをブラックボックスとして扱います。関心のある読者はGitHubリポジトリを参照して、SGFをPythonで読み込み、解釈する方法について詳しく調べることができます。

Sgf_gameというgosgf内のエンティティが1つあれば必要なことをすべて処理できます。Sgf_gameを使ってサンプルSGFゲームを読み込み、ゲームの着手情報を読み込んで、その着手をGameStateオブジェクトに適用する方法を見てみましょう。図7.2は、SGFコマンドによるゲームの序盤を示しています。

※1　gosgfモジュールはhttps://mjw.woodcraft.me.uk/gomill/で入手可能なGomill Pythonライブラリを基にしています。

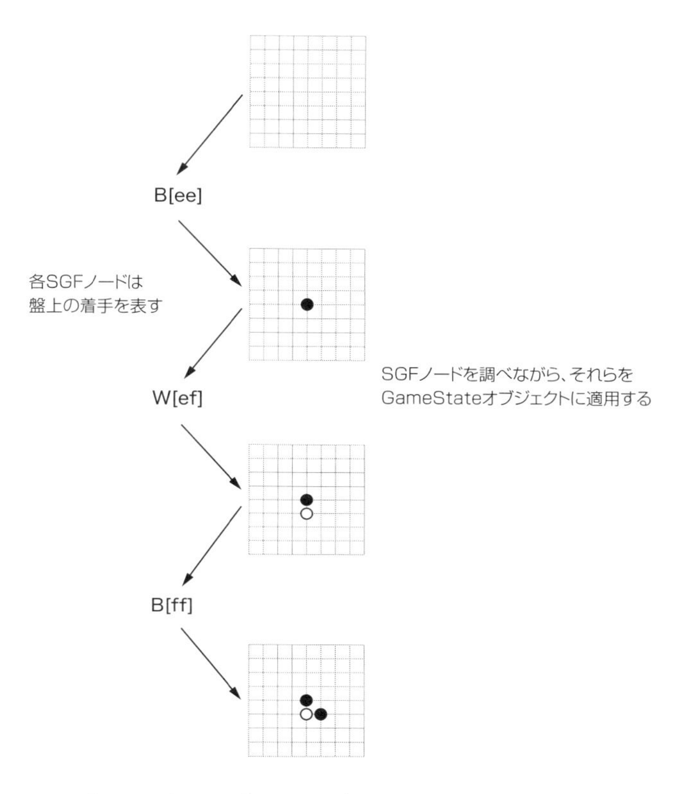

図7.2 SGFファイルのゲーム記録の再生：オリジナルのSGFファイルはゲームの着手をB[ee]のような文字列でエンコードします。Sgf_gameクラスはこれらの文字列をデコードしてPythonのタプルとして返します。次のリストに示すように、これらの着手をGameStateオブジェクトに適用してゲームを再構築できます。

リスト7.2　**囲碁フレームワークでSGFファイルからの着手を再生する**

```
from dlgo.gosgf import Sgf_game    ❶
from dlgo.goboard_fast import GameState, Move
from dlgo.gotypes import Point
from dlgo.utils import print_board

sgf_content = "(;FF[4];B[gc];W[cc];B[cg];W[gg];B[hf]" +    ❷
              ";W[gf];B[hg];W[hh];B[ge];W[df];B[dg])"

sgf_game = Sgf_game.from_string(sgf_content)    ❸

game_state = GameState.new_game(19)
```

```
for item in sgf_game.main_sequence_iter():    ❹

    color, move_tuple = item.get_move()      ❺
    if color is not None and move_tuple is not None:
        row, col = move_tuple
        point = Point(row + 1, col + 1)
        move = Move.play(point)
        game_state = game_state.apply_move(move)   ❻
        print_board(game_state.board)
```

❶ まず、新しいgosgfモジュールからSgf_gameクラスをインポートする

❷ 次にサンプルのSGF文字列を定義する。この内容は後でダウンロードされたデータから得られる

❸ from_stringメソッドを使用すると、Sgf_gameを作成できる

❹ 次に、ゲームのメインシーケンスを繰り返す。バリエーションと解説は無視される

❺ このメインシーケンスのアイテムは(color, move)のペアとなる。ここで「move（着手）」は盤座標のペア

❻ 読み出した着手を現在のゲーム状態に適用することができる

基本的には、有効なSGF文字列があれば、そこからゲームを作成し、そのメインシーケンスを繰り返し、自由に処理することができます。リスト7.2はこの章の中核をなすもので、深層学習のために囲碁データを処理する方法の大筋を示しています。

1. 圧縮された囲碁のゲームファイルをダウンロードして解凍します。
2. これらのファイルに含まれる各SGFファイルを繰り返し、Python文字列として読み込み、これらの文字列からSgf_gameを作成します。
3. 各SGF文字列の囲碁のメインシーケンスを読み込み、置き石を置くなどの重要な細部に注意し、着手の結果データをGameStateオブジェクトに入力します。
4. 各着手について、現在の盤面情報をエンコーダで特徴量にエンコードし、盤上に配置する前に着手自体をラベルとして保存します。このようにして、深層学習のための着手予測データを作成します。
5. 得られた特徴量とラベルを適切なフォーマットで保存し、後で取り出して深層ニューラルネットワークに入力できるようにします。

次のいくつかの節では、これらの5つのタスクに詳しく取り組んでいきます。このようなデータを処理したら、着手予測アプリケーションに戻り、このデータが着手予測精度にどのように影響するかを確認します。

7.2.2 囲碁データプロセッサの構築

この節では、未処理のSGFデータを機械学習アルゴリズムの特徴量とラベルに変換できる囲碁**データプロセッサ**を構築します。これは比較的長い実装になるので、いくつかの部分に分割します。完了したら、実際のデータで深層学習モデルを実行する準備がすべて整います。

まず、新しいdataサブモジュール内にprocessor.pyという新しいファイルを作成します。これまでのように、GitHubリポジトリのprocessor.pyをコピーして、その実装にただ従うだけでも良いです。processor.pyで扱ういくつかの主要なPythonライブラリをインポートしましょう。データ用のnumpy以外にも、ファイルの処理にはいくつかのパッケージが必要です。

リスト7.3　データとファイルの処理に必要なPythonライブラリ

```
import os.path
import tarfile
import gzip
import glob
import shutil
import numpy as np
from keras.utils import to_categorical
```

dlgo自体から必要とされる機能については、今まで構築してきた中核となる抽象クラスの多くをインポートする必要があります。

リスト7.4　データ処理のためにdlgoモジュールからインポート

```
from dlgo.gosgf import Sgf_game
from dlgo.goboard_fast import Board, GameState, Move
from dlgo.gotypes import Player, Point
from dlgo.encoders.base import get_encoder_by_name

from dlgo.data.index_processor import KGSIndex
from dlgo.data.sampling import Sampler    ❶
```

❶ Samplerは、ファイルから訓練やテストデータをサンプリングするために使用される

リストに記載されている最後の2つインポート（SamplerとDataGenerator）はまだ説明していませんが、囲碁データプロセッサを構築する方法について紹介します。processor.pyに続いて、GoDataProcessorはEncoderを文字列として指定し、SGFデータを格納する場所をdata_directoryに指定して初期化します。

リスト7.5　**エンコーダとローカルのデータディレクトリを指定して囲碁データプロセッサを初期化する**

```
class GoDataProcessor():
    def __init__(self, encoder='oneplane', data_directory='data'):
        self.encoder = get_encoder_by_name(encoder, 19)
        self.data_dir = data_directory
```

次に、load_go_dataというメインのデータ処理メソッドを実装します。このメソッドでは、処理するゲームの数、読み込むデータの種類（**訓練**データまたは**テスト**データのいずれか）を指定できます。load_go_dataはオンラインでKGSのレコードをダウンロードし、指定された数のゲームをサンプリングし、特徴量とラベルを作成して処理した後、結果をnumpy配列としてローカルに保存します。

リスト7.6　**load_go_dataは、データを読み込み、処理、および保存する**

```
    def load_go_data(self, data_type='train',    ❶
                     num_samples=1000):    ❷

        index = KGSIndex(data_directory=self.data_dir)
        index.download_files()    ❸

    sampler = Sampler(data_dir=self.data_dir)
    data = sampler.draw_data(data_type, num_samples)    ❹

    zip_names = set()
    indices_by_zip_name = {}
    for filename, index in data:
        zip_names.add(filename)    ❺
        if filename not in indices_by_zip_name:
            indices_by_zip_name[filename] = []
        indices_by_zip_name[filename].append(index)    ❻
    for zip_name in zip_names:
        base_name = zip_name.replace('.tar.gz', '')
        data_file_name = base_name + data_type
        if not os.path.isfile(self.data_dir + '/' + data_file_name):
            self.process_zip(zip_name, data_file_name,
                             indices_by_zip_name[zip_name])    ❼

    features_and_labels = self.consolidate_games(data_type, data)    ❽
    return features_and_labels
```

❶ data_typeとして、「train」か「test」のどちらかを選択できる

❷ num_samplesは、データを読み込むゲームの数を表す

❸ KGSからすべてのゲームをローカルのデータディレクトリにダウンロード。データがすでに利用可能な場合は、再度ダウンロードされない
❹ Samplerインスタンスは、選択されたデータ種別のために指定された数のゲームを選択する
❺ データに含まれるすべてのzipファイル名をリストにまとめる
❻ すべてのSGFファイルのインデックスをzipファイル名でグループ化する
❼ zipファイルは個別に処理される
❽ 各zipの特徴量とラベルが統合され、返される

データをダウンロードした後、Samplerインスタンスを使用してそれを分割します。このsamplerは、指定された数のゲームをランダムに選択するようにしていますが、**訓練とテストのデータが重ならないことが重要です**。Samplerは、単純に2014年以前の対局されたゲームをテストデータとして、それより新しいゲームを訓練データとして定義することで、ファイルの段階で訓練データとテストデータを分割することで重ならないようにします。そうすることで、テストデータで利用するゲーム情報が訓練データに（部分的にも）含まれていないことが保証され、モデルの過学習につながることを防ぎます。

データをダウンロードしてサンプリングした後、load_go_dataは基本的にヘルパーメソッドにデータの処理を依頼します。つまり、個々のzipファイルを読み取るprocess_zipと、各zipの結果を1組の特徴量とラベルにグループ化するconsolidate_gamesです。次にprocess_zipを見てみましょう。次のステップが実行されます。

1. unzip_dataを使用して現在のファイルを解凍します。
2. SGFの棋譜をエンコードするためにEncoderインスタンスを初期化します。
3. 特徴量とラベルを正しい形状のnumpy配列で初期化します。
4. ゲームのリストを順番に処理し、ゲームを1つずつ処理します。
5. ゲームごとに、まずすべての置き石を適用します。
6. その後、SGFの棋譜にある各着手を読み出します。
7. 次に着手するたびに、着手をラベルとしてエンコードします。
8. 現在の盤の状態を特徴量としてエンコードします。
9. 盤に次の着手を適用し、続行します。
10. 特徴量とラベルの小さなチャンクをローカルのファイルシステムに格納します。

これらのステップの最初の9つをprocess_zipに実装する方法は次のとおりです。技術的なユーティリティのメソッドunzip_dataは簡潔のために省略しますが、GitHubリポジトリで参照できます。図7.3では、zip形式のSGFファイルを処理し、エンコードされたゲーム状態にする方法がわかります。

コラム　訓練データとテストデータの分割

データを訓練データとテストデータに分割する理由は、信頼性の高いパフォーマンスメトリックを得ることです。訓練データでモデルを訓練し、テストデータでモデルを評価して、モデルが**未知の状況にどれほどうまく適合しているか**、訓練段階で学んだことから実際の世界をどれくらいうまく推測できるかを確認します。モデルから得た結果を信頼するには、適切なデータ収集と分割が非常に重要です。

持っているすべてのデータを読み込んでシャッフルし、ランダムに訓練とテストのデータに分割したくなるかもしれません。目の前の問題によっては、この素朴なアプローチは良いアイデアかもしれません。囲碁の棋譜を考えると、1つのゲーム内の着手はお互いに依存します。テストセットにも含まれる一連の着手についてモデルを訓練すると、強力なモデルが見つかったという錯覚につながる可能性があります。しかし、ボットは実際にはあまり強くないことが分かります。だからデータを分析して理にかなった分割方法を見つけるのに時間を費やすことを忘れないでください。

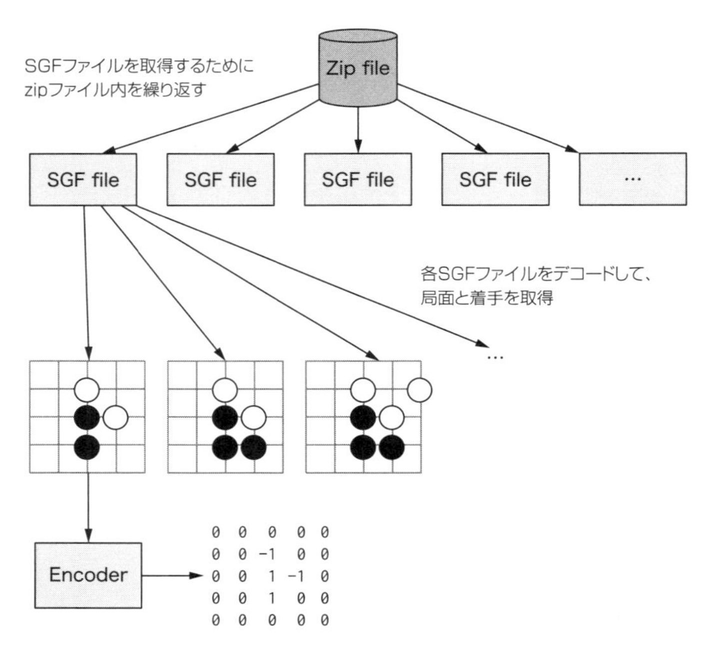

図7.3　process_zip関数：多くのSGFファイルを含むzipファイルを繰り返し処理します。各SGFファイルには、一連のゲームの着手が含まれています。それらを使ってGameStateオブジェクトを再構築します。次に、Encoderオブジェクトを使用して各ゲーム状態をNumPy配列に変換します。

次のとおり、process_zipメソッドを定義します。

リスト7.7 zipファイルに格納された棋譜を処理し、エンコードされた特徴量とラベルに変換する

```
def process_zip(self, zip_file_name, data_file_name, game_list):
    tar_file = self.unzip_data(zip_file_name)
    zip_file = tarfile.open(self.data_dir + '/' + tar_file)
    name_list = zip_file.getnames()
    total_examples = self.num_total_examples(zip_file, game_list, name_list) ❶

    shape = self.encoder.shape()  ❷
    feature_shape = np.insert(shape, 0, total_examples)
    features = np.zeros(feature_shape)
    labels = np.zeros((total_examples,))

    counter = 0
    for index in game_list:
        name = name_list[index + 1]
        if not name.endswith('.sgf'):
            raise ValueError(name + ' is not a valid sgf')
        sgf_content = zip_file.extractfile(name).read()
        sgf = Sgf_game.from_string(sgf_content)  ❸

        game_state, first_move_done = self.get_handicap(sgf)  ❹

        for item in sgf.main_sequence_iter():     ❺
            color, move_tuple = item.get_move()
            if color is not None:
                if move_tuple is not None:      ❻
                    row, col = move_tuple
                    point = Point(row + 1, col + 1)
                    move = Move.play(point)
                else:
                    move = Move.pass_turn()     ❼
                if first_move_done:
                    features[counter] = self.encoder.encode(game_state)  ❽
                    labels[counter] = self.encoder.encode_point(point)  ❾
                    counter += 1
                game_state = game_state.apply_move(move)  ❿
                first_move_done = True
```

❶ このzipファイル内のすべてのゲームの合計着手回数を決定する

❷ 使用するエンコーダからのフィーチャとラベルの形状を推測する

❸ zipファイルを解凍した後、SGFの内容を文字列として読み込む

❹ すべての置き石を適用して、初期のゲーム状態を推測する

❺ SGFファイル内のすべての着手を繰り返す
❻ 着手する石の座標を読み込み …
❼ … ない場合はパス
❽ 現在のゲームの状態を特徴量としてエンコードして …
❾ … そして、次の着手を特徴量に対するラベルとしてエンコードする
❿ その後、着手を盤に適用し、次に進む

forループがリスト7.2でスケッチした処理にどれほど近いかに注目してください。このコードは既に見てきたものに近いはずです。process_zipは、次に実装する2つのヘルパーメソッドを使用します。最初はnum_total_examplesで、zipファイルごとに利用可能な着手の数を事前に計算し、特徴量とラベルの配列のサイズを効率的に決定できるようにします。

リスト7.8　現在のzipファイルで使用可能な着手の合計数を計算する

```
    def num_total_examples(self, zip_file, game_list, name_list):
        total_examples = 0
        for index in game_list:
            name = name_list[index + 1]
            if name.endswith('.sgf'):
                sgf_content = zip_file.extractfile(name).read()
                sgf = Sgf_game.from_string(sgf_content)
                game_state, first_move_done = self.get_handicap(sgf)

                num_moves = 0
                for item in sgf.main_sequence_iter():
                    color, move = item.get_move()
                    if color is not None:
                        if first_move_done:
                            num_moves += 1
                        first_move_done = True
                total_examples = total_examples + num_moves
            else:
                raise ValueError(name + ' is not a valid sgf')
        return total_examples
```

2番目のヘルパーメソッドは、現在のゲームでいくつの置き石があるかを把握し、これらの着手を空の盤面に適用するメソッドです。

リスト 7.9　**SGF の棋譜から置き石を取り出して空の盤面に適用する**

```
    def get_handicap(self, sgf):
        go_board = Board(19, 19)
        first_move_done = False
        game_state = GameState.new_game(19)
        if sgf.get_handicap() != None and sgf.get_handicap() != 0:
            for setup in sgf.get_root().get_setup_stones():
                for move in setup:
                    row, col = move
                    go_board.place_stone(Player.black, Point(row + 1, col + 1))
                first_move_done = True
                game_state = GameState(go_board, Player.white, None, move)
            return game_state, first_move_done
```

process_zip の実装を終えるために、特徴量とラベルのチャンクを別々のファイルに保存します。

リスト 7.10　**特徴量とラベルを小さなチャンクとしてローカルに保持する**

```
        feature_file_base = self.data_dir + '/' + data_file_name + '_features_%d'
        label_file_base = self.data_dir + '/' + data_file_name + '_labels_%d'

        chunk = 0 # Due to files with large content, split up after chunksize
        chunksize = 1024
        while features.shape[0] >= chunksize:      ❶
            feature_file = feature_file_base % chunk
            label_file = label_file_base % chunk
            chunk += 1
            current_features, features = features[:chunksize], features[chunksize:]
            current_labels, labels = labels[:chunksize], labels[chunksize:]    ❷
            np.save(feature_file, current_features)
            np.save(label_file, current_labels)    ❸
```

❶ 特徴量とラベルを 1024 のサイズのチャンクで処理する
❷ 現在のチャンクは特徴量とラベルから切り離されている ...
❸ ... そして別々のファイルに保存される

小さなチャンクを格納する理由は、データの配列が非常に高速になり、後でより柔軟な小さなファイルにデータを格納できるためです。たとえば、すべてのチャンクのデータを統合したり、必要に応じてチャンクをメモリにロードしたりすることができます。実際には、両方のアプローチを行います。後者のようにデータのバッチを動的にロードするのは少し複雑ですが、データの統合は簡単です。補足として、私たちの実装では、while ループの最後の断片を失う可能性がありますが、データが十分にあるので、これは問題ありません。

processor.pyとGoDataProcessorの定義を続けて、すべての配列を1つにします。

リスト7.11　特徴量とラベルの個々のnumpy配列を1つの大きなセットにまとめる

```
    def consolidate_games(self, data_type, samples):
        files_needed = set(file_name for file_name, index in samples)
        file_names = []
        for zip_file_name in files_needed:
            file_name = zip_file_name.replace('.tar.gz', '') + data_type
            file_names.append(file_name)

        feature_list = []
        label_list = []
        for file_name in file_names:
            file_prefix = file_name.replace('.tar.gz', '')
            base = self.data_dir + '/' + file_prefix + '_features_*.npy'
            for feature_file in glob.glob(base):
                label_file = feature_file.replace('features', 'labels')
                X = np.load(feature_file)
                y = np.load(label_file)
                X = X.astype('float32')
                y = to_categorical(y.astype(int), 19 * 19)
                feature_list.append(X)
                label_list.append(y)
        features = np.concatenate(feature_list, axis=0)
        labels = np.concatenate(label_list, axis=0)
        np.save('{}/features_{}.npy'.format(self.data_dir, data_type), features)
        np.save('{}/labels_{}.npy'.format(self.data_dir, data_type), labels)

        return features, labels
```

この実装をテストするには、以下のように、100個のゲームの特徴量とラベルを読み込みます。

リスト7.12　100個の棋譜から訓練データを読み込む

```
from dlgo.data.processor import GoDataProcessor

processor = GoDataProcessor()
features, labels = processor.load_go_data('train', 100)
```

これらの特徴量とラベルは、第6章の1面のエンコーダでエンコードされており、構造がまったく同じです。具体的に言うと、第6章で作成したどのネットワークも、作成したばかりのデータを使って訓練することができます。その場合、評価のパフォーマンスはあまり期待しないでください。この実世界の対局データは、第6章で生成した対局データよりもはるかに優れていますが、現在は19路盤の囲碁データを使用しています。これは9路盤で実行するゲームよりもはるかに複雑です。

大量の小さなファイルをメモリに読み込んで統合する手順では、大量のデータをロードするときにメモリ不足の例外（out-of-memory exceptions）が発生する可能性があります。次の節では、**データジェネレータ**を使用してモデルの訓練時に必要な次のミニバッチデータを提供することで、この問題を解決します。

7.2.3 効率的なデータ読み込みのための囲碁データジェネレータの構築

https://u-go.net/gamerecords/ からダウンロードしたKGSのインデックスには、17万を超える対局が含まれており、数百万の囲碁の着手に変換して予測に使用できます。これらのデータポイントをすべて1組のnumpy配列に読み込むことは、さらに多くの棋譜を読み込むにつれて、ますます困難になります。これは、対局のデータを統合する私たちのアプローチが、ある時点で失敗することになることを意味します。

代わりに、GoDataProcessorのconsolidate_gamesをスマートに置き換えることにします。結局のところ、ニューラルネットワークの訓練に必要となるのは、特徴量とラベルのミニバッチを**1つずつ**入力することです。常にデータをメモリに保持する必要はありません。したがって、私たちが次に構築するのは、囲碁データ用の**ジェネレータ**です。Pythonのジェネレータの概念を知っているなら、すぐに私たちが構築するもののパターンを理解できます。そうでない場合は、ジェネレータを、必要なときに必要な次のバッチデータを効率的に提供する機能として考えてください。

まず、DataGeneratorを初期化する方法を実装しましょう。このコードをdataモジュール内のgenerator.pyに記述してください。このジェネレータを、ローカルのdata_directoryとGoDataProcessorにあるSamplerで提供されるサンプルを提供することで初期化します。

リスト7.13　囲碁データジェネレータの定義

```
import glob
import numpy as np
from keras.utils import to_categorical

class DataGenerator(object):
    def __init__(self, data_directory, samples):
        self.data_directory = data_directory
        self.samples = samples
```

```
        self.files = set(file_name for file_name, index in samples)  ❶
        self.num_samples = None

    def get_num_samples(self, batch_size=128, num_classes=19 * 19):  ❷
        if self.num_samples is not None:
            return self.num_samples
        else:
            self.num_samples = 0
            for X, y in self._generate(batch_size=batch_size,
                                       num_classes=num_classes):
                self.num_samples += X.shape[0]
            return self.num_samples
```

❶ ジェネレータは、先にサンプリングした一連のファイルにアクセスする
❷ アプリケーションによっては、どれくらいのサンプルがあるか知る必要があるかもしれない

次に、データのバッチを作成して返すプライベートな_generateメソッドを実装します。このメソッドは、consolidate_gamesと全体的なロジックは同様ですが、重要な違いが1つあります。以前は、特徴量とラベルの両方で大量の配列を作成していましたが、次のデータのバッチのみを返すか、yieldします。

リスト7.14　囲碁データの次のバッチを生成してyieldするプライベートメソッド

```
    def _generate(self, batch_size, num_classes):
        for zip_file_name in self.files:
            file_name = zip_file_name.replace('.tar.gz', '') + 'train'
            base = self.data_directory + '/' + file_name + '_features_*.npy'
            for feature_file in glob.glob(base):
                label_file = feature_file.replace('features', 'labels')
                X = np.load(feature_file)
                y = np.load(label_file)
                X = X.astype('float32')
                y = to_categorical(y.astype(int), num_classes)
                while X.shape[0] >= batch_size:
                    X_batch, X = X[:batch_size], X[batch_size:]
                    y_batch, y = y[:batch_size], y[batch_size:]
                    yield X_batch, y_batch  ❶
```

❶ 私たちは、データのバッチを返却するか「yield」する

私たちのジェネレータに欠けているのは、ジェネレータを返すメソッドです。ジェネレータを使用すると、明示的にnext()を呼び出して、私たちの事例のバッチデータを生成できます。これは次のように行います。

リスト7.15　**モデル訓練用のジェネレータを取得するためにgenerateメソッド呼び出す**

```
def generate(self, batch_size=128, num_classes=19 * 19):
    while True:
        for item in self._generate(batch_size, num_classes):
            yield item
```

このようなジェネレータを使用してニューラルネットワークを学習する方法を説明する前に、まずこの概念をGoDataProcessorに組み込む方法を説明しなければなりません。

7.2.4 並列囲碁データ処理およびジェネレータ

リスト7.3の100個の棋譜をロードするだけで、期待するよりも少し遅いことに気が付いているかもしれません。当然データをダウンロードする必要はありますが、処理自体が比較的遅いです。実装で、zipファイルを**順番に**処理していたことを思い出してください。ファイルを処理し終えてから、次のファイルに進んでいます。しかし、注意深く見れば、入力される囲碁データの処理は、容易に**並列化可能**（embarrassingly parallel）なものです。たとえばPythonのマルチプロセッシングライブラリを使用することで、コンピュータ内のすべてのCPUに作業負荷を分散させることによってzipファイルを並列処理するのは、わずかな労力を要するだけです。

GitHubリポジトリでは、dataモジュールのparallel_processor.pyにGoDataProcessorの並列実装があります。この仕組みがどのように機能するかに興味がある場合は、そこで提供されている実装を試してみてください。ここで詳細を省略する理由は、並列処理による高速化がすぐに役立つ一方で、実装の詳細によってコードが読みにくくなるからです。

GoDataProcessorの並列バージョンを使用することで得られるもう1つの利点は、オプションでDataGeneratorを使用してデータではなくジェネレータを返すことができることです。

リスト7.16　**load_go_dataメソッドの並列バージョンは、オプションでジェネレータを返すことができる**

```
def load_go_data(self, data_type='train', num_samples=1000,
                 use_generator=False):
    index = KGSIndex(data_directory=self.data_dir)
    index.download_files()

    sampler = Sampler(data_dir=self.data_dir)
    data = sampler.draw_data(data_type, num_samples)

    self.map_to_workers(data_type, data)    ❶
```

```
        if use_generator:
            generator = DataGenerator(self.data_dir, data)
            return generator    ❷
        else:
            features_and_labels = self.consolidate_games(data_type, data)
            return features_and_labels    ❸
```

❶ ワークロードをCPUにマップする
❷ 囲碁データジェネレータを返すか...
❸ ...または以前のように統合されたデータを返す

並列拡張のuse_generatorフラグを除いて、両方のGoDataProcessorバージョンが同じインタフェースを共有します。dlgo.data.parallel_processorのGoDataProcessorを使用して、次のように囲碁データを提供するジェネレータを使用できるようになりました。

リスト7.17　100個のゲーム記録から訓練データを読み込む

```
from dlgo.data.parallel_processor import GoDataProcessor

processor = GoDataProcessor()
generator = processor.load_go_data('train', 100, use_generator=True)

print(generator.get_num_samples())
generator = generator.generate(batch_size=10)
X, y = generator.next()
```

初回のデータを読み込むにはまだ時間はかかりますが、一度ジェネレータが作成されるとnext()を呼び出すとすぐにバッチが返され、マシンに搭載されているプロセッサの数に比例して高速化されます。また、このようにして、メモリ不足に悩まされることはありません。

7.3 人間の対局データによる深層学習モデルの訓練

高段者の囲碁データにアクセスし、着手予測モデルに合うように処理したので、点と点を結んでこのデータの深層ニューラルネットワークを構築しましょう。GitHubリポジトリには、dlgoパッケージ内の**networks**というモジュールがあります。このモジュールでは、強力な着手予測モデルを構築するためのベースラインとして使用できるニューラルネットワークのアーキテクチャの例を提供します。例えば、networksモジュールで異なる複雑さを持つ3つの畳み込みニューラルネットワーク（small.py、medium.py、large.py）があります。これらのファイルには、シーケンシャルなKerasモデルに追加できる層のリストを返すlayers関数が含まれています。

これから行うのは、4つの畳み込み層と、最終層に全結合層をつなげ、それぞれにReLU活性化関数を伴う、畳み込みニューラルネットワークを構築することです。さらに、各畳み込み層の直前に新しいユーティリティ層、つまりZeroPadding2D層を使用します。ゼロパディングは、入力特徴量に0を**パディング**する操作です。第6章の1面のエンコーダを使用して盤面を19×19の行列としてエンコードするとしましょう。パディングに2を指定すると、2つの0の列が左右に追加され、2つの0の行が行列の上部と下部に追加されます。結果として、23×23の行列に拡大されます。私たちの事例においても、ゼロパディングを使用して畳み込み層の入力を人工的に拡大させるので、畳み込み操作で画像が縮小することはありません。

コードを説明する前に、最初に議論しなければならない細かな専門知識があります。畳み込み層の入力と出力の両方が4次元であることを思い出してください。私たちは、それぞれ2次元（つまり幅と高さを持つ）の多数のフィルタのミニバッチを提供します。それらの4つの次元（ミニバッチサイズ、フィルタの数、幅および高さ）を表示する**順序**は慣習上の問題であり、実際には主に2つの順序があります。フィルタはしばしばチャンネル（C）と呼ばれ、ミニバッチサイズはサンプルの数（N）と呼ばれることにも注意してください。さらに、幅（W）と高さ（H）に省略記号を使用します。この記法では、2つの主要な順序はNWHCとNCWHです。Kerasでは、この順序付けはdata_formatと呼ばれ、いくらか明白な理由で、NWHCはchannels_last、NCWHはchannels_firstと呼ばれます。さて、最初の囲碁の盤面エンコーダ、つまり1面のエンコーダの作成方法は、**channels_first**の慣習で行われます（エンコードされた盤の形状は1,19,19で、エンコードされた1つの面が**最初**に来ることを意味します）。つまり、すべての畳み込み層に引数としてdata_format = channels_firstを指定する必要があります。small.pyのモデルがどのようになるか見てみましょう。

リスト 7.18　囲碁の着手予測のための小さな畳み込みネットワークにおける層の指定

```
from keras.layers.core import Dense, Activation, Flatten
from keras.layers.convolutional import Conv2D, ZeroPadding2D

def layers(input_shape):
    return [
        ZeroPadding2D(padding=3, input_shape=input_shape,
                      data_format='channels_first'),    ❶
        Conv2D(48, (7, 7), data_format='channels_first'),
        Activation('relu'),

        ZeroPadding2D(padding=2, data_format='channels_first'),    ❷
        Conv2D(32, (5, 5), data_format='channels_first'),
        Activation('relu'),

        ZeroPadding2D(padding=2, data_format='channels_first'),
        Conv2D(32, (5, 5), data_format='channels_first'),
        Activation('relu'),

        ZeroPadding2D(padding=2, data_format='channels_first'),
        Conv2D(32, (5, 5), data_format='channels_first'),
        Activation('relu'),

        Flatten(),
        Dense(512),
        Activation('relu'),
    ]
```

❶ ゼロパディング層を使用して入力画像を拡大する
❷ channels_first を使うことで、特徴量の入力の面の次元が最初に来ることを指定する

layers 関数は、Sequential モデルに 1 つずつ追加できる Keras の層のリストを返します。これらの層を使用して、図 7.1 の概要から最初の 5 つのステップを実行するアプリケーションを作成できます。これは、囲碁データをダウンロード、抽出、エンコードし、ニューラルネットワークの訓練に使用するアプリケーションを意味します。訓練パートでは、作成した**データジェネレータ**を使用します。しかしまずは、成長中の囲碁の機械学習ライブラリの必須コンポーネントの一部をインポートしましょう。このアプリケーションを構築するには、囲碁データプロセッサ、エンコーダ、およびニューラルネットワークアーキテクチャが必要です。

リスト7.19　囲碁データ用のニューラルネットワークを構築するための主要なインポート

```
from dlgo.data.parallel_processor import GoDataProcessor
from dlgo.encoders.oneplane import OnePlaneEncoder

from dlgo.networks import small
from keras.models import Sequential
from keras.layers.core import Dense
from keras.callbacks import ModelCheckpoint  ❶
```

❶ モデルのチェックポイントでは、時間のかかる実験の進捗状況を保存できる

最後のインポートは、ModelCheckpointという便利なKerasツールを提供します。訓練のために大量のデータにアクセスできるため、数エポックのモデルの訓練を完全に実行するのに、数時間から数日かかることがあります。このような実験が何らかの理由で失敗した場合のために、適当な位置でバックアップを作成することをお勧めします。そして、それは正にチェックポイントの機能です。訓練の各エポックの後にモデルのスナップショットを保存します。したがって、何かが失敗しても、最後のチェックポイントから訓練を再開できます。

次に、訓練とテストのデータを定義しましょう。それを行うには、最初にGoDataProcessorの作成に使用するOnePlaneEncoderを初期化します。このプロセッサで、Kerasモデルで使用する訓練データとテストデータのジェネレータをインスタンス化します。

リスト7.20　訓練とテストのジェネレータの作成

```
go_board_rows, go_board_cols = 19, 19
num_classes = go_board_rows * go_board_cols
num_games = 100

encoder = OnePlaneEncoder((go_board_rows, go_board_cols))  ❶

processor = GoDataProcessor(encoder=encoder.name())  ❷

generator = processor.load_go_data('train', num_games, use_generator=True)  ❸
test_generator = processor.load_go_data('test', num_games, use_generator=True)
```

❶ 盤のサイズのエンコーダを作成する
❷ Go Data Processorを初期化する
❸ プロセッサから、訓練とテストのための2つのデータジェネレータを作成する

次のステップとして、dlgo.networks.smallのlayers関数を使用してKerasによるニューラルネットワークを定義します。この小さなネットワークの層を新しいシーケンシャルネットワークに1つずつ追加し、softmax活性化関数を伴うDense層を最後に追加して完成させます。

次に、このモデルを交差エントロピー誤差でコンパイルし、SGDで訓練します。

リスト7.21 小さな層のアーキテクチャからKerasモデルを定義する

```
input_shape = (encoder.num_planes, go_board_rows, go_board_cols)
network_layers = small.layers(input_shape)
model = Sequential()
for layer in network_layers:
    model.add(layer)
model.add(Dense(num_classes, activation='softmax'))
model.compile(loss='categorical_crossentropy', optimizer='sgd',
              metrics=['accuracy'])
```

ジェネレータを使用してKerasモデルを訓練することは、データセットを使用する訓練と少し異なります。モデルに対してfitを呼び出す代わりに、fit_generatorを呼び出す必要があります。また、evaluatewithをevaluate_generatorに置き換える必要があります。さらに、これらのメソッドのシグネチャは、以前に見たものとは少し異なります。fit_generatorを使用すると、ジェネレータ、エポックの数、およびエポックごとの訓練ステップの数（steps_per_epochで指定）を指定して動作します。これらの3つの引数は、モデルを訓練するための最小限のものです。また、テストデータで訓練プロセスを検証したいと考えています。このために、validation_dataにテストデータのジェネレータを指定し、エポックごとの検証ステップ数をvalidation_stepsとして指定します。最後に、モデルにコールバックを追加します。コールバックを使用すると、訓練プロセス中に追加情報を追跡して返すことができます。ここでは、コールバックを使用してModelCheckpointユーティリティでフックし、各エポック後にKerasモデルを格納します。例として、バッチサイズ128で5エポックのモデルを訓練します。

リスト7.22 ジェネレータを使用したKerasモデルの適合と評価

```
epochs = 5
batch_size = 128
model.fit_generator(generator=generator.generate(batch_size, num_classes),  ❷
               epochs=epochs,
               steps_per_epoch=generator.get_num_samples() / batch_size,  ❶
               validation_data=test_generator.generate(batch_size, num_classes), ❸
               validation_steps=test_generator.get_num_samples() / batch_size, ❹
                    callbacks=[
                      ModelCheckpoint(
                        '../checkpoints/small_model_epoch_{epoch}.h5')    ❺
                    ])
model.evaluate_generator(
```

```
generator=test_generator.generate(batch_size, num_classes),
steps=test_generator.get_num_samples() / batch_size)    ❻
```

❶ 私たちのバッチサイズの訓練データジェネレータを指定し ...
❷ ... エポックごとにいくつの訓練ステップが実行されるかを指定する
❸ 検証のために追加のジェネレータが使用される ...
❹ ... また、ステップ数も必要
❺ 各エポックの後、モデルのチェックポイントを保存する
❻ 評価のためのジェネレータとステップ数を指定する

このコードを実行する場合は、この実験を完了するまでにかかる時間を知っておく必要があります。これをCPU上で実行すると、1エポックを訓練するのに数時間かかることがあります。計算にGPUを使用すると、畳み込みニューラルネットワークの場合、通常は1桁または2桁のオーダーで計算が大幅に高速化されます。本書ではKerasのバックエンドとしてTensorFlowを使用しているので、何も設定は必要ありません。あなたのマシンでGPUが利用可能な場合、TensorFlowはそれを検出して使用するはずです。※2

これを試したくない場合、または今すぐには実行したくない場合は、事前に計算したモデルがあります。GitHubリポジトリに、checkpointsに保存されたチェックポイントモデルが5つ（完了したエポックごとに1つずつ）あります。この訓練の結果は次のとおりです（ラップトップの古いCPUで計算していますが、すぐに高速なGPUを取得することをお勧めします）。

```
Epoch 1/5
12288/12288 [==============================] - 14053s 1s/step - loss: 3.5514 - acc:
0.2834 - val_loss: 2.5023 - val_acc: 0.6669
Epoch 2/5 12288/12288 [==============================] - 15808s 1s/step - loss:
0.3028 - acc: 0.9174 - val_loss: 2.2127 - val_acc: 0.8294
Epoch 3/5 12288/12288 [==============================] - 14410s 1s/step - loss:
0.0840 - acc: 0.9791 - val_loss: 2.2512 - val_acc: 0.8413
Epoch 4/5 12288/12288 [==============================] - 14620s 1s/step - loss:
0.1113 - acc: 0.9832 - val_loss: 2.2832 - val_acc: 0.8415
Epoch 5/5 12288/12288 [==============================] - 18688s 2s/step - loss:
0.1647 - acc: 0.9816 - val_loss: 2.2928 - val_acc: 0.8461
```

このように、3エポック後には、訓練データで98%、テストデータで84%の精度に達しました。これは第6章で計算したモデルよりも大幅に改善されています！　実際のデータでより大きなネットワークを訓練したことが功を奏したしたようです。これは、私たちのネットワークが100局における着手をほぼ完全に予測することを学び、一般化もかなり良くできた

※2　機械学習にGPUを使用したい場合は、WindowsまたはLinux OSを搭載したNVIDIAチップが最適な組み合わせです。他の組み合わせも可能ですが、ドライバーの設定に多くの時間を費やす可能性があります。

ことを意味します。私たちは84%の検証精度に満足しています。その一方で、100局分の着手はまだ小さなデータセットであり、単にもっと大きなゲームのコーパスでどれくらいうまくできるのかは分かりません。いずれにしても、私たちの目標は、強力な相手と競うことができる強力な囲碁ボットを構築で、おもちゃのデータセットで遊ぶことではありません。

さて、本当に強い相手を構築するためには、次に囲碁データのエンコーダを使う必要があります。第6章の1面のエンコーダは最初の良い選択ですが、実際には私たちが扱っている複雑さを捉えられません。7.4節では、訓練のパフォーマンスを向上させる2つのより洗練されたエンコーダについて学習します。

7.4 より現実的な囲碁データエンコーダの構築

第2章と第3章では、囲碁のコウのルールについて、かなり議論しました。このルールは、過去に現れた盤の状況につながる石を着手できないことから、永続的な状況を防ぐために存在することを思い出してください。したがって、ランダムな囲碁の局面を与えられて、コウが起こっているかどうかを判断しなければならなかったら、推測する必要があります。その局面までの手順がわからないと、それを知る方法がありません。特に、黒石を–1、白を1、空の位置を0として符号化した1面のエンコーダでは、コウについて何も学習できません。これは一例に過ぎませんが、第6章で構築したOnePlaneEncoderは、実際に強力な囲碁ボットを構築するために必要なものすべてを捉えるにはあまりに単純すぎます。

この節では、2つのより精巧なエンコーダを提供します。これにより、文字通り着手予測のパフォーマンスが相対的に高くなります。最初のSevenPlaneEncoderは、次の7つの特徴量の面（feature planes）から構成されています。各面は19×19の行列で、異なる特徴量を表現します。

- 最初の面は、ちょうど1つの呼吸点を持つすべての**白石が「1」**で、他は0です。
- 2番目と3番目の特徴量の面は、それぞれ2つまたは少なくとも3つの呼吸点を持つ白石が「1」です。
- 4番目から6番目の面は、黒石についても同じことをします。つまり、1つ、2つ、または少なくとも3つの呼吸点を持つ黒石を符号化します。
- 最後の特徴量の面は、コウにより着手できない点を「1」でマークします。

コウの概念を明示的にエンコードすることは別にして、この一連の特徴量では、呼吸点をモデル化し、黒と白の石を区別します。ただ1つの自由を持つ石（囲んで取られる一歩手前の状態の石）は、次のターンに捕獲される危険性があるので、特別な戦術的意義があります。

(囲碁のプレイヤーらは、ただ1つの自由を持つ石をアタリにあると言います) モデルはこのプロパティを直接「見る」ことができるので、それがゲームのプレイにどのように影響するかを理解するのが簡単です。コウや自由の数などの概念のために盤面を作成することで、その概念を説明することなく、重要であるというヒントをモデルに与えます。encodersモジュールのベースのEncoderを拡張することでこれを実装する方法を見てみましょう。sevenplane.pyに次のコードを保存します。

リスト7.23 単純な7面エンコーダの初期化

```
import numpy as np

from dlgo.encoders.base import Encoder
from dlgo.goboard import Move, Point

class SevenPlaneEncoder(Encoder):
    def __init__(self, board_size):
        self.board_width, self.board_height = board_size
        self.num_planes = 7

    def name(self):
        return 'sevenplane'
```

興味深い部分は、局面のエンコーディングです。これは次のように行われます。

リスト7.24 SevenPlaneEncoderでゲーム状態をエンコードする

```
    def encode(self, game_state):
        board_tensor = np.zeros(self.shape())
        base_plane = {game_state.next_player: 0,
                      game_state.next_player.other: 3}
        for row in range(self.board_height):
            for col in range(self.board_width):
                p = Point(row=row + 1, col=col + 1)
                go_string = game_state.board.get_go_string(p)
                if go_string is None:
                    if game_state.does_move_violate_ko(game_state.next_player,
                                                       Move.play(p)):
                        board_tensor[6][row][col] = 1    ❶
                else:
                    liberty_plane = min(3, go_string.num_liberties) - 1
                    liberty_plane += base_plane[go_string.color]
                    board_tensor[liberty_plane][row][col] = 1    ❷
        return board_tensor
```

❶コウのルールで禁止されている着手のエンコーディング
❷1、2もしくはそれ以上の呼吸点を持つ黒と白の石のエンコーディング

この定義を完成させるためには、Encoderインタフェースを満たすために、いくつかの便利なメソッドを実装する必要があります。

リスト7.25　7面エンコーダ用の他のすべてのエンコーダメソッドを実装する

```
    def encode_point(self, point):
        return self.board_width * (point.row - 1) + (point.col - 1)

    def decode_point_index(self, index):
        row = index // self.board_width
        col = index % self.board_width
        return Point(row=row + 1, col=col + 1)

    def num_points(self):
        return self.board_width * self.board_height

    def shape(self):
        return (self.num_planes, self.board_height, self.board_width)

def create(board_size):
    return SevenPlaneEncoder(board_size)
```

ここでは、GitHubのコードを示すだけですが、SevenPlaneEncoderと非常によく似た11個の機能面を持つエンコーダを紹介します。このエンコーダは、SimpleEncoderと呼ばれ、GitHubのencodersモジュールのsimple.pyにあります。これは次の特徴量の面を使用します。

- 最初の4つの特徴量の面には、1つ、2つ、3つまたは4つの呼吸点の黒石を表します。
- 次の4つの面は、1つ、2つ、3つ、または4つの呼吸点を持つ白石を表します。
- 9番目の面は、黒の手番の場合は「1」に設定されます。白の場合は10番目の面に設定されます。
- 最後の特徴量の面は、コウを示すために同様に予約されています。

11面を持つこのエンコーダは、前のものに非常に近いですが、それがどちらの手番であるかを明示し、石が持つ呼吸点の数についてより具体的です。両方とも、モデルパフォーマンスの著しい向上をもたらす素晴らしいエンコーダです。

第5章と第6章では、深層学習モデルを改善する多くのテクニックについて学習しましたが、すべての実験で1つの構成要素が同じままでした。つまり、確率的勾配降下をオプティ

マイザしていました。SGDは優れたベースラインを提供しますが、次の節では、訓練プロセスに大きなメリットをもたらす2つのオプティマイザであるadagradとadadeltaについて説明します。

7.5 適応的勾配による効率的な訓練

囲碁の着手予測モデルのパフォーマンスをさらに向上させるために、この章で最後のツールセットを導入します。つまり、確率的勾配降下法以外のオプティマイザを使用します。第5章で、SGDにはかなり単純な更新ルールであったことを思い出してください。パラメータWについて、逆伝播誤差ΔWを受け取り、学習率αを指定した場合、このパラメータをSGDで更新するには、単に$W - \alpha\Delta W$を計算します。

多くの場合、この更新ルールは良好な結果をもたらしますが、欠点もいくつかあります。それらに対処するために、プレーンなSGDに対して、多くの優れた拡張機能を使用することができます。

7.5.1 SGDにおける減衰とモーメンタム

例えば、広く使われている考え方は、学習率を時間の経過と共に**減衰**することです。つまり、すべての更新ステップで学習率を小さくします。最初、ネットワークはまだ学習されておらず、大きな更新ステップにより損失関数をより最小値に近づけることができるため、この手法は通常かなりうまく機能します。しかし、訓練プロセスが一定のレベルに達すると、更新を小さくし、学習プロセスの進捗を損なうことのないように適切な調整を行うべきです。通常は、**減衰率**（decay rate）で学習率の減衰を指定し、次のステップで減少させる割合を指定します。

もう1つの一般的な手法は**モーメンタム**（momentum）です。直前の更新ステップの一部が現在の更新ステップに追加されます。例えば、Wが更新したいパラメータベクトルである場合、∂WをWについて計算された現在の勾配とし、直前に使用した更新をUとすると、次の更新ステップは、

$$\mathrm{W} \leftarrow \mathrm{W} - \alpha(\gamma \quad \mathrm{U} + (1 - \gamma) \quad \partial\mathrm{W})$$

となります。

直前の更新を保持する割合γは、**モーメンタム項**と呼ばれます。両方の勾配項がおおよそ同じ方向を向いている場合、次の更新ステップが強化され、モーメンタムを得ます。勾配が反対方向を指している場合、それらは互いに打ち消し合って勾配が減衰します。この技術は、

物理学における同じ名前の概念に類似しているため、**モーメンタム**（momentum：運動量）と呼ばれています。損失関数を表面として、その表面上にボールとして存在するパラメータについて考えてみましょう。それから、パラメータ更新はボールの動きで表されます。勾配降下を行っているので、これを、動きを1つずつ受け取るたびに表面を転がるボールと考えることもできます。直前の数ステップ（勾配）がすべて同じ方向を向いている場合、ボールはスピードを得て、目的地（表面の最小値）により速く到達します。モーメンタムの技法はこの類推を利用しています。

KerasのSGDで、減衰、モーメンタム、またはその両方を使用する場合は、SGDインスタンスにそれぞれの割合を提供するだけで簡単に行えます。SGDの学習率を0.1、減衰率を1%、モーメンタムを90%にしたい場合、次のようにします。

リスト7.26　モーメンタムと学習率の減衰を使うKerasのSGDの初期化

```
from keras.optimizers import SGD
sgd = SGD(lr=0.1, momentum=0.9, decay=0.01)
```

7.5.2　Adagradによるニューラルネットワークの最適化

学習率の減衰とモーメンタムはどちらもプレーンなSGDを改善する上ではうまく働きますが、まだいくつかの欠点が残っています。たとえば、囲碁の盤について考えると、プロ棋士は初手で、ほぼ三線から五線の間に着手しますが、例外なく一線または二線には着手しません。終盤では、状況はやや逆転し、最後の手の多くは一線に打たれます。これまでの深層学習モデルでは、最後の層は盤サイズ（ここでは19 x 19）の全結合層でした。この層の各ニューロンは、盤上の位置に対応しています。モーメンタムや衰退の有無にかかわらずSGDを使用する場合、これらの**ニューロンごとに同じ学習率が使用されます**。これは危険です。訓練データをシャッフルして学習した場合、学習率が大幅に低下しているため、終盤の一線と二線の着手は重要な更新をもう覚えていません。つまり、学習ができません。一般的に、頻度の低いパターンは大きな更新を維持し、頻度の高いパターンはより小さな更新にする必要があります。

グローバルな学習率の設定に起因する問題に対処するには、**適応的**勾配法の技法を使用できます。これらの方法のうちの2つを紹介します。最初は**Adagrad**、2番目は**Adadelta**です。

Adagradではグローバルな学習率はなく、パラメータごとに学習率を適応させます。Adagradは、大量のデータがあり、データにごくまれにしか見つからないパターンがある状況でうまく機能します。これらの基準はどちらも私たちの状況にも適合し、私たちは大量のデータを持っており、プロによる標準と見なされる対局において、ゲームプレイは非常に複雑で、特定の着手の組み合わせがデータセットに現れる頻度はまれです。

個々の要素W_iを持つ長さlの重みベクトルW（ここでベクトルを考える方が簡単ですが、このテクニックはより一般的にはテンソルにも同様に適用されます）があるとします。これらのパラメータに対する与えられた勾配∂Wに対して、プレーンなSGDでは学習率αの各W_iに対する更新ルールは次の通りです。

$$W_i \leftarrow W_i - \alpha \partial W_i$$

Adagradでは、過去にW_iをどれだけ更新したかを見て、αを各インデックスiに対して動的に適応する項に置き換えます。実際、Adagradでは、個々の学習率は以前の更新に反比例します。より正確には、Adagradでは次のようにパラメータを更新します。

$$W \leftarrow W - \frac{\alpha}{\sqrt{G+\epsilon}} \cdot \partial W$$

この式で、ϵは0で除算しないようにするための小さな正の値です。$G_{i,i}$は、この時点までに受け取ったW_iの勾配の二乗の合計です。これを$G_{i,i}$と記述します。なぜなら、この項を長さlの正方行列Gの一部として見ることができるからです。ここで、すべての対角要素$G_{j,j}$は、今説明した形を持ち、対角要素以外のすべての項はゼロです。この形式の行列は**対角行列**と呼ばれます。対角要素に最新の勾配の寄与を加えることによって、各パラメータの更新後にGを更新します。Adagradの定義はこれだけですが、この更新ルールをインデックスiとは独立した簡潔な形式で記述したい場合は、次のように記述します。

$$W \leftarrow W - \frac{\alpha}{\sqrt{G+\epsilon} \cdot \partial W}$$

Gは行列であるため、各要素$G_{i,j}$にϵを加え、その要素ごとにαを割る必要があることに留意してください。また、$G \cdot \partial W$は、Gと∂Wの行列乗算を意味します。KerasでAdagradを使用するには、次のようにこのオプティマイザでモデルをコンパイルします。

リスト7.27 KerasモデルにAdagradオプティマイザを使用する

```
from keras.optimizers import Adagrad
adagrad = Adagrad()
```

他のSGDの技法と比べてAdagradの主な利点は、手動で学習率を設定する必要がないことです。これで1つ心配することがなくなります。良いネットワーク構成を見つけ出し、モデルのすべてのパラメータを調整することは、それだけで十分難しいことです。実際、Adagrad(lr=0.02)を使ってKerasの初期学習率を変更することはできますが、お勧めしません。

7.5.3 Adadeltaによる適応的勾配の改善

Adagradと本質的にとても似ており、実際にAdagradを拡張したオプティマイザが**Adadelta**です。このオプティマイザでは、Gのすべての過去の（二乗の）勾配を累積するのではなく、モーメンタムの技法で説明したのと同じアイデアを使用して、最新の更新の一部分を保持します。

$$G \leftarrow \gamma \quad G + (1 - \gamma)\partial W$$

Adadeltaはだいたいこのアイデアのように動作しますが、このオプティマイザの動作と正確な更新ルールの詳細をここで説明するには少し複雑すぎます。詳細については、原著論文を参照することをお勧めします（https://arxiv.org/abs/1212.5701）。

Kerasでは、次のようにAdadeltaオプティマイザを使用します。

リスト 7.28　Kerasモデルに Adadelta オプティマイザを使用する

```
from keras.optimizers import Adadelta
adadelta = Adadelta()
```

AdagradとAdadeltaはどちらも、確率的勾配降下法と比較して、囲碁データの深層ニューラルネットワークを訓練するのに非常に有益です。後の章では、より高度なモデルでオプティマイザとしてどちらか一方をよく使用します。

7.6 独自の実験の実行とパフォーマンスの評価

第5章、第6章、そしてこの章では、多くの深層学習の技法を紹介しました。私たちは、いくつかのヒントやベースラインとなるサンプルアーキテクチャを提供しましたが、今はあなた自身のモデルを訓練するときです。機械学習の実験では、層数、層の種類の選択、訓練するエポック数など、さまざまな**ハイパーパラメータ**の組み合わせを試すことが重要です。特に、深層ニューラルネットワークでは、あなたが直面している選択肢の数がかなり多くなる可能性があります。特定のつまみを微調整することがモデルのパフォーマンスにどのように影響するかは、必ずしも明確ではありません。深層学習の研究者は、実験結果の大きなデータベースと、さらに彼らの直感を裏付けるための何十年もの研究の理論的な議論に頼ることができます。ここで深い知識を提供することはできませんが、あなた自身の直観を構築するのを手助けすることができます。

私たちのような実験、すなわち囲碁の最善の着手を予測するためのニューラルネットワークの訓練で、優れた結果を達成するために重要な要素は、**高速な実験サイクル**です。つまり、モデルアーキテクチャを構築し、モデルの訓練を開始し、パフォーマンスメトリックを観察し評価し、モデルを調整して新たにプロセスを開始するのにかかる時間は短くなければならないということです。kaggle.comでホストされているようなデータサイエンスの課題を見ると、多くの場合、**多くの試行をした**チームが勝っています。幸運なことに、Kerasは速い実験を念頭に置いて作られています。本書でKerasを深層学習の枠組みとして選んだ主な理由の1つでもあります。Kerasを使ってニューラルネットワークを素早く構築することができ、実験条件を簡単に変更できることに同意してもらえることを望んでいます。

7.6.1 アーキテクチャとハイパーパラメータのテストのためのガイドライン

着手予測ネットワークを構築する際の実践的な考慮事項をいくつか見てみましょう。

- 畳み込みニューラルネットワークは、着手予測ネットワークの候補として非常に適しています。全結合層だけでは、予測品質が低下することをあなた自身で確認してみてください。通常、いくつかの畳み込み層と最後に1つまたは2つの全結合層でネットワークを構築する必要があります。後の章では、より複雑なアーキテクチャを見ていきますが、今のところ畳み込みネットワークを使用します。
- 畳み込み層で、カーネルサイズを変更すると、その変更がモデルのパフォーマンスにどのように影響するかを確認します。経験則として、2から7の間のカーネルサイズが適しています。それよりも大きくしすぎるべきではありません。
- プーリング層を使用する場合は、最大プーリングと平均プーリングの両方を試してください。ただし、重要なのは、大きすぎるプールサイズを選択しないことです。実際の上限は、私たち状況ではおそらく3になります。また、プーリング層を使用せずにネットワークを構築することもできます。計算コストがかかりますが、良好な結果になる可能性があります。
- 正則化のためにドロップアウト層を使用してみてください。第6章では、モデルの過学習を防ぐためにドロップアウトを使用する方法を見てきました。あなたのネットワークにドロップアウト層を追加することで一般的に良い結果になります。ただし、ドロップアウト層を多用しすぎたり、ドロップアウト率を高くしすぎたりしないでください。
- 確率分布を生成するために、最後の層でソフトマックス活性化を使用してください。また、多クラス交差エントロピー誤差と組み合わせて使用してください。これらは、私たちの状況に非常に適しています。
- さまざまな活性化関数を試してみてください。ReLUとシグモイド活性化を紹介しましたが、今のところReLUをデフォルトの選択肢とすべきです。Kerasでは、elu、selu、PReLU、LeakyReLUなど他の多くの活性化関数を使用できます。これらのReLUの変種についてはここで議論することはできませんが、その使用法はhttps://keras.io/activations/で詳しく説明されています。

- ミニバッチサイズの変更は、モデルのパフォーマンスに影響します。第5章のMNISTのような予測問題では、通常、クラスの数と同じオーダーのミニバッチを選択することが推奨されています。MNISTの場合、ミニバッチサイズは10から50の範囲であることがほとんどです。データが完全にランダム化されている場合、各勾配が各クラスから情報を受け取るため、SGDは一般的にパフォーマンスが向上します。私たちの事例では、いくつかの着手は他の着手よりずっと頻繁に行われます。たとえば、盤の4つの角には、特に星に比べてほとんど打たれることがありません。これをデータの**クラスの不均衡**と呼びます。この場合、すべてのクラスをカバーするミニバッチは期待できません。また、ミニバッチサイズは16から256の範囲にすべきです（これは文献に記載されています）。

オプティマイザの選択は、ネットワークがどれくらいうまく学習するかに大きな影響を与えます。SGDに学習率の減衰がある場合とない場合や、AdagradとAdadeltaをすでにあなたの実験のオプションとして提供しています。https://keras.io/optimizers/には、モデル訓練プロセスに使える他のオプティマイザがあります。

モデルを訓練するエポック数を適切に選択する必要があります。モデルのチェックポイント機能を使用し、エポックごとにさまざまなパフォーマンスメトリックを追跡すると、いつ訓練を止めるか効果的に測定できます。この章の次の最後の節では、パフォーマンスメトリックを評価する方法について簡単に説明します。一般的な経験則として、十分な計算能力があれば、エポックの数を低く設定するよりも高く設定します。モデル訓練が改善しなくなったり、過学習によって悪化したりする場合でも、以前のチェックポイントのモデルを採用することができます。

コラム　重みの初期化子

深層ニューラルネットワークを調整するためのもう1つの重要な側面は、訓練を開始する前に重みを初期化する方法です。ネットワークを最適化するということは、損失の表面上の最小値に対応する重みのセットを見つけることを意味するため、開始する重みは非常に重要です。第5章のネットワーク実装では、初期の重みを完全にランダムに割り当てました。これは一般的にはよくありません。

重みの初期化は興味深い研究テーマであり、ほとんど1つの章に値します。Kerasには多くの重みの初期化方法があり、重みを持つ各層はそれに基づいて初期化できます。本文でそれらをカバーしていない理由は、Kerasがデフォルトで選択した初期化子は通常とても良いため、わざわざ変更する必要がないということです。通常はネットワーク定義で注意が必要なのは他の側面です。それでも、他の初期化があることを知っておくとよいでしょう。高度なユーザはhttps://keras.io/initializers/で見つかるKerasの初期化子を使って実験するとよいでしょう。

7.6.2 訓練データおよびテストデータのためのパフォーマンスメトリックの評価

7.3節では、小さなデータセットに対して実行された訓練の結果を示しました。使用したネットワークは、比較的小さな畳み込みネットワークであり、このネットワークを5エポック訓練しました。この実験では、訓練データの損失と精度を追跡し、検証のためにテストデータを使用しました。最後に、テストデータの精度を計算しました。これは従うべき一般的なワークフローですが、いつ訓練を止めるか、もしくは何かが失敗したことをどのように判断すればよいでしょうか？ 以下にいくつかのガイドラインがあります。

- 訓練の精度と損失は、一般的にエポックごとに改善されます。後のエポックに向かうにつれ、これらのメトリックは次第に変化の量が減少し、少ししか変動しなくなります。いくつかのエポックで改善が見られない場合は、停止したいかもしれません。
- 同時に、検証の損失と精度がどのようになっているかを見ておく必要があります。初期のエポックでは、検証の損失は着実に低下しますが、それ以降のエポックではプラトーになり、ほとんどの場合再び増加し始めます。これは、ネットワークが訓練データに過度に適合し始めた兆候です。
- モデルのチェックポイントを使用する場合は、訓練精度が高く、検査の損失が低いモデルをエポックから選択します。
- 訓練と検証の両方の損失が高い場合は、より深いネットワークアーキテクチャや異なるハイパーパラメータを選択してください。
- 訓練の損失が低いが、検証の損失が高い場合は、モデルが過学習しています。このシナリオは、本当に大きな訓練データセットがある場合は通常発生しません。囲碁の17万局以上の対局と何百万回もの着手を使って学習する場合は問題ないでしょう。
- ハードウェアに合った訓練データサイズを選択してください。エポックの訓練に数時間以上かかるのは、それほど楽しいことではありません。代わりに、中規模のデータセットで多くの試行を行い、うまくいくモデルを見つけて、できるだけ大きなデータセットでそのモデルをもう一度訓練してみてください。
- 良いGPUを持っていない場合は、クラウドでモデルを訓練することをお勧めします。付録Dでは、Amazon Web Services（AWS）を使用してGPU上でモデルを訓練する方法を説明します。
- 異なる実行結果を比較するときは、前の実行結果よりも悪い実行結果をあまりに早く停止させないでください。いくつかの学習プロセスは他の学習プロセスよりも遅く、最終的には他のモデルに追いつくか、またはそれを上回る可能性があります。

この章で紹介した方法で構築できるボットの潜在的な強さはどれくらいでしょうか。理論上の上限は次の通りです。対局時に入力しているデータよりも、ネットワークが良くなることはありません。特に、前の3つの章で行ったように教師あり深層学習の技法を使用するだけで、人間のゲームプレイを超えることはできません。実際には、十分な計算資源と時間を使っても、最終的に到達するのは約2段レベルです。

人間を超える対局のパフォーマンスに到達するには、第9章から第12章で紹介する強化学習の技法を使用する必要があります。その後、第13章と第14章では、第4章の木検索と、**強化学習**、教師あり深層学習を組み合わせて、さらに強力なボットを構築します。

しかし、より強力なボットを構築する方法について詳しく説明する前に、次の章では、ボットを対局できるように**配置**する方法と、人間の相手または他のボットと遊ぶことによって環境とやりとりする方法を説明します。

7.7 まとめ

- 囲碁やその他のゲームの棋譜のためのSmart Go Format（SGF）は、ニューラルネットワーク用のデータを構築するのに非常に役立ちます。
- 囲碁データを並列処理することで速度を上げることができます。また、囲碁データをジェネレータとして効率的に表現できます。
- 強いアマチュアからプロまでの棋譜を使うことで、囲碁の着手をきわめてうまく予測する深層学習モデルを構築できます。
- 重要な訓練データの特定の特性を知っている場合は、それらを特徴量の面に明示的にエンコードできます。その後、モデルは特徴量の面と予測しようとしている結果との間の関連性をすばやく学習できます。囲碁ボットには、石の列が持つ自由（隣接する空の点）の数などの概念を表す特徴量の面を追加できます。
- AdagradやAdadeltaなどの適応的な勾配の技法を使用することで、精度をさらに向上させることができます。これらのアルゴリズムは、訓練が進行するにつれてその場で学習率を調整します。
- エンドツーエンドなモデルの訓練は、比較的小さなスクリプトで実行できます。これをあなた自身の実験のテンプレートとして使用できます。

第8章 ボットの公開

この章では、次の内容を取り上げます。

- **深層学習囲碁ボットを訓練して実行できるエンドツーエンドなアプリケーションの構築**
- **あなたのボットと対戦するためのフロントエンドの実行**
- **ボットを他のボットとローカルで対局させます**
- **オンライン囲碁サーバにボットを配置して他の相手と対局します**

今では囲碁の着手予測のための強力な深層学習モデルを構築し、訓練する方法を知っています。しかし、これを環境と相互作用するアプリケーションにどのように組み込み、どのようにして対局相手とゲームをプレイできるようにすればよいでしょうか？　ニューラルネットワークを訓練することは、あなた自身が対局したり、他のボットと競争したりできるエンドツーエンドなアプリケーションを構築することの一部にすぎません。簡単に言えば、訓練されたモデルを、対局可能なエンジンに組み込む必要があります。

この章では、単純な囲碁モデルサーバと2つの異なるフロントエンドを構築します。まず、ボットと対局するために使用できるHTTPフロントエンドを提供します。次に、囲碁ボットが情報を交換するために使用する広く使われているプロトコルであるGo Text Protocol（GTP）を紹介します。そうすることで、GNU GoとPachi（2つともGTPに対応したフリーの囲碁プログラム）などの他のボットと対局できます。最後に、囲碁ボットをAmazon Web Services（AWS）にデプロイ（配置）してOnline Go Server（OGS）と接続する方法を説明します。そうすることで、ボットが実際の環境でランク付けされるゲームでプレイしたり、世界中の他のボットや人間のプレイヤーと競争したり、トーナメントに参加することさえできます。これらすべてを行うために、以下のタスクに取り組む方法を説明します。

- **着手予測エージェントの構築**：第6章と第7章で訓練したニューラルネットワークは、それらを対局で使用できるようにするフレームワークに統合する必要があります。8.1節では、第3章（ランダムにプレイするエージェントを作成しました）のアイデアを深層学習ボットに適用するための基礎として取り上げます。
- **グラフィカルインターフェイスの提供**：人間と囲碁ボットとの対局を便利にするために

は、何らかの種類の（グラフィカルな）インターフェイスが必要です。これまでのところ、8.2節のコマンドラインインターフェースに満足していましたが、対局を楽しむためにボットのためのフロントエンドを提供します。

- **クラウドにボットを配置**：あなたのコンピュータに強力なGPUがない場合、強力な囲碁ボットをあまり訓練することはできません。幸いにも、ほとんどの大手クラウドプロバイダは、オンデマンドでGPUインスタンスを提供しています。しかし、訓練のために十分なGPUを持っていても、訓練したモデルをサーバにホストしたいことがあります。8.3節では、これを行う方法を説明し、AWSですべてを設定する方法の詳細については付録Dを参照してください。
- **他のボットとのやり取り**：人間は、グラフィカルなインターフェースや他のインターフェースを使って相互にやり取りします。ボットの場合は、標準化されたプロトコルで通信することが一般的です。8.4節では、標準的なGo Text Protocol（GTP）を紹介します。これは、以下の点に不可欠な要素です。
  - **他のボットとの対局**：ボットが8.5節の他のプログラムと対局できるようにGTPフロントエンドを構築します。ボットの作成がうまく行っているかを見るために、ボットを2つの他の囲碁プログラムとローカルで対局させる方法を紹介します。
  - **オンライン囲碁サーバにボットを配置**：8.6節では、最終的にオンラインの囲碁プラットフォームにボットを配置し、登録されたユーザや他のボットがあなたのボットと対局できるようにする方法を示します。このようにして、あなたのボットがランク付けされるゲームに参加してトーナメントに参加することもできます。そのすべてをこの最後のセクションで紹介します。内容のほとんどは技術的なものなので、詳細は付録Eを参照してください。

8.1 深層ニューラルネットワークによる着手予測エージェントの作成

今では囲碁データのための強力なニューラルネットワークを構築するためのすべてのビルディングブロックがそろっています。それらのネットワークを**エージェント**に統合しましょう。第3章のAgentの概念を思い出してください。select_moveメソッドを実装することで、現在のゲーム状態から次の着手を選択するクラスとして定義しました。Kerasモデルと囲碁の盤面エンコーダの概念を使ってDeepLearningAgentを記述しましょう（このコードをdlgoのagentモジュールのpredict.pyに記述してください）。

リスト 8.1 **Kerasモデルと囲碁の盤面エンコーダによる深層学習エージェントの初期化**

```
import numpy as np

from dlgo.agent.base import Agent
from dlgo.agent.helpers import is_point_an_eye
from dlgo import encoders
from dlgo import goboard
from dlgo import kerasutil

class DeepLearningAgent(Agent):
    def __init__(self, model, encoder):
        Agent.__init__(self)
        self.model = model
        self.encoder = encoder
```

エンコーダを使用して盤の状態を特徴量に変換し、モデルを使用して次の着手を予測します。実際には、このモデルを使用して、可能な着手の確率分布全体を計算し、後でサンプリングします。

リスト 8.2 **盤の状態を符号化し、モデルによる着手確率を予測する**

```
    def predict(self, game_state):
        encoded_state = self.encoder.encode(game_state)
        input_tensor = np.array([encoded_state])
        return self.model.predict(input_tensor)[0]

    def select_move(self, game_state):
        num_moves = self.encoder.board_width * self.encoder.board_height
        move_probs = self.predict(game_state)
```

次に、move_probsに格納された確率分布を少し変更します。まず、すべての値の3乗を計算して、より可能性の高い着手と少ない着手の間の距離を大幅に増加させます。私たちは最良の可能な着手をより頻繁に選択したいと考えています。次に、**クリッピング**と呼ばれるトリックを使用して、着手確率が0または1に近づきすぎないようにします。これは、小さな正の値 $\varepsilon = 0.000001$ を定義し、εより小さい値をεに設定し、$1 - \varepsilon$より大きい値を$1 - \varepsilon$に設定することによって行います。その後、結果の値を正規化して、確率分布をもう一度完成させます。

リスト8.3　着手確率分布のスケーリング、クリッピング、再正規化

```
move_probs = move_probs ** 3   ❶
eps = 1e-6 move_probs = np.clip(move_probs, eps, 1 - e)   ❷
move_probs = move_probs / np.sum(move_probs)   ❸
```

❶ 可能性の高い着手と少ない着手との距離を広げる
❷ 着手確率が0または1にならないようにする
❸ 別の確率分布を得るために再正規化する

この確率分布に従って着手をサンプリングしたいため、この変換を行います。着手をサンプリングする代わる別の実行可能な戦略は、最も可能性の高い着手、すなわち、分布の最大値をとることです。私たちが行っている方法の利点は、他の着手が選択されることです。これは、残りの部分から突き抜けた1つの着手しかない状況で特に役立つ可能性があります。

リスト8.4　順位付けされた候補リストから着手を適用しようとしている

```
candidates = np.arange(num_moves)   ❶
ranked_moves = np.random.choice(
    candidates, num_moves, replace=False, p=move_probs)   ❷
for point_idx in ranked_moves:
    point = self.encoder.decode_point_index(point_idx)
    if game_state.is_valid_move(goboard.Move.play(point)) and \
            not is_point_an_eye(game_state.board, point,
                                game_state.next_player):   ❸
        return goboard.Move.play(point)
return goboard.Move.pass_turn()   ❹
```

❶ 確率を順位付けしたリストにする
❷ 候補からサンプル
❸ 上から順に、眼を減らさない有効な着手を見つける
❹ 合法手と自己破壊しない手がなければ、パスする

便宜のため、DeepLearingAgentを永続化して後で復元することもできます。実際の典型的な状況は次の通りです。深層学習モデルを訓練し、エージェントを作り、それを永続化します。後で、そのエージェントをデシリアライズして提供することで、人間のプレイヤーや他のボットと対局することができます。ことシリアライズのステップを実行するために、Kerasのシリアライズフォーマットを乗っ取ります。Kerasモデルを永続化すると、高性能のシリアライズフォーマットであるhdf5に格納されます。hdf5ファイルには、**メタ情報とデータ**の格納に使用される柔軟な**グループ**が含まれています。任意のKerasモデルに対して、model.

save("model_path.h5")を呼び出すと、ニューラルネットワーク構成とすべての重みを表す完全なモデルをローカルファイルmodel_path.h5に永続化することができます。このようにKerasモデルを永続化する前に、Pythonライブラリh5pyをインストールする必要があります。例えば、pip install h5pyを使用します。

完全なエージェントを保存するために、囲碁の盤面エンコーダの情報のために追加のグループを追加することができます。

リスト8.5　深層学習エージェントをシリアライズする

```
    def serialize(self, h5file):
        h5file.create_group('encoder')
        h5file['encoder'].attrs['name'] = self.encoder.name()
        h5file['encoder'].attrs['board_width'] = self.encoder.board_width
        h5file['encoder'].attrs['board_height'] = self.encoder.board_height
        h5file.create_group('model')
        kerasutil.save_model_to_hdf5_group(self.model, h5file['model'])
```

最後に、モデルをシリアライズしたら、HDF5ファイルからモデルを読み込む方法も知っておく必要があります。

リスト8.6　HDF5ファイルからDeepLearningAgentをデシリアライズする

```
def load_prediction_agent(h5file):
    model = kerasutil.load_model_from_hdf5_group(h5file['model'])
    encoder_name = h5file['encoder'].attrs['name']
    if not isinstance(encoder_name, str):
        encoder_name = encoder_name.decode('ascii')
    board_width = h5file['encoder'].attrs['board_width']
    board_height = h5file['encoder'].attrs['board_height']
    encoder = encoders.get_encoder_by_name(
        encoder_name, (board_width, board_height))
    return DeepLearningAgent(model, encoder)
```

これで深層学習エージェントの定義は完了です。次のステップとして、このエージェントが環境と接続し、相互作用することを確認する必要があります。これは、DeepLearningAgentを人間のプレイヤーがブラウザで対局できるWebアプリケーションに埋め込むことで実現します。

8.2 囲碁ボットのWebフロントエンドへの提供

第6章と第7章では、囲碁で人間がどこに着手をするかを予測するニューラルネットワークを設計し訓練しました。8.1節では、着手**予測**のモデルを、着手**選択**を行うDeepLearningAgentに変換しました。次のステップはボットに対局させることです！　第3章では、キーボードで着手を入力することができる最低限のインターフェースを構築しました。そして、ランダムなRandomBotはコンソールにその応答を印刷しました。より洗練されたボットを構築したからには、人間のプレイヤーと着手をやり取りするためのより良いフロントエンドが必要です。

この節では、DeepLearningAgentをPython Webアプリケーションに接続することで、Webブラウザで対局できるようにします。バックエンドに軽量なflaskライブラリを使用してHTTP経由でエージェントを提供します。フロントエンドでは、jgoboardというJavaScriptライブラリを使用して、人間が使用できるように囲碁の盤面をレンダリングします。コードは、GitHubのリポジトリ、dlgoのhttpfrontendモジュールにあります。ここでは、このトピックを詳細に議論するつもりはありません。囲碁AIを構築するために、他の言語（HTMLやJavaScriptなど）でのWeb開発技法を掘り下げて、主題から逸脱したくないからです。代わりに、アプリケーションの概要とエンドツーエンドのサンプルの使用方法の概要を説明します。この章で構築しようとしているアプリケーションの概要を図8.1に示します。

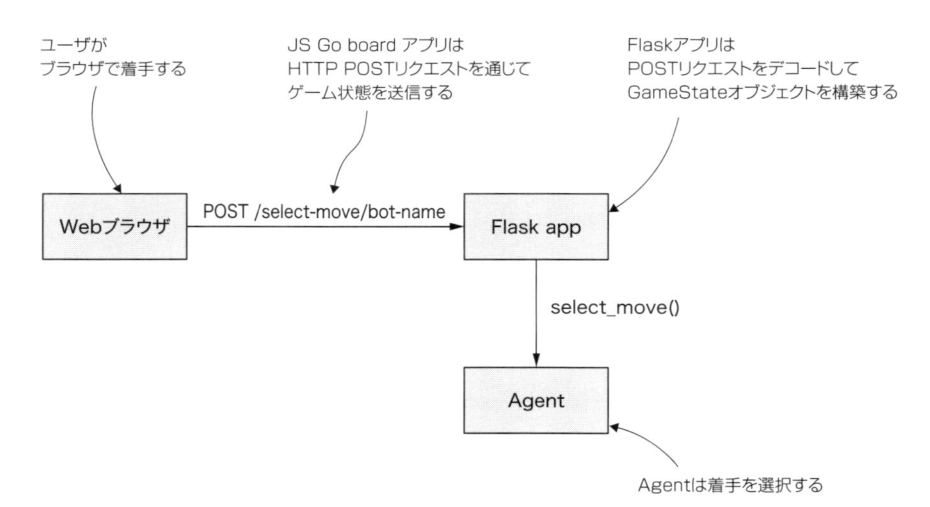

図8.1 囲碁ボット用のWebフロントエンドの構築：httpfrontendモジュールは、Flask Webサーバを起動してHTTPリクエストをデコードし、それらを1つ以上のGo-playingエージェントに渡します。ブラウザでは、jgoboardライブラリをベースにしたクライアントがHTTP経由でサーバと通信します。

httpfrontendの構成を調べると、server.pyというファイルがあります。このファイルには、きちんとした解説のある単一のメソッドget_web_appがあり、これを使用して実行するWebアプリケーションを返すことができます。以下は、get_web_appを使用してランダムボットを読み込んで提供する方法の例です。

リスト8.7 ランダムエージェントを登録し、Webアプリケーションを開始する

```
from dlgo.agent.naive import RandomBot
from dlgo.httpfrontend.server import get_web_app

random_agent = RandomBot()
web_app = get_web_app({'random': random_agent})
web_app.run()
```

このサンプルを実行すると、Webアプリケーションはlocalhost（127.0.0.1）で開始され、flaskアプリケーションで使用されるデフォルトのポートであるポート5000で待機します。「random」として登録したRandomBotは、httpfrontendの静的なフォルダ内のHTMLファイル、つまりplay_random_99.htmlに対応しています。このファイルでは、囲碁の盤面がレンダリングされ、human-botのゲームプレイのルールが定義されている場所でもあります。人間は黒石で始まり、ボットは白石を持ちます。人間の着手が行われるたびに、ルート/select-move/randomがトリガーされ、ボットから次の着手を受け取ります。ボットの着手を受信すると、それが盤面に適用され、再び人間の着手になります。このボットと対局するには、あなたのブラウザでhttp://127.0.0.1:5000/static/play_random_99.htmlにアクセスします。図8.2のような対局可能なデモが表示されます。

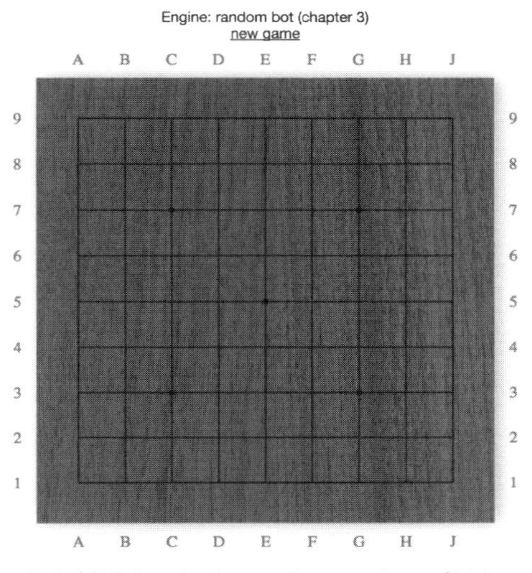

図8.2 ブラウザで囲碁ボットと対局するためのPython Webアプリケーションの実行

次の章ではますますボットを追加しますが、今のところplay_predict_19.htmlに別のフロントエンドがあることに注目してください。このWebフロントエンドは、predictと呼ばれるボットと対話し、19路盤のゲームをプレイするために使用できます。つまり、modelと呼ばれるKerasニューラルネットワークを囲碁データで囲碁の盤面エンコーダを使用して訓練し、最初にインスタンスagent = DeepLearningAgent(model, encoder)を作成して、Webアプリケーションweb_app = get_web_app({'predict': agent})に登録し、web_app.run（）で始めることができます。

8.2.1 エンドツーエンドな囲碁ボットの例

図8.3は、プロセス全体を網羅したエンドツーエンドの例です（第7章の始めに紹介したものと同じフロー）。リスト8.8に示すように、エンコーダと囲碁データプロセッサを使用して、必要なインポートを行い、囲碁データを特徴量Xにとラベルyに読み込みます。

リスト8.8　プロセッサを使用して囲碁データから特徴量とラベル読み込む

```
import h5py

from keras.models import Sequential
from keras.layers import Dense

from dlgo.agent.predict import DeepLearningAgent, load_prediction_agent
from dlgo.data.parallel_processor import GoDataProcessor
from dlgo.encoders.sevenplane import SevenPlaneEncoder
from dlgo.httpfrontend import get_web_app
from dlgo.networks import large

go_board_rows, go_board_cols = 19, 19
nb_classes = go_board_rows * go_board_cols
encoder = SevenPlaneEncoder((go_board_rows, go_board_cols))
processor = GoDataProcessor(encoder=encoder.name())

X, y = processor.load_go_data(num_samples=100)
```

特徴量とラベルを用意したら、深層畳み込みニューラルネットワークを構築し、そのデータで訓練することができます。今回は、dlgo.networksから大きなネットワークを選択し、オプティマイザとしてAdadeltaを使用します。

リスト8.9　Adadeltaを使用した大きな囲碁着手予測モデルの構築と実行

```
input_shape = (encoder.num_planes, go_board_rows, go_board_cols)
model = Sequential()
network_layers = large.layers(input_shape)
for layer in network_layers:
    model.add(layer)
model.add(Dense(nb_classes, activation='softmax'))
model.compile(loss='categorical_crossentropy', optimizer='adadelta',
              metrics=['accuracy'])

model.fit(X, y, batch_size=128, epochs=20, verbose=1)
```

モデルの訓練が終わったら、囲碁ボットを作成してこのボットをHDF5形式で保存することができます。

リスト8.10　DeepLearningAgentの作成と永続化

```
deep_learning_bot = DeepLearningAgent(model, encoder)
deep_learning_bot.serialize("../agents/deep_bot.h5")
```

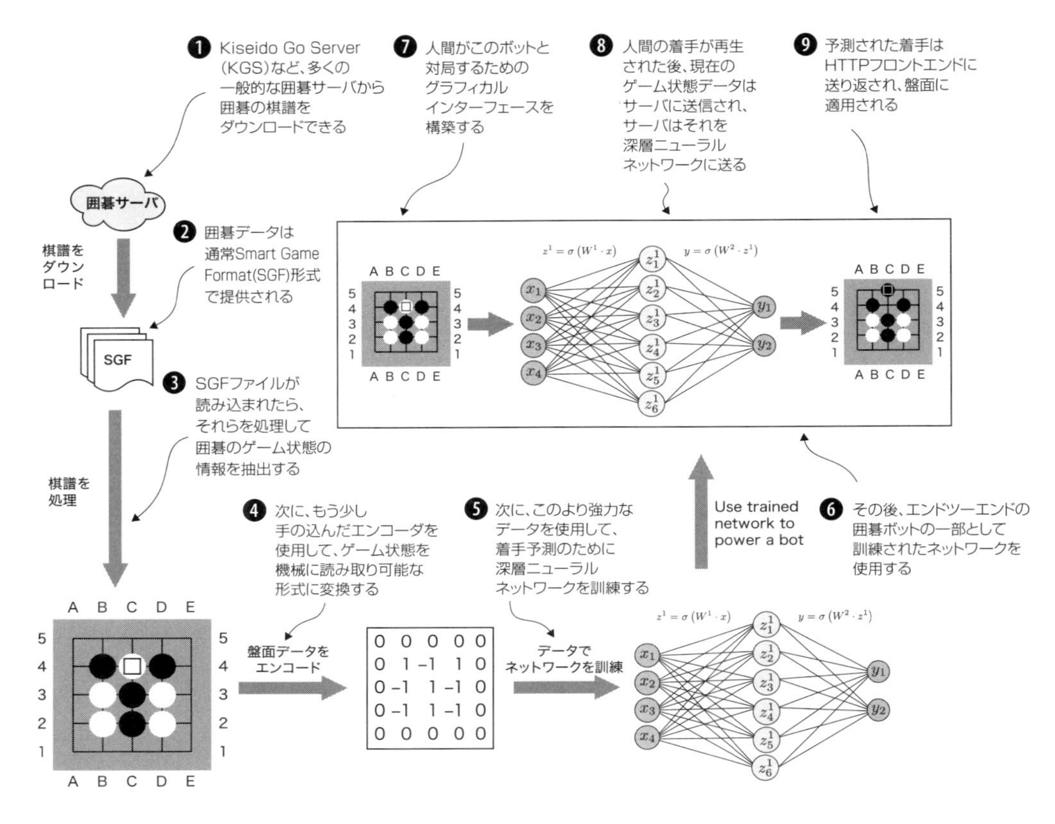

図8.3 深層学習囲碁ボットの訓練プロセス

最後に、ファイルからボットを読み込んでWebアプリケーションで提供することができます。

リスト8.11 ボットをメモリに読み込んでWebアプリケーションに提供する

```
model_file = h5py.File("../agents/deep_bot.h5", "r")
bot_from_file = load_prediction_agent(model_file)

web_app = get_web_app({'predict': bot_from_file})
web_app.run()
```

もちろん、すでに強力なボットを訓練している場合は、最後の部分を除くすべてをスキップできます。たとえば、第7章のチェックポイントで格納したモデルのうちの1つをロードして、それに応じてmodel_fileを変更することで、それが実際に対局相手としてどのようにプレイするかを見ることができます。

8.3 囲碁ボットのクラウドへの配置と訓練

この時点まで、すべての開発はローカルマシンで行われました。お使いのコンピュータで最新のGPUを使用できる場合は、第5章から第7章で開発した深層ニューラルネットワークを訓練することは、心配事ではありません。パワフルなGPUを持っていない場合や、計算に時間を割くことができない場合は、通常は**クラウドのGPUで計算時間を借りる**ことをお勧めします。

今のところ訓練を無視し、既に強力なボットを持っていると仮定します。そのボットをクラウドで提供して便利になるのは別の状況です。8.2節では、localhostでホストされているWebアプリケーションを介してボットを実行しました。あなたのボットを友人と共有したり、それを公開したりしたいのであれば、それは必ずしも理想的ではありません。コンピュータを昼夜問わずに動作させたくても、マシンに一般からアクセスさせたくないでしょう。ボットをクラウドにホスティングすることで、開発を配置から分離し、ボットとの対局に興味のある人とURLを共有することができます。

このトピックは重要ですが、機械学習には多少特別で間接的にしか関連していないため、すべて付録Dに委託しました。付録を読んで技法を適用するのは完全に任意ですが推奨します。付録Dでは、特定のクラウドプロバイダ、Amazon Web Services（AWS）を開始する方法を学習します。付録では次のスキルを学びます。

- AWSのアカウント作成
- 仮想サーバインスタンスの柔軟な設定、実行、および終了。
- 妥当なコストでのクラウドGPU上の深層学習モデルの訓練に適したAWSインスタンスの作成
- HTTP経由での囲碁ボットの（ほぼ）無料のサーバへの配置

これらの有用なスキルを学ぶことに加えて、付録Dは、オンライン囲碁サーバに接続する本格的な囲碁ボットを配置するための前提条件にもなります。これについては、後ほど8.6節で説明します。

8.4 他のボットとの対話：Go Text Protocol（GTP）

8.2節では、ボットのフレームワークをウェブフロントエンドに統合する方法を見てきました。これを実現するために、ボットと人間のプレイヤーとの間の通信を、Webのコアプロトコルの1つであるハイパーテキスト転送プロトコル（HTTP）で処理しました。注意が散漫になるのを避けるために、意図的に詳細をすべて省略しましたが、これを除くためには**標準化されたプロトコル**を用意する必要があります。人間とボットは囲碁の着手を交換するための共通の言語を持ちませんが、プロトコルがブリッジとして機能します。

Go Text Protocol（GTP）は、世界各地の囲碁サーバが、人間やボットがプラットフォームに接続するために使用するデファクトスタンダードです。多くのオフラインの囲碁プログラムは、GTPにも基づいています。このセクションでは、GTPの例を紹介し、Pythonでプロトコルの一部を実装し、その実装を使用して、他の囲碁プログラムとボットを対局させます。

付録Cでは、実際にすべてのオペレーティングシステムで使用できる2つの普及している囲碁プログラムであるGNU GoとPachiをインストールする方法について説明します。両方をインストールすることをお勧めしますので、両方のプログラムをシステムにインストールしてください。フロントエンドは必要ありません。これらは単純なコマンドラインツールです。GNU Goをインストールすると、GTPモードで起動することができます。

```
gnugo --mode gtp
```

このモードを使うと、GTPの仕組みを調査することができます。GTPはテキストベースのプロトコルなので、単にターミナルにコマンドを入力してEnterキーを押すだけです。たとえば、9路盤を設定するには、boardsize 9と入力します。これによりGNU Goが動作し、応答が返され、コマンドが正しく実行されたことが確認されます。成功したGTPコマンドは、すべて=で始まる応答を返し、失敗したコマンドは ? で始まる応答を返します。現在の盤面の状態を確認するには、showboardコマンドを発行します。これは、空の9路盤を期待どおりに出力します。

実際のゲームプレイでは、最も重要な2つのコマンドがgenmoveとplayです。最初のコマンドgenmoveは、GTPボットに次の着手を生成するように要求するために使用されます。GTPボットは通常、この着手をゲームの状態に内部的に適用します。このコマンドに必要な引数は、プレイヤーの色（「黒」または「白」）のみです。たとえば、白の着手を生成してGNU Goの盤に置くには、genmove whiteと入力します。これは=C4のような応答につながります。つまり、GNU Goはこのコマンドを受け入れ（=）、C4に白石を置きます。このように、GTPは第2章と第3章で紹介した標準座標を受け入れます。

他の着手に関連するコマンドはplayです。このコマンドは、GTPボットに盤面に着手を行わなければならないことを知らせるために使用されます。たとえば、GNU Goに、play black D4を発行することによって、黒のD4に着手することを伝えることができます。コマンドを受け入れると、=を返します。2つのボットがお互いに対局したとき、次の着手のgenmoveを交互に行い、自分の盤面に応答の着手をplayします。これはとても簡単です。もちろん、多くの詳細を除外しています。完全なGTPクライアントは、コミの処理から時間設定の管理、勝敗判定のルールまで、より多くのコマンドを処理する必要があります。GTPプロトコルの詳細については、www.gnu.org/software/gnugo/gnugo_19.htmlを参照してください。とはいえ、基本的なgenmoveとplayがあれば、GNU GoやPachiと私たちの深層学習ボットを対局させるのに十分です。

https://github.com/maxpumperla/deep_learning_and_the_game_of_go/tree/master/code/dlgo/gtp

GTPを扱い、このプロトコルを使用して囲碁の着手を交換できるようにエージェントの概念をラップするために、gtpという新しいdlgoのモジュールを作成します。ここまでは本文と並行して実装を試みることができました。しかし、この章ではGitHubの実装に直接従うことをお勧めします。

https://github.com/maxpumperla/deep_learning_and_the_game_of_go/tree/master/code/dlgo/gtp

まず、GTPコマンドの形式を整理しましょう。そのために、多くの囲碁サーバのコマンドでは、コマンドとレスポンスを一致させるためにシーケンス番号を取得することに注意する必要があります。これらのシーケンス番号はオプションで、省略することができます。GTPコマンドは、シーケンス番号、コマンド、およびそのコマンドが取りうる複数の引数で構成されています。この定義をgtpモジュールのcommand.pyに置きます。

リスト8.12　GTPコマンドのPython実装

```
class Command(object):

    def __init__(self, sequence, name, args):
        self.sequence = sequence
        self.name = name
        self.args = tuple(args)

    def __eq__(self, other):
        return self.sequence == other.sequence and \
            self.name == other.name and \
            self.args == other.args

    def __repr__(self):
        return 'Command(%r, %r, %r)' % (self.sequence, self.name, self.args)
```

```
    def __str__(self):
        return repr(self)
```

次に、コマンドラインから入力されたテキストを構文解析してCommandに入力します。たとえば、"999 play white D4"を構文解析すると、Command(999, 'play', ('white', 'D4'))になります。これに使用されるparsefunctionもcommand.pyに組み込まれています。

リスト8.13 プレーンテキストからのGTPコマンドの構文解析

```
def parse(command_string):
    pieces = command_string.split() # Check for the sequence number.
    try:
        sequence = int(pieces[0])    ❶
        pieces = pieces[1:]
    except ValueError:    ❷
        sequence = None
    name, args = pieces[0], pieces[1:]
    return Command(sequence, name, args)
```

❶ GTPコマンドはオプションのシーケンス番号ではじめることができる
❷ 最初の部分が数字ではない場合シーケンス番号はない

GTP座標が標準表記であると述べたとおり、GTP座標を盤の位置に、またはその逆に構文解析するのはとても簡単です。gtpモジュール内のboard.pyに座標と位置を変換する2つのヘルパー関数を定義しています。

リスト8.14 GTPの座標と内部のPoint型の間の変換

```
from dlgo.gotypes import Point
from dlgo.goboard_fast import Move

def coords_to_gtp_position(move):
    point = move.point
    return COLS[point.col - 1] + str(point.row)

def gtp_position_to_coords(gtp_position):
    col_str, row_str = gtp_position[0], gtp_position[1:]
    point = Point(int(row_str), COLS.find(col_str.upper()) + 1)
    return Move(point)
```

8.5 ローカルで他のボットと対局

GTPの基本について解説したので、アプリケーションに取り掛かり、ボットを読み込んでGNU GoやPachiと対局するプログラムを作成しましょう。このプログラムを提示する前に、解決すべき1つの技術的な問題、つまりボットがゲームを投了するか、パスするかという問題が残っています。

8.5.1 いつボットがパスまたは投了するか

現在の開発状況では、深層学習ボットはいつ対局を停止するかを知る手段がありません。これまでに設計した方法では、ボットは常に最善の手を選ぶでしょう。これは、パスした方が良いときや、さらには状況が少し悪すぎるように見えるときに投了した方が良いときに、終局に向かって弊害となる可能性があります。この理由から、**終局戦略**と呼ぶものを課すことになります。これは、終局するタイミングを明示的にボットに伝えます。第13章と14章では、これをまったく不要にする強力な技法を学びます（ボットは現在の盤面の状況を判断し、ある時には終局するのが最善であることを学びます)。しかし、今のところこの概念は有用であり、他の相手に対してボットを配置するために役立ちます。

dlgoのagentモジュールのtermination.pyというファイルに次のTerminationStrategyを作成します。そこで行うのは、パスするか、投了するべきかを決めることです（デフォルトでは行いません)。

リスト8.15　終局戦略は、終局する時をボットに指示する

```
from dlgo import goboard
from dlgo.agent.base import Agent
from dlgo import scoring

class TerminationStrategy:

    def __init__(self):
        pass

    def should_pass(self, game_state):
        return False

    def should_resign(self, game_state):
        return False
```

終局するためのとても単純なヒューリスティックは、相手がパスするときにパスすることです。もちろん、相手がいつパスするかを知っているという事実に頼っていますが、それは出発点であり、GNU GoとPachiに対してはうまくいきます。

リスト 8.16　対局相手がパスするたびにパスする

```
class PassWhenOpponentPasses(TerminationStrategy):

    def should_pass(self, game_state):
        if game_state.last_move is not None:
            return True if game_state.last_move.is_pass else False

def get(termination):
    if termination == 'opponent_passes':
        return PassWhenOpponentPasses()
    else:
        raise ValueError("Unsupported termination strategy: {}"
                         .format(termination))
```

termination.pyには、ResignLargeMarginという別の戦略もあります。これは、ゲームの推定スコアが対局相手に優勢になりすぎるとすぐに投了します。このような他の多くの戦略を考え出すことができますが、最終的に機械学習でこの支えを取り除くことができます。

ボットを互いに対局させるために必要な最後のことは、エージェントがTerminationStrategyを実装して、必要に応じてパスと投了を行うことです。このTerminationAgentクラスもtermination.pyに入ります。

リスト 8.17　終局戦略でエージェントをラップする

```
class TerminationAgent(Agent):

    def __init__(self, agent, strategy=None):
        Agent.__init__(self)
        self.agent = agent
        self.strategy = strategy if strategy is not None else TerminationStrategy()

    def select_move(self, game_state):
        if self.strategy.should_pass(game_state):
            return goboard.Move.pass_turn()
        elif self.strategy.should_resign(game_state):
            return goboard.Move.resign()
        else:
            return self.agent.select_move(game_state)
```

8.5.2 ボットが他の囲碁プログラムと対局できるようにする

終局戦略について説明したので、囲碁ボットを他のプログラムとの対局に取り掛かることができます。gtpモジュールのplay_local.pyには、いずれかのボットとGNU GoまたはPachiの間でゲームを始めるスクリプトがあります。必要なインポートから始めて、このスクリプトをステップバイステップで実行します。

リスト8.18　ローカルでボットを実行するためのインポート

```
import subprocess
import re
import h5py

from dlgo.agent.predict import load_prediction_agent
from dlgo.agent.termination import PassWhenOpponentPasses, TerminationAgent
from dlgo.goboard_fast import GameState, Move
from dlgo.gotypes import Player
from dlgo.gtp.board import gtp_position_to_coords, coords_to_gtp_position
from dlgo.gtp.utils import SGFWriter
from dlgo.utils import print_board
from dlgo.scoring import compute_game_result
```

SGFWriterを除いて、ほとんどのインポートはすでに見てきています。SGFWriterはdlgo.gtp.utilsにある小さなユーティリティクラスで、ゲームを追跡して最後にSGFファイルに書き出します。

ゲーム実行クラスLocalGtpBotを初期化するには、深層学習エージェントと、オプションで終局戦略を提供する必要があります。また、使用するコミの石の数と対局相手を指定することもできます。後者には、"gnugo"と"pachi"のどちらかを選択できます。LocalGtpBotはこれらのプログラムのいずれかをサブプロセスとして初期化し、ボットとその相手の双方がGTPで通信します。

リスト8.19　2つボット相手に対局するように実行クラスを初期化する

```
class LocalGtpBot:

    def __init__(self, go_bot, termination=None, handicap=0,
                 opponent='gnugo', output_sgf="out.sgf",
                 our_color='b'):
        self.bot = TerminationAgent(go_bot, termination)   ❶
        self.handicap = handicap
        self._stopped = False   ❷
```

```
        self.game_state = GameState.new_game(19)
        self.sgf = SGFWriter(output_sgf)    ❸

        self.our_color = Player.black if our_color == 'b' else Player.white
        self.their_color = self.our_color.other

        cmd = self.opponent_cmd(opponent)   ❹
        pipe = subprocess.PIPE
        self.gtp_stream = subprocess.Popen(
            cmd, stdin=pipe, stdout=pipe    ❺
        )

    @staticmethod
    def opponent_cmd(opponent):
    if opponent == 'gnugo':
        return ["gnugo", "--mode", "gtp"]
    elif opponent == 'pachi':
        return ["pachi"]
    else:
        raise ValueError("Unknown bot name {}".format(opponent))
```

❶ エージェントと終局戦略を指定してボットを初期化する
❷ いずれかのプレイヤーが対局を終了するまでプレイする
❸ 最後にSGF形式で、指定されたファイルにゲームを書き出す
❹ 相手はGNU GoかPachiのどちらか
❺ コマンドラインからGTPコマンドを読み書きする

ここで示すツールで使用する主なメソッドの1つはcommand_and_responseです。これはGTPコマンドを送信し、このコマンドの応答を読み込みます。

リスト8.20　GTPコマンドを送信し、応答を受信する

```
    def send_command(self, cmd):
        self.gtp_stream.stdin.write(cmd.encode('utf-8'))

    def get_response(self):
        succeeded = False
        result = ''
        while not succeeded:
        line = self.gtp_stream.stdout.readline()
        if line[0] == '=':
            succeeded = True
            line = line.strip()
            result = re.sub('^= ?', '', line)
```

```
        return result

    def command_and_response(self, cmd):
        self.send_command(cmd)
        return self.get_response()
```

ゲームは次のように展開します。

1. - GTP boardsizeコマンドで盤のサイズを設定します。ここでは、19路盤のみを使用します。深層学習ボットがそれに合わせて作られているためです。
2. - set_handicapメソッドで置き石を設定します。
3. - playメソッドでゲームそのものを実行します。
4. - SGFファイルとして棋譜を保存します。

リスト8.21　盤を設定し、対局を行い、ゲームを保存する

```
    def run(self):
        self.command_and_response("boardsize 19\n")
        self.set_handicap()
        self.play()
        self.sgf.write_sgf()

    def set_handicap(self):
        if self.handicap == 0:
            self.command_and_response("komi 7.5\n")
            self.sgf.append("KM[7.5]\n")
        else:
            stones = self.command_and_response("fixed_handicap {}\n".format(
                                                   self.handicap))
            sgf_handicap = "HA[{}]AB".format(self.handicap)
            for pos in stones.split(" "):
                move = gtp_position_to_coords(pos)
                self.game_state = self.game_state.apply_move(move)
                sgf_handicap = sgf_handicap + "[" + self.sgf.coordinates(move) + "]"
            self.sgf.append(sgf_handicap + "\n")
```


ボット同士の対局のためのゲームプレイロジックは単純です。相手がゲームを停止するまで、交代して着手し続けます。ボットは、それぞれplay_our_moveとplay_their_moveというメソッドでそれを行います。また、画面をクリアし、現在の盤の状況と結果のおよその推定値を出力します。

リスト8.22　対局相手が停止する合図をするとゲームが終了する

```
def play(self):
    while not self._stopped:
        if self.game_state.next_player == self.our_color:
            self.play_our_move()
        else:
            self.play_their_move()
        print(chr(27) + "[2J")
        print_board(self.game_state.board)
        print("Estimated result: ")
        print(compute_game_result(self.game_state))
```

私たちのボットの着手を行うことは、select_moveで手を生成し、それを盤面に適用し、手を変換してGTP経由で送信することを要求することを意味します。パスと投了のためは特別な手続きが必要です。

リスト8.23　GTPに変換された手を生成し、実行するようボットに依頼する

```
def play_our_move(self):
    move = self.bot.select_move(self.game_state)
    self.game_state = self.game_state.apply_move(move)

    our_name = self.our_color.name
    our_letter = our_name[0].upper()
    sgf_move = ""
    if move.is_pass:
        self.command_and_response("play {} pass\n".format(our_name))
    elif move.is_resign:
        self.command_and_response("play {} resign\n".format(our_name))
    else:
        pos = coords_to_gtp_position(move)
        self.command_and_response("play {} {}\n".format(our_name, pos))
        sgf_move = self.sgf.coordinates(move)
    self.sgf.append(";{}[{}]\n".format(our_letter, sgf_move))
```

相手の着手を実行することは、構造的には私たちのボットの着手に非常に似ています。GNU GoもしくはPachiに手を生成するように頼み、GTPの応答を私たちボットが理解できる手に変換しなければなりません。必要なもう1つのことは、相手が投了したとき、または両方のプレイヤーがパスしたときに終局することです。

リスト8.24　対局相手は、genmove GTPコマンドに応答して着手を行う

```
    def play_their_move(self):
        their_name = self.their_color.name
        their_letter = their_name[0].upper()

        pos = self.command_and_response("genmove {}\n".format(their_name))
        if pos.lower() == 'resign':
            self.game_state = self.game_state.apply_move(Move.resign())
            self._stopped = True
        elif pos.lower() == 'pass':
            self.game_state = self.game_state.apply_move(Move.pass_turn())
            self.sgf.append(";{}[]\n".format(their_letter))
            if self.game_state.last_move.is_pass:
                self._stopped = True
        else:
            move = gtp_position_to_coords(pos)
            self.game_state = self.game_state.apply_move(move)
            self.sgf.append(";{}[{}]\n".format(their_letter,
                                               self.sgf.coordinates(move)))
```

これでplay_local.pyの実装が完了しました。次のようにテストできます。

リスト8.25　あなたのボットのPachiと対局させる

```
from dlgo.gtp.play_local import LocalGtpBot
from dlgo.agent.termination import PassWhenOpponentPasses
from dlgo.agent.predict import load_prediction_agent
import h5py

bot = load_prediction_agent(h5py.File("../agents/betago.hdf5", "r"))

gtp_bot = LocalGtpBot(go_bot=bot, termination=PassWhenOpponentPasses(),
                      handicap=0, opponent='pachi')
gtp_bot.run()
```

図8.4にボット間のゲームがどのように展開するかを示します。

```
19 . . . . . . . . . . . . . . . . . . .
18 . x x x . o . . . . . . . . o x . . .
17 . o x . x o . . . . . . . . o x . . .
16 . o o x o . . . o . . . . . o x . . .
15 . . . x . . . . . . . . . . . x . . .
14 . o . x . . . . . . . . . . . . . . .
13 . o x . . . . . . . . . . . . . . . .
12 . o x . . . . . . . . . . . . . . . .
11 . o x . . . . . . . . . . . . . . . .
10 . . o x . . . . . . . . . . . . . . .
 9 . . o x . . . . . . . . . . . . . x .
 8 . . . o . . . . . . . . . . . . x . x
 7 . . . . . . . o o . . . . . . o o x .
 6 . . . . . . x o x . o . . . . o . o .
 5 . . x x . x . x . . . . . . . o . o .
 4 . . x o o o x x x o . . . . . x o x .
 3 . x o . . x o x . . o . . . . x . x .
 2 . x o . . x o x o . . . . . . . . . .
 1 . . . . . . . . . . . . . . . . . . .
   A B C D E F G H J K L M N O P Q R S T
Estimated result:
W+3.5
IN: genmove white
Move:  85  Komi: 7.5  Handicap: 0  Captures B: 4 W: 2
      A B C D E F G H J K L M N O P Q R S T        A B C D E F G H J K L M N O P Q R S T
    +---------------------------------------+    +---------------------------------------+
 19 | . . . . . . . . . . . . . . . . . . . | 19 | x x x x , o o o o o o , , , , x x x x |
 18 | . X X X . O . . . . . . . . O X . . . | 18 | , x x x , o o o o o , , , , o X x x x |
 17 | . O X . X O . . . . . . . . O X . . . | 17 | o O x x x o o o o o , , , , o X x x x |
 16 | . O O X O . . . O . . . . . O X . . . | 16 | O O O X , , , o O o , , , , , X x x x |
 15 | . . . X . . . . . . . . . . . X). . . | 15 | O O , X , , , , , , , , , , , , x x x |
 14 | . O . X . . . . . . . . . . . . . . . | 14 | O O , X x , , , , , , , , , , , , , , |
 13 | . O X . . . . . . . . . . . . . . . . | 13 | O O X X x , , , , , , , , , , , , , , |
 12 | . O X . . . . . . . . . . . . . . . . | 12 | O O X x x , , , , , , , , , , , , , , |
 11 | . O X . . . . . . . . . . . . . . . . | 11 | O O X x x , , , , , , , , , , , , , x |
 10 | . . O X . . . . . . . . . . . . . . . | 10 | O O O X , , , , , , , , , , , , , x x |
  9 | . . O X . . . . . . . . . . . . . X . |  9 | o O O X , , , , , , , , , , , , , x x |
  8 | . . . O . . . . . . . . . . . . X . X |  8 | o o o O , , , , , , o , , , , , x x x |
  7 | . . . . . . . O O . . . . . . O O X . |  7 | , , , , , , , O O o o o o , o O O x x |
  6 | . . . . . . X O X . O . . . . O . O . |  6 | , , , , x x X O X o O o o o o O O O , |
  5 | . . X X . X . X . . . . . . . O . O . |  5 | x x X X X X X X X , o o o , , O o O o |
  4 | . . X O O O X X X O . . . . . X O X . |  4 | X X X X X X X X X O o o , , , x o x , |
  3 | . X O . . X O X . . O . . . . X . X . |  3 | X X X X X X X X , , O o , , , x , x , |
  2 | . X O . . X O X O . . . . . . . . . . |  2 | X X X X X X X X o o o o , , , , , x x |
  1 | . . . . . . . . . . . . . . . . . . . |  1 | X X X X X X X X , , o , , , , , , x x |
    +---------------------------------------+    +---------------------------------------+
```

図8.4　Pachiと私たちのボットの双方がどのようにゲームを見て評価しているかのスナップショット

図の上側には、出力された盤面が表示され、続いて現在の結果の推定値が表示されます。下半分には、Pachiのゲーム状態（これはあなたのボットと同一です）が左に表示され、右にはPachiが、盤面のどの部分がどのプレイヤーに属していると考えるかという観点から、現在のゲームの評価を推定しています。

これはあなたのボットが、今何ができるのかをうまく納得させるエキサイティングなデモですが、これで話の終わりではありません。次の節ではさらに一歩進んで、実際の囲碁サーバとボットを接続する方法を説明します。

8.6 オンライン囲碁サーバへの囲碁ボットの配置

play_local.pyが、実際には、2つのボットが互いに対局するための小さな囲碁サーバだったことを思い出してください。それは、GTPコマンドを受け入れ、送信し、いつゲームを開始し、終了するかを知っています。このプログラムは、相手がどのように対話するかを制御する審判の役割を担うため、多少のオーバーヘッドが発生します。

ボットを実際の囲碁サーバに接続する場合は、サーバがすべてのゲームプレイロジックを処理するため、GTPコマンドの送受信に完全に集中できます。心配事が少なくなることから、より簡単になります。一方、正式な囲碁サーバに接続するということは、そのサーバがサポートしているGTPコマンドの全範囲をサポートする必要があることを意味します。そうしないと、ボットがクラッシュする可能性があります。

そうならないように、GTPコマンドの処理をもう少し具体化してみましょう。まず、成功したコマンドと失敗したコマンドに対する適切なGTP応答クラスを実装します。

リスト8.26　GTP応答のエンコーディングとシリアライズ

```
class Response(object):
    def __init__(self, status, body):
        self.success = status
        self.body = body

def success(body=''):    ❶
    return Response(status=True, body=body)

def error(body=''):    ❷
    return Response(status=False, body=body)

def bool_response(boolean):    ❸
    return success('true') if boolean is True else success('false')

def serialize(gtp_command, gtp_response):    ❹
    return '{}{} {}\n\n'.format(
        '=' if gtp_response.success else '?',
```

```
        '' if gtp_command.sequence is None else str(gtp_command.sequence),
        gtp_response.body
    )
```

❶ 応答のボディを伴う成功のGTP応答を作成する
❷ エラーのGTP応答を作成する
❸ Pythonブール値をGTPに変換する
❹ GTP応答を文字列としてシリアライズする

これにより、この節のメインクラスGTPFrontendの実装を完了させることができます。このクラスをgtpモジュールのfrontend.pyに記述します。gtpモジュールからのcommandとresponseを含む以下のインポートが必要です。

リスト8.27　GTPフロントエンド用のPythonインポート

```
import sys

from dlgo.gtp import command, response
from dlgo.gtp.board import gtp_position_to_coords, coords_to_gtp_position
from dlgo.goboard_fast import GameState, Move
from dlgo.agent.termination import TerminationAgent
from dlgo.utils import print_board
```

GTPフロントエンドを初期化するには、Agentインスタンスとオプションの終局戦略を指定するだけです。GTPFrontendは、処理するGTPイベントの辞書をインスタンス化します。playなどの一般的なコマンドを含むそれぞれのイベントを実装する必要があります。

リスト8.28 GTPイベントハンドラの定義を伴うGTPFrontendの初期化

```
HANDICAP_STONES = {
    2: ['D4', 'Q16'],
    3: ['D4', 'Q16', 'D16'],
    4: ['D4', 'Q16', 'D16', 'Q4'],
    5: ['D4', 'Q16', 'D16', 'Q4', 'K10'],
    6: ['D4', 'Q16', 'D16', 'Q4', 'D10', 'Q10'],
    7: ['D4', 'Q16', 'D16', 'Q4', 'D10', 'Q10', 'K10'],
    8: ['D4', 'Q16', 'D16', 'Q4', 'D10', 'Q10', 'K4', 'K16'],
    9: ['D4', 'Q16', 'D16', 'Q4', 'D10', 'Q10', 'K4', 'K16', 'K10'],
}

class GTPFrontend(object):
```

```
    def __init__(self, termination_agent, termination=None):
        self.agent = termination_agent
        self.game_state = GameState.new_game(19)
        self._input = sys.stdin
        self._output = sys.stdout
        self._stopped = False

        self.handlers = {
            'boardsize': self.handle_boardsize,
            'clear_board': self.handle_clear_board,
            'fixed_handicap': self.handle_fixed_handicap,
            'genmove': self.handle_genmove,
            'known_command': self.handle_known_command,
            'komi': self.ignore,
            'showboard': self.handle_showboard,
            'time_settings': self.ignore,
            'time_left': self.ignore,
            'play': self.handle_play,
            'protocol_version': self.handle_protocol_version,
            'quit': self.handle_quit,
        }
```

以下のrunメソッドを使用してゲームを開始すると、それぞれのイベントハンドラに転送されるGTPコマンドが継続的に読み込まれます。これはprocessメソッドによって実行されます。

リスト8.29　フロントエンドは、ゲームが終了するまで入力ストリームを解析する

```
      def run(self):
        while not self._stopped:
            input_line = self._input.readline().strip()
            cmd = command.parse(input_line)
            resp = self.process(cmd)
            self._output.write(response.serialize(cmd, resp))
            self._output.flush()
    def process(self, cmd):
        handler = self.handlers.get(cmd.name, self.handle_unknown)
        return handler(*cmd.args)
```

このGTPFrontendを完成させるために残されているのは、個々のGTPコマンドの実装です。ここでは3つの最も重要なものを示します。残りの部分はGitHubリポジトリを参照してください。

リスト 8.30　**GTP フロントエンドにとって最も重要な 3 つのイベントの応答**

```
    def handle_play(self, color, move):
        if move.lower() == 'pass':
            self.game_state = self.game_state.apply_move(Move.pass_turn())
        elif move.lower() == 'resign':
            self.game_state = self.game_state.apply_move(Move.resign())
        else:
            self.game_state = self.game_state.apply_move(
                gtp_position_to_coords(move))
        return response.success()

    def handle_genmove(self, color):
        move = self.agent.select_move(self.game_state)
        self.game_state = self.game_state.apply_move(move)
        if move.is_pass:
            return response.success('pass')
        if move.is_resign:
            return response.success('resign')
        return response.success(coords_to_gtp_position(move))

    def handle_fixed_handicap(self, nstones):
        nstones = int(nstones)
        for stone in HANDICAP_STONES[:nstones]:
            self.game_state = self.game_state.apply_move(
                gtp_position_to_coords(stone))
        return response.success()
```

　このGTP フロントエンドを小さなスクリプトで、コマンドラインから起動することができます。

リスト 8.31　**コマンドラインから GTP インタフェースを起動する**

```
from dlgo.gtp import GTPFrontend
from dlgo.agent.predict import load_prediction_agent
from dlgo.agent import termination
import h5py

model_file = h5py.File("agents/betago.hdf5", "r")
agent = load_prediction_agent(model_file)
strategy = termination.get("opponent_passes")
termination_agent = termination.TerminationAgent(agent, strategy)

frontend = GTPFrontend(termination_agent)
frontend.run()
```

このプログラムが実行されると、GNU Goを8.4節でテストしたのとまったく同じ方法で使用できます。つまり、GTPコマンドを投入すると適切に処理されます。実際にgenmoveを使って着手を行ったり、盤面の状態をshowboardで出力してテストしてみてください。GTPFrontendのイベントハンドラで扱われているコマンドはすべて実行可能です。

8.6.1 Online Go Server(OGS)へのボットの登録

GTPフロントエンドが完成し、GNU GoやPachiと同じようにローカルで動作するようになったので、通信用にGTPを使用するオンラインプラットフォームにボットを登録することができます。最も人気のある囲碁サーバはGTPに基づいており、そのうちの3つを付録Cで説明しています。ヨーロッパと北米で最も人気のあるサーバの1つがOnline Go Server（OGS）です。ボットを実行する方法を示すためにOGSをプラットフォームとして選択しましたが、他のほとんどのプラットフォームでも同じことを行うことができます。

OGSでのボットの登録プロセスは若干複雑なため、付録Eに、javascriptで書かれた、ボットをOGSに接続するツールを入れました。この付録を今ここで読んで戻ってくることができますが、あなた自身のボットをオンラインで動かすことに興味がないなら、スキップしてください。付録Eを完了すると、以下のスキルを学ぶことができます。

- OGSで2つのアカウントを作成します。1つはボット用、もう1つはボットを管理するためのアカウントです。
- テストを目的として、ローカルコンピュータからOGSにボットを接続します。
- OGSにいつでも接続できるようにするために、AWSインスタンスにボットを配置します。

これにより、あなた自身が作成したボットとオンラインで（ランク付けされた）対局を行うことができるようになります。また、OGSアカウントを持っている人は、この時点であなたのボットと対局することができます。さらに、あなたのボットはOGSでホストされているトーナメントに入ることさえできます！

8.7 まとめ

- エージェントフレームワークに深層学習ネットワークを構築することで、モデルが環境とやり取りできるようにすることができます。
- HTTPフロントエンドを構築することで、Webアプリケーションにエージェントを登録すると、グラフィカルインタフェースを通してあなた自身のボットと対局することができます。
- AWSのようなクラウドプロバイダを使用すると、GPUの計算能力を借りて、深層学習の実験を効率的に実行できます。
- WebアプリケーションをAWSに配置すると、簡単にボットを共有し、他の人と対局することができます。
- ボットにGo Text Protocol（GTP）コマンドを送信して受信させることで、他の囲碁プログラムに対して標準化された方法で、ローカルで対局することができます。
- ボットのためのGTPフロントエンドを構築することは、オンライン囲碁プラットフォームにボットを登録するための最も重要なステップです。
- クラウドにボットを配置すると、Online Go Server（OGS）で通常の対局やトーナメントに参加できます。また、いつでもあなた自分と対局することができます。

第9章 練習による学習：強化学習

この章では、次の内容を取り上げます。

- **強化学習の言語体系でのタスクの記述**
- **強化学習によって、後で改善できるアルゴリズムによる決定**
- **後で訓練するための自己対局の経験の収集と保存**

私は、中国、韓国、そして日本の強いプロによって書かれた、囲碁に関する本を何十冊も読んだことがあります。それでも、私自身は中級のアマチュアプレイヤーです。なぜ私はこれらの伝説的なプレイヤーのレベルに達していないのでしょうか？　私は彼らが教える内容を忘れてしまったのでしょうか？　私はそうは思いません。影山利郎の『Lessons in the Fundamentals of Go』（Ishi Press、1978年）を暗唱することもできます。ひょっとすると、私はもっと本を読む必要があるかもしれません…。

トップの囲碁のスタープレイヤーになるための完全なレシピはわかりません。しかし、囲碁のプロ棋士との違いが少なくとも1つあります。それは、練習です。囲碁プレイヤーはおそらくプロとしての資格を得る前に5万または1万回の対局を行います。練習は知識を生み出し、時にはそれは直接伝達することができない知識です。その知識は**要約**することができます。── それを囲碁の本にすることです。しかし、その微妙な部分は本への変換の中で失われていきます。読んだレッスンを本当に習得することを期待するなら、同様のレベルの練習をする必要があります。

もし練習が人間にとって非常に価値があるとすると、コンピュータにとってはどうでしょうか？　コンピュータプログラムは練習によって学ぶことができるでしょうか？　それには強化学習が有望です。**強化学習**（reinforcement learning：RL）では、プログラムに繰り返しタスクを試行させることによってプログラムを改善します。良い結果が出たら、プログラムを変更して、その決定を繰り返します。悪い結果の場合、その決定を避けるためにプログラムを修正します。これは、試行のたびに新しいコードを書くという意味ではありません。RLアルゴリズムは、それらの変更を行うための自動化された方法を提供します。

強化学習はただで手に入るものではありません。1つには、実行に時間がかかります。つまり、ボットは、測定可能な改善をするために何千ものゲームをプレイする必要があります。さらに、訓練プロセスは手間がかかり、デバッグが困難です。しかし、これらのテクニックを機能させるように努力をしたならば、大きな見返りがあります。あなた自身で戦略を説明できなくても、洗練された戦略を適用してさまざまなタスクに取り組むソフトウェアを構築できます。

この章では、強化学習サイクルを俯瞰することから始めます。次に、強化学習プロセスに適合する方法で、囲碁ボットを自分自身と対局するように設定する方法について説明します。第9章では、ボットのパフォーマンスを向上させるための自己対局データの使用方法について説明します。

9.1 強化学習サイクル

さまざまなアルゴリズムによって強化学習のメカニズムを実装できますが、それらはすべて標準的なフレームワークの中で機能します。この節では、コンピュータプログラムがタスクを繰り返し試みることによって改善する強化学習サイクルについて説明します。図9.1にそのサイクルを示します。

強化学習の言語体系では、囲碁ボットは**エージェント**（agent）です。タスクを達成するために決定を行うプログラムです。この本の前半では、移動を選択できるAgentクラスのいくつかのバージョンを実装しました。これらのケースでは、エージェントに状況（GameStateオブジェクト）を提供しました。そして、それは決定に応答しました。そのときは強化学習を使用していませんでしたが、エージェントの概念は同じです。

強化学習の目標（goal）は、エージェントを可能な限り効果的な行動ができるようにすることです。本書の場合、それはエージェントが囲碁で勝てるようになることを意味します。

まず、囲碁ボットにそれ自身に対してゲームのバッチをプレイさせます。各ゲーム中に、各手番と最終結果を記録する必要があります。このゲームの記録の集まりを**経験**（experience）と呼びます。

次に、自己対局ゲームで起こったことに応じてボットの振る舞いを更新することによって、ボットを訓練します。このプロセスは、第6章と第7章で説明したニューラルネットワークの訓練と似ています。中核となる考えは、ボットが勝ったゲームで行った決定を繰り返し、負けたゲームで行った決定をやめることです。訓練アルゴリズムはあなたのエージェントの構造と一体化されます。訓練のために、エージェントの振る舞いを体系的に修正できる必要があります。これを行うための多くのアルゴリズムがあります。最初に取り上げるのは、方策勾配法（policy gradient algorithm）です。そして第11章ではQ学習アルゴリズムをを12章ではactor-critic法アルゴリズムを紹介します。

訓練の後、ボットが少し強くなることを期待します。しかし、うまくいかない方法や訓練プロセスはたくさんあります。そのため、進捗状況を評価して確認することをお勧めします。ゲームプレイエージェントを評価するには、さらにいくつかのゲームをプレイさせます。その進捗を測るためにそれ自身の以前のバージョンに対してエージェントを対局させることができます。正当性のチェックとして、自分のボットを他のAIと定期的に比較したり、あなた自分で対局したりすることもできます。

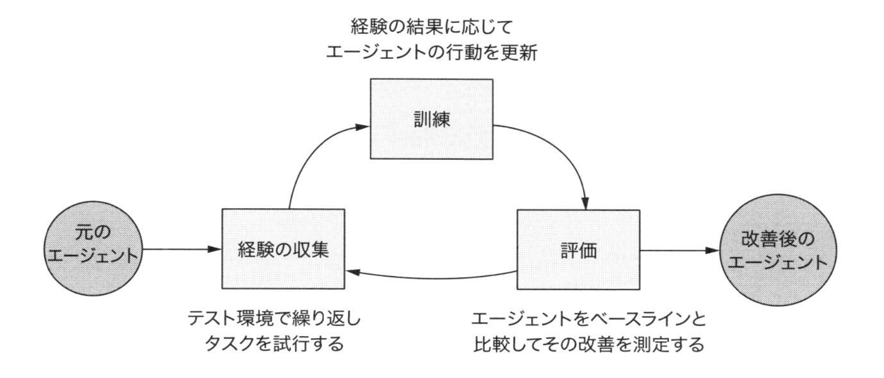

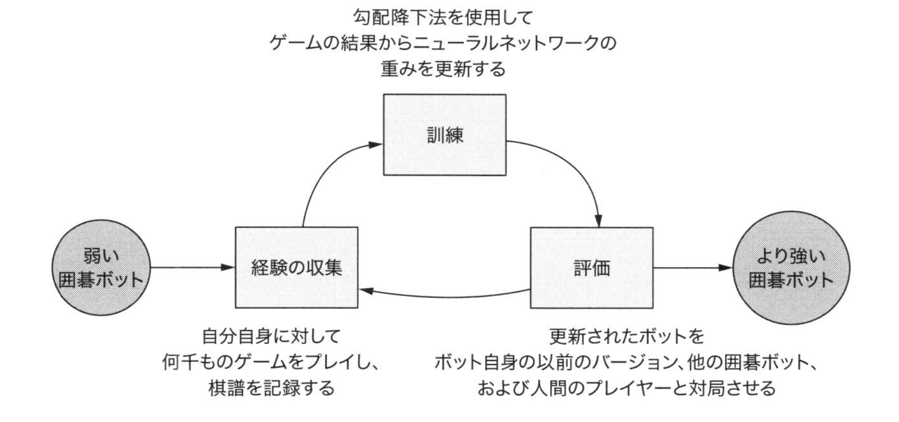

図9.1 強化学習サイクル：強化学習はさまざまな方法で実装できますが、全体的なプロセスは共通の構造を持ちます。まず、コンピュータプログラムはタスクを繰り返し試みます。これらの試行の記録は経験(experience)データと呼ばれます。次に、より成功した試行を模倣するように動作を変更します。このプロセスは訓練です。それから、定期的にパフォーマンスを評価して、プログラムが改善されていることを確認します。通常、このプロセスを何度も繰り返す必要があります。

それから、このサイクル全体を無期限に繰り返すことができます。

- 経験の収集
- 訓練
- 評価

このサイクルを複数のスクリプトに分割します。この章では、自己対局ゲームをシミュレートし、経験データをディスクに保存するself_playスクリプトを実装する方法を説明します。次の章では、経験データを入力として受け取り、それに応じてエージェントを更新し、新しいエージェントを保存するtrainスクリプトを作成します。

9.2 何が経験になるか

第3章では、囲碁のゲームを表現するための一連のデータ構造を設計しました。Move、GoBoard、GameStateなどのクラスを使用して、ゲームの記録全体を格納する方法を想定できます。しかし、強化学習は一般的なアルゴリズムです。問題の高い抽象表現を扱うので、同じアルゴリズムを可能な限り多くの問題領域に適用することができます。この節では、強化学習の言語体系でゲームの記録を記述する方法を示します。

ゲームプレイの場合、経験を個々のゲームまたはエピソード（episode）に分割することができます。エピソードには明確な終わりがあり、あるエピソードの間に行った決定は、次のエピソードで起こることには関係ありません。他の分野では、経験をエピソードに分割する明白な方法がないかもしれません。たとえば、連続的に動作するように設計されているロボットは、無限に決定をするだけです。そのような問題にも強化学習を適用することができますが、エピソードの境界は問題をもう少し簡単にします。

エピソード内で、エージェントは**環境**（environment）の**状態**（state）に向き合います。現在の状態に基づいて、エージェントは**行動**（action）を選択する必要があります。行動を選択すると、エージェントは新しい状態を知ります。次の状態は選択された行動と環境で起こっている他のことの両方に依存します。囲碁の場合、AIは局面（状態）を見てから、合法な着手（行動）を選択します。その後、AIは次の手番に新しい局面を確認します（次の状態）。

エージェントが行動を選択した後、次の状態には対局相手の着手も含まれることに注意してください。つまり、現在の状態と選択した行動から次の状態を判断することはできません。相手の着手も待たなければなりません。相手の行動は、エージェントがうまく進むために学習しなければならない環境の一部です。

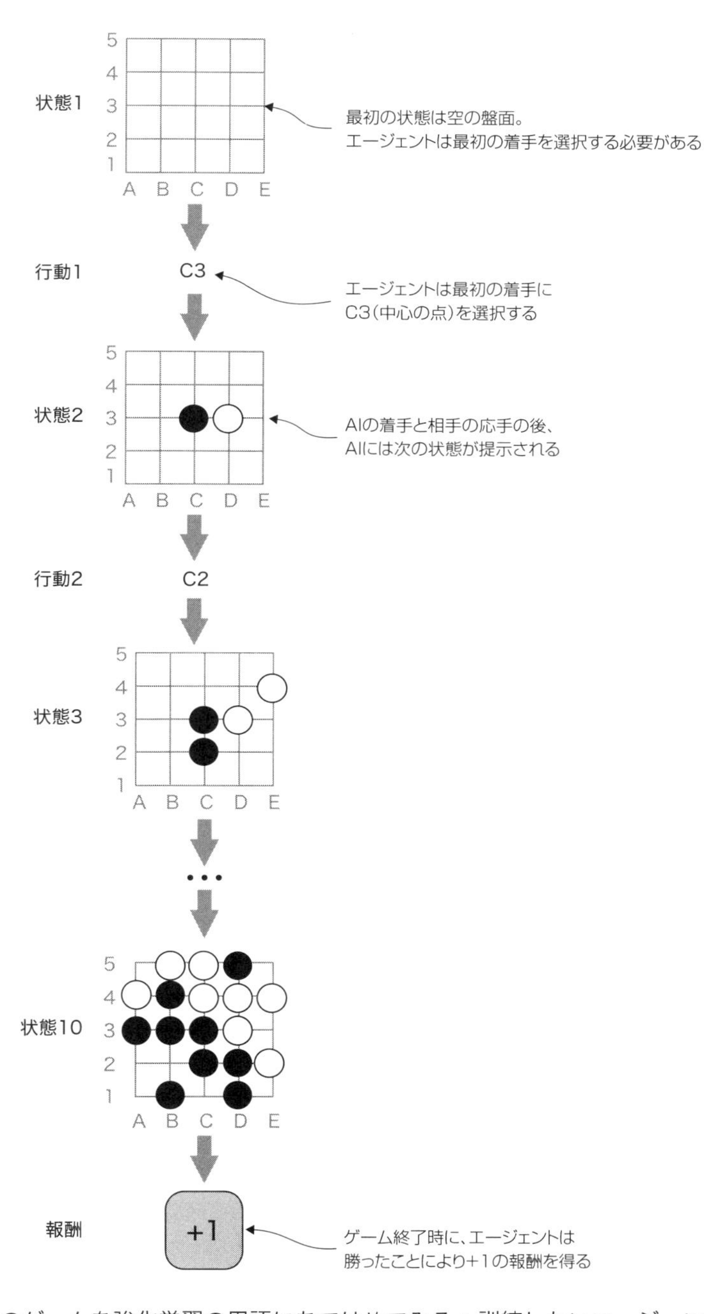

図9.2 5路盤のゲームを強化学習の用語にあてはめてみる：訓練したいエージェントは黒のプレイヤーです。一連の状態（局面）を見て、行動（合法な着手）を選択します。エピソード（完全なゲーム）の終わりに、目標を達成したかどうかを示す報酬を得ます。この場合、黒がゲームに勝ち、エージェントは+1の報酬を得ます。

改善を行うために、エージェントはそれが目的を達成しているかどうかについてのフィードバックを必要とします。目標の達成に応じた**報酬**（reward）（数値スコア）を計算することによってフィードバックを提供します。囲碁AIでは、目標はゲームに勝つことです。したがって、勝つたびに1、負けるたびに−1の報酬を伝えます。強化学習アルゴリズムは、蓄積する報酬の量を増やすためにエージェントの行動を修正します。図9.2は、囲碁のゲームが状態、行動、および報酬でどのように記述されるかを示しています。

囲碁や類似するゲームは特別な場合です。つまり、ゲームの終了時に、報酬を一度に得ます。そして取り得る報酬は2つしかありません。勝つか負けるかのどちらかです。そしてゲームで起こる他のことについて気にしません。他の分野では、報酬が分かれているかもしれません。スクラブルをプレイするためのAIを作ることを想像してみてください。各手番で、AIは単語を配置していくつかのポイントを獲得し、そして対戦相手も同じことをします。その場合、AIのポイントに対してプラスの報酬、相手のポイントに対してマイナスの報酬を計算できます。そうすれば、AIはその報酬を得るためにエピソードの終わりまで待つ必要はありません。行動をとるたびに報酬の小さな断片を得ます。

強化学習における重要な考え方は、行動が、後に得る報酬の原因となるかもしれないということです。ゲームの35手目で特に良い手を打ち、そして200手後に優勢を続けていることを想像してください。早い段階での良い着手は、勝ちに対する少なくともいくつかの功績に値します。どうにかしてゲーム内のすべての着手に、報酬としての功績を分配しなければなりません。エージェントが行動の後に得る将来の報酬は、その行動に対する収益（return）と呼ばれます。行動に対する収益を計算するには、リスト9.1に示すように、行動の後にエージェントが得たすべての報酬を、エピソードの終わりまで加算します。これは、どの着手が勝ち負けの原因となっているのかを前もって知らないことによる方法です。個々の着手の間で功績または責任を分割するのは学習アルゴリズムの責任です。

リスト9.1　行動に対する収益を計算する

```
for exp_idx in range(exp_length):
    total_return = reward[exp_idx]    ❶
    for future_reward_idx in range(exp_idx + 1, exp_length):      ⎫
        total_return[exp_idx] += reward[future_reward_idx]         ⎭❷
```

❶ 報酬[i]（reward[i]）は、行動iの直後にエージェントが得た報酬

❷ 将来のすべての報酬を繰り返して収益に追加する

この仮定はすべての問題にあてはまるわけではありません。スクラブルの例をもう一度考えてみましょう。最初のターンにあなたが下す決定は3番目のターンのあなたのスコアにもっともらしい影響を与えるかもしれません（おそらく、あなたはボーナスのマスと組み合わせることができるまで高得点のXを保持していました）。しかし、あなたの3ターン目の決定

があなたの20ターン目にどのように影響を与えるかを知るのは困難です。収益計算でこの概念を表わすために、将来の各行動の報酬の加重合計を計算できます。遠くの報酬は即時の報酬よりも影響が少なくなるように、行動から遠くなるにつれて重みを小さくするべきです。

この手法は報酬の**割引**（discounting）と呼ばれます。リスト9.2は、割引収益を計算する方法を示しています。この例では、各行動の直後の報酬は完全な影響を与えます。しかし、次のステップからの報酬は75%に過ぎません。2ステップ後の報酬は75% × 75% = 56%になります。それ以降も同じ様に続きます。75%はほんの一例です。的確な割引率は固有のドメインに依存するでしょう。また、最も効果的な値を見つけるためには少し実験する必要があるかもしれません。

リスト9.2　割引収益の計算

```
for exp_idx in range(exp_length):
    discounted_return[exp_idx] = reward[exp_idx]
    discount_amount = 0.75
    for future_reward_idx in range(exp_idx + 1, exp_length):
        discounted_return[exp_idx] +=
            discount_amount * reward[future_reward_idx]
        discount_amount *= 0.75    ❶
```

❶ 元の行動から離れるにつれて、discount_amountはますます小さくなる

囲碁AIを構築する場合、唯一の起こり得る報酬は勝ちか負けです。これにより、収益計算を手っ取り早く行うことができます。エージェントが勝利すると、ゲーム内のすべての行動の収益は1になります。エージェントが負けると、すべての行動の収益は–1になります。

9.3 学習可能なエージェントの構築

強化学習では、何もないところから囲碁AIや他の種類のエージェントを作成することはできません。ゲームのパラメータの範囲内で、すでに動作するボットを改善することができるだけです。始めるには、少なくともゲームを最後までプレイできるエージェントが必要です。この節では、ニューラルネットワークを使用して着手を選択する囲碁ボットを作成する方法を説明します。訓練されていないネットワークから開始すると、ボットは第3章で作成した原型のRandomAgentと同じくらいひどいプレイをするでしょう。その後、強化学習を通してこのニューラルネットワークを改良することができます。

方策（policy）は、特定の状態から行動を選択する関数です。これまでの章では、select_move関数を持つAgentクラスの実装をいくつか紹介しました。これらのselect_move関数

はそれぞれ方策です。つまり、ゲーム状態を入力し、着手を出力します。これまでに実装したすべての方策は、合法な着手を生み出すという意味で有効なものです。しかし、それらは同じように良いわけではありません。4章のMCTSAgentは3章のRandomAgentを負かすことが多いでしょう。これらのエージェントのうちの1つを改善したい場合は、アルゴリズムの改善点を考え、新しいコードを書き、それをテストする必要があります。それが標準的なソフトウェア開発プロセスです。

強化学習を使用するには、他のコンピュータプログラムを使用して、自動的に更新できる方策が必要です。第6章では、それを可能にする関数の種類、つまり畳み込みニューラルネットワークについて学びました。深層ニューラルネットワークは高度なロジックを計算することができ、勾配降下アルゴリズムを使用してその振る舞いを修正することができます。

第6章と第7章で設計した着手予測ニューラルネットワークは、盤上の各点の値からなるベクトルを出力します。この値は、その点が次の着手になるというネットワークの信頼度を表します。このような出力からどのようにして方策を作成できるでしょうか？ 1つの方法は、最も高い値の手を単純に選択することです。ネットワークがすでに良い着手を選択するように訓練されているならば、これは良い結果を生み出すでしょう。しかし、それは与えられた局面で常に同じ着手を選ぶでしょう。これは強化学習では問題を引き起こします。強化学習を通じて改善するためには、さまざまな着手を選択する必要があります。より良いものもあれば、より悪いものもありますが、出力された結果を調べることによって良い着手を検出することができます。しかし、改善するためには多様性が必要です。

常に最上位の着手を選択するのではなく、確率的な方策が必要です。ここで、**確率的**とは、まったく同じ局面を2回入力した場合、エージェントが異なる着手を選択する可能性があることを意味します。これにはランダム性が含まれますが、3章のRandomAgentとは異なります。RandomAgentはゲームで何が起こっていようと関係なく着手を選びました。確率的な方策は、着手の選択が盤面の状態に依存することを意味しますが、それは100%予測できるものではありません。

9.3.1 確率分布からのサンプリング

どの局面でも、ニューラルネットワークは盤面の位置ごとに1つの要素を持つベクトルを出力します。これから方策を作成するために、ベクトルの各要素を、特定の着手を選択する確率を示すものとして扱うことができます。この節では、それらの確率に従って着手を選択する方法を示します。

たとえば、じゃんけんをする場合は、50%の割合でグー、30%の割合のパー、20%の割合のチョキを選択するという方策に従うことができます。50%-30%-20%の分割は、3つの選択肢にわたる**確率分布**です。確率の合計は正確に100%になることに注意してください。これは、方策が常にリストから正確に1つの項目を選択する必要があるためです。これは確率分布に必要な特性です。50%-30%-10%の方策では、10%の割合で決定なしの判断が下されます。

それらの比率で項目の1つをランダムに選択するプロセスは、その確率分布からの**サンプリング**（sampling）と呼ばれます。以下のリストは、この方策に従って選択肢の1つを選択するPython関数を示しています。

リスト9.3　確率分布からのサンプリングの例

```
import random

def rps():
    randval = random.random()
    if 0.0 <= randval < 0.5:
        return 'rock'
    elif 0.5 <= randval < 0.8:
        return 'paper'
    else:
        return 'scissors'
```

このコード片を数回試して、動作を確認してみてください。パー（paper）よりもグー（rock）を、そしてチョキ（scissors）よりもパー（paper）が多く選択されるでしょう。しかし、3つすべてが定期的に登場します。

確率分布からサンプリングするためのこのロジックは、np.random.choice関数としてNumPyに組み込まれています。以下のリストは、NumPyで実装されたまったく同じ動作をするものを示しています。

リスト9.4　NumPyを使った確率分布からのサンプリング

```
import numpy as np

def rps():
    return np.random.choice(
        ['rock', 'paper', 'scissors'],
        p=[0.5, 0.3, 0.2])
```

さらに、np.random.choiceは同じ分布からの**繰り返し**サンプリングを処理します。一度分布からサンプリングし、その項目をリストから削除して、残りの項目からもう一度サンプリングします。このようにして、半分ランダムな順序付けされたリストを取得します。確率の高い項目はリストの上位に表示される可能性がありますが、多少の多様性が残ります。次のリストは、np.random.choiceを使って繰り返しサンプリングを行う方法を示しています。size=3を渡して3つの異なる項目が必要であることを示し、replace=Falseで結果を繰り返したくないことを示しています。

リスト9.5 **NumPyを使って確率分布から繰り返しサンプリングする**

```
import numpy as np

def repeated_rps():
    return np.random.choice(
        ['rock', 'paper', 'scissors'],
        size=3,
        replace=False,
        p=[0.5, 0.3, 0.2])
```

囲碁の方策で無効な着手を推奨される場合は、繰り返しサンプリングすることが役立ちます。この場合、別のものが選択されることを望みます。1回のnp.random.choiceの呼び出しで行うことができ、生成されたリストの下方向の項目を選ぶだけです。

9.3.2 確率分布のクリッピング

強化学習プロセスは、特に早い段階ではかなり不安定になる可能性があります。エージェントは数回の勝利に過剰反応して、実際にはそれほど良くない着手に高い確率を一時的に割り当てるかもしれません。(その点では、人間の初心者と同じではありません!)特定の着手の確率が1になる可能性はあります。これは微妙な問題を引き起こします。つまり、エージェントは常に同じ着手を選ぶので、それを忘れる機会がありません。

これを防ぐには、確率分布を**クリップ**して、確率が0または1に押し込まれないようにします。NumPyのnp.clip関数は、ここでのほとんどの処理を行います。

リスト9.6 **確率分布のクリッピング**

```
def clip_probs(original_probs):
    min_p = 1e-5
    max_p = 1 - min_p
    clipped_probs = np.clip(original_probs, min_p, max_p)
    clipped_probs = clipped_probs / np.sum(clipped_probs)    ❶
    return clipped_probs
```

❶ 結果がまだ有効な確率分布であることを確かめる

9.3.3 エージェントの初期化

確率的な方策に従って着手を選択し、経験データから学ぶことができる新しいタイプのエージェントPolicyAgentの作成を始めましょう。このモデルは、第6章と第7章の着手予測モデルと同じものにすることができます。唯一の違いはそれを訓練する方法にあります。これをdlgoライブラリのdlgo/agent/pg.pyモジュールに追加します。

前の章において、モデルには対応する盤面エンコーディング方式が必要であったことを思い出してください。PolicyAgentクラスは、コンストラクタでモデルと盤面エンコーダを指定することができます。これにより、関心事がうまく分離されます。PolicyAgentクラスは、モデルに従って着手を選択し、その経験に応じてその振る舞いを変更する役割を果たします。しかし、モデル構造と盤面エンコーディング方式の詳細を無視することができます。

リスト9.7　PolicyAgentクラスのコンストラクタ

```
class PolicyAgent(Agent):
    def __init__(self, model, encoder):
        self.model = model   ❶
        self.encoder = encoder   ❷
```

❶ Keras Sequentialモデルのインスタンス
❷ Encoderインターフェースの実装

強化学習プロセスを開始するために、まず盤面エンコーダ、次にモデル、そして最後にエージェントを構築します。次のリストはこのプロセスを示しています。

リスト9.8　新しい学習エージェントを構築する

```
encoder = encoders.simple.SimpleEncoder((board_size, board_size))
model = Sequential()                                                   ┐
for layer in dlgo.networks.large.layers(encoder.shape()):              ├❶
    model.add(layer)                                                   ┘
model.add(Dense(encoder.num_points()))        ┐
model.add(Activation('softmax'))              ┘❷
new_agent = agent.PolicyAgent(model, encoder)
```

❶ dlgo.networks.large（第6章で説明した）に記述されている層からSequentialモデルを作成する
❷ 盤上の点の確率分布を返す出力層を追加する

新しく作成したモデルを使用してこのようなエージェントを構築すると、Kerasはモデルの重みを小さいランダムな値に初期化します。この時点で、エージェントの方策はほぼ一様なランダムに近くなります。つまり、ほぼ等しい確率で有効な着手を選択します。後で、モデルの訓練によってその決定に構造が追加されます。

9.3.4 エージェントのディスクからの読み込みと保存

強化学習プロセスは無期限に継続できます。つまり、ボットを訓練するのに数日、さらには数週間費やすかもしれません。ボットを定期的にディスクに保存して、訓練プロセスを開始および停止できるようにし、訓練サイクルのさまざまな時点でパフォーマンスを比較できるようにしたいと思うでしょう。

8章で紹介したHDF5ファイルフォーマットを使ってエージェントを保存することができます。HDF5フォーマットは数値配列を保存するのに便利な方法で、NumPyとKerasとうまく統合されています。

PolicyAgentクラスのserializeメソッドは、そのエンコーダとモデルをディスクに永続化できます。これは、エージェントを再作成するのに十分です。

リスト9.9 PolicyAgentをディスクにシリアライズする

```
class PolicyAgent(Agent):
...
    def serialize(self, h5file):
        h5file.create_group('encoder')
        h5file['encoder'].attrs['name'] = self.encoder.name()          ┐
        h5file['encoder'].attrs['board_width'] = \                     │
            self.encoder.board_width                                   ├❶
        h5file['encoder'].attrs['board_height'] = \                    │
        self.encoder.board_height                                      ┘
        h5file.create_group('model')
        keras_util.save_model_to_hdf5_group(    ┐
            self._model, h5file['model'])       ┘❷
```

❶ 盤面エンコーダを再構築するのに十分な情報を格納する
❷ 組み込みのKeras機能を使用してモデルとその重みを保持する

h5file引数は、h5py.Fileオブジェクト、またはh5py.File内のグループです。これにより、他のデータをエージェントと合わせて1つのHDF5ファイルにまとめることができます。

このserializeメソッドを使用するには、まず新しいHDF5ファイルを作成してから、ファイルハンドルを渡します。

リスト 9.10 **serialize関数の使用例**

```
import h5py

with h5py.File(output_file, 'w') as outf:
    agent.serialize(outf)
```

それから、対応するload_policy_agent関数が手順を逆に行います。

リスト 9.11 **ファイルから方策エージェントの読み込み**

```
def load_policy_agent(h5file):
    model = kerasutil.load_model_from_hdf5_group(      ❶
        h5file['model'])
    encoder_name = h5file['encoder'].attrs['name']
    board_width = h5file['encoder'].attrs['board_width']
    board_height = h5file['encoder'].attrs['board_height']     ❷
    encoder = encoders.get_encoder_by_name(
        encoder_name,
        (board_width, board_height))
    return PolicyAgent(model, encoder)   ❸
```

❶ 組み込みのKeras関数を使用してモデル構造と重みを読み込む
❷ 盤面エンコーダを復元する
❸ エージェントを再構築する

9.3.5 着手選択の実装

自己対局を開始する前に、PolicyAgentには、もう1つの関数select_moveの実装が必要です。この関数は、第8章からDeepLearningAgentに追加したselect_move関数に似ています。最初のステップは、盤面をモデルに入力するのに適したテンソル（行列のスタック、付録Aを参照）としてエンコードすることです。次に、盤面テンソルをモデルに入力して、着手の確率分布を取り戻します。それから、分布をクリップして、確率が1または0になることがないようにします。図9.3は、このプロセスの流れを示しています。リスト9.12はこれらのステップを実装する方法を示しています。

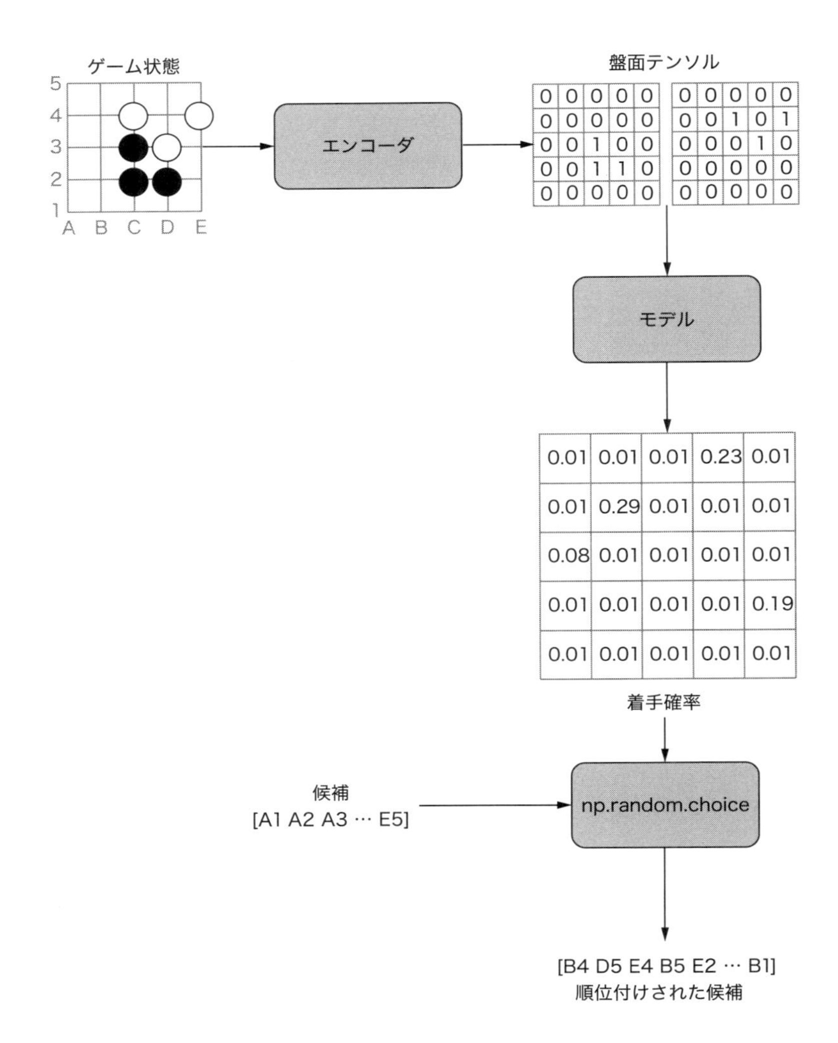

図9.3 着手選択プロセス：まず、ゲームの状態を数値テンソルとしてエンコードします。それから、そのテンソルをモデルに渡して、着手確率を得ることができます。着手確率に従って盤上のすべての点からサンプリングして、着手を試す順序を取得します。

リスト 9.12　ニューラルネットワークによる着手の選択

```
class PolicyAgent(Agent):
...
    def select_move(self, game_state):
        board_tensor = self._encoder.encode(game_state)
        X = np.array([board_tensor])                      ❶
        move_probs = self._model.predict(X)[0]

    move_probs = clip_probs(move_probs)

    num_moves = self._encoder.board_width * \
        self._encoder.board_height                        ❷
    candidates = np.arange(num_moves)
    ranked_moves = np.random.choice(
        candidates, num_moves,                            ❸
        replace=False, p=move_probs)

    for point_idx in ranked_moves:
        point = self._encoder.decode_point_index(point_idx)
        move = goboard.Move.play(point)
        is_valid = game_state.is_valid_move(move)
        is_an_eye = is_point_an_eye(
            game_state.board,                                        ❹
            point,
            game_state.next_player)
        if is_valid and (not is_an_eye):
            return goboard.Move.play(point)
        return goboard.Move.pass_turn()  ❺
```

❶ Kerasの predict関数はバッチの予測をするので、単一の盤面を配列で包み、結果の配列から最初の要素を取り出す

❷ 盤上の各点のインデックスを含む配列を作成する

❸ 方策に沿って盤上の点からサンプリングし、試す点の順位付けされたリストを作成する

❹ 各点をループし、それが有効な着手かどうかを確認し、最初の有効な着手を選択する

❺ ここを通ると、合法な着手は残っていない

9.4 自己対局：コンピュータプログラムの練習方法

ゲームを最後までプレイできる学習エージェントを手に入れたので、経験データの収集を始めることができます。囲碁AIの場合、これは何千ものゲームをプレイすることを意味します。この節では、このプロセスを実装する方法を説明します。まず、経験データの処理をより便利にするためのデータ構造について説明します。次に、自己対局ドライバプログラムの実装方法を示します。

9.4.1 経験データの表現

経験データには3つの部分があります。状態、行動、そして報酬です。これらを整理しておくために、これら3つすべてをまとめて保持する単一のデータ構造を作成します。

ExperienceBufferクラスは、経験データセットの最小のコンテナです。これは3つの属性を持っています。状態、行動、そして報酬です。これらはすべてNumPy配列として表されます。エージェントはその状態と行動を数値構造として符号化する責任があります。ExperienceBufferは、データセットを渡すためのコンテナにすぎません。この実装では、方策勾配学習に固有のものは何もありません。後の章で、このクラスを他のRLアルゴリズムと一緒に再利用できます。そのため、このクラスをdlgo/rl/experience.pyモジュールに追加します。

リスト9.13　経験のバッファのコンストラクタ

```
class ExperienceBuffer:
    def __init__(self, states, actions, rewards):
        self.states = states
        self.actions = actions
        self.rewards = rewards
```

大量の経験のバッファを収集した後は、それをディスクに永続化する方法が必要になります。HDF5ファイルフォーマットが、またしても適しています。ExperienceBufferクラスにserializeメソッドを追加します。

リスト9.14　経験バッファをディスクに保存する

```
class ExperienceBuffer:
...
    def serialize(self, h5file):
        h5file.create_group('experience')
        h5file['experience'].create_dataset(
            'states', data=self.states)
```

```
        h5file['experience'].create_dataset(
            'actions', data=self.actions)
        h5file['experience'].create_dataset(
            'rewards', data=self.rewards)
```

また、経験バッファをファイルから読み込むために、対応する関数load_experienceも必要です。データセットを読み込むときは、各データセットをnp.arrayにキャストすることに注意してください。データセット全体がメモリに読み込まれます。

リスト9.15　**HDF5ファイルからExperienceBufferを復元する**

```
def load_experience(h5file):
    return ExperienceBuffer(
        states=np.array(h5file['experience']['states']),
        actions=np.array(h5file['experience']['actions']),
        rewards=np.array(h5file['experience']['rewards']))
```

これで、経験データを渡すための簡単なコンテナができました。エージェントの決定でそれを満たすための方法がまだ足りません。厄介なのは、エージェントは一度に1つずつ決定を行いますが、ゲームが終了して誰が勝ったかわかるまで、報酬が得られないことです。これを解決するには、現在のエピソードからそれが完了するまでのすべての決定を追跡する必要があります。1つの選択肢は、このロジックをエージェントに直接入れることですが、これはPolicyAgentの実装を煩雑にします。代わりに、これをエピソードごとの記録のみを担当する個別のExperienceCollectorオブジェクトに分離することができます。

ExperienceCollectorは4つのメソッドを実装します。

- **begin_episode**と**complete_episode**は、1つのゲームの開始と終了を示すために自己対局ドライバによって呼び出されます。
- **record_decision**は、エージェントが選択した単一の行動を示すためにエージェントによって呼び出されます。
- **to_buffer**は、**ExperienceCollector**が記録したすべてのものをパッケージ化し、**ExperienceBuffer**を返します。自己対局ドライバは、自己対局セッションの最後にこれを呼び出します。

完全な実装は以下のリストにあります。

リスト9.16　1つのエピソードに含まれる決定を追跡するためのオブジェクト

```
class ExperienceCollector:
    def __init__(self):
        self.states = []
        self.actions = []
        self.rewards = []
        self.current_episode_states = []
        self.current_episode_actions = []

    def begin_episode(self):
        self.current_episode_states = []
        self.current_episode_actions = []

    def record_decision(self, state, action):
        self.current_episode_states.append(state)      ❶
        self.current_episode_actions.append(action)

    def complete_episode(self, reward):
        num_states = len(self.current_episode_states)
        self.states += self.current_episode_states
        self.actions += self.current_episode_actions
        self.rewards += [reward for _ in range(num_states)]    ❷

        self.current_episode_states = []
        self.current_episode_actions = []

    def to_buffer(self):
        return ExperienceBuffer(
            states=np.array(self.states),
            actions=np.array(self.actions),     ❸
            rewards=np.array(self.rewards)
        )
```

❶ 現在のエピソードの1つの決定を保存する。エージェントは状態と行動のエンコードを担当する
❷ ゲーム内のすべての行動に最終的な報酬を広げる
❸ ExperienceCollectorはPythonリストを蓄積する。ここではそれらをNumPy配列に変換する

ExperienceCollectorをエージェントと統合するために、エージェントにその経験をどこに送信するかを指示するset_collectorメソッドを追加します。それから、select_moveの中で、エージェントはそれが決定をする度にコレクタに通知します。

リスト 9.17　ExperienceCollector と PolicyAgent の統合

```
class PolicyAgent:
...
    def set_collector(self, collector):        ❶
        self.collector = collector
...
    def select_move(self, game_state):
...
        if self.collector is not None:         ❷
            self.collector.record_decision(
                state=board_tensor,
                action=point_idx
            )
        return goboard.Move.play(point)
```

❶ 自己対局ドライバプログラムがコレクタをエージェントに接続することを許可する
❷ 着手を選択した時点で、決定をコレクタに通知する

9.4.2 ゲームのシミュレーション

次のステップはゲームをプレイすることです。本書では、これまでに2回行ったことがあります。第3章のbot_v_botデモ、および第4章のモンテカルロ木検索の実装の一部です。ここでも、同じsimulate_game実装を使用できます。

リスト 9.18　2つのエージェント間のゲームをシミュレートする

```
def simulate_game(black_player, white_player):
    game = GameState.new_game(BOARD_SIZE)
    agents = {
        Player.black: black_player,
        Player.white: white_player,
    }
    while not game.is_over():
        next_move = agents[game.next_player].select_move(game)
        game = game.apply_move(next_move)
    game_result = scoring.compute_game_result(game)
    return game_result.winner
```

この関数では、black_playerとwhite_playerはAgentクラスの任意のインスタンスになります。訓練を行うPolicyAgentを好きな相手と対局させることができます。理論的には、対局相手を人間のプレイヤーとすることもできますが、そうすると十分な経験データを収集す

るには長い時間がかかります。あるいは、学習対象を、第三者の囲碁ボットと対局させることができます。それには、おそらく通信を処理するために第8章のGTPフレームワークを使用します。

学習エージェントと自分自身のコピーと対局させることもできます。この解決策には、単純さに加えて、2つの明確な利点があります。

1つ目は、強化学習には、学習するために十分な成功と失敗の両方が必要です。チェスもしくは囲碁の初心者とグランドマスターとの対局を思い浮かべてください。初心者には、どこに問題があるのかを見分けることは不可能だと思いますが、経験豊富なプレイヤーはおそらくいくつかのミスをしても、なお楽に勝てる可能性があります。結果として、どちらのプレイヤーもゲームから多くを学ぶことはないでしょう。代わりに、初心者は通常、他の初心者との対局からはじめて、ゆっくりと上達していきます。同じ原則が強化学習にも当てはまります。ボットがそれ自身と対局するとき、それは常に等しい強さの対局相手になるでしょう。

次に、エージェントが自分自身に対して対局することで、1つのコストで2つのゲームができます。同じ決定プロセスがゲームの両方の側に加わるため、勝ち側と負け側の両方から学ぶことができます。強化学習には膨大な量のゲームが必要なので、2倍の速さでゲームを生成できることは素晴らしいボーナスです。

自己対局プロセスを開始するには、エージェントのコピーを2つ作成し、それぞれにExperienceCollectorを割り当てます。2つのエージェントがゲームの終わりに異なる報酬を得るので、各エージェントはそれ自身のコレクタを必要とします。リスト9.19はこの初期化ステップを示しています。

コラム　ゲームの域を超えた強化学習

自己対局は、ボードゲームの経験データを収集するための優れた手法です。他の分野では、エージェントを実行するためにシミュレート環境を別に構築する必要があります。たとえば、強化学習を使用してロボットの制御システムを構築したい場合は、ロボットが動作する物理環境の詳細なシミュレーションが必要になります。

強化学習をさらに試してみたい場合は、OpenAI Gym（https://github.com/openai/gym）が有用なリソースです。さまざまなボードゲーム、ビデオゲーム、および物理シミュレーションのための環境が提供されています。

リスト 9.19　一連の経験を生成するための初期化

```
agent1 = agent.load_policy_agent(h5py.File(agent_filename))
agent2 = agent.load_policy_agent(h5py.File(agent_filename))
collector1 = rl.ExperienceCollector()
collector2 = rl.ExperienceCollector()
agent1.set_collector(collector1)
agent2.set_collector(collector2)
```


これで、自己対局をシミュレートするメインループを実装する準備が整いました。このループでは、agent1は常に黒をプレイし、agent2は常に白をプレイします。agent1とagent2が同一であり、あなたが訓練のためにそれらの経験を組み合わせるつもりであれば、これは問題ありません。学習エージェントが他の参考エージェントと対局する場合は、黒と白を交互に使用します。囲碁では、黒と白は、黒が最初にプレイされるためにわずかに個性が異なるため、学習エージェントは両側から練習する必要があります。

リスト 9.20　ゲームのバッチをプレイする

```
for i in range(num_games):
    collector1.begin_episode()
    collector2.begin_episode()

    game_record = simulate_game(agent1, agent2)
    if game_record.winner == Player.black:
        collector1.complete_episode(reward=1)   }❶
        collector2.complete_episode(reward=-1)
    else:
        collector2.complete_episode(reward=1)   }❷
        collector1.complete_episode(reward=-1)
```


❶ agent1がゲームに勝利したのでプラスの報酬を得る

❷ agent2がゲームに勝利

自己対局が完了したら、最後のステップは集めた経験をすべて組み合わせてファイルに保存することです。そのファイルは、訓練スクリプトのための入力を提供します。これについては、次の章で説明します。

リスト9.21　経験データのバッチを保存する

```
experience = rl.combine_experience([    ❶
    collector1,
    collector2])
with h5py.File(experience_filename, 'w') as experience_outf:    ❷
    experience.serialize(experience_outf)
```

❶ 両方のエージェントの経験を単一のバッファに統合する

❷ HDF5ファイルに保存する

これで、自己対局ゲームを作成する準備が整いました。次の章では、自己対局データからボットを改善する方法を説明します。

9.5 まとめ

- **エージェント**は特定のタスクを実行するコンピュータプログラムです。たとえば、囲碁AIは囲碁のゲームで勝利することを目的としたエージェントです。
- 強化学習サイクルは、経験データを収集し、経験データからエージェントを訓練し、そして更新されたエージェントを評価することを含みます。サイクルの終わりに、エージェントのパフォーマンスのわずかな改善が期待できます。理想的には、このサイクルを何度も繰り返してエージェントを継続的に改善できます。
- 強化学習を問題に適用するには、問題を**状態**、**行動**、および**報酬**の観点から記述する必要があります。
- 報酬は強化学習エージェントの行動をコントロールする方法です。エージェントに達成させたい成果にプラスの報酬を与え、エージェントに避けさせたい結果にマイナスの報酬を与えます。
- **方策**は、特定の状態から決定を行うめのルールです。囲碁AIでは、局面から着手を選択するアルゴリズムが方策です。
- 出力ベクトルを可能な行動の**確率分布**として扱い、確率分布から**サンプリング**することで、ニューラルネットワークから方策を作成できます。
- 強化学習をゲームに適用するとき、**自己対局**を通して経験データを集めることができます。エージェントはそれ自身のコピーと対局します。

第10章 方策勾配による強化学習

この章では、次の内容を取り上げます。

- **方策勾配法によるゲームプレイの改善**
- **Kerasでの方策勾配法の実装**
- **方策勾配法のためのオプティマイザのチューニング**

第9章では、囲碁プレイプログラムを自分自身と対局させ、その結果を経験データに保存する方法を説明しました。これが強化学習の前半です。次のステップは、経験データを使用してエージェントを改善し、より頻繁に勝利するようにすることです。前の章のエージェントは、どこに着手するかを選択するためにニューラルネットワークを使用しました。思考実験として、ネットワーク内のすべての重みをランダムな量だけ変化させることを想像してください。そうすると、エージェントは異なる着手を選択します。運が良ければ、これらの新しい着手のいくつかは古いものよりも優れているでしょう。他のものは悪化するでしょう。結局のところ、更新されたエージェントは、前のバージョンよりもわずかに強くなったり弱くなったりする可能性があります。どちらになるかは偶然です。

これで改善することができるでしょうか？　この章では、方策勾配法（policy gradient learning, policy gradient methods）の一形態について説明します。方策勾配法は、エージェントをそのタスクでより良くするために、どの方向に重みを変化させるかを推定するためのスキームを提供します。各重みをランダムに変化させる代わりに、経験データを分析して、特定の重みを増加または減少させる方が良いかどうかを推測できます。ランダム性は依然として役割を果たしますが、方策勾配法は確率を向上させます。

第9章では、確率的な方策、つまりエージェントが可能な各着手の確率を示す関数を使用して決定を行っていたことを思い出してください。この章で取り上げる方策学習法は、次のように機能します。

1. エージェントが勝ったとき、選択されたそれぞれの着手の確率を増やします。
2. エージェントが負けたとき、選択されたそれぞれの着手の確率を減らします。

まず、このテクニックによって方策を改善すると、より多くのゲームで勝利することができることを示すために、簡単な例を見ていきましょう。次に、ニューラルネットワークで勾配降下法を使用して必要な変更を行う方法（特定の着手の確率を増減する方法）を説明します。訓練プロセスを管理するための実用的なヒントをいくつかまとめました。

10.1 ランダムなゲームでどのようにして良い決定を行うことができるか

方策学習法を導入するために、囲碁よりもはるかに簡単なゲームから始めましょう。このゲームを「Add It Up」と呼びましょう。ルールは次の通りです。

- 各手番に、各プレイヤーは1から5までの数字を選びます。
- 100手後、各プレイヤーは自分が選んだすべての数字を合計します。
- より高い合計を持つプレイヤーが勝ちます。

もちろん、これは最適な戦略が各手番に単純に5を選ぶことであることを意味します。決して、これは良いゲームではありません。このゲームでは、ゲームの結果に基づいて確率的方策を徐々に向上させる、方策の学習について説明します。このゲームのための正しい戦略は分かっているので、方策の学習がどのように完全なプレイに向かっていくのかを見ることができます。

Add It Upは浅いゲームですが、囲碁のようなもっと深いゲームの比喩として使うことができます。囲碁と同じように、Add It Upのゲームの手数は長く、プレイヤーは同じゲーム内で良いプレイや失敗をする機会がたくさんあります。ゲームの結果から方策を更新するには、特定のゲームに勝ったまたは負けたことに対して、どの着手に貢献または責任があるのかを特定する必要があります。これは**貢献度分配問題**（credit assignment problem）と呼ばれ、強化学習における中心的な問題の1つです。この節では、多くのゲーム結果を平均して個々の決定に貢献度を割り当てる方法を説明します。第12章では、この手法に基づいて、より洗練された堅牢な貢献度分配アルゴリズムを作成します。

5つの選択肢のいずれかを等しい確率で選択する、純粋にランダムな方策から始めましょう。（このような方策は、**一様ランダム**（uniform random）と呼ばれます。）ゲームの終了までの間に、その方策で1を約20回、2を約20回、3を約20回、……のように選択することが期待されます。しかし、1が正確に20回現れるとは思わないでしょう。それは、毎回のゲームで異なります。次のリストは、そのようなエージェントがゲーム中に行うすべての選択をシミュレートするPython関数を示しています。図10.1は、いくつかの実行例の結果を示しています。あなた自身でコード片を数回試してみてください。

リスト 10.1　1から5までの数字をランダムに表示する

```
import numpy as np

counts = {1: 0, 2: 0, 3: 0, 4: 0, 5: 0}
for i in range(100):
    choice = np.random.choice([1, 2, 3, 4, 5],
                              p=[0.2, 0.2, 0.2, 0.2, 0.2])
    counts[choice] += 1
print(counts)
```

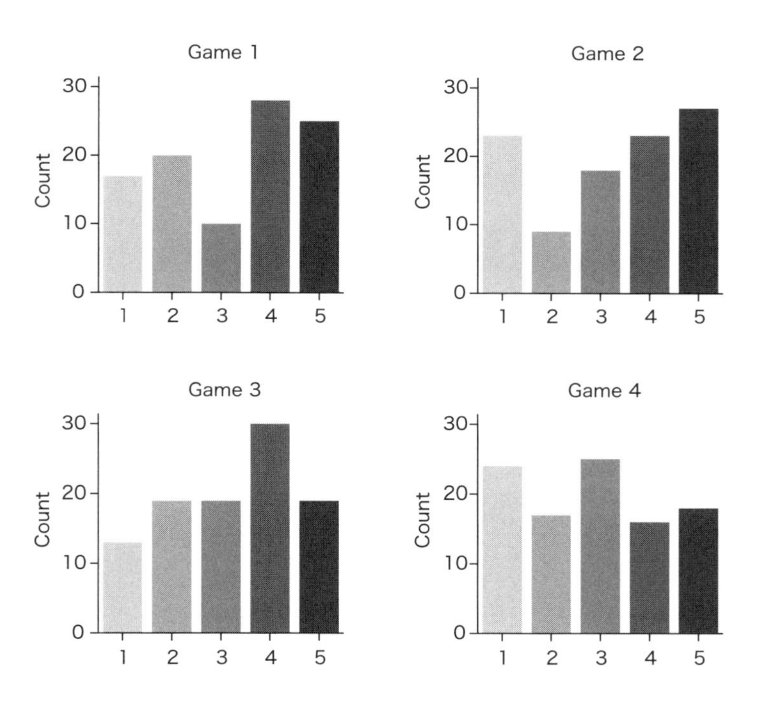

図10.1　このグラフはランダムエージェントによってプレイされた4つのゲームの例を示している：棒は、エージェントが各ゲームで5つの可能な手のそれぞれを選択した頻度を示します。エージェントはすべてのゲームで同じ方策を使用しましたが、正確な数はゲームごとにかなり異なります。

エージェントはゲームごとにまったく同じ方策に従いますが、方策の確率的な性質により、ゲームごとに差異が生じます。その違いを利用して方策を改善できます。

次のリストは、Add It Upの完全なゲームをシミュレートし、各プレイヤーが行った決定を追跡し、そして勝者の選択を計算する関数を示しています。

リスト 10.2 Add It Upのゲームをシミュレートする

```
def simulate_game(policy):
    """Returns a tuple of (winning choices, losing choices)"""
    player_1_choices = {1: 0, 2: 0, 3: 0, 4: 0, 5: 0}
    player_1_total = 0
    player_2_choices = {1: 0, 2: 0, 3: 0, 4: 0, 5: 0}
    player_2_total = 0
    for i in range(100):
        player_1_choice = np.random.choice([1, 2, 3, 4, 5],
                                           p=policy)
        player_1_choices[player_1_choice] += 1
        player_1_total += player_1_choice
        player_2_choice = np.random.choice([1, 2, 3, 4, 5],
                                           p=policy)
        player_2_choices[player_2_choice] += 1
        player_2_total += player_2_choice
    if player_1_total > player_2_total:
        winner_choices = player_1_choices
        loser_choices = player_2_choices
    else:
        winner_choices = player_2_choices
        loser_choices = player_1_choices
    return (winner_choices, loser_choices)
```

いくつかのゲームを実行して結果を確かめてください。リスト10.3に実行例をいくつか示します。通常、勝者は1を選ぶ頻度は少なくなりますが、必ずしもそうとは限りません。勝者が5を選ぶこともありますが、それも保証されていません。

リスト 10.3 リスト 10.2の出力例

```
>>> policy = [0.2, 0.2, 0.2, 0.2, 0.2]
>>> simulate_game(policy)
({1: 20, 2: 23, 3: 15, 4: 25, 5: 17},    ❶
 {1: 21, 2: 20, 3: 24, 4: 16, 5: 19})    ❷
>>> simulate_game(policy)
({1: 22, 2: 22, 3: 19, 4: 20, 5: 17},
 {1: 28, 2: 23, 3: 17, 4: 13, 5: 19})
>>> simulate_game(policy)
({1: 13, 2: 21, 3: 19, 4: 23, 5: 24},
 {1: 22, 2: 20, 3: 19, 4: 19, 5: 20})
>>> simulate_game(policy)
```

```
({1: 20, 2: 19, 3: 15, 4: 21, 5: 25},
 {1: 19, 2: 23, 3: 20, 4: 17, 5: 21})
```

❶ 勝者の選択
❷ 敗者の選択

リスト10.3の4つのゲーム例を平均した場合、勝者はゲームあたり1を平均18.75回、敗者は1を平均22.5回選びました。1は悪い手なので、これは理にかなっています。これらのゲームはすべて同じ方策でサンプリングされていますが、1を選ぶとエージェントが負けたため、勝者と敗者の間で分布が異なります。

エージェントが勝つ手とエージェントが負ける手の違いは、どちらの手が良いかを示しています。方策を改善するために、それらの違いに従って確率を更新することができます。この場合、勝ちに現れた手に小さな固定値を加算し、負けに現れた手に小さな固定値を減算することができます。そうすると、確率分布は勝つ場合により頻繁に現れる手（それが良い手と仮定します）に向かってゆっくり変化します。For Add It Upでは、このアルゴリズムは良好に機能します。囲碁のような複雑なゲームを学習するには、確率を更新するためのより洗練された方法が必要です。それについては10.2節で説明します。

リスト10.4　**単純なAdd It Upゲームのための方策学習の実装**

```
def normalize(policy):        ❶
    policy = np.clip(policy, 0, 1)
    return policy / np.sum(policy)

choices = [1, 2, 3, 4, 5]
policy = np.array([0.2, 0.2, 0.2, 0.2, 0.2])
learning_rate = 0.0001        ❷
for i in range(num_games):
    win_counts, lose_counts = simulate_game(policy)
    for i, choice in enumerate(choices):
        net_wins = win_counts[choice] - lose_counts[choice]    ❸
        policy[i] += learning_rate * net_wins
    policy = normalize(policy)
    print('%d: %s' % (i, policy))
```

❶ 合計が1になるようにして、方策が有効な確率分布になることを保証する
❷ 方策を更新する速度を制御する設定
❸ net_winsは、選択が負けよりも勝ちの方が多い場合に正の値になる。選択が勝ちよりも負けが多い場合、負の値になる

図10.2は、このデモを通じて方策がどのように進化するかを示しています。約1000ゲーム後、アルゴリズムは最悪の行動を選択することをやめることを学びます。残りの1000ゲームかそこらで、各ターンで5を選択する完璧な戦略に大体たどり着きました。曲線は完全に滑らかではありません。時々、エージェントはゲームで1を多く選んで勝ちます。そうすると、方策は（誤って）1にシフトします。これらの間違いが滑らかになること、多くのゲームの過程を経ることに頼っています。

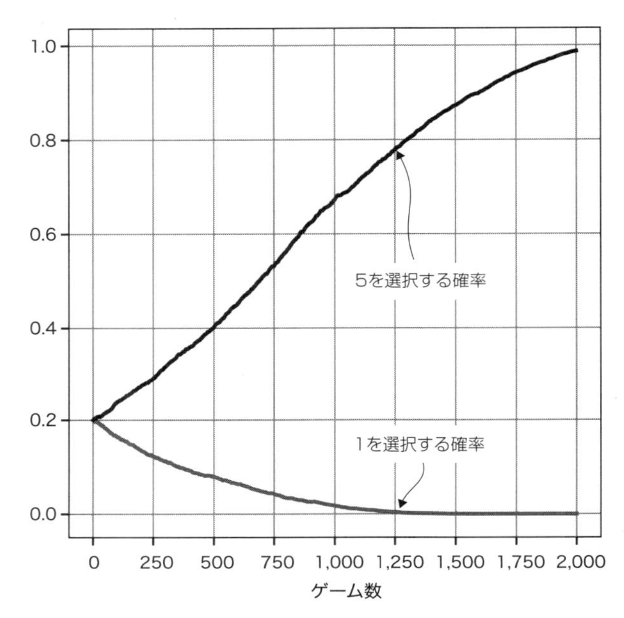

図10.2 このグラフは、何百ものゲームを行う単純化された過程で、方策がどのように進化するかを示している：エージェントは、最悪の行動（1）を選択する可能性が次第に低くなります。同様に、最善の行動（5）を選択する可能性が高くなります。方策は時々間違った方向へ小さく踏み出すので、両方の曲線は不安定です。

10.2 勾配降下法によるニューラルネットワーク方策の更新

Add It Upのプレイ方法の学習と囲碁のプレイ方法の学習は明らかに違います。Add It Upの例で使用した方法は、ゲームの状態にまったく依存しません。「5」を選ぶことは常に良い手です。そして、「1」を選ぶことは常に悪い手です。囲碁では、私たちが特定の着手の確率を上げたいと思うとき、**似たような状況**でその着手の確率を上げたいと思います。しかし、**似たような状況**の定義は非常に曖昧です。ここでは、ニューラルネットワークの力を利用して、**似たような状況**が実際に何を意味するのかを解き明かします。

第9章でニューラルネットワーク方策を作成したとき、局面を入力として、出力として着手についての確率分布を生成する関数を構築しました。経験データ内のすべての局面について、選ばれた着手の確率を上げる（それが勝ちにつながった場合）か、あるいは選ばれた着手の確率を減らしたい（それが負けにつながった場合）と思いました。しかし、9.1節で行ったように、方策の確率を強制的に変更することはできません。代わりに、望ましい結果が起こるようにするためにニューラルネットワークの重みを修正しなければなりません。勾配降下法はこれを可能にするツールです。勾配降下法を使用して方策を変更することは、方策勾配法と呼ばれます。この考えにはいくつかのバリエーションがあります。この章で説明する特定の学習アルゴリズムは、**モンテカルロ方策勾配**、または**REINFORCE**法※1と呼ばれることもあります。

図10.3は、このプロセスがゲームにどのように適用されるかの抽象的なフローを示しています。

第5章で説明したように、勾配降下法による教師あり学習がどのように機能するかを要約しましょう。関数が訓練データからどれだけ離れているかを表す損失関数を選び、その勾配を計算しました。目的は、損失関数の値を小さくすることでした。つまり、学習した関数は訓練データにより一致します。勾配降下（損失関数の勾配の方向に重みを徐々に更新する）は、損失関数を減少させるためのメカニズムを提供しました。勾配は、損失関数を減らすために各重みを変更する方向を教えてくれました。

方策学習のためには、特定の着手に向かって（またはそれから離れて）方策を偏らせるために、それぞれの重みを変更する方向を見つけたいと思うでしょう。勾配関数がこの特性を持つように損失関数を作成することができます。それがあれば、Kerasが提供する高速で柔軟なインフラストラクチャを利用して、方策ネットワークの重みを変更できます。

第7章で行った教師あり学習を思い出してください。それぞれのゲーム状態について、ゲームで起こった人間の着手も知っていました。盤上の各位置に1が人間の着手を示す、0を含んだ目的とするベクトルを作成しました。損失関数は予測された確率分布間の差を測定し、その勾配は差を縮小するために従うべき方向を示しました。勾配降下のバッチを完了した後、人間の着手に対する予測確率はわずかに増加しました。

これはまさに達成したい結果です。つまり、特定の着手の確率を増やすことです。エージェントが勝ったゲームを使って、それが本当の棋譜の人間の着手であるかのようにして、エージェントの着手ための全く同じ目的ベクトルを構築することができます。

それから、Kerasのfit関数によって、正しい方向に方策を更新します。

※1 REINFORCE法は、**REward Increment = Nonnegative Factor times Offset Reinforcement times Characteristic Eligibility**の略で、勾配更新の式を説明しています。

負けたゲームの場合はどうでしょうか？　その場合は、選択した着手の確率を減らしたいと思いますが、実際の最良の着手が分かりません。理想的には、更新は勝ったゲームと同じように正反対の効果を持つべきです。

結局のところ、交差エントロピー損失関数を使って訓練すると、1の代わりに–1を目的ベクトルに挿入することができます。これは、損失関数の勾配の符号を逆にすることになります。つまり、重みがちょうど反対方向に変化することによって、確率が減少します。

これを行うには、交差エントロピー誤差を使用する必要があります。平均二乗誤差のような他の損失関数は、同じようには働きません。第7章では、交差エントロピー誤差を選択しました。これは、固定の選択肢の中でネットワークを訓練するための最も効率的な方法だからです。ここでは、目的ベクトルの1と–1を入れ替えると、勾配の方向が逆になるという異なる特性により選択します。

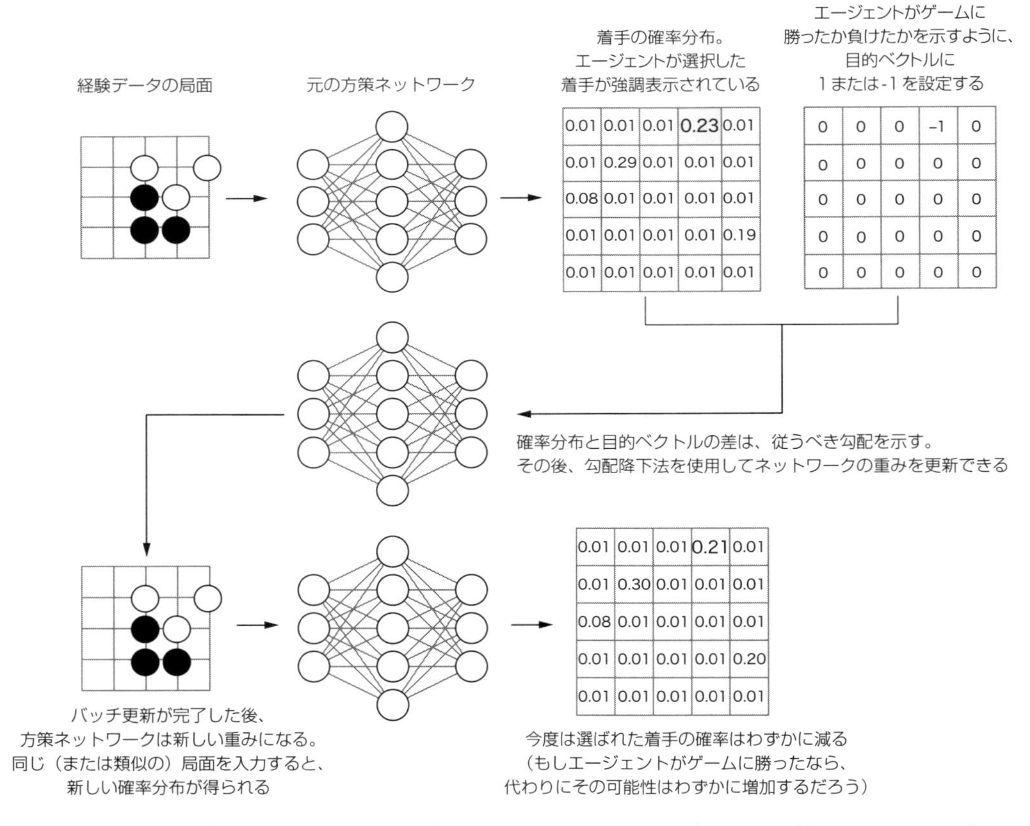

図10.3　方策勾配法のフローチャート：ゲームの記録とその結果の集まりから始めます。エージェントが選択した着手ごとに、その着手の確率を増やすか（エージェントがゲームに勝った場合）、または確率を減らします（エージェントがゲームを負けた場合）。勾配降下法は、方策の重みを更新するメカニズムを処理します。勾配降下の処理を経ると、確率は目的の方向にシフトします。

経験データは3つの並列な配列で構成されていたことを思い出してください。

- states [i] は、エージェントが自己対局中に直面した特定の局面を表します。
- actions [i] は、その局面でのエージェントが選んだ着手を表します。
- rewards [i] は、エージェントがゲームに勝利した場合1が、それ以外の場合は–1を含みます。

以下のリストは、経験バッファをKerasのfitに適した目標の配列にパックするprepare_experience_data関数を実装しています。

リスト10.5　経験ベクトルを目的ベクトルとしてエンコードする

```
def prepare_experience_data(experience, board_width, board_height):
    experience_size = experience.actions.shape[0]
    target_vectors = np.zeros((experience_size, board_width * board_height))
    for i in range(experience_size):
        action = experience.actions[i]
        reward = experience.rewards[i]
        target_vectors[i][action] = reward
    return target_vectors
```

以下のリストは、PolicyAgentクラスにtrain関数を実装する方法を示しています。

リスト10.6　方策勾配法を使った経験データからのエージェントの訓練

```
class PolicyAgent(Agent):
...
    def train(self, experience, lr, clipnorm, batch_size):    ❶
        self._model.compile(                                 ┐
            loss='categorical_crossentropy',                 │
            optimizer=SGD(lr=lr, clipnorm=clipnorm))         ├❷
        target_vectors = prepare_experience_data(            ┘
            experience,
            self._encoder.board_width,
            self._encoder.board_height)
        self._model.fit(
            experience.states, target_vectors,
            batch_size=batch_size,
            epochs=1)
```

❶ lr（学習率）、clipnorm、batch_sizeを使って訓練プロセスを微調整できる。これらについては次の文章で詳しく説明する

❷ compileメソッドはモデルにオプティマイザを割り当てる。この場合は、確率的勾配降下（SGD）オプティマイザ

経験バッファに加えて、このtrain関数はオプティマイザの振る舞いを変更する3つのパラメータを受け取ります。

- lrは**学習率**で、各ステップで重みを移動する距離を制御します。
- clipnormは、個々のステップで重みをどれだけ遠くまで移動させるかについての最大値を提供します。
- batch_sizeは、経験データからのいくつの着手を単一の重み更新にまとめるかを制御します。

方策勾配法で良好な結果を得るには、これらのパラメータを微調整する必要があります。10.3節では、正しい設定を見つけるのに役立つヒントを提供します。

第7章では、AdadeltaオプティマイザとAdagradオプティマイザを使用しました。これらのオプティマイザは、訓練プロセスを通じて学習率を自動的に調整します。あいにく、両者とも方策勾配学習には必ずしも当てはまらないという仮定をしています。代わりに、基本的な確率勾配降下オプティマイザを使用して手動で学習率を設定する必要があります。95%の場合で、AdadeltaやAdagradのような適応的オプティマイザが最良の選択であることを強調したいと思います。苦労することなく訓練時間を早くできます。しかし、まれに、普通のSGDに立ち戻る必要があるので、学習率を手動で設定する方法についてある程度理解しておくことをお勧めします。

また経験バッファについて、1エポックの訓練しか実行しないことにも注意してください。これは、同じ訓練セットで複数エポックを実行した第7章とは異なります。主な違いは、第7章の訓練データが優れていることがわかっていることです。そのデータセット内の各ゲームの着手は、熟練した人間のプレイヤーが実際のゲームで選んだ着手でした。自己対局データでは、ゲームの結果は部分的にランダム化されています。そしてどの着手が勝ちに貢献しているかわかりません。誤りを解消するために膨大な数のゲームを頼りにしています。そのため、単一のゲーム記録を再利用する必要はありません。それに含まれる誤りを招く可能性のあるデータが何であれ、それは2倍になります。

幸いなことに、強化学習により、訓練データを無制限に供給することができます。同じ訓練セットで複数のエポックを実行する代わりに、別のバッチの自己対局を実行して新しい訓練セットを生成すべきです。

train関数の準備ができたので、次のリストは訓練を実行するためのスクリプトを示しています。完全なスクリプトはGitHubのtrain_pg.pyにあります。第9章のself_playスクリプトによって生成された経験データファイルを使用します。

リスト 10.7　以前に保存した経験データによる訓練

```
learning_agent = agent.load_policy_agent(h5py.File(learning_agent_filename))
for exp_filename in experience_files:   ❶
    exp_buffer = rl.load_experience(h5py.File(exp_filename))
    learning_agent.train(
        exp_buffer,
        lr=learning_rate,
        clipnorm=clipnorm,
        batch_size=batch_size)
with h5py.File(updated_agent_filename, 'w') as updated_agent_outf:
    learning_agent.serialize(updated_agent_outf)
```

❶ メモリに一度で収める以上の訓練データがあるかもしれない。この実装は一度に1チャンクずつ、複数のファイルから読み込む

10.3 自己対局による訓練のためのヒント

訓練プロセスを調整するのは難しい場合があります。大規模なネットワークの訓練は時間がかかるため、結果を確認するために長時間待たなければならないかもしれません。いくつかの試行錯誤と数回の予備実験をすべきです。この節では、長い訓練プロセスを管理するためのヒントを紹介します。まず、ボットの進捗状況をテストおよび検証する方法について詳しく説明します。それから、訓練プロセスに影響を与えるチューニングパラメータのいくつかを掘り下げます。

強化学習は時間がかかります。囲碁AIを訓練している場合、目に見える改善が見られるまでには、1万回以上の自己対局が必要になることがあります。9路盤や5路盤などの小さな盤で実験を始めることをお勧めします。小さな盤ではゲームが短くなるため、自己対局によるゲームをより早く生成できます。そしてゲームはそれほど複雑ではないので、進行するために必要な訓練データは少なくて済みます。そうすれば、コードをテストして訓練プロセスをより迅速に調整できます。コードに自信が持てるようになったら、より大きな盤サイズに移行できます。

10.3.1 進捗の評価

囲碁のように複雑なゲームでは、強化学習は特に時間がかかることがあります。特に、専用のハードウェアにアクセスできない場合はそうです。何時間も前に問題が発生したことを確認するためだけに、訓練プロセスの実行に何日も費やすことほどイライラするものはありません。学習エージェントの進捗状況を定期的にチェックすることをお勧めします。追加でゲームをシミュレートすることによってこれを行います。eval_pg_bot.py スクリプトは、2つのバージョンのボットを互いに対局させます。次のリストはそれがどのように機能するかを示しています。

リスト 10.8　2つのエージェントの強さを比較するためのスクリプト

```
wins = 0      }❶
losses = 0
color1 = Player.black   ❷
for i in range(num_games):
    print('Simulating game %d/%d...' % (i + 1, num_games))
    if color1 == Player.black:
        black_player, white_player = agent1, agent2
    else:
        white_player, black_player = agent1, agent2
    game_record = simulate_game(black_player, white_player)
    if game_record.winner == color1:
        wins += 1
    else:
        losses += 1
    color1 = color1.other   ❸
print('Agent 1 record: %d/%d' % (wins, wins + losses))
```

❶ このスクリプトは agent1 の視点から勝敗を追跡する

❷ color1 は agent1 がプレイする色。agent2 は反対の色になる

❸ どちらかのエージェントが特定の色でうまくプレイする場合があるため、ゲームごとに色を交換する

訓練の各バッチの後に、更新されたエージェントを元のエージェントと対局し、更新されたエージェントが改善していること、または少なくとも悪化していないことを確認します。

10.3.2 強さのわずかな違いの測定

何千もの自己対局で訓練した後、ボットはその前のバージョンに比べてほんの数パーセント改善するかもしれません。小さな違いを測定することはかなり困難です。あなたが一連の訓練を完了したとしましょう。評価のために、前のバージョンと更新されたボットとの100

回の対局を実行します。更新されたボットは53回勝ちます。新しいボットは本当に3パーセント強くなったでしょうか？　それともただ運が良かっただけでしょうか？　ボットの強さを正確に評価するのに十分なデータがあるかどうかを判断する方法が必要です。

訓練によってまったく何も変わらなかったことを想像してください。更新されたボットは前のバージョンと同一です。同じボットが少なくとも53のゲームに勝つ勝算は何でしょうか？　統計学者は、この確率を計算するために**二項検定**と呼ばれる式を使います。Pythonパッケージscipyが二項検定の便利な実装を提供しています。

```
>>> from scipy.stats import binom_test
>>> binom_test(53, 100, 0.5)
0.61729941358925255
```

このコード片では、

- 53は観察した勝利の数を表します。
- 100はシミュレートしたゲームの数を表します。
- 0.5は、対局相手と同一の場合にボットが単一のゲームに勝利する確率を表します。

二項検定は61.7%の値を示しています。ボットがその対局相手と本当に同一であっても、61.7%の確率で53以上のゲームに勝利することができます。この確率は**p値**と呼ばれることがあります。これは、ボットが何も習得**していない**可能性が61.7%あるという意味ではありません。それを判断するのに十分な証拠がないことを意味します。ボットが向上したことを確信したい場合は、さらにテストを実行する必要があります。

結局のところ、この小さい強さの違いを確実に測定するためには、かなりの数の試行が必要です。1,000ゲームを実行して530勝を得た場合、二項検定は約6%のp値になります。一般的なガイドラインは、判断を行う前に5%未満のp値を探すことです。その5%のしきい値について不思議なことは何もありません。むしろ、p値をボットの勝敗の記録にどれほど懐疑的であるべきかを示す物差しとして考えて、あなたの判断に使用してください。

10.3.3 確率勾配降下（SGD）オプティマイザの調整

SGDオプティマイザには、パフォーマンスに影響を与える可能性があるいくつかのパラメータがあります。一般的に、速度と精度の間にはトレードオフがあります。方策勾配法は通常、教師あり学習よりも精度に敏感です。そのため、パラメータを適切に設定する必要があります。

最初に設定しなければならないパラメータは学習率です。学習率を正しく設定するには、学習率を誤って設定すると発生する可能性がある問題を理解する必要があります。この節全体を通して、図10.4を参照してください。これは最小化しようとしている仮想の目的関数を示しています。

概念的には、この図は5.4節で学んだ図と同じものを示しています。しかしここでは、いくつかの具体的な点を説明するために、これを1次元に制限します。実際には、通常、何千次元もの関数を最適化しています。

第5章では、予測と既知の正しいサンプルとの間の誤差を測定する損失関数を最適化しようとしていました。この場合、目的はボットの勝率です。（技術的には、勝率の場合は、目的を最大化しようとします。どちらの場合も同じ原則が適用され、最大と最小が入れ替わります。）損失関数とは異なり、勝率を直接計算することはできません。しかし、自己対局データからその勾配を推定することができます。図10.4では、x軸はネットワーク内の重みを表し、y軸はその重みによって目的の値がどのように変化するかを示しています。印が付いている箇所は、ネットワークの現在の状態を示しています。理想的なケースでは、勾配降下により印した点が下り坂を転がって谷で落ち着くと想像することができます。

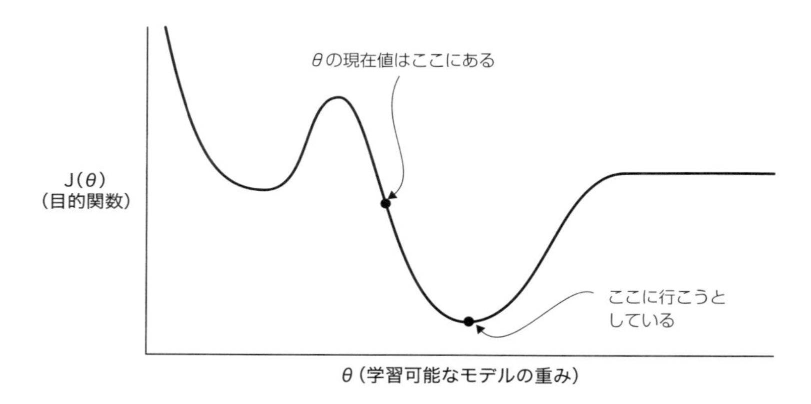

図10.4　このグラフは、仮想の目的関数が学習可能な重みによってどのように変化するかを示している：θ（ギリシャ文字のtheta）の値を現在位置から最小値の位置に移動します。勾配降下は、重みが下り坂を転がることで起きると考えることができます。

図10.5のように学習率が小さすぎると、オプティマイザは重みを正しい方向に移動させますが、最小値に達するまでに何回もの訓練が必要になります。効率化のためには、問題を起こさずに学習率をできるだけ大きくする必要があります。

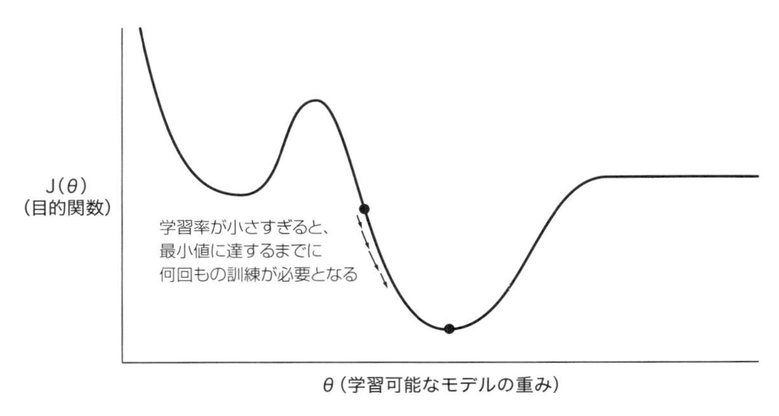

図10.5　この例では学習率が小さすぎるため、重みが最小値に達するまでに多くの更新が必要

少しオーバーシュートすると、目的関数があまり改善されない可能性があります。しかし、次の勾配は正しい方向を向くので、図10.6に示すように、しばらくの間前後に行き来する可能性があります。

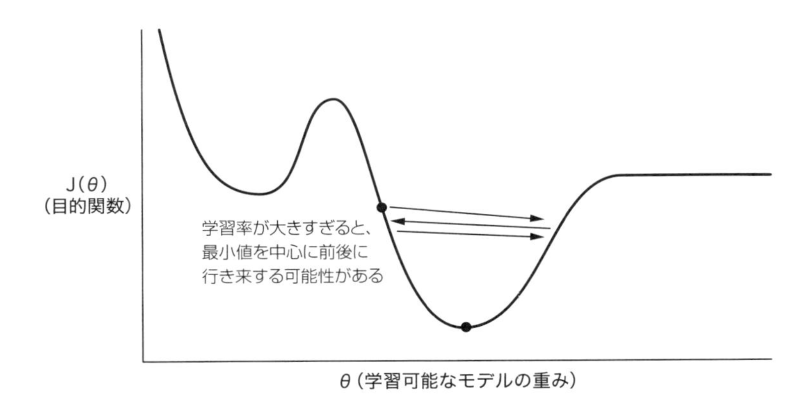

図10.6　これでは学習率が大きすぎる：重みは目標地点をオーバーシュートします。次回の学習では、勾配は反対方向を向いていますが、次のターンで再びオーバーシュートする可能性があります。これにより、重みが最小値を中心に前後に行き来することがあります。

この目的関数の例では、オーバーシュートが大きすぎると、重みは右側の平坦な領域になります。図10.7はその様子を示しています。その領域では勾配は0に近くなります。つまり、勾配降下で重みを移動する方向についての手がかりが得られなくなります。その場合、目的関数は恒久的に動かなくなる可能性があります。これは単なる理論上の問題ではありません。これらの平坦な領域は、第6章で紹介した整流線形ユニットを持つネットワークでは一般的なものです。深層学習エンジニアは、この問題を**死んだReLU**（dead ReLUs）と呼ぶことがあります。値が0に戻って動けなくなり、全体的な学習プロセスへの貢献が停止されるため、「死んだ」("dead")と見なされます。

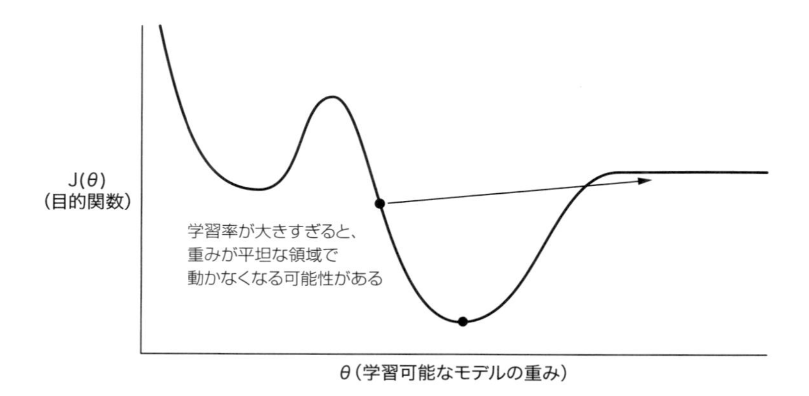

図10.7 この例では学習率が非常に大きいので、重みは右側の平坦な領域までジャンプした:その領域の勾配は0なので、オプティマイザはどちらの方向に進むべきかについての手がかりを持たなくなります。重さが恒久的にそこから動かなくなることがあります。これは、整流線形ユニットを使用するニューラルネットワークにおける一般的な問題です。

これらは、正しい方向にオーバーシュートしたときに発生する可能性がある問題です。方策勾配法では、従うべき真の勾配が分からないため、問題はさらに深刻になります。宇宙のどこかには、エージェントの強さをその方策ネットワークの重みに関連付ける理論的な関数があります。しかし、その関数を記述する方法はありません。できる最善のことは、訓練データから勾配を推定することです。その推定値はノイズが多く、時には間違った方向を向くことがあります。(10.1節の図10.2を思い出してください。最善の手を選ぶ確率が、間違った方向に小さく踏み出すことがよくあります。囲碁や同様に複雑なゲームのための自己対局データは、それよりもさらにノイズを含みます。)

間違った方向にあまりにも遠く動いたとすると、重みは左側の他の谷に落ち着くかもしれません。図10.8は、このケースがどのように発生する可能性があるかを示しています。これは**忘却**(forgetting)と呼ばれます。ネットワークはデータセットの特定の特性を処理することを学びましたが、突然それが破滅しました。

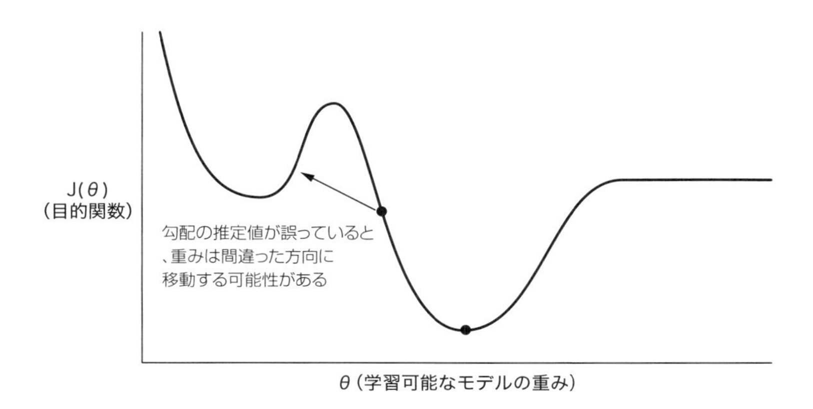

図10.8 方策勾配法では、非常にノイズの多い信号から真の勾配を推定しようとしている：時には、単一の見積もりが間違った方向を指すこともあります。重みを間違った方向に移動しすぎると、真ん中の最小値から左側の極小値までジャンプすることがあり、しばらくの間そこで動かなくなることがあります。

勾配推定を改善するための手順を再び実行することができます。確率的勾配降下はミニバッチで機能することを思い出してください。オプティマイザは訓練セットの小さなサブセットを受け取り、それらの点だけから勾配を計算してから、すべての重みを更新します。バッチサイズが大きいと、誤りが解消される傾向があります。Kerasのデフォルトのバッチサイズは32です。これは、多くの教師あり学習問題に適しています。方策勾配法のためには、もっと大きくすることをお勧めします。1,024、さらには2,048から始めてみてください。

最後に、方策勾配法は、**極大値**に陥りやすくなります。方策を少しずつ変更すると、ボットが弱くなる場合があります。時々、自己対局に少し余分なランダム性を導入することによって、極大値から逃れることができます。わずかな回数（1%または0.5%の手番)、エージェントは方策から外れて、完全にランダムな着手を選択します。

実際には、方策勾配訓練プロセスは次のようになります。

1. 自己対局の大きなバッチを生成します（メモリに収まる限り)。
2. 訓練。
3. 以前のバージョンに対して更新されたボットをテストします。
4. ボットがかなり強い場合は、新しいバージョンに切り替えます。
5. ボットがほぼ同じ強さである場合、より多くのゲームを生成し、再び訓練します。
6. ボットが大幅に弱くなった場合は、オプティマイザ設定を調整して再び訓練します。

オプティマイザを調整することは、針を通すように感じるかもしれませんが、少しの練習と実験で、感触を得ることができます。表10.1は、この節で取り上げたヒントをまとめたものです。

表10.1 方策学習のトラブルシューティング

症状	考えられる原因	対策
勝率が50%で止まる	学習率が小さすぎる	学習率を上げる
	方策は極大値になる	自己対局にもっとランダム性を加える
勝率が大幅に下がる	オーバーシュート	学習率を下げる
	不適切な勾配推定	バッチサイズを大きくする より多くの自己対局ゲームを集める

10.4 まとめ

- 方策学習は、経験データから方策を更新する強化学習手法です。ゲームプレイの場合、これはエージェントのゲーム結果に基づいてより良い着手を選択するためにボットを更新することを意味します。
- 方策学習の1つの形態は、勝った時に起こったすべての着手の確率を上げ、負けたときに起こったすべての着手の確率を減らすことです。何千ものゲームにわたって、このアルゴリズムはゆっくりと方策を更新して、より頻繁に勝つようにします。そのアルゴリズムは、**方策勾配法**です。
- **交差エントロピー損失**は、固定されたオプションのセットから1つを選びたい状況のために設計された損失関数です。第7章では、与えられたゲーム状況で人間がどの着手を選択するかを予測するときに交差エントロピー損失を使用しました。方策勾配学習に交差エントロピー損失を適応させることもできます。
- Kerasフレームワークを使って、経験を正しくエンコードしてから交差エントロピー誤差を使用して訓練することで、効率的に方策勾配法を実装できます。
- 方策勾配法の訓練では、オプティマイザの設定を手動で調整する必要があります。方策勾配法では、教師あり学習で使用するよりも小さい学習率と大きいバッチサイズが必要になる場合があります。

第11章 価値に基づく強化学習

第II部

価値に基づく強化学習 11

この章では、次の内容を取り上げます。

- **Q学習アルゴリズムを使用した自己改善型ゲームAIの作成**
- **Kerasにおける多入力ニューラルネットワークの定義と訓練**
- **Kerasを使用したQ学習エージェントの構築と訓練**

レベルの高いチェスや囲碁の大会に関する専門的な解説を読んだことがあるでしょうか？「黒はこの時点でとても不利です」または「ここまでの結果は白の方がわずかに有利です」のようなコメントをよく見るでしょう。このような戦略ゲームの途中で「有利」または「不利」になるとはどういう意味でしょうか？　これは途中経過のスコアが分かるバスケットボールではありません。代わりに、解説者は、局面がどちらか一方のプレイヤーにとって有利であることを意味しています。より正確には、思考実験により定義することができます。互角のプレイヤーを100組見つけてください。各組にゲームの途中の局面を与え、そこからプレイを開始するように彼らに伝えます。黒を持っているプレイヤーが過半数を少し上回るゲーム、例えば100回のうち55回勝った場合、その局面は黒にわずかに有利と言うことができます。

もちろん、解説者はそのようなことをしていません。代わりに、彼らは何が起こるかについて判断を行うために、何千ものゲームにわたって構築された彼ら自身の直感に頼っています。この章では、同様の判断をするためにコンピュータゲームプレイヤーを訓練する方法を示します。そしてコンピュータは、人間がするのとほぼ同じ方法でそれを行うことを学びます。

この章では**Q学習**アルゴリズムについて紹介します。Q学習は、強化学習エージェントを訓練して将来的にどれだけの報酬が期待できるかを予測する方法です。（ゲームの文脈では、**報酬**は**ゲームに勝つこと**を意味します。）最初に、Q学習エージェントがどのように決定を行い、時間の経過とともに改善するかについて説明します。その後、Kerasフレームワークを使ってQ学習を実装する方法を示します。そのようにして、第10章の方策学習エージェントとは異なる個性を持つ、自己改善型ゲームAIを訓練する準備が整います。

11.1 Q学習を使用したゲームプレイ

特定の着手を行った後に、勝つ可能性を伝える関数があるとします。これは**行動価値関数**（action-value function）と呼ばれ、特定の行動にどれくらい価値があるかを示します。そうすれば、ゲームをプレイするのは簡単になります。各手番で最も価値の高い手を選ぶだけです。問題は、どのように行動価値関数を考え出すかということです。

この節では、**強化学習**を通して行動価値関数を訓練するための手法であるQ学習について説明します。もちろん、囲碁の着手に対する真の行動価値関数を学ぶことはできません。そのためには、ゲーム木全体を読み取る必要があります。しかし、自己対局を通して行動価値関数の推定を繰り返し改善することができます。推定がより正確になるにつれて、推定に頼るボットはより強くなるでしょう。

Q学習という名前は、標準的な数学記号から来ています。伝統的に、Q(s,a)は行動価値関数を表すために使われます。これは2つの変数の関数です。sはエージェントが直面している状態を表します（たとえば、局面）。aはエージェントが検討している行動を表します（次に行う可能性のある着手）。図11.1は、行動価値関数への入力を示しています。この章では、Q関数を推定するためにニューラルネットワークを使用する**深層Q学習**に焦点を当てます。しかし、原理の大部分は古典的なQ学習にも当てはまります。そこでは、Q関数を、考えられる状態ごとに1つの行と可能なそれぞれの行動ごとに1つの列を持つ単純なテーブルで近似します。

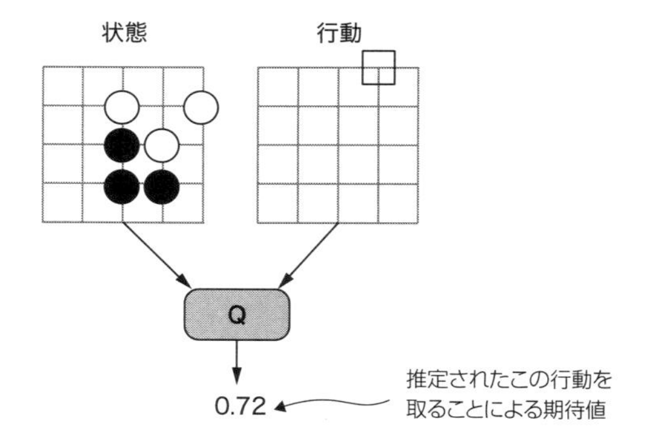

図11.1　行動価値関数は2つの入力を受け取る：状態（局面）と行動（候補手）です。エージェントがこの行動を選択した場合、期待される収益（ゲームに勝つ確率）の推定値を返します。行動価値関数は、数学記号により伝統的にQと呼ばれています。

前の節では、方策（着手を選択するためのルール）を直接学習することによって強化学習を学習しました。Q学習の構造はなじみがあるかもしれません。最初に、エージェントをそれ自身と対局させ、すべての決定とゲーム結果を記録します。ゲームの結果は決定が良かったかどうかについて何かを伝えます。それに応じてエージェントの振る舞いを更新します。Q学習は、エージェントがゲーム内で決定を行う方法と、結果に基づいて行動を更新する方法が方策学習とは異なります。

Q関数からゲームプレイエージェントを構築するには、Q関数を方策に変える必要があります。1つの選択肢は、図11.2に示すように、可能なすべての着手をQ関数に入力し、最も高い期待値を返す着手を選択することです。この方策は**貪欲法**（greedy policy）と呼ばれます。

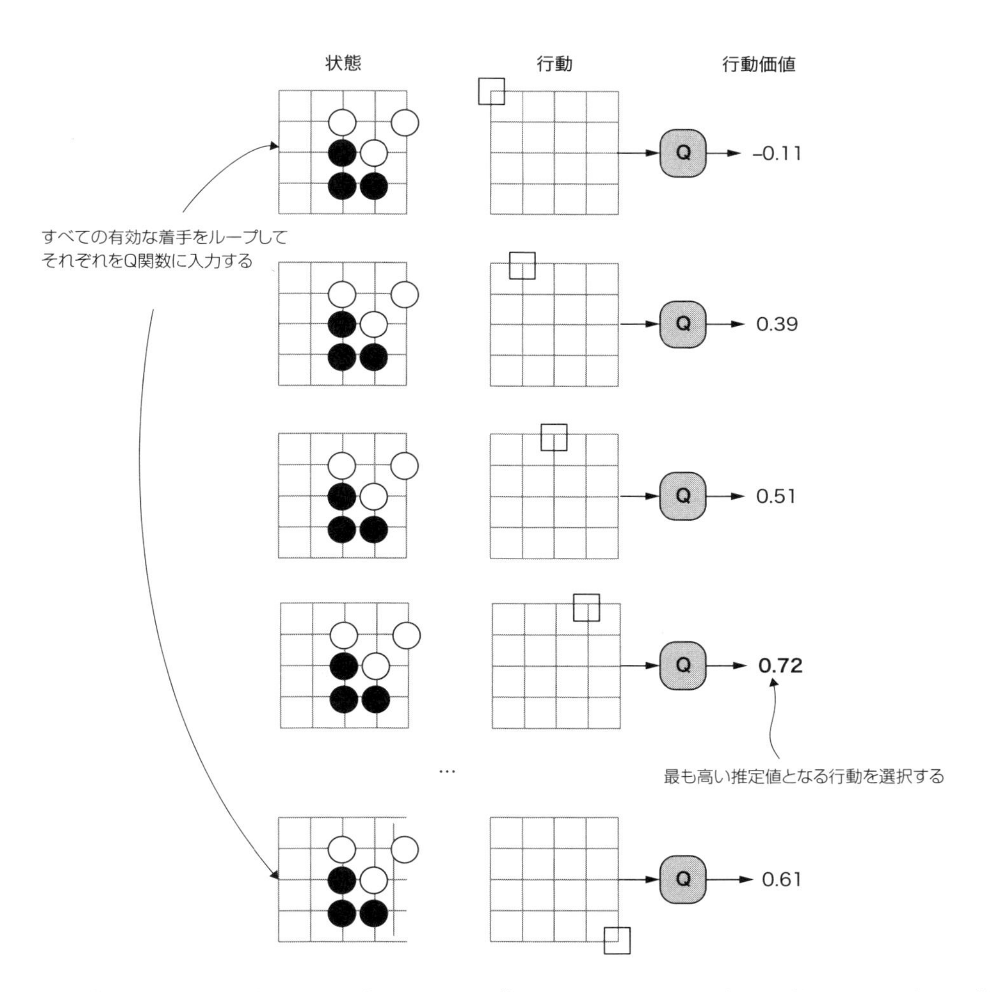

図 11.2　貪欲な行動価値方策では可能なすべての着手をループして行動価値を推定する：次に、推定値が最も高い行動を選択します。（スペースを節約するために、多くの合法手は省略されています。）

行動価値の推定値に自信があるならば、貪欲法が最も良い選択です。しかし、推定を**向上**させるために、時々未知の手を探るボットが必要です。これは**ε-貪欲法**（ε-greedy policy）※1と呼ばれます。εの割合で、方策は完全にランダムに選択します。それ以外では、通常の貪欲法に従います。この手順をフローチャートにして図11.3に示します。

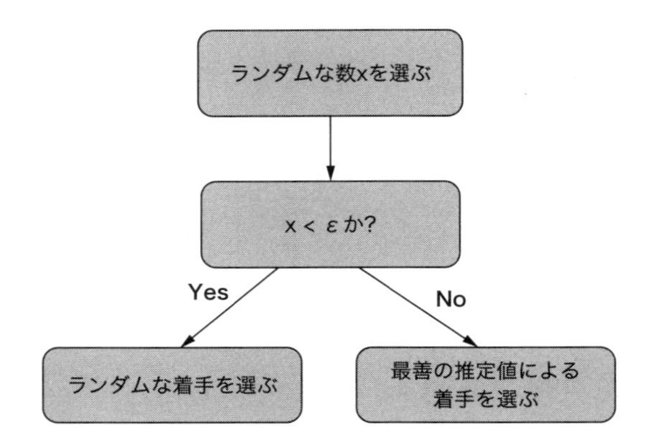

図11.3　ε-貪欲行動価値方策のフローチャート：この方策は未知の着手を探ることと最善の着手を行うことのバランスをとることを試みます。εの値はそのバランスを制御します。

リスト11.1　ε-貪欲法の擬似コード

```
def select_action(state, epsilon):
    possible_actions = get_possible_actions(state)
    if random.random() < epsilon:                          ❶
        return random.choice(possible_actions)
    best_action = None
    best_value = MIN_VALUE
    for action in get_possible_actions(state):
        action_value = self.estimate_action_value(state, action)   ❷
        if action_value > best_value:
            best_action = action
            best_value = action_value
    return best_action
```

❶ ランダムに探索する場合

❷ 既知の最善の着手を選ぶ

※1　εはギリシャ文字のイプシロンで、小さな割合を表すのによく使われます。

εは、トレードオフを表します。0に近づくと、エージェントは現在の行動価値の推定値に従って、最善の着手が何であるかを選びます。しかし、エージェントは新たな着手を試して、それによってその推定値を改善する機会がありません。εが大きくなると、エージェントはより多くのゲームで負けることになりますが、見返りとして、未知の着手について学ぶことになります。

囲碁をプレイしているか、ピアノを弾いているかにかかわらず、人間がスキルを習得する方法で類推することができます。人間の学習者が停滞状態に達するのは一般的なことです。それは、一定の範囲のスキルに慣れてしまって上達しなくなった点です。壁を乗り越えるために、あなた自身の快適ゾーンから抜け出して、新しいことを試す必要があります。多分それはピアノの新しい運指やリズム、あるいは囲碁の新しい定石と戦術です。なじみのない状況にいる間はパフォーマンスが低下することがありますが、新しい手法がどのように機能するかを学んだ後は、以前よりも強くなります。

Q学習では、一般的にかなり高い値のε（もしかすると0.5）から始めます。エージェントが向上するにつれて、徐々にεを減少させます。εが0になってしまうと、エージェントは学習をやめてしまうことに注意してください。同じゲームを何度も繰り返し実行するだけです。

大量のゲームを生成した後のQ学習の訓練プロセスは、教師あり学習と似ています。エージェントが実行した行動によって訓練セットが提供され、ゲームの結果をデータに対する既知の良いラベルとして扱うことができます。もちろん、訓練セットにはいくつかの幸運な勝ちがあります。しかし、何千ものゲームを経ることで、それらをキャンセルするための同数の負けがあることに頼ることができます。

第7章の着手予測モデルが未知のゲームから人間の着手を予測することを学んだのと同じように、行動価値モデルはこれまでプレイしたことのない着手の価値を予測することを学ぶことができます。図11.4に示すように、ゲームの結果を訓練プロセスの目的として使用できます。この方法で汎化するには、適切なニューラルネットワーク設計と十分な訓練データが必要です。

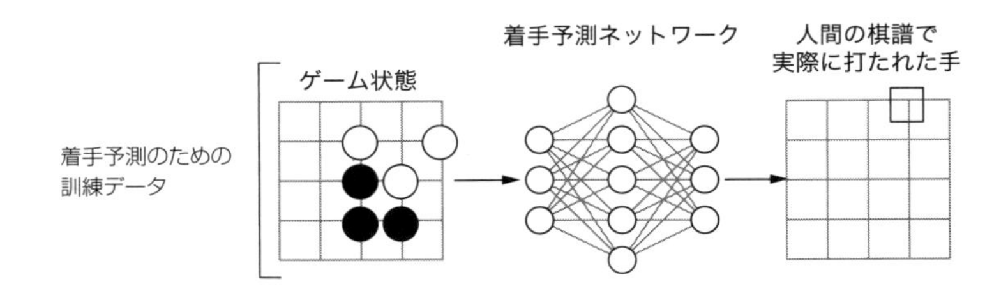

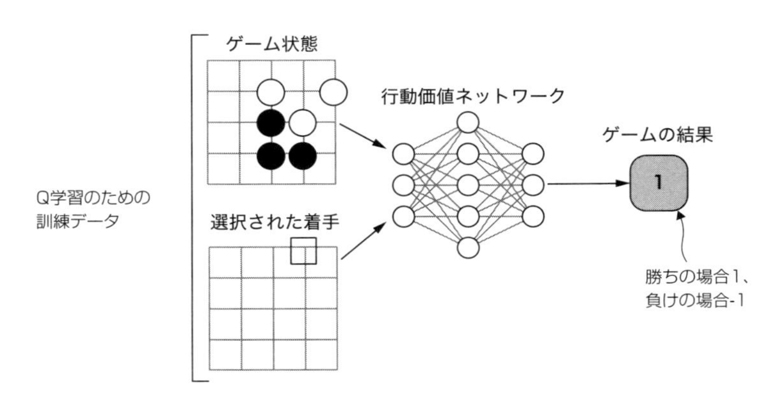

図11.4 深層Q学習用の訓練データの設定：上の図には、第6章と第7章で使用した着手予測ネットワークの訓練データを作成した方法が示されています。局面が入力で、実際の着手が出力です。下の図は、Q学習用の訓練データの構造を示しています。局面と選択した着手の両方が入力です。出力はゲームの結果です。勝ちの場合は1、負けの場合は–1です。

11.2 KerasによるQ学習

この節では、KerasフレームワークでQ学習アルゴリズムを実装する方法を説明します。これまで、Kerasを使用して、1つの入力と1つの出力を持つ関数を学習しました。行動価値関数には2つの入力があるため、適切なネットワークを設計するには新しいKeras機能を使用する必要があります。Kerasに2入力のネットワークを導入した後、着手を評価し、訓練データを集め、そしてあなたのエージェントを訓練する方法を示します。

11.2.1 Kerasで2入力のネットワークを構築する

前の章では、KerasのSequentialモデルを使ってニューラルネットワークを定義しました。次のリストは、sequential APIで定義されたモデルの例を示しています。

リスト11.2　**Kerasのsequential APIを使ったモデルの定義**

```
from keras.models import Sequential
from keras.layers import Dense

model = Sequential()
model.add(Dense(32, input_shape=(19, 19)))
model.add(Dense(24))
```


Kerasは、ニューラルネットワークを定義するための2番目のAPI、**functional** APIを提供します。functional APIは、sequential APIの機能のスーパーセットを提供します。シーケンシャルネットワークは関数スタイルで書き換えることができます。また、シーケンシャルスタイルでは記述できない複雑なネットワークを作成することもできます。

主な違いは、層間の接続を指定する方法です。Sequentialモデル内の層を接続するには、モデルオブジェクトに対してaddを繰り返し呼び出します。最後の層の出力が新しい層の入力に自動的に接続されます。Functionalモデル内で層を接続するには、関数呼び出しのように見える構文で入力層を次の層に渡します。各接続は明示的に作成されているので、より複雑なネットワークを記述できます。以下のリストは、関数スタイルを使用して、リスト11.2と同じネットワークを作成する方法を示しています。

リスト11.3　**Kerasのfunctional APIを使って同じモデルを定義する**

```
from keras.models import Model
from keras.layers import Dense, Input

model_input = Input(shape=(19, 19))
hidden_layer = Dense(32)(model_input)     ❶
output_layer = Dense(24)(hidden_layer)    ❷

model = Model(inputs=[model_input], outputs=[output_layer])
```

❶ model_inputをDense層の入力に接続し、その層にhidden_layerという名前を付ける
❷ hidden_layerを新しいDense層の入力に接続し、その層にoutput_layerという名前を付ける

これら2つのモデルは同一です。sequential APIは最も一般的なニューラルネットワークを記述するのに便利な方法であり、functional APIは複数の入力や出力、あるいは複雑な接続を指定するための柔軟性を提供します。

行動価値ネットワークには2つの入力と1つの出力があるため、ある時点で2つの入力のチェーンをマージする必要があります。KerasのConcatenate層を使用すると、これを実現できます。Concatenate層は計算を行いません。図11.5に示すように、2つのベクトルまたはテン

ソルを1つにまとめるだけです。連結する次元を指定するオプションのaxis引数を取ります。デフォルトでは最後の次元になります。これはこのケースにおいても当てはまります。他のすべての次元は同じサイズでなければなりません。

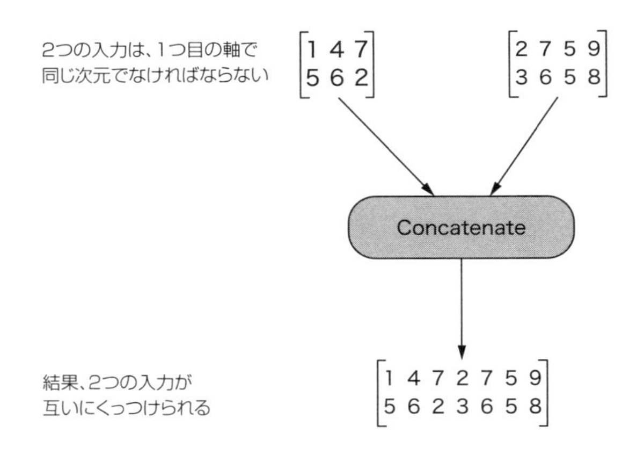

図11.5　Keras Concatenate層は2つのテンソルを1つにする

これで、行動価値関数を学習するためのネットワークを設計できます。第6章と第7章で着手予測に使用した畳み込みネットワークを思い出してください。概念的にネットワークを2つのステップにまとめることができます。最初に、畳み込み層が盤上の石の重要な形を識別します。次に、全結合層がそれらの形に基づいて決定を行います。図11.6は、着手予測ネットワーク内の層がどのように2つの異なる役割を果たすかを示しています。

行動価値ネットワークのために、やはり盤面を重要な形と石のグループに加工したいと思います。着手の予測に関連する形は、行動価値の推定にも関連する可能性が高いため、ネットワークのこの部分は同じ構造を借用することができます。違いは意思決定のステップにあります。識別された石のグループのみに基づいて決定を行うのではなく、処理された盤面と提案された行動に基づいて価値を推定します。つまり、畳み込み層の後に提案された着手ベクトルを持ち込みます。図11.8にそのようなネットワークを示します。

負けを表すのに−1を使用し、勝利を表すのに1を使用するため、行動価値は−1から1の範囲の単一の値にする必要があります。この目的のために、tanh活性化関数を伴うサイズ1の全結合層を追加します。あなたは三角関数の双曲線正接関数としてtanhを知っているかもしれません。深層学習では、tanhの三角関数の性質についてはまったく気にしません。それよりも、−1を下限とし、1を上限とする滑らかな関数であることから、使用します。ネットワークの初めのあたりの層がどのように計算しても、出力は目的の範囲内になります。図11.7にtanh関数のプロットを示します。

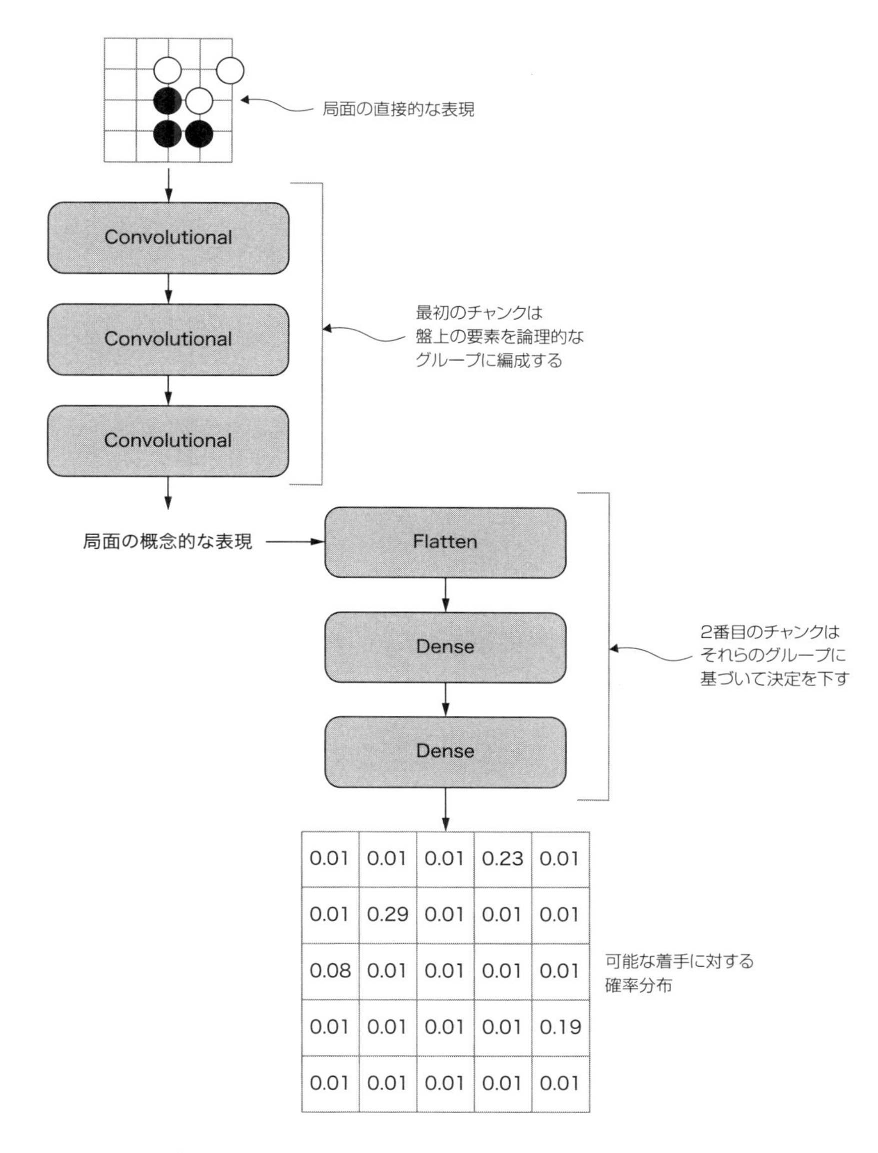

図 11.6 第6章と第7章で説明した着手予測ネットワーク：多くの層がありますが、概念的にそれを2つのステップとして考えることができます。畳み込み層は生の石を処理し、それらを論理的なグループと戦術的な形に編成します。その表現から、全結合層は行動を選択します。

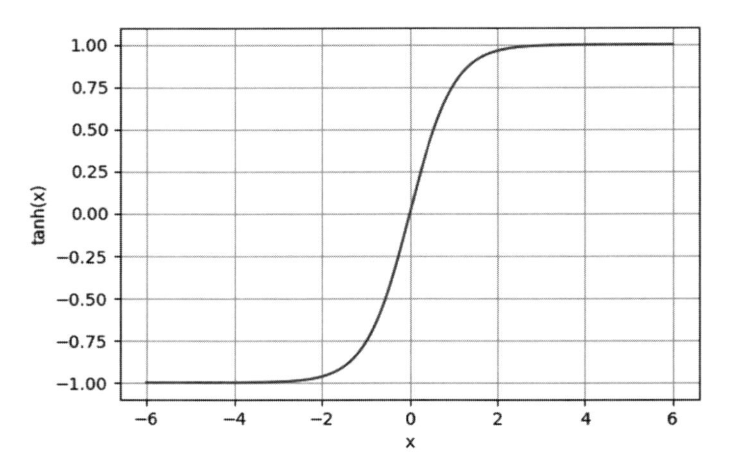

図 11.7　tanh（双曲線正接）関数。値を−1 と 1 の間に制限する

行動価値ネットワークの完全な仕様は以下のリストのようになります。

リスト 11.4　2 入力の行動価値ネットワーク

```
from keras.models import Model
from keras.layers import Conv2D, Dense, Flatten, Input
from keras.layers import ZeroPadding2D, concatenate

board_input = Input(shape=encoder.shape(), name='board_input')
action_input = Input(shape=(encoder.num_points(),),
    name='action_input')

conv1a = ZeroPadding2D((2, 2))(board_input)
conv1b = Conv2D(64, (5, 5), activation='relu')(conv1a)
                                                          ❶
conv2a = ZeroPadding2D((1, 1))(conv1b)
conv2b = Conv2D(64, (3, 3), actionvation='relu')(conv2a)

flat = Flatten()(conv2b)
processed_board = Dense(512)(flat)

board_and_action = concatenate([action_input, processed_board])
hidden_layer = Dense(256, activation='relu')(board_and_action)  ❷
value_output = Dense(1, activation='tanh')(hidden_layer)  ❸

model = Model(inputs=[board_input, action_input],
  outputs=value_output)
```

❶ 畳み込み層を好きなだけ追加する。着手予測にうまく機能したものはすべて、ここでもうまく機能するはず

❷ この隠れ層のサイズを試してみるとよい

❸ tanh 活性化層は、出力を–1と1の間に制限する

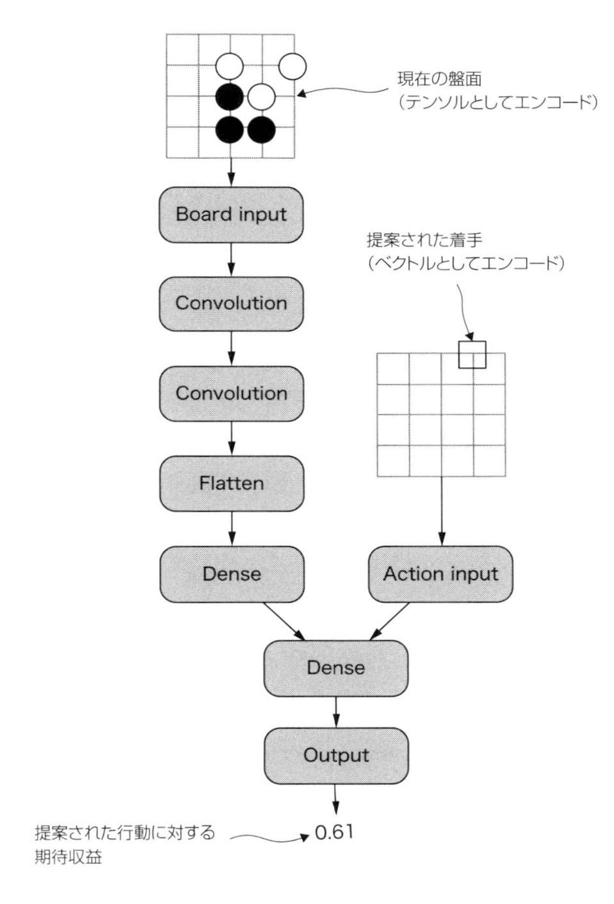

図 11.8 リスト11.4で説明した2入力のニューラルネットワーク：盤面は、第7章の着手予測ネットワークのように、いくつかの畳み込み層を通過します。提案された着手は、別に入力されます。提案された着手は、畳み込み層の出力と組み合わされて別の全結合層を通過します。

11.2.2 Kerasによるε-貪欲法の実装

Q学習を介して学習できるQエージェントの構築を始めましょう。このコードはdlgo/rl/q.pyモジュールにあります。リスト11.5はそのコンストラクタを示しています。方策学習エージェントのように、モデルと盤面エンコーダを受け取ります。また、2つのユーティリティメソッドを定義します。set_temperatureメソッドを使用すると、εの値を変更できます。これは、訓練プロセスを通じて変化させることができます。第9章と同様に、set_collectorメソッドを使用すると、ExperienceCollectorオブジェクトをアタッチして、後で訓練するための経験データを格納できます。

リスト11.5 Q学習エージェントのコンストラクタメソッドとユーティリティメソッド

```
class QAgent(Agent):
    def __init__(self, model, encoder):
        self.model = model
        self.encoder = encoder
        self.collector = None
        self.temperature = 0.0

    def set_temperature(self, temperature):     ❶
        self.temperature = temperature

    def set_collector(self, collector):         ❷
        self.collector = collector
```

❶ temperatureは、方策のランダム化の程度を制御するεの値

❷ コレクターオブジェクトを使用してエージェントの経験を記録する方法の詳細については、第9章を参照

次に、ε-貪欲法を実装します。最高の評価の手を選ぶのではなく、すべての手をソートして順番に試します。第9章で説明したように、これは勝ったゲームの終わりにエージェントが自己破壊するのを防ぎます。

リスト11.6 Q学習エージェントのための着手の選択

```
class QAgent(Agent):
    ...
    def select_move(self, game_state):
        board_tensor = self.encoder.encode(game_state)
```

```
moves = []
board_tensors = []
for move in game_state.legal_moves():
    if not move.is_play:
        continue
    moves.append(self.encoder.encode_point(move.point))
    board_tensors.append(board_tensor)
if not moves:
    return goboard.Move.pass_turn()

num_moves = len(moves)
board_tensors = np.array(board_tensors)
move_vectors = np.zeros(
     (num_moves, self.encoder.num_points()))
for i, move in enumerate(moves):
    move_vectors[i][move] = 1

values = self.model.predict(
     [board_tensors, move_vectors])
values = values.reshape(len(moves))   ❺

ranked_moves = self.rank_moves_eps_greedy(values)   ❻


for move_idx in ranked_moves:
    point = self.encoder.decode_point_index(
        moves[move_idx])
    if not is_point_an_eye(game_state.board,
                           point,
                           game_state.next_player):
        if self.collector is not None:
            self.collector.record_decision(
                state=board_tensor,
                action=moves[move_idx],
            )
        return goboard.Move.play(point)
    return goboard.Move.pass_turn()   ❾
```

(注: 原図では ❶ = moves = [] 〜 board_tensors.append(board_tensor)、❷ = if not moves: 〜 return goboard.Move.pass_turn()、❸ = move_vectors = np.zeros(〜 move_vectors[i][move] = 1、❹ = values = self.model.predict(〜 values.reshape(len(moves))、❼ = for move_idx in ranked_moves: 〜 game_state.next_player):、❽ = if self.collector is not None: 〜) の範囲を括弧で示している)

❶ すべての有効な着手のリストを生成する

❷ 有効な着手が残っていなければ、エージェントはパス

❸ すべての有効な着手をone-hotエンコーディングする（one-hotエンコーディングの詳細については、第5章参照）。

❹ これは2入力形式のpredict。2つの入力をリストとして渡す

❺ 値はN×1の行列になる。ここで、Nは有効な着手数。reshapeはサイズNのベクトルに変換する

❻ ε -貪欲法に従って着手をランク付けする
❼ 第9章の自己対局のエージェントと同じように、リストの中で最初の自己破壊しない着手を選ぶ
❽ 決定を経験バッファに記録する。第9章を参照
❾ すべての有効な着手が自己破壊的であると判断された場合は、ここに到達する

コラム　Q学習と木探索

select_move実装の構造は、第4章で説明したいくつかの木検索アルゴリズムに似ています。たとえば、αβ検索は、局面評価関数に依存します。これは、局面を受け取り、どのプレイヤーがどれだけ優勢かを推定する関数です。これは、この章で説明した行動価値関数と似ていますが、同一ではありません。エージェントが黒をプレイしていて、ある着手Xを評価していると仮定します。エージェントは、Xに対して0.65の推定行動価値を得ます。ここで、着手Xを行った後の盤の外観は正確にわかります。また、白の負けは黒の勝ちであることがわかっています。したがって、次の局面は白にとっては-0.65の値になります。

数学的には、この関係を次のように記述します。

$$Q(s,a) = -V(s')$$

ここで、s'は黒が行動aを選んだ後に白が見る状態です。

Q学習は一般的にどのような環境にも適用できますが、ある状態の行動価値と次の状態の値の間のこの等価性は、決定論的ゲームでのみ当てはまります。

第12章では、行動価値関数の代わりに価値関数を直接学習することを含む、3番目の強化学習技法について説明します。第13章と第14章では、このような価値関数を木検索アルゴリズムと統合する方法について説明します。

残っているのは、最も価値のあるものから最も価値のないものへと着手をソートするためのコードです。複雑なのは、2つの並列な配列があるということです。価値と着手です。NumPyのargsort関数はこれを扱う便利な方法を提供します。値を置き換えて配列をソートする代わりに、argsortはインデックスのリストを返します。そうすると、それらのインデックスに従って並列な配列の要素を読み取ることができます。図11.9はargsortのしくみを示しています。リスト11.7はargsortを使って着手をランク付けする方法を示しています。

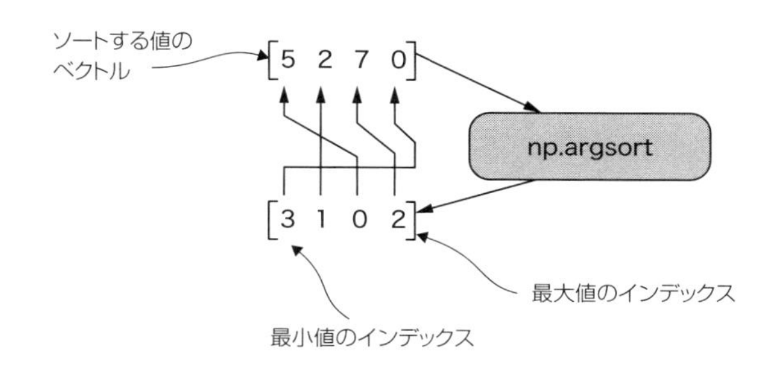

図 11.9 NumPyライブラリのargsort関数の図解：argsortはソートしたい値のベクトルを受け取ります。値を直接ソートするのではなく、ソートされた順序で値が得られるようなインデックスのベクトルを返します。そのため、出力ベクトルの最初の値は入力の最小値のインデックスであり、出力ベクトルの最後の値は入力の最大値のインデックスです。

リスト 11.7 Q学習エージェントのための着手の選択

```
class QAgent(Agent):
    ...
    def rank_moves_eps_greedy(self, values):      } ❷
        if np.random.random() < self.temperature:
            values = np.random.random(values.shape)
        ranked_moves = np.argsort(values)  ❷
        return ranked_moves[::-1]  ❸
```

❶ 探索の場合は、実際の値ではなく乱数で順位付けする

❷ 最小値から最大値の順に着手のインデックスを取得する

❸ [::-1]構文は、NumPyでベクトルを反転するための最も効率的な方法。これは、最大値から最小値にソートされた着手を返す

これで、Q学習エージェントを使用して自己対局ゲームを作成する準備が整いました。次に、行動価値ネットワークの訓練方法について説明します。

11.2.3 行動価値関数の訓練

一連の経験データを入手したら、エージェントのネットワークを更新する準備が整いました。方策勾配学習では、勾配の近似値は分かっていましたが、その勾配の更新をKerasフレームワーク内に適用するための複雑なスキームを考え出す必要がありました。対照的に、Q学習による訓練はKerasのfit関数の直接的な応用です。直接ゲームの結果を目的ベクトルに入れることができます。

第6章では、平均二乗誤差と交差エントロピー誤差という2つの損失関数について説明しました。別々の項目のセットから1つと一致させたい場合は、交差エントロピー誤差を使用しました。この事例では、囲碁の盤上の点の1つと一致させようとしていました。一方、Q関数は、–1から1の範囲内の任意の値になる連続値となります。この問題では、平均二乗誤差を使用します。

次のリストはQAgentクラスのtrain関数の実装を示しています。

リスト11.8 経験からQ学習エージェントを訓練する

```
class QAgent(Agent):
...
    def train(self, experience, lr=0.1, batch_size=128):    ❶
        opt = SGD(lr=lr)
        self.model.compile(loss='mse', optimizer=opt)         ❷

        n = experience.states.shape[0]
        num_moves = self.encoder.num_points()
        y = np.zeros((n,))
        actions = np.zeros((n, num_moves))
        for i in range(n):
            action = experience.actions[i]
            reward = experience.rewards[i]
            actions[i][action] = 1
            y[i] = reward

        self.model.fit(
             [experience.states, actions], y,    ❸
            batch_size=batch_size,
            epochs=1)
```

❶ lrとbatch_sizeは訓練プロセスを微調整するためのオプション。詳細は10章を参照

❷ mseは平均二乗誤差。連続値を学習しようとしているので、Categorical_crossentropyの代わりにmseを使用する

❸ 2つの異なる入力をリストとして渡す

11.3 まとめ

- **行動価値関数**は、エージェントが特定の行動を取った後にどれだけの報酬を期待できるかを推定します。ゲームの場合、これは勝つ可能性の期待値を意味します。
- Q学習は、行動値関数（伝統的にQと表記される）を推定することによる強化学習の技法です。
- Q学習エージェントを訓練する際、通常**ε-貪欲法**を使います。この方策では、エージェントはある割合で、最も価値の高い着手を選択し、残りはランダムに着手を選択します。パラメータεは、エージェントが未知の着手をどれだけ探索するかを制御します。
- Kerasのfunctional APIを使用すると、複数の入力、複数の出力、または複雑な内部の接続を持つニューラルネットワークを設計できます。Q学習では、functional APIを使用して、ゲーム状態と提案された着手について別々の入力を持つネットワークを構築できます。

第12章 actor-critic法による強化学習

この章では、次の内容を取り上げます。

- **強化学習をより効率的にするためのアドバンテージの使用**
- **actor-critic法による自己改善型ゲームAIの作成**
- **Kerasにおける多出力ニューラルネットワークの設計と訓練**

あなたが囲碁をプレイすることを学んでいるならば、改善する最も良い方法の1つはあなたのゲームを見直すためにより強いプレイヤーを見つけることです。時には、最も有用なフィードバックはあなたがゲームに勝ったか負けた時点を単に指摘することです。評価者は、「あなたはすでに30手目でかなり不利でした」または「110手目であなたは優勢になりましたが、あなたの対局相手は130手目でそれを逆転させました」のようにコメントするかもしれません。

なぜこのフィードバックが役に立つのでしょうか？　ゲーム内の300回の着手すべてを注意深く調べる時間はないかもしれませんが、10回または20回の着手シーケンスになら注意を集中させることができます。評価者は、ゲームのどの部分が重要であるかを教えてくれます。

強化学習の研究者は、この原理をactor-critic学習に適用しています。これは、方策学習（第10章で説明）と価値学習（第11章で説明）の組み合わせです。方策関数は、actor（行動器）の役割を果たします。それは、どの着手を行うかを選択します。価値関数はcritic（評価器）です。それは、エージェントがゲームの進行中に有利か不利かを追跡します。ゲームの評価者があなた自身の学習を導くことができるのと同じように、そのフィードバックは学習プロセスを導きます。

この章では、actor-criticによる学習を使って自己改善型ゲームAIを作成する方法について説明します。すべてうまくいくようにする重要な概念は**アドバンテージ**（advantage）です。つまり、実際のゲーム結果と予想される結果の差です。どのようにアドバンテージが訓練プロセスを改善できるかを説明することから始めます。その後、actor-criticによるゲームエージェントを構築する準備が整います。最初に、着手選択を実装する方法を示します。それから新しい訓練プロセスを実装します。どちらの機能も、第10章と第11章のコード例を大いに借用しています。最終的な結果は、方策学習とQ学習の利点を1つのエージェントにまとめたもので、両方の長所があります。

12.1 アドバンテージはどの決定が重要かを教える

第10章では、貢献度分配問題について簡単に述べました。学習エージェントが200回の着手を行い、最終的にそのゲームに勝ったとします。勝ったので、少なくともいくつかの良い着手を選んだと仮定することができます。しかし、おそらく同様に2、3の悪い着手も選んでいます。**貢献度分配問題**は、強化したい良い着手を、無視しなければならない悪い着手から分離するという問題です。この節では、**アドバンテージ**の概念、つまり特定の決定が最終結果にどの程度貢献したかを推定するための式を紹介します。まず、アドバンテージが貢献度の割り当てにどのように役立つかを説明します。それからそれを計算する方法を示すコードサンプルを提供します。

12.1.1 アドバンテージとは何か

あなたがバスケットボールの試合を見ていると想像してみてください。第4クォーターが刻々と過ぎているときに、あなたの大好きなプレイヤーがスリーポイントシュートに成功します。あなたはどのくらいエキサイトしますか？　それはゲームの状態によって異なります。スコアが80対78の場合は、おそらくあなたは席から飛び出しているでしょう。スコアが110対80の場合はそれほどでもないでしょう。違いは何でしょうか？　スコアが近いゲームでは、スリーポイントはゲームの予想される結果に大きな変化をもたらします。一方、ゲームが大差の場合は、1回のプレイで結果に影響することはありません。結果がまだ不確かな間に最も重要なプレイが起こります。強化学習では、アドバンテージがこの概念を定量化する式です。

アドバンテージを計算するには、まず状態の価値の見積もりが必要です。これを$V(s)$と表記します。これは、特定の状態sにすでに到達している場合、エージェントが得られる期待収益です。ゲームでは、局面が黒もしくは白のどちらに優勢かを示すものとして$V(s)$を考えることができます。$V(s)$が1に近い場合、あなたのエージェントは有利な立場にあります。$V(s)$が-1に近い場合、あなたのエージェントは負けています。

前章の行動価値関数$Q(s,a)$を思い出すと、概念は似ています。違いは、$V(s)$は着手を選択する前の局面の優位性を表します。$Q(s,a)$は、着手を選択した後の局面の優位性を表します。アドバンテージの定義は通常次のように記述されます。

$$A = Q(s, a) - V(s)$$

これについて考える1つの方法は、良い状態にある（すなわち、V(s)が高い）ときに、ひどい着手をする（Q(s,a)が低い）と、アドバンテージを手放すということです。それゆえ、計算結果は負の値になります。ただし、この式の1つの問題は、Q(s,a)の計算方法がわからないことです。しかし、ゲームの終わりに得る報酬を真のQの不偏推定値として考えることができます。そのため、報酬Rを得るまで待ち、そして次のようにアドバンテージを見積もります。

$$A = R - V(s)$$

これが、この章全体を通してアドバンテージを見積もるために使用する計算式です。この値がどのように役立つかを見てみましょう。

説明のために、V(s)を推定するための正確な方法をすでに持っているとします。実際には、エージェントはその価値推定関数とその方策関数を同時に学習します。次の節では、それがどのように機能するのかについて説明します。いくつかの例を見てみましょう。

- ゲーム開始時には、V(s) = 0です。両方のプレイヤーがほぼ同じチャンスを持っています。あなたのエージェントがゲームに勝ったとしましょう。その場合、その報酬は1になるので、その最初の着手のアドバンテージは1 − 0 = 1です。
- ゲームがほぼ終了し、実際にゲームの動きがなくなり、V(s) = 0.95とします。あなたのエージェントが本当にゲームに勝った場合、その状態のアドバンテージは1 − 0.95 = 0.05です。
- 今度は、エージェントがまたもやV(s) = 0.95で、別の優勢な局面を持っているとします。しかし、このゲームでは、ボットはどうにかして最終的にゲームを逆転されて負けて、− 1の報酬を得ます。その状態からのアドバンテージは、− 1 − 0.95 = − 1.95です。

図12.1と12.2は仮想ゲームのアドバンテージの計算を示しています。このゲームでは、あなたの学習エージェントは最初のいくつかの着手でゆっくりと有利になりました。それからいくつかの大きな間違いを犯して、かなり不利な状況に落ちました。150手前のどこかで、突然ゲームを逆転させることに成功し、そして最後に勝ちました。第10章の方策勾配の技法では、このゲームではそれぞれの着手に均等に重みを付けます。actor-criticによる学習では、最も重要な着手を見つけ、それらに大きな重みを付けようとします。アドバンテージの計算はそれをどのように行うかを示します。

学習エージェントが勝ったとすると、アドバンテージは$A(s) = 1 - V(s)$で与えられます。図12.2では、アドバンテージの曲線は推定価値の曲線と同じ形をしていますが、上下が逆になっています。最大のアドバンテージは、エージェントがかなり不利な間に得られます。ほとんどのプレイヤーはそのような悪い状況で負けてしまうので、エージェントはどこかで素晴らしい着手をしたに違いありません。

エージェントが160手前後ですでに逆転した後、それ以降の決定はもはや興味がありません。ゲームはすでに終わっています。その期間のアドバンテージは0に近い値です。

この章の後半では、アドバンテージに基づいて訓練プロセスを調整する方法を示します。その前に、自己対局プロセスを通してアドバンテージを計算して保存する必要があります。

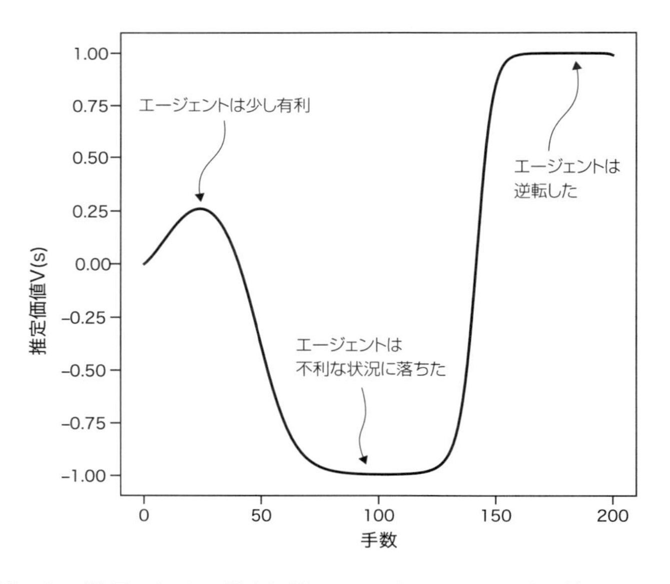

図12.1 仮想のゲームの過程における推定価値：このゲームは200手で続きました。最初は、学習エージェントは少し有利になりました。それからかなり不利な状況に落ち込みました。それから突然ゲームを逆転させ、そして勝利を収めました。

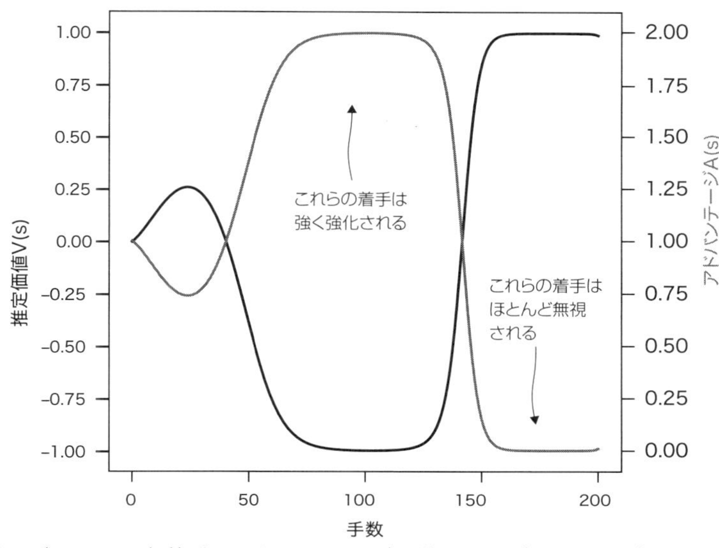

図12.2 仮想のゲームでの各着手のアドバンテージ：学習エージェントがゲームに勝ったので、その最終報酬は1でした。逆転につながった着手は2に近いアドバンテージを持っているので、訓練中に強く強化されます。結果がすでに決まっているゲームの終わり近くの着手は0に近いアドバンテージなので、訓練中にほとんど無視されます。

12.1.2 自己対局中のアドバンテージの計算

アドバンテージを計算するために、第9章で定義したExperienceCollectorを更新します。元のバージョンでは、経験バッファは3つの並列配列（状態、行動、および報酬）を追跡していました。アドバンテージを追跡するために4番目の要素を並列配列に追加します。この配列を埋めるには、各状態の推定価値と最終的なゲーム結果の両方が必要です。後者は、ゲームの終わりまで持っていません。そのため、エピソードの途中では推定価値をためておき、ゲームが完了したら、それらをアドバンテージに変換します。

リスト12.1　**アドバンテージを追跡するためのExperienceCollectorの更新**

```
class ExperienceCollector:
    def __init__(self):
        self.states = []
        self.actions = []
        self.rewards = []
        self.advantages = []                    ❶
        self._current_episode_states = []
        self._current_episode_actions = []
        self._current_episode_estimated_values = []   ❷
```

❶ これらは多くのエピソードにまたがることがある
❷ すべてのエピソードの終わりにこれらはリセットされる

同様に、状態と行動とともに推定価値を受け入れるように record_decision メソッドを更新する必要があります。

リスト 12.2　推定価値を格納するための ExperienceCollector の更新

```
class ExperienceCollector:
...
    def record_decision(self, state, action,
            estimated_value=0):
        self._current_episode_states.append(state)
        self._current_episode_actions.append(action)
        self._current_episode_estimated_values.append(
            estimated_value)
```

次に、complete_episode メソッドで、エージェントが行った各決定のアドバンテージを計算します。

リスト 12.3　エピソード終了時のアドバンテージの計算

```
class ExperienceCollector:
...
    def complete_episode(self, reward):
        num_states = len(self._current_episode_states)
        self.states += self._current_episode_states
        self.actions += self._current_episode_actions
        self.rewards += [reward for _ in range(num_states)]

        for i in range(num_states):
            advantage = reward - \
                self._current_episode_estimated_values[i]   ❶
        self.advantages.append(advantage)

        self._current_episode_states = []
        self._current_episode_actions = []                  ❷
        self._current_episode_estimated_values = []
```

❶ 各決定のアドバンテージを計算する
❷ 前のエピソードのバッファをリセットする

アドバンテージを処理するには、ExperienceBufferクラスとcombine_experienceヘルパーも更新する必要があります。

リスト 12.4　ExperienceBuffer 構造にアドバンテージを追加する

```
class ExperienceBuffer:
    def __init__(self, states, actions, rewards, advantages):
        self.states = states
        self.actions = actions
        self.rewards = rewards
        self.advantages = advantages

    def serialize(self, h5file):
        h5file.create_group('experience')
        h5file['experience'].create_dataset('states', data=self.states)
        h5file['experience'].create_dataset('actions', data=self.actions)
        h5file['experience'].create_dataset('rewards', data=self.rewards)
        h5file['experience'].create_dataset('advantages', data=self.advantages)

    def combine_experience(collectors):
        combined_states = np.concatenate([np.array(c.states) for c in collectors])
        combined_actions = np.concatenate([np.array(c.actions) for c in collectors])
        combined_rewards = np.concatenate([np.array(c.rewards) for c in collectors])
        combined_advantages = np.concatenate([np.array(c.advantages) for c in collectors])

        return ExperienceBuffer(
            combined_states,
            combined_actions,
            combined_rewards,
            combined_advantages)
```

経験クラスは今ではアドバンテージを追跡する準備ができています。アドバンテージに頼らない手法でこれらのクラスを使用することもできます。その場合、訓練中にアドバンテージバッファの内容を無視します。

12.2 actor-criticによる学習のためのニューラルネットワークの設計

第11章では、Kerasで2つの入力を持つニューラルネットワークを定義する方法を説明しました。Q学習ネットワークは、盤面のための入力と提案された着手のための入力を1つずつ持っていました。actor-criticによる学習には、1つの入力と2つの出力を持つネットワークが必要です。入力は盤面の状態です。出力の1つは、着手に対する確率分布、つまりactorです。もう1つの出力は、現在の局面からの期待収益、つまりcriticです。

2つの出力でネットワークを構築することは意外なボーナスをもたらします。それぞれの出力は他方に対して一種の正則化として機能します。（6章で、**正則化**は、モデルが訓練された正解データセットに**過学習**しないようにするための手法であったことを思い出してください。）盤上の石のグループが取られる危険性があるとします。弱い石を持ったプレイヤーはおそらく不利なため、この事実は価値の出力に関連しています。これは行動の出力にも関連します。なぜなら、おそらく攻撃するか弱い石を防御するかのどちらかを望んでいるからです。ネットワークが最初の方の層で「弱い石」の検出器を学習した場合、それは両方の出力に関連します。両方の出力を訓練すると、ネットワークは両方の目的に役立つ表現を習得します。これは汎化を改善し、時には訓練速度を向上することさえあります。

第11章ではKerasのfunctional APIを紹介しました。これにより、ネットワーク内の層を自由に接続できます。図12.3で説明されているネットワークを構築するために、ここでそれをもう一度使用します。このコードはinit_ac_agent.pyスクリプトに入っています。

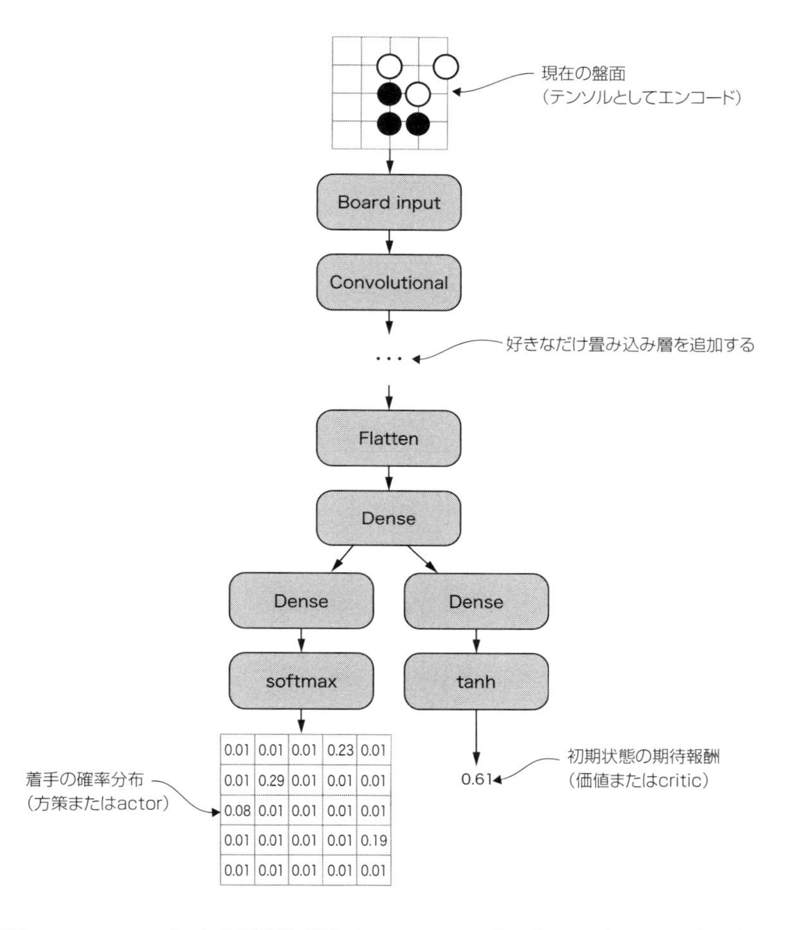

図12.3 囲碁のactor-criticによる学習に適したニューラルネットワーク：このネットワークは単一の入力を持ち、これは現在の局面を表します。ネットワークは2つの出力を生成します。1つの出力は、がどの着手をするべきかを示します。これは、方策の出力、つまりactorです。もう1つの出力は、どのプレイヤーが有利かを示します。これは、価値の出力、つまりcriticです。criticはゲームをプレイするのには使用されませんが、訓練プロセスを支援します。

リスト 12.5　方策の出力と価値の出力を持つ 2 出力のネットワーク

```
from keras.models import Model
from keras.layers import Conv2D, Dense, Flatten, Input

board_input = Input(shape=encoder.shape(), name='board_input')

conv1 = Conv2D(64, (3, 3),
               padding='same',
               activation='relu')(board_input)
conv2 = Conv2D(64, (3, 3),
               padding='same',                       ❶
               activation='relu')(conv1)
conv3 = Conv2D(64, (3, 3),
               padding='same',
               activation='relu')(conv2)

flat = Flatten()(conv3)                              ❷
processed_board = Dense(512)(flat)

policy_hidden_layer = Dense(
     512, activation='relu')(processed_board)
policy_output = Dense(                               ❸
     encoder.num_points(), activation='softmax')(
     policy_hidden_layer)

value_hidden_layer = Dense(
     512, activation='relu')(
     processed_board)                                ❹
value_output = Dense(1, activation='tanh')(
     value_hidden_layer)

model = Model(inputs=board_input,
  outputs=[policy_output, value_output])
```

❶ 畳み込み層をいくつでも追加できる

❷ このサンプルでは、サイズ 512 の隠れ層を使用している。最適なサイズを見つけるために実験してみよう。3 つの隠れ層は同じサイズである必要はない

❸ この出力は方策関数の出力

❹ この出力は価値関数の出力

このネットワークには、それぞれ 64 フィルタを持つ 3 つの畳み込み層があります。これは囲碁プレイ用のネットワークにとっては小さい方ですが、訓練が速いという利点があります。いつものように、ここで異なるネットワーク構造を試すことをお勧めします。

方策の出力は、起こりうる着手に対する確率分布を表します。次元は盤上の点の数に等し

く、方策が1つになるようにsoftmax活性化関数を使用します。

価値の出力は、－1から1の範囲の単一の数値です。この出力の次元は1です。tanhを使用して値を制限します。

12.3 actor-criticによるゲームプレイ

着手の選択は、第10章の方策エージェントとほとんど同じです。2つの変更を加えます。まず、モデルが2つの出力を生成するようになったので、結果を展開するには少し追加のコードが必要です。次に、推定価値を状態と行動とともに経験コレクターに渡す必要があります。確率分布から着手を選択するプロセスは同じです。以下のリストは、更新されたselect_moveの実装を示しています。第10章の方策エージェントの実装とは異なるところを示しました。

リスト12.6　actor-criticエージェントのための着手の選択

```
class ACAgent(Agent):
...
    def select_move(self, game_state):
        num_moves = self.encoder.board_width * \
self.encoder.board_height

        board_tensor = self.encoder.encode(game_state)
        X = np.array([board_tensor])

        actions, values = self.model.predict(X)    ❶
        move_probs = actions[0]    ❷
        estimated_value = values[0][0]    ❸

        eps = 1e-6
        move_probs = np.clip(move_probs, eps, 1 - eps)
        move_probs = move_probs / np.sum(move_probs)

        candidates = np.arange(num_moves)
        ranked_moves = np.random.choice(
            candidates, num_moves, replace=False, p=move_probs)
        for point_idx in ranked_moves:
            point = self.encoder.decode_point_index(point_idx)
            move = goboard.Move.play(point)
            move_is_valid = game_state.is_valid_move(move)
            fills_own_eye = is_point_an_eye(
                game_state.board, point, game_state.next_player)
```

```
            if move_is_valid and (not fills_own_eye):
                if self.collector is not None:
                    self.collector.record_decision(
                        state=board_tensor,
                        action=point_idx,
                        estimated_value=estimated_value
                    )                                          ❹
                return goboard.Move.play(point)
        return goboard.Move.pass_turn()
```

❶ これは2出力のモデルなので、predictは2つのNumPy配列を含むタプルを返す

❷ predictは一度に複数の盤面を処理できるバッチ呼び出しなので、必要な確率分布を得るには配列の最初の要素を選択する必要がある

❸ 価値は1次元ベクトルで表されるので、最初の要素を取り出して値をプレーンなfloatとして取得する必要がある

❹ 推定価値を経験バッファに含める

12.4 経験データからactor-criticエージェントを訓練する

actor-criticネットワークの訓練は、第10章の方策ネットワークと第11章の行動価値ネットワークの訓練の組み合わせのように見えます。2出力のネットワークを訓練するには、各出力に対して個別の訓練目標を作成し、各出力に対して個別の損失関数を選択します。この節では、経験データを訓練目標に変換する方法、および複数の出力でKerasのfit関数を使用する方法について説明します。

方策勾配学習のための訓練データのエンコーディング方法を思い出してください。どの局面でも、訓練目標は盤面と同じサイズのベクトルであり、要素の1または–1は選択した着手に対応します。1は勝ちを示し、－1は負けを示します。actor-criticによる学習では、訓練データに同じエンコーディング方式を使用しますが、1または－1を着手のアドバンテージで置き換えます。アドバンテージは最終的な報酬と同じ符号を持つことになるため、ゲームの決定の確率は単純な方策学習と同じ方向に移動します。しかし、それは重要と思われる行動のためにさらに移動し、0に近いアドバンテージを持つ行動のためには少ししか移動しません。

価値の出力に関しては、訓練目標は報酬の合計です。これは、Q学習の訓練目標とまったく同じです。図12.4は訓練の機構を示しています。

ネットワークに複数の出力がある場合は、出力ごとに異なる損失関数を選ぶことができます。方策の出力には他クラス交差エントロピーを使用し、価値の出力には平均二乗誤差を使用します。（これらの損失関数がこれらの目的のためになぜ適しているかの説明については第10章と第11章を参照してください。）

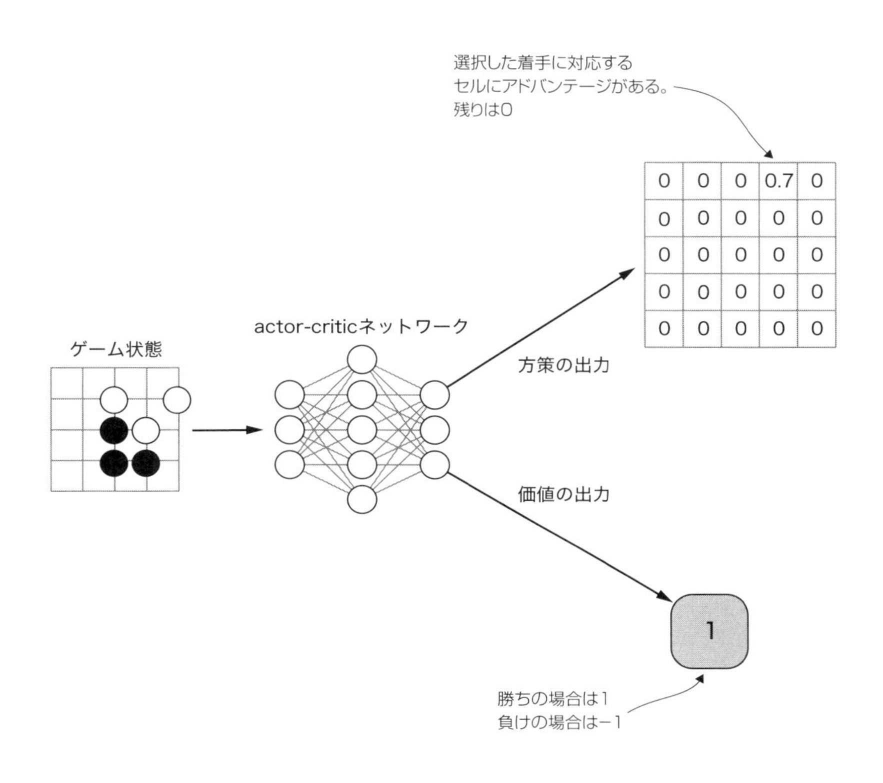

図12.4 actor-criticによる学習のための訓練の機構：ニューラルネットワークには、方策用と価値用の2つの出力があります。それぞれが独自の訓練目標を持っています。方策の出力は、盤面と同じサイズのベクトルに対して訓練されます。選択された着手に対応するベクトル内のセルは、その着手に対して計算されたアドバンテージで埋められ、残りは0です。価値の出力はゲームの最終結果に対して訓練されます。

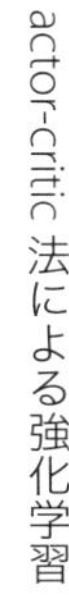

新しく1つの使用するKeras[※1]の機能を使用します。それは、**損失の重み**です。デフォルトでは、Kerasは各出力の損失関数を合計して全体の損失関数を取得します。損失の重みを指定すると、Kerasは合計する前に個々の損失関数をスケーリングします。これにより、各出力の相対的な重要度を調整できます。私たちの実験では、価値の損失が方策の損失と比較して大きいことがわかったので、私たちは価値の損失を半分に縮小しました。ネットワークと訓練データによっては、損失の重みをいくらか調整する必要があるかもしれません。

次のリストは、経験データを訓練データとしてエンコーディングしてから、訓練目標を伴いfitを呼び出す方法を示しています。構造は、第10章と第11章の訓練の実装と似ています。

※1 Kerasはfitを呼び出すたびに計算された損失の値を出力します。2出力のネットワークの場合は、2つの損失を別々に出力します。大きさが同程度かどうか見るために、それをチェックすることができます。一方の損失が他方の損失よりはるかに大きい場合は、重みを調整することを検討してください。それほど正確さにこだわる必要はありません。

リスト 12.7　**actor-criticのための着手の選択**

```
class ACAgent(Agent):
...
    def train(self, experience, lr=0.1, batch_size=128):    ❶
        opt = SGD(lr=lr)
        self.model.compile(
            optimizer=opt,
            loss=['categorical_crossentropy', 'mse'],    ❷
    loss_weights=[1.0, 0.5])    ❸

        n = experience.states.shape[0]
        num_moves = self.encoder.num_points()
        policy_target = np.zeros((n, num_moves))
        value_target = np.zeros((n,))
        for i in range(n):
            action = experience.actions[i]                              ❹
            policy_target[i][action] = experience.advantages[i]
            reward = experience.rewards[i]                              ❺
            value_target[i] = reward

        self.model.fit(
            experience.states,
             [policy_target, value_target],
            batch_size=batch_size,
            epochs=1)
```

❶ lr（学習率）とbatch_sizeはオプティマイザを調整するパラメータ。詳細については10章を参照。

❷ categorical_crossentropyは、第10章と同様に、方策の出力用。mse（平均二乗誤差）は、第11章と同様に価値の出力用。ここでの順序は、リスト12.5のModelのコンストラクタの順序と一致する

❸ 重み1.0が方策の出力に適用されます。重み0.5は勝ちの出力に適用される

❹ これは第10章で使用されているエンコーディング方式と同じだが、アドバンテージにより加重されている

❺ これは第11章で使用されているエンコーディング方式と同じ

すべての要素がそろったので、actor-criticによるエンドツーエンドの学習を試してみましょう。9路盤のボットから始めましょう。それによって、より早く結果を見ることができます。サイクルは次のようになります。

1. 5,000のチャンクの自己対局ゲームを作ります。
2. 各チャンクの後で、エージェントを訓練して、それをボットの前のバージョンと比較します。

3. 新しいボットが100回のゲームのうち前のボットに60回勝てば、エージェントは改善しました！　新しいボットでプロセスを開始します。
4. 更新されたボットの勝ちが100ゲーム中60未満の場合は、もう1組の自己対局ゲームを生成して再び訓練します。新しいボットが十分に強くなるまで訓練を続けます。

100回のうち60回勝つというベンチマークはいくらか恣意的です。これはボットが本当に強くなり、そしてただの偶然ではないという合理的な確実性が得られる適度なラウンド数です。

init_ac_agentスクリプトでボットを初期化することから始めます（リスト12.5を参照）。

```
python init_ac_agent.py --board-size 9 ac_v1.hdf5
```

これで、新しいボットの重みを含む新しいファイルac_v1.hdf5ができました。この時点では、ボットの着手と価値の推測はどちらも基本的にランダムです。これで、自己対局ゲームの生成を始めることができます。

```
python self_play_ac.py \
--board-size 9 \
--learning-agent ac_v1.hdf5 \
--num-games 5000 \
--experience-out exp_0001.hdf5
```

高速なGPUが利用できない場合は、コーヒーを飲みに行ったり、犬の散歩に出かけたりするのに適した時間です。self_playスクリプトが完了すると、出力は次のようになります。

```
Simulating game 1/5000...
9 ooxxxxxxx
8 ooox.xx.x
7 oxxxxooxx
6 oxxxxxox.
5 oooooxoxx
4 ooo.oooxo
3 ooooooooo
2 .oo.ooo.o
1 ooooooooo
ABCDEFGHJ
W+28.5
...
Simulating game 5000/5000...
9 x.x.xxxxx
8 xxxxx.xxx
7 .x.xxxxoo
```

```
6 xxxx.xo.o
5 xxxxxxooo
4 xoooooxo
3 xoooxxxxo
2 o.o.oxxxx
1 ooooox.x.
ABCDEFGHJ
B+15.5
```

完了後、大量のゲームの記録を含むexp_0001.hdf5ファイルが出来上がるはずです。次のステップは訓練することです。

```
python train_ac.py \
--learning-agent bots/ac_v1.hdf5 \
--agent-out bots/ac_v2.hdf5 \
--lr 0.01 --bs 1024 \
exp_0001.hdf5
```

これは、現在ac_v1.hdf1に格納されているニューラルネットワークを取得し、exp_0001.hdfのデータに対して単一のエポックの訓練を実行し、更新されたエージェントをac_v2.hdf5に保存します。オプティマイザは、学習率0.01とバッチサイズ1,024を使用します。次のような出力が表示されるはずです。

```
Epoch 1/1
574234/574234 [==============================] - 15s 26us/step - loss:
    1.0277 - dense_3_loss: 0.6403 - dense_5_loss: 0.7750
```

損失が方策の出力と価値の出力にそれぞれ対応するdense_3_lossとdense_5_lossの2つの値に分割されていることに注意してください。

その後、eval_ac_bot.pyスクリプトを使用して、更新されたボットとその前のボットを比較できます。

```
python eval_ac_bot.py \
--agent1 bots/ac_v2.hdf5 \
--agent2 bots/ac_v1.hdf5 \
--num-games 100
```

出力は次のようになります。

```
...
Simulating game 100/100...
9 oooxxxxx.
8 .oox.xxxx
7 ooxxxxxxx
6 .oxx.xxxx
5 oooxxx.xx
4 o.ox.xx.x
3 ooxxxxxxx
2 ooxx.xxxx
1 oxxxxxxx.
ABCDEFGHJ
B+31.5
Agent 1 record: 60/100
```

この場合、出力には100回のうち60回のしきい値をちょうど超えたことが示されています。ボットが何か有用なことを学んだことに、ある程度の確信が持てます。ac_v2ボットはac_v1よりかなり強いので、ac_v2でゲームを生成するように切り替えることができます。

```
python self_play_ac.py \
--board-size 9 \
--learning-agent ac_v2.hdf5 \
--num-games 5000 \
--experience-out exp_0002.hdf5
```

これが終わったら、もう一度訓練して評価できます。

```
python train_ac.py \
--learning-agent bots/ac_v2.hdf5 \
--agent-out bots/ac_v3.hdf5 \
--lr 0.01 --bs 1024 \
exp_0002.hdf5
python eval_ac_bot.py \
--agent1 bots/ac_v3.hdf5 \
--agent2 bots/ac_v2.hdf5 \
--num-games 100
```

このケースは前回ほど成功したわけではありません。

```
Agent 1 record: 51/100
```

ac_v3ボットが100回のうちの51回だけac_v2ボットに勝ちました。この結果では、ac_v3が少し強いかどうかを言うのは難しいです。最も安全な結論は、それが基本的にac_v2と同じ強さであるということです。しかし落胆しないでください。より多くの訓練データを生成してやり直すことができます。

```
python self_play_ac.py \
--board-size 9 \
--learning-agent ac_v2.hdf5 \
--num-games 5000 \
--experience-out exp_0002a.hdf5
```

train_acスクリプトは、コマンドラインで複数の訓練データファイルを受け取ります。

```
python train_ac.py \
--learning-agent ac_v2.hdf5 \
--agent-out ac_v3.hdf5 \
--lr 0.01 --bs 1024 \
exp_0002.hdf5 exp_0002a.hdf5
```

ゲームのバッチを追加するたびに、ac_v2と比較することができます。私たちの実験では、満足のいく結果が得られるまでに、3つの5,000ゲームのバッチ（合計15,000ゲーム）が必要でした。

```
Agent 1 record: 62/100
```

成功です！　ac_v2に対して62回勝ったので、ac_v3がac_v2より強いと確信することができます。これで、ac_v3を使った自己対局ゲームの生成に切り替えて、もう一度このサイクルを繰り返すことができます。

このactor-criticによる実装だけで囲碁ボットがどれだけ強くなることができるのかは正確にはわかっていません。基本的な戦術を習得するためにボットを訓練できることを示しましたが、その強さはある時点で頭打ちになるはずです。強化学習をある種の木探索と深く統合することで、どの人間のプレイヤーよりも強力なボットを訓練できます。第14章ではその手法について説明しています。

12.5 まとめ

- **actor-criticによる学習**は、方策関数と価値関数を同時に学ぶ強化学習の技法です。方策関数は決定を行う方法を示し、価値関数は価値関数の訓練プロセスを改善するのを助けます。方策勾配学習を適用するのと同じ種類の問題にactor-criticによる学習を適用できますが、actor-criticによる学習は多くの場合より安定しています。
- **アドバンテージ**は、エージェントが得る実際の報酬と、エピソードのある時点で予想される報酬との差です。ゲームの場合、これは実際のゲーム結果（勝ち負け）と期待価値（エージェントの価値モデルによって推定される価値）の差です。
- アドバンテージは、ゲーム内の重要な決定を識別するのに役立ちます。学習エージェントがゲームに勝った場合、そのアドバンテージは、互角または負けの局面からの着手に対して最大になります。ゲームの勝敗がすでに着いた後に行われた着手のアドバンテージは0に近くなります。
- Kerasシーケンシャルネットワークは複数の出力を持つことができます。actor-criticによる学習では、これにより、方策関数と価値関数の両方をモデル化する単一のネットワークを作成できます。

第Ⅲ部

“全体は部分の総和に勝る”

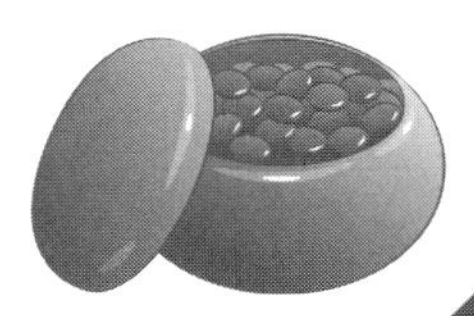

この時点で、古典的な木探索、機械学習、および強化学習からいくつかのAIの技法を学びました。それぞれは単独でも効果的ですが、それぞれ制限もあります。本当に強力な囲碁AIを作成するには、これまでに学んだことすべてを組み合わせる必要があります。これらすべての要素を統合することは、重大な技術的功績です。この部では、AlphaGo（囲碁の世界を動かしたAI）のアーキテクチャ、そしてAIの世界について説明します。本書の締めくくりに、これまでで最も強力なAlphaGoのバージョンであるAlphaGo Zeroのエレガントでシンプルなデザインについて学びます。

第13章 AlphaGo：すべてをまとめる

この章では、次の内容を取り上げます。

- 囲碁ボットを超人的な強さでプレイさせるための基本原理の体感
- そのようなボットを構築するための木探索、教師あり深層学習、および強化学習の使用
- DeepMindのバージョンのあなた独自の実装
- AlphaGoエンジン

2016年にDeepMindの囲碁ボットAlphaGoがイ・セドル（Lee Sedol）と対局して2局目の37手を打ったとき、囲碁の世界は嵐に見舞われました。コメンテーターのマイケル・レドモンド（Michael Redmond）（トップレベルの対局で約1,000勝を記録するプロの囲碁棋士）は、放送中に少ししてから驚きました。AlphaGoが正しい手を打ったことを確認するかのように辺りを見回しながら、解説盤からその石を一時的に取り外しました。（「その仕組みはまだよくわからない」と翌日、レドモンドはアメリカ囲碁E-ジャーナル（American Go E-Journal）に語りました。）イ氏（過去10年間の世界的なトップ棋士）は、次の手を打つまでに12分間かけて盤面の調査を行いました。図13.1は伝説的な一手を示しています。

その手は従来の囲碁の理論に反していました。斜めのカカリ、またはカタツキは、白石が側面に沿って伸びてしっかりした壁を作ることへの布石です。白石が三線にあり、黒石が四線にある場合、これはほぼ均等な交換と見なされます。白は辺に点を得て、黒は中央に向かって影響を与えます。しかし白石が四線にあるとき、壁はあまりにも多くの領域を閉じ込めます。（囲碁の強いプレーヤの方には、この表現が極端に単純化しすぎていることをお詫びします。）五線のカタツキは少し素人っぽく見えます。その評価は少なくとも「Alphaプロ」が前評判に反して5局のうち4局を獲得するまでは続きました。カタツキはAlphaGoの多くの驚きの最初のものでした。1年後に話を進めると、トッププロからカジュアルなクラブプレイヤーまで誰もがAlphaGoの手を試しています。

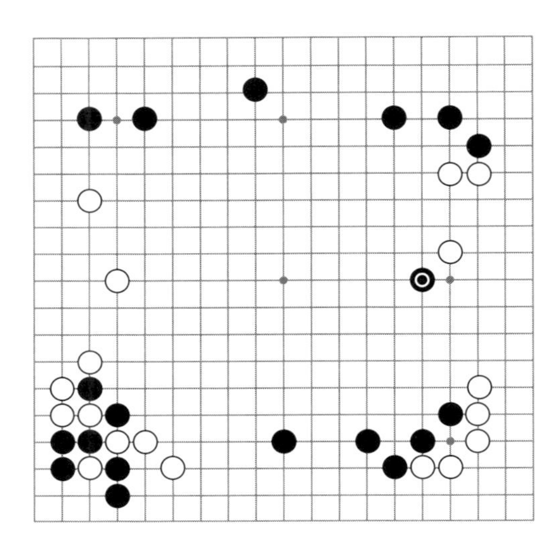

図13.1 シリーズ第2局でAlphaGoがイ・セドルに対して打った伝説的なカタツキ：この手は多くのプロ選手を驚かせました。

この章では、AlphaGoのすべての構成要素を実装することによって、AlphaGoがどのように機能するのかを学びます。AlphaGoは、プロの囲碁の棋譜（5〜8章で学んだことがある）からの教師あり深層学習、自己対局（9〜12章で説明）を使った深層強化学習、そしてこれらの深層ネットワークを斬新な方法で木探索に巧みに組み合わせています。AlphaGoの構成要素についてすでに多くを知っていることに驚くかもしれません。より正確に言うと、これから説明するAlphaGoシステムは次のように機能します。

- 着手予測のために**2つ**の深層畳み込みニューラルネットワーク（**方策ネットワーク**）を訓練することから始めます。これらのネットワークアーキテクチャの1つは、少し深くて**より正確な結果**が得られますが、もう1つは小さくて**評価が高速**です。私たちはそれらをそれぞれ**強い**方策ネットワーク(strong policy network)および、**速い**方策ネットワーク(fast policy network)と呼びます。
- 強い方策ネットワークと速い方策ネットワークは、48個の特徴量の面を持つ、少し洗練された盤面エンコーダを使用しています。また、第6章と第7章で説明したものよりも深いアーキテクチャを使っていますが、それ以外の点では慣れ親しんでいるはずです。13.1節では、AlphaGoの方策ネットワークアーキテクチャについて説明しています。
- 方策ネットワークの最初の訓練ステップが完了した後、13.2節で自己対局の出発点となる強い方策ネットワークを得ます。これを大量の計算能力で行うと、ボットが大幅に改善されます。
- 次のステップとして、13.3節ではそれから**価値ネットワーク**に導くために強力な自己対局ネットワークを利用します。これでネットワークの訓練段階は完了です。この時点以降、深層学習は行われません。

- 囲碁をプレイするために、プレイの基本として木探索を使用しますが、第4章のような単純なモンテカルロロールアウトの代わりに、次の手を導くために速い方策ネットワークを使用します。また、この木探索アルゴリズムの結果と、価値関数の出力とのバランスを取ります。この新しい考えについては、13.4節ですべて説明します。
- 方策の訓練から自己対局、超人的なレベルでの探索を使ったゲームの実行までのこのプロセス全体を実行するには、膨大な計算リソースと時間が必要です。13.5節では、AlphaGoをそれほど強力にするために何が必要か、そしてあなた自身の実験から何を期待するかについてのいくつかのアイデアを提供します。

図13.2に、今スケッチしたプロセス全体の概要を示します。この章全体を通して、この図の一部を拡大し、それぞれの節で詳細を説明します。

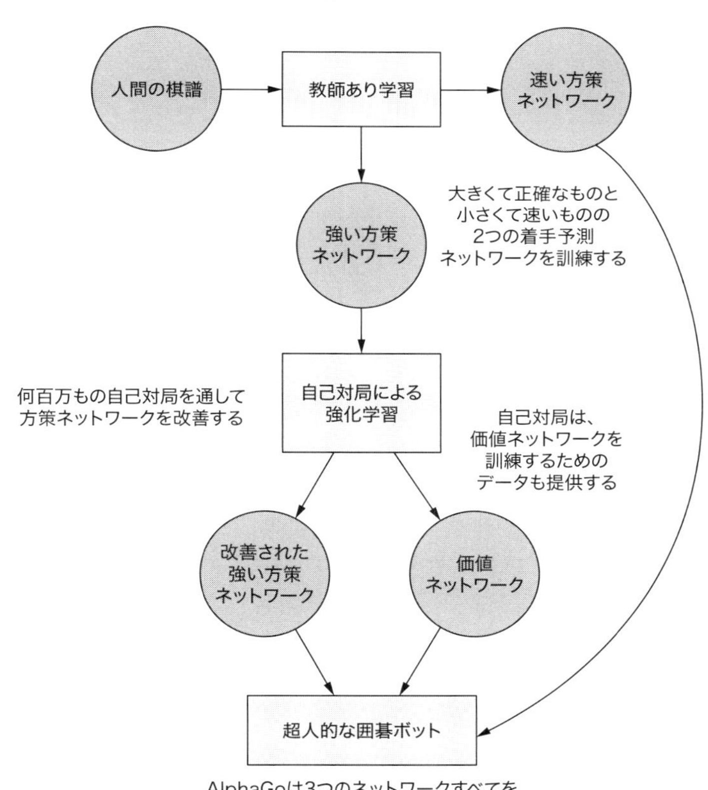

図13.2 AlphaGo AIの動力となる3つのニューラルネットワークを訓練する方法：人間の棋譜集から始めて、次の着手を予測するための2つのニューラルネットワークを訓練することができき

ます。それは、小さくて速いネットワークと大きくて強いネットワークです。その後、強化学習を通して大きなネットワークの強さをさらに向上させることができます。自己対局はまた、価値ネットワークを訓練するためのデータも提供します。AlphaGoはそれから、木探索アルゴリズムにおいて3つのネットワークすべてを使用し、信じられないほど強いゲームプレイを生み出します。

13.1 AlphaGoのための深層ニューラルネットワークの訓練

導入部では、AlphaGoが2つの方策ネットワークと1つの価値ネットワークの3つのニューラルネットワークを使用することを学びました。最初は、これは多いように思えるかもしれませんが、この節では、これらのネットワークとそこに入力される入力特徴量は概念的には互いに近いことがわかります。AlphaGoで使用されている深層学習の最も驚くべき部分は、第5章から第12章を終えた後にすでに知っていることです。これらのニューラルネットワークの構築と訓練の詳細について説明する前に、AlphaGoのシステムでのそれらの役割について簡単に説明しましょう。

- **速い方策ネットワーク** ― この囲碁の着手予測ネットワークは、7章と8章で学習したネットワークとサイズが似ています。その目的は、最も正確な着手予測ではなく、むしろ着手予測が非常に速いことです。このネットワークは13.4節で木探索のロールアウトに使用されています。第4章で説明したように、木探索にロールアウトを使用するには大量の手を素早く生成する必要があります。このネットワークの説明は少しにして、次の2つに焦点を当てます。
- **強い方策ネットワーク** ― この着手予測ネットワークは、速さではなく正確さのために最適化されています。速いバージョンよりも深く、囲碁の着手予測精度が2倍以上の畳み込みネットワークです。第7章で行ったように、速いバージョンと同様に、このネットワークは人間の棋譜データで訓練されます。この訓練ステップが完了した後、第9章と第10章の強化学習の技法を使用して、この強い方策ネットワークが自己プレイの出発点として使用されます。このステップにより、この方策ネットワークがさらに強くなります。
- **価値ネットワーク** ― 強い方策ネットワークによって行われる自己対局は、価値ネットワークを訓練するために使用できる新しいデータセットを生成します。具体的には、価値関数を学習するために、これらのゲームの結果と第11章と第12章の技法を使用します。この価値ネットワークは13.4節で不可欠な役割を果たします。

13.1.1 AlphaGoのネットワークアーキテクチャ

AlphaGoで3つの深層ニューラルネットワークがそれぞれどのように使用されているかがおおまかにわかったので、Kerasを使用してPythonでこれらのネットワークを構築する方法を説明します。コードを示す前に、ネットワークアーキテクチャについて簡単に説明します。畳み込みネットワークの用語について復習が必要な場合は、もう一度第7章を見てください。

- 強い方策ネットワークは、13層の畳み込みネットワークです。それらの層はすべて19×19のフィルタを作ります。ネットワーク全体で元の盤サイズを常に維持します。これを機能させるには、第7章で行ったように、入力をパディングする必要があります。最初の畳み込み層のカーネルサイズは5で、後続のすべての層は3のカーネルサイズで動作します。最後の層はsoftmax活性化関数を使用し、1つの出力フィルタを持ちます。初めの12層はReLU活性化関数を使用し、それぞれ192の出力フィルタを持ちます。
- 価値ネットワークは16層の畳み込みネットワークで、初めの12層は**方策ネットワークとまったく同じ**です。13層は、2～12層と構造が同じ、追加の畳み込み層です。14層は、カーネルサイズが1で出力フィルタが1つの畳み込み層です。ネットワークは2つの全結合層で終えます。1つは256の出力とReLU活性化関数を持ち、そしてもう1つは1つの出力とtanh活性化関数を持ちます。

このように、AlphaGoの方策ネットワークと価値ネットワークはどちらも、第6章で説明したのと同じ種類の深層畳み込みニューラルネットワークです。これら2つのネットワークが非常に似ていることから、単一のPython関数で定義できます。そうする前に、Kerasにネットワーク定義をかなり短くするためのちょっとした近道を紹介します。第7章で、ZeroPadding2Dユーティリティ層を使ってKerasで入力画像をパディングすることができたことを思い出してください。それを行うのはまったく問題ありませんが、パディングをConv2D層に移動することで、モデル定義のタイピングを節約できます。価値ネットワークと方策ネットワークの両方で行いたいことは、出力フィルタが入力と同じサイズ（19 × 19）になるように各畳み込み層の入力をパディングすることです。たとえば、最初の層の19 × 19の入力を23 × 23の画像に明示的にパディングして、次のカーネルサイズ5の畳み込み層が19 × 19の出力フィルタを生成する代わりに、畳み込み層に入力サイズを保持するように指示します。これを行うには、畳み込み層に引数padding = 'same'を指定します。これにより、パディングの処理が行われます。この簡潔なショートカットを念頭に置いて、AlphaGoの方策ネットワークと価値ネットワークに共通する最初の11層を定義しましょう。この定義は、GitHubリポジトリにあるdlgo.networksモジュールのalphago.pyにあります。

リスト 13.1 **AlphaGoにおける方策ネットワークと価値ネットワークの両方のニューラルネットワークの初期化**

```
from keras.models import Sequential
from keras.layers.core import Dense, Flatten
from keras.layers.convolutional import Conv2D


def alphago_model(input_shape, is_policy_net=False,    ❶
                  num_filters=192,    ❷
                  first_kernel_size=5,
                  other_kernel_size=3):    ❸
    model = Sequential()
    model.add(
        Conv2D(num_filters, first_kernel_size, input_shape=input_shape,
               padding='same', data_format='channels_first', activation='relu'))
    for i in range(2, 12):    ❹
        model.add(
            Conv2D(num_filters, other_kernel_size, padding='same',
                   data_format='channels_first', activation='relu'))
```

❶ このブーリアンフラグを使用して、方策ネットワークと価値ネットワークのどちらを使用するかを指定する

❷ 最後の畳み込み層を除くすべての層のフィルタ数は同じ

❸ 最初の層のカーネルサイズは5、それ以外は3

❹ AlphaGoの方策ネットワークと価値ネットワークの最初の12層は同一

最初の層の入力形状（shape）はまだ指定していません。それは、その形状が方策ネットワークと価値ネットワークではわずかに異なるからです。次の節でAlphaGoの盤面エンコーダを紹介すると、その違いがわかります。モデルの定義を続けると、残りは最後の1つの畳み込み層です。これで強い方策ネットワークの定義を終えます。

リスト 13.2 **KerasでAlphaGoの強い方策ネットワークを構築する**

```
    if is_policy_net:
        model.add(
            Conv2D(filters=1, kernel_size=1, padding='same',
                   data_format='channels_first', activation='softmax'))
        model.add(Flatten())
        return model
```

このように、第5章から第8章までの以前のモデル定義との一貫性を保つために、最後にFlatten層を追加して、予測を平坦化します。

代わりにAlphaGoの価値ネットワークを返したい場合は、さらに2つのConv2D層、2つのDense層、1つのFlatten層を追加して接続します。

リスト13.3 KerasでAlphaGoの価値ネットワークを構築する

```
else:
    model.add(
        Conv2D(num_filters, other_kernel_size, padding='same',
               data_format='channels_first', activation='relu'))
    model.add(
        Conv2D(filters=1, kernel_size=1, padding='same',
               data_format='channels_first', activation='relu'))
    model.add(Flatten())
    model.add(Dense(256, activation='relu'))
    model.add(Dense(1, activation='tanh'))
    return model
```

速い方策ネットワークのアーキテクチャについては、ここでは明示的に説明しません。速い方策ネットワークの入力特徴量とネットワークアーキテクチャの定義は技術的に関連しており、AlphaGoシステムの理解を深めることには寄与しません。あなた自身の実験のために、dlgo.networksモジュールにあるネットワークのうちの1つ、例えばsmall、medium、largeを使うのは全く問題ありません。速い方策の主な考え方は、強い方策よりも評価が高速な小さいネットワークを使用することです。次の節では、訓練プロセスについて詳しく説明します。

13.1.2 AlphaGoの盤面エンコーダ

AlphaGoで使用されているネットワークアーキテクチャのすべてを理解したので、囲碁の盤面データをAlphaGoの方法でエンコーディングする方法について説明しましょう。第6章と第7章では、すでにoneplane、sevenplane、またはsimpleといったdlgo.encodersモジュールに格納されている、かなりの数の盤面エンコーダを実装しました。AlphaGoで使用されていると特徴量の面は、以前に経験したものよりほんの少し洗練されたものですが、これまでに示したエンコーダの延長にあります。

方策ネットワーク用のAlphaGoの盤面エンコーダには、48の特徴量の面があります。価値ネットワークの場合は、これらの特徴量を1つの追加の面で補強します。これらの48の面は11の概念で構成されています。そのうちのいくつかは以前に使用したものであり、他のいくつかは新しいものです。それぞれについて詳しく説明します。一般的に、AlphaGoはこれまで説明した盤面エンコーダの例よりも囲碁特有の戦術的状況をもう少し活用しています。その主な例は、シチョウ（ladder）の捕獲と脱出の概念（図13.3を参照）を特徴量セットの一部にすることです。

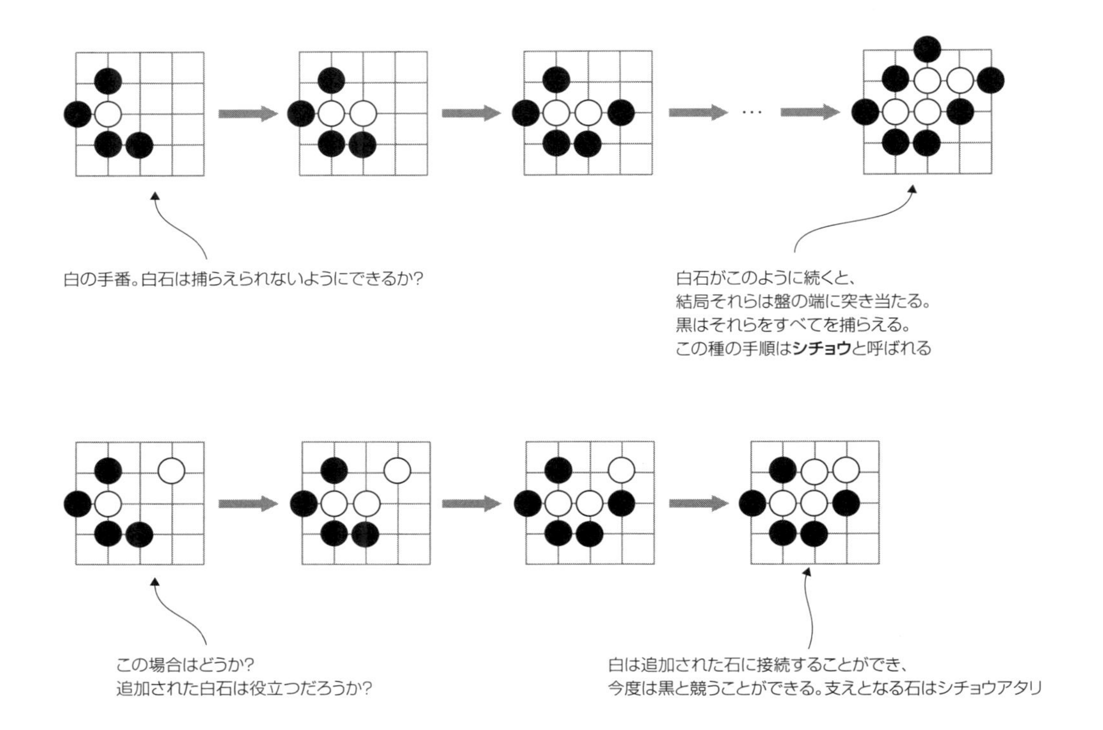

図13.3　AlphaGoはシチョウを含む、多くの囲碁の戦術的概念を直接特徴量の面にエンコードした：最初の例では、白石はただ1つの呼吸点を持っています - これは黒が次のターンに捕獲できることを意味します。白のプレイヤーは白石を広げてさらに呼吸点を得ます。しかし、黒は再び白石を1つの呼吸点に減らすことができます。この手順は、白が捕らえられる盤の端に当たるまで続きます。一方、シチョウの進路に白石がある場合、白は捕獲から逃れることができるかもしれません。AlphaGoには、シチョウが成功するかどうかを示す特徴量の面が含まれていました。

AlphaGoでも使用されている囲碁の盤面エンコーダのすべてで一貫して使用する手法は、**2値特徴量**の使用です。たとえば、呼吸点（盤上の空の隣接点）を捉える場合、盤上の各石に対して1つの特徴量の面を呼吸点のカウントで使用するのではなく、呼吸点の石が1、2、3、それ以上であるかどうかを示す面を含む2値表現を選択します。AlphaGoでも、まったく同じ考え方があります。しかし、カウントを2値化するための特徴量の面は8つです。呼吸点の例では、8つの面がそれぞれ1つの石に対して1、2、3、4、5、6、7、少なくとも8つの呼吸点があることを示します。

第6章から第8章で説明したものとの基本的な違いは、AlphaGoが石の色を**別々の**特徴量の面で明示的にエンコーディングしていることです。第7章のsevenplaneエンコーダでは、黒と白の両方の石に呼吸点の面がありました。AlphaGoでは、呼吸点を数える特徴量は1セットしかありません。さらに、すべての特徴量は次にプレイするプレイヤーに関して表現されます。例えば、着手によって取られる石の数を数える特徴量セットの捕獲数（Capture Size）は、それがどちらの石の色であっても、**現在の**プレイヤーが捕獲する石を数えます。

表13.1にAlphaGoで使用されているすべての特徴量の概要を示します。最初の48面は方策ネットワークに使用され、最後の面は価値ネットワークにのみ使用されます。

表13.1　AlphaGoで使用される特徴量の面

特徴名	面数	説明
石の色（Stone color）	3	石の色を示す3つの特徴量の面 — 現在のプレイヤー、対局相手、そして盤上の空の点それぞれに1つ
1（Ones）	1	特徴量の面は完全に値1で埋められる
0（Zeros）	1	特徴量の面は完全に値0で埋められる
妥当性（Sensibleness）	1	この面での着手は、その着手が合法で現在のプレイヤーの眼を埋めない場合は1、それ以外の場合は0
着手が行われてからの手数（Turns since）	8	この8つの2値の面のセットは、着手が何手前に行われたかを示す
呼吸点数（Liberties）	8	この着手が属する石の連の呼吸点の数。8つの2値の面に分割される
着手後の呼吸点数（Liberties after move）	8	もしこの着手がされた場合、呼吸点はいくつになるか？
捕獲数（Capture size）	8	この着手は何個の対局相手の石を捕獲するか？
自分の石のアタリ（Self-atari size）	8	この着手がされた場合、自分の石のうちいくつがアタリになり、次の着手で相手が捕獲することができますか？
シチョウの捕獲（Ladder capture）	1	この石はシチョウにより捕らえることができるか？
シチョウの逃げ（Ladder escape）	1	この石はシチョウを逃れることができるか？
現在の手番の色（Current player color）	1	現在のプレイヤーが黒の場合は1、プレイヤーが白の場合は0で埋められる

これらの特徴量の実装は、GitHubリポジトリにあるdlgo.encodersモジュールのalphago.pyにあります。表13.1の各特徴量セットを実装するのは難しいことではありませんが、AlphaGoを構成するエキサイティングな部分すべてと比較しても、それほど興味深いことではありません。シチョウの捕獲を実装するのはややトリッキーです。そして、着手が行われてからの手数をエンコーディングするには盤面の定義を修正する必要があります。そのため、これらがどのようにすればできるかに興味があるならば、GitHubの実装をチェックしてください。

AlphaGoEncoderがどのように初期化されるかを素早く見てみましょう。これを使うことで深層ニューラルネットワークを訓練することができます。囲碁の盤サイズと、49個目の特徴量の面を使用するかどうかを示すuse_player_planeというブール値を指定します。これを以下のリストに示します。

リスト13.4 AlphaGoの盤面エンコーダのシグネチャと初期化

```
class AlphaGoEncoder(Encoder):
    def __init__(self, board_size, use_player_plane=False):
        self.board_width, self.board_height = board_size
        self.use_player_plane = use_player_plane
        self.num_planes = 48 + use_player_plane
```

13.1.3 AlphaGoスタイルの方策ネットワークの訓練

ネットワークアーキテクチャと入力特徴量の準備が整ったら、AlphaGoの方策ネットワークの訓練の最初のステップは、第7章で紹介したのと同じ手順に従います。盤面エンコーダとエージェントの指定、囲碁データの読み込み、およびそのデータによるエージェントの訓練です。図13.4にそのプロセスを示します。もう少し手の込んだ特徴量やネットワークを使用しても、この手順は変わりません。

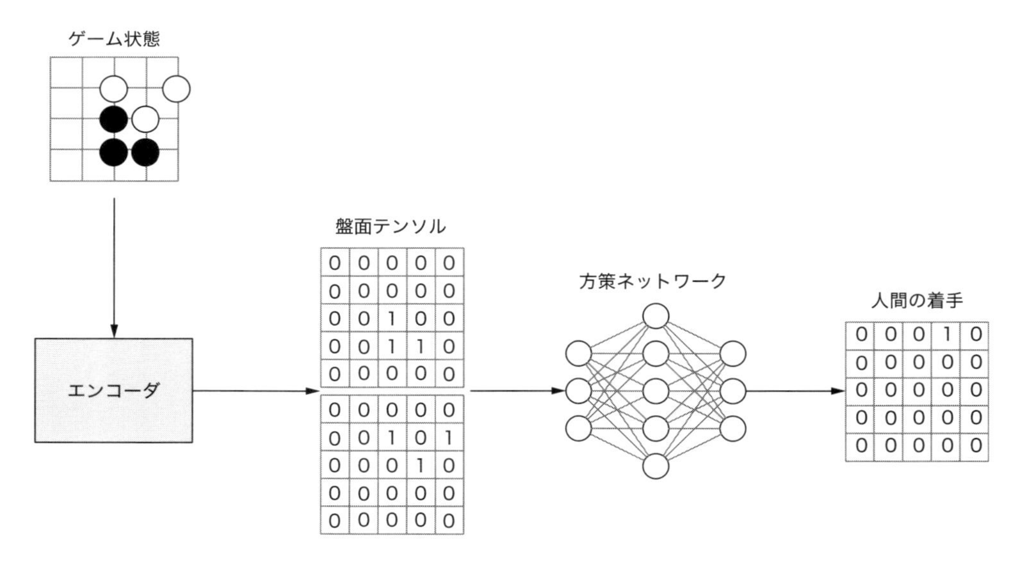

図13.4 AlphaGoの方策ネットワークの教師あり訓練プロセスは、第6章と第7章で説明されているフローとまったく同じ：人間の棋譜を再生し、ゲーム状態を再現します。各ゲーム状態はテンソルにエンコードされます（この図は2つの面のみを持つテンソルを示しています。AlphaGoでは48面が使用されていました）。訓練目標は、人間が実際にプレイした位置が1となる盤と同じサイズのベクトルです。

AlphaGoの強い方策ネットワークを初期化して訓練するには、第7章と同じように、最初にAlphaGoEncoderをインスタンス化し、訓練とテスト用に2つの囲碁データジェネレータを作成する必要があります。これはGitHubのexamples/alphago/ alphago _policy_sl.pyにあります。

リスト13.5　AlphaGoの方策ネットワークを訓練するための最初のステップとしてデータを読み込む

```
from dlgo.data.parallel_processor import GoDataProcessor
from dlgo.encoders.alphago import AlphaGoEncoder
from dlgo.agent.predict import DeepLearningAgent
from dlgo.networks.alphago import alphago_model

from keras.callbacks import ModelCheckpoint
import h5py

rows, cols = 19, 19
num_classes = rows * cols
num_games = 10000

encoder = AlphaGoEncoder()
processor = GoDataProcessor(encoder=encoder.name())
generator = processor.load_go_data('train', num_games, use_generator=True)
test_generator = processor.load_go_data('test', num_games, use_generator=True)
```

次に、このセクションの前半で定義したalphago_model関数を使用してAlphaGoの方策ネットワークを読み込み、そのKerasモデルを多クラス交差エントロピーと確率的勾配降下法でコンパイルします。このモデルを、教師あり学習（**sl**）によって訓練された方策ネットワークであることを示しますため、alphago_sl_policyと呼びます。

リスト13.6　Kerasを使ってAlphaGoの方策ネットワークを作成する

```
input_shape = (encoder.num_planes, rows, cols)
alphago_sl_policy = alphago_model(input_shape, is_policy_net=True)

alphago_sl_policy.compile('sgd', 'categorical_crossentropy', metrics=['accuracy'])
```

この第1段階の訓練では、第7章で行ったように、訓練とテスト用のジェネレータの両方を使用して、この方策ネットワークに対してfit_generatorを呼び出すだけです。これは、より大きなネットワークとより洗練されたエンコーダを使用することを除いて、まさに第6章から第8章で行ったことです。

訓練が終了したら、モデルとエンコーダからDeepLearningAgentを作成し、次に説明する

2つの訓練フェーズのためにそれを保存します。

リスト13.7　方策ネットワークの訓練と保存

```
epochs = 200
batch_size = 128
alphago_sl_policy.fit_generator(
    generator=generator.generate(batch_size, num_classes),
    epochs=epochs,
    steps_per_epoch=generator.get_num_samples() / batch_size,
    validation_data=test_generator.generate(batch_size, num_classes),
    validation_steps=test_generator.get_num_samples() / batch_size,
    callbacks=[ModelCheckpoint('alphago_sl_policy_{epoch}.h5')]
)

alphago_sl_agent = DeepLearningAgent(alphago_sl_policy, encoder)

with h5py.File('alphago_sl_policy.h5', 'w') as sl_agent_out:
    alphago_sl_agent.serialize(sl_agent_out)
```

簡単にするために、この章では、オリジナルのAlphaGoの論文のように、速い方策ネットワークと強い方策ネットワークを個別に訓練する必要はありません。小規模で高速な2番目の方策ネットワークを訓練する代わりに、alphago_sl_agentを速い方策として使用します。次の節では、このエージェントを強化学習の出発点として使用する方法を説明します。これにより、より強い方策ネットワークが構築されます。

13.2 方策ネットワークからの自己対局のブートストラップ

alphago_sl_agentを使用して比較的強い方策エージェントを訓練したので、第10章で説明した方策勾配アルゴリズムで、このエージェントを使用して自分自身と対局できるようになりました。13.5節に示したように、DeepMindのAlphaGoでは、**さまざまなバージョンの強い方策ネットワーク**を、現在の最強のバージョンと対局させました。これにより、過剰適合が防止され、全体的にパフォーマンスが向上しますが、alphago_sl_agentをそれ自体と対局させるという単純なアプローチは、自己対局を使用して方策エージェントをより強くするという一般的な考え方を伝えています。

次の訓練段階では、最初に教師あり学習方策ネットワークalphago_sl_agentを2回読み込みます。1つのバージョンはalphago_rl_agentという新しい強化学習エージェントとして機能し、もう1つはその対局相手として機能します。このステップはGitHubのexamples/alphago/

alphago_policy_sl.pyにあります。

リスト13.8　2つの自己対局の相手を作成するため訓練済み方策ネットワークを2回読み込む

```
from dlgo.agent.pg import PolicyAgent
from dlgo.agent.predict import load_prediction_agent
from dlgo.encoders.alphago import AlphaGoEncoder
from dlgo.rl.simulate import experience_simulation
import h5py

encoder = AlphaGoEncoder()

sl_agent = load_prediction_agent(h5py.File('alphago_sl_policy.h5'))
sl_opponent = load_prediction_agent(h5py.File('alphago_sl_policy.h5'))

alphago_rl_agent = PolicyAgent(sl_agent.model, encoder)
opponent = PolicyAgent(sl_opponent.model, encoder)
```

次に、これら2つのエージェントを使用して、訓練のために、自己対局を行い、その結果得られた経験データを保存します。この経験データは、alphago_rl_agentを訓練するために使用されます。その後、訓練された強化学習方策エージェントと自己対局で取得した経験データを保存します。これは、AlphaGoの価値ネットワークを訓練するためにこのデータが必要なためです。

リスト13.9　PolicyAgentから学習のための自己対局データの生成

```
num_games = 1000
experience = experience_simulation(num_games, alphago_rl_agent, opponent)

alphago_rl_agent.train(experience)

with h5py.File('alphago_rl_policy.h5', 'w') as rl_agent_out:
    alphago_rl_agent.serialize(rl_agent_out)

with h5py.File('alphago_rl_experience.h5', 'w') as exp_out:
    experience.serialize(exp_out)
```

この例では、dlgo.rl.simulateのexperience_simulationというユーティリティ関数を使用しています。実装はGitHubで見つけることができますが、この関数はすべて、指定されたゲーム数（num_games）の間、2つのエージェントが自己対局を行い、ExperienceCollectorとして経験データを返すように設定されています。これは、第9章で紹介した概念です。

AlphaGoが2016年に登場したとき、最も強いオープンソースの囲碁botはPachi（付録C

で詳しく知ることができます）で、アマチュアレベルで2段程度でした。強化学習エージェントalphago_rl_agentに次の着手を選択させるだけで、Pachiに対してAlphaGoが85%という素晴らしい勝率をもたらしました。畳み込みニューラルネットワークは、以前は囲碁の着手予測に使用されていましたが、Pachiに対して10%を超える勝率になることは決してありませんでした。これは、深層ニューラルネットワークを使った純粋な教師あり学習に対して、自己対局が相対的な強さの向上をもたらすことを示しています。あなた自身の実験を行う場合、ボットがそのような高いランクに到達することを期待しないでください。あなたが必要な計算能力を持っている（あるいは余裕がある）可能性は低いです。

13.3 自己対局データから価値ネットワークを導く

AlphaGoのネットワーク訓練プロセスの3番目で最後のステップは、alphago_rl_agentで使用したのと**同じ自己対局の経験データ**から価値ネットワークを訓練することです。このステップは、構造的には最後のステップと似ています。まずAlphaGoの価値ネットワークを初期化し、AlphaGoの盤面エンコーダを使ってValueAgentを作成します。この訓練ステップはGitHubのexamples/alphago/alphago_value.pyにもあります。

リスト13.10　AlphaGoの価値ネットワークの初期化

```
from dlgo.networks.alphago import alphago_model
from dlgo.encoders.alphago import AlphaGoEncoder
from dlgo.rl import ValueAgent, load_experience
import h5py

rows, cols = 19, 19
encoder = AlphaGoEncoder()
input_shape = (encoder.num_planes, rows, cols)
alphago_value_network = alphago_model(input_shape)

alphago_value = ValueAgent(alphago_value_network, encoder)
```

これでもう一度自己対局から経験データを取得し、それを使用して価値エージェントを訓練できます。その後、他の2つのエージェントと同様にエージェントを保存します。

リスト 13.11 経験データから価値ネットワークを訓練する

```
experience = load_experience(h5py.File('alphago_rl_experience.h5', 'r'))

alphago_value.train(experience)

with h5py.File('alphago_value.h5', 'w') as value_agent_out:
    alphago_value.serialize(value_agent_out)
```

この時点で、DeepMindのAlphaGoチームの構内に侵入して（そうすべきではない）、あなたがAlphaGoを訓練するために行ったのと同じ方法でチームメンバーがKerasを使用していると仮定し（そうではありません）、速い方策、強い方策、そして価値ネットワークのためのネットワークパラメータを手に入れれば、あなたは超人レベルでプレイする囲碁ボットが手に入ることでしょう。もちろん、これら3つの深層ネットワークを木探索アルゴリズムで適切に使用する方法を知っていればです。次の節はそれについてのすべてです。

13.4 方策と価値ネットワークによるより良い探索

第4章で、囲碁のゲームに適用される純粋なモンテカルロ木探索では、次の4つのステップを使用してゲーム状態の木を作成したことを思い出してください。

1. **選択** ―― 子の中からランダムに選択してゲーム木を辿ります。
2. **展開** ―― 木に新しい**ノード**（node）を追加します（新しいゲーム状態）。
3. **評価** ―― **葉**（leaf）とも呼ばれるこの状態から完全にランダムにゲームをシミュレートします。
4. **更新** ―― シミュレーションが完了したら、それに応じて木の統計を更新します。

多くのゲームをシミュレートすると、より正確な統計情報が得られ、それを使用して次の着手を選ぶことができます。

AlphaGoシステムはより洗練された木探索アルゴリズムを使用していますが、その中の多くの部分に見覚えがあることでしょう。上記の4つの手順は、AlphaGoのMCTSアルゴリズムには欠かせませんが、局面を評価し、ノードを展開し、統計を追跡するために、深層ニューラルネットワークを洗練された方法で使用します。この章の残りの部分では、その過程でAlphaGoのバージョンの木探索の方法を正確に説明します。

13.4.1 ニューラルネットワークを使用したモンテカルロロールアウトの改善

13.1、13.2、および13.3節では、AlphaGo用の3つのニューラルネットワーク（速い方策ネットワークと強い方策ネットワークと価値ネットワーク）の学習方法について詳しく説明しました。これらのネットワークをどのように使用してモンテカルロ木探索を向上させることができるでしょうか？　最初に頭に浮かぶのは、ゲームをランダムにプレイするのをやめ、代わりに方策ネットワークを使ってロールアウトを導くことです。それがまさに速い方策ネットワークの目的であり、その名のとおりです。ロールアウトは、その多くを実行するために高速である必要があります。

次のリストは、与えられた囲碁のゲーム状態に対して方策ネットワークで着手を貪欲法で選択する方法を示しています。ゲームが終了するまで最善の着手を選択し、現在のプレイヤーが勝った場合は1を返し、それ以外の場合は－1を返します。

リスト 13.12　速い方策ネットワークを使ってロールアウトを行う

```
def policy_rollout(game_state, fast_policy):
    next_player = game_state.next_player()
    while not game_state.is_over():
        move_probabilities = fast_policy.predict(game_state)
        greedy_move = max(move_probabilities)
        game_state = game_state.apply_move(greedy_move)

    winner = game_state.winner()
    return 1 if winner == next_player else -1
```

コイントスをするよりも方策ネットワークで着手を選択する方がはるかに優れているため、このロールアウト戦略を使用すること自体がすでに利益があります。しかし、まだ改善の余地があります。

たとえば、木の葉ノードに到着し、それを展開する必要がある場合は、展開のために新しいノードをランダムに選択する代わりに、**強い方策ネットワークに適切な着手を訊ねる**ことができます。方策ネットワークはすべての次の着手の確率分布を与えます、そして、各ノードはこの確率を追跡することができるので、（方策に従って）強い着手が他のものよりも選択されやすくなります。木探索を実行する前に、着手の強さについて事前に知っているため、このノードの確率を**事前確率**と呼びます。

最後に、価値ネットワークがどのように機能するかを説明します。ランダムな推測を方策ネットワークに置き換えることで、ロールアウトのメカニズムをすでに改善しました。それにもかかわらず、それぞれの葉でその葉にどれほど価値があるかを推定するために単一のゲームの結果だけを計算します。しかし、局面の価値を見積もることは、まさに価値ネットワークが得意とするように訓練したことなので、あなたはすでにそれについて高度な予測を立てていることでしょう。AlphaGoが行っていることは、ロールアウトの結果を価値ネットワークの出力と**比較検討する**ことです。考えてみれば、それは人間がゲームをするときに決定を行う方法と似ています。できるだけ多くの着手を先読みしようとしますが、ゲームの経験も考慮に入れます。もし良いと思える一連の着手を読むことができれば、それはその局面がそれほど良いものではないという直観に取って代わることができ、その逆もまた同様です。

AlphaGoで使用されている3つの深層ニューラルネットワークのそれぞれの目的と、それらを使用した木探索の改善方法がおおまかにわかったので、さらに詳細を見てみましょう。

13.4.2 価値関数を組み合わせた木探索

第11章では、囲碁のゲームに適用される行動価値（**Q値**とも呼ばれる）を見てきました。要約すると、現在の盤面の状態sおよび次の可能な着手aについて、行動価値関数Q(s,a)は、着手aが状態sにおいてどれほど良好であるかを推測します。Q(s,a)を定義する方法を少しだけ説明します。今のところ、AlphaGoの探索木の各ノードにはQ値が格納されることに注意してください。さらに、各ノードは、そのノードが探索によってどれだけ頻繁に訪れたかを意味する**訪問回数**、および事前確率P(s,a)、および強い方策ネットワークが予測する状態sから行動aの価値も追跡します。

木の各ノードにはただ1つの親がありますが、**子**は複数ある可能性があります。他のノードへの遷移はPythonの辞書型としてエンコードできます。この方法に従って、AlphaGoNodeを次のように定義できます。

リスト13.13　AlphaGoの木のノードの簡単な概要

```
class AlphaGoNode:
    def __init__(self, parent, probability):
        self.parent = parent
        self.children = {}

        self.visit_count = 0
        self.q_value = 0
        self.prior_value = probability
```

進行中のゲームに投げ込まれ、すでに大きな木が作られ、訪問数と行動価値の良い推測を集められているとしましょう。必要なのは、いくつかのゲームをシミュレートし、ゲームの統計を追跡して、シミュレーションの最後に自分が見つけた最良の行動を選択できるようにすることです。ゲームをシミュレートするために木をどのように辿りますか？　ゲーム状態sにあり、それぞれの訪問数をN(s)とした場合、以下のように行動を選択することができます。

$$a' = \operatorname{argmax}_a Q(s,a) + \frac{P(s,a)}{1+N(s,a)}$$

これは、最初は少し複雑に見えるかもしれませんが、この式を次のように分解することができます。

- argmax表記は、式Q(s,a) + P(s,a) / (1 + N(s,a))が最大化される引数aを返すことを意味します。
- 最大化する項は、2つの部分で構成されています。つまり、Q値と訪問数で**正規化**された事前確率です。
- 最初は、訪問数は0です。つまり、Q(s,a) + P(s,a)は、Q値と事前確率が等しい重みで最大化されます。
- 訪問数が非常に多くなると、P(s,a) / (1 + N(s,a))の項は無視できるほど小さくなり、事実上Q(s,a)が残ります。
- これをユーティリティ関数u(s,a) = P(s,a) / (1 + N(s,a))として表記します。次の節では、u(s,a)を少し変更しますが、このバージョンには推論に必要なすべての構成要素が含まれています。この表記法では、着手選択を$a' = \operatorname{argmax}_a Q(s,a) + u(s,a)$と書くこともできます。

要約すると、事前確率とQ値を比較検討して行動を選択します。木を辿り、訪問数を集め、Qのより良い推定値を得ると、以前の推定値をゆっくりと忘れていき、Q値をますます信頼するようになります。また、**事前の知識**に頼ることを減らして、さらに探索すると言うこともできます。これはあなた自身のゲームプレイの経験に似ているかもしれません。あなたが一晩中お気に入りの戦略ボードゲームをプレイするとしましょう。夜の初め、あなたはすべての以前の経験を発揮します。しかし、夜が進むにつれて、あなたは（うまくいくことを望んで）新しいことを試み、そして何がうまくいって何がうまくいかないかについてのあなたの考えを更新します。

これが、AlphaGoがすでにある木から着手を選択する方法ですが、葉lに到達して木を展開する方法はどうすればよいでしょうか。図13.5を参照してください。まず、強い方策ネットワークP(l)の予測を計算し、それらをlのそれぞれの子に対する事前確率として格納します。それから、次のように**方策によるロールアウトと価値ネットワークを組み合わせて**葉ノードを評価します。

$$V(l) = \lambda \cdot \text{ value } (l) + (1-\lambda) \cdot \text{ rollout } (l)$$

この式では、value(l)はlに対する価値ネットワークの結果であり、rollout(l)はlからの速い方策によるロールアウトのゲーム結果を表し、λは0から1の間の値で、デフォルトで0.5に設定されます。

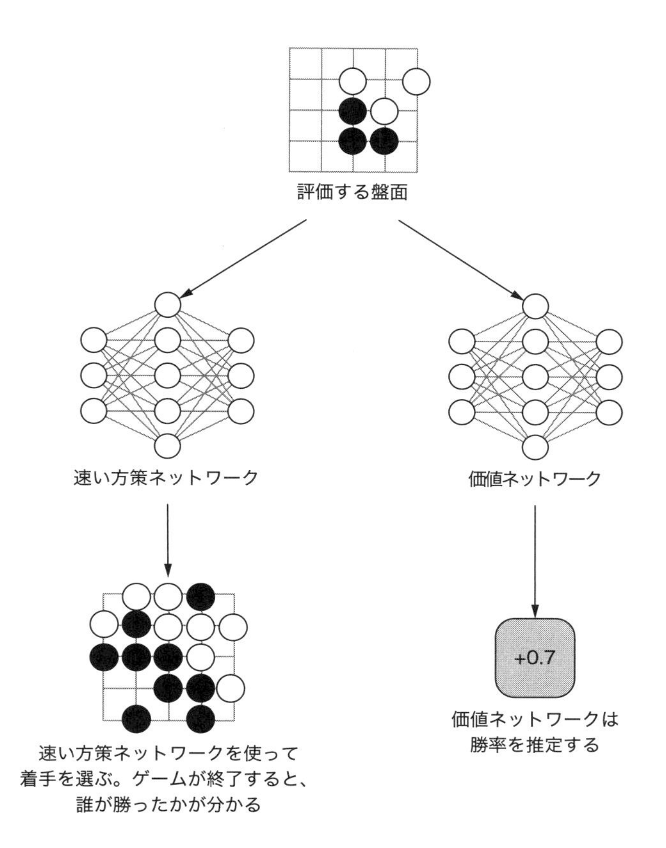

図13.5 可能な局面を評価するために、AlphaGoは2つの独立した評価を組み合わせます。まず、局面を価値ネットワークに送ります。価値ネットワークは、予想される勝率を直接返します。次に、その局面からゲームを完了するために速い方策ネットワークを使用し、誰が勝ったかを観察します。木探索で使用される評価は、これら2つの部分の加重和です。

一歩退いて考えると、最後に着手を選択するために木探索を使用して合計n回のゲームをシミュレートする必要があることに注意してください。これを機能させるには、シミュレーションの最後に訪問数とQ値を更新する必要があります。訪問数は簡単です。ノードが探索によって訪問された場合は、ノードの訪問数を1増やします。Q値を更新するには、訪問したすべての葉ノードlについてV(l)を合計し、訪問数で割ります。

$$\mathrm{Q(s,a)} = \sum_{i=1}^{n} \frac{V(l_i)}{N(s,a)}$$

ここでは、シミュレーションが(s,a)に対応するノードを訪問した場合、n回のシミュレーションすべての合計を計算するために、i番目のシミュレーションの葉ノードの価値を追加します。このプロセス全体をまとめるために、第4章の4つのステップの木探索プロセスをどのように変更したかを見てみましょう。

1. **選択** —— Q(s,a) + u(s,a)を最大化する行動を選択することによってゲーム木を辿ります。
2. **展開** —— 新しい葉を展開するとき、事前確率をそれぞれの子に格納するために強い方策ネットワークを1回求めます。
3. **評価** —— シミュレーションの最後に、価値ネットワークの出力と速い方策によるロールアウトの結果を平均して、葉ノードを評価します。
4. **更新** —— すべてのシミュレーションが完了したら、シミュレーションで訪問したノードの訪問数とQ値を更新します。

まだ説明していないことの1つは、シミュレーションが終了した後に**着手**を選択する方法です。それは簡単です。最も訪問されたノードを選びます！ これは少し単純すぎるように思えるかもしれませんが、Q値が良くなるにつれて、ノードは時間の経過とともにますます多く訪問されることを覚えておいてください。十分なシミュレーションを実行した後、ノードの訪問数は、着手の相対的な価値の優れた指標となります。

13.4.3 AlphaGoの探索アルゴリズムの実装

AlphaGoが木探索と組み合わせてニューラルネットワークをどのように使用するかを説明したので、先に進み、このアルゴリズムをPythonで実装しましょう。目標は、AlphaGoの方法論でselect_moveメソッドを持つエージェントを作成することです。この節のコードはGitHubのdlgo/agent/alphago.pyにあります。

AlphaGoの木のノードの完全な定義から始めます。これは前の節ですでに概略を説明したものです。AlphaGoNodeには、親と他のノードへの遷移の辞書として表された子があります。ノードにはvisit_count、q_value、prior_valueも付いています。さらに、このノードの**ユーティリティ関数**u_valueを格納します。

リスト13.14 PythonでAlphaGoの木のノードを定義する

```
import numpy as np
from dlgo.agent.base import Agent
from dlgo.goboard_fast import Move
from dlgo import kerasutil
import operator

class AlphaGoNode:
```

```
    def __init__(self, parent=None, probability=1.0):
        self.parent = parent    ❶
        self.children = {}

        self.visit_count = 0
        self.q_value = 0
        self.prior_value = probability   ❷
        self.u_value = probability   ❸
```

❶ 木のノードには親が1つ、子が潜在的に多数ある
❷ ノードは事前確率で初期化される
❸ 探索中にユーティリティ関数が更新される

このようなノードは、3つの場所で木探索アルゴリズムによって使用されます。

1. **select_child** ―― シミュレーションで木を辿りながら、$\mathrm{argmax}_a\, Q(s,a) + u(s,a)$に従ってノードの子を選択します。つまり、Q値とユーティリティ関数の合計を最大にする行動を選びます。
2. **expand_children** ―― 葉ノードでは、この局面からのすべての合法な着手を評価するために強い方策を求め、それぞれに対して新しいAlphaGoNodeインスタンスを追加します。
3. **update_value**s ―― 最後に、すべてのシミュレーションが完了したら、その結果に応じてvisit_count、q_value、およびu_valueを更新します。

次のリストに示すように、これらの方法の最初の2つは簡単です。

リスト13.15 Q値を最大化してAlphaGoの木のノードの子を選択する

```
class AlphaGoNode():
...
    def select_child(self):
        return max(self.children.items(),
                   key=lambda child: child[1].q_value + \
                   child[1].u_value)

    def expand_children(self, moves, probabilities):
        for move, prob in zip(moves, probabilities):
            if move not in self.children:
                self.children[move] = AlphaGoNode(probability=prob)
```

AlphaGoのノードの統計量を更新する3番目のメソッドは、もう少し複雑です。最初に、もう少し洗練されたユーティリティ関数を使います。

$$\mathrm{u(s,a)} = \mathrm{c_u}\sqrt{N_p(s,a)}\frac{P(s,a)}{1+N(s,a)}$$

前の節で紹介したバージョンと比較すると、このユーティリティ関数には2つの追加の項があります。最初の項c_u（コードではc_u）は、すべてのノードでユーティリティ関数を固定定数でスケーリングします。デフォルトでは5に設定します。2つ目の項は、親の訪問数の平方根によってユーティリティ関数を拡大します（N_pによってノードの親を表します）。これは、その親がより頻繁に訪問されたノードのユーティリティ関数をより大きくします。

リスト13.16　AlphaGoのノードの訪問数、Q値、およびユーティリティ関数の更新

```
class AlphaGoNode():
...

    def update_values(self, leaf_value):
        if self.parent is not None:
            self.parent.update_values(leaf_value)   ❶

        self.visit_count += 1   ❷

        self.q_value += leaf_value / self.visit_count   ❸

        if self.parent is not None:
            c_u = 5
            self.u_value = c_u * np.sqrt(self.parent.visit_count) \
                * self.prior_value / (1 + self.visit_count)   ❹
```

❶ 最初に親を更新して、木が上から下に移動するようにする
❷ このノードの訪問数を増やす
❸ 指定されたリーフ値を訪問数で正規化したQ値に追加する
❹ 現在の訪問数でユーティリティを更新する

これでAlphaGoNodeの定義は完了です。AlphaGoで使用されている探索アルゴリズムでこの木構造を使用できます。実装しようとしているAlphaGoMCTSクラスはエージェントであり、複数の引数で初期化されます。まず、このエージェントに速い方策と強い方策と価値ネットワークを提供します。次に、ロールアウトと評価のためにAlphaGo固有のパラメータを指定する必要があります。

- **lambda_valu** ―― これは、ロールアウトと価値関数を互いに重み付けするために使用する値λです。すなわち、$\mathrm{V(l)} = \lambda \cdot \mathrm{value\,(l)} + (1 - \lambda) \cdot \mathrm{rollout\,(l)}$となります。
- **num_simulations** ―― この値は、着手の選択プロセスで実行されるシミュレーションの回数を指定します。
- **depth** ―― このパラメータを使用して、シミュレーションあたりの先読みのために着手する回数をアルゴリズムに指示します（探索の深さを指定します）。
- **rollout_limit** ―― 葉の価値を決定するときに、方策によるロールアウトrollout(l)を実行します。パラメータrollout_limitを使用して、AlphaGoに結果を判断する前にロールアウトする回数を指示します。

リスト13.17　**AlphaGoMCTS囲碁プレイエージェントの初期化**

```
class AlphaGoMCTS(Agent):
    def __init__(self, policy_agent, fast_policy_agent, value_agent,
                lambda_value=0.5, num_simulations=1000,
                depth=50, rollout_limit=100):
        self.policy = policy_agent
        self.rollout_policy = fast_policy_agent
        self.value = value_agent


        self.lambda_value = lambda_value
        self.num_simulations = num_simulations
        self.depth = depth
        self.rollout_limit = rollout_limit
        self.root = AlphaGoNode()
```

この新しいエージェントのselect_moveメソッドを実装する時がきました。前の節でAlphaGoの木検索手順を説明しましたが、もう一度その手順を見ていきましょう。

- 着手を行いたいとき、最初にすることはゲーム木でnum_simulations回シミュレーションを実行することです。
- 各シミュレーションでは、指定された深さに達するまで先読み探索を実行します。
- ノードに子がない場合は、合法な着手ごとに新しいAlphaGoNodeを追加して木を**展開**し、事前確率を求めるために強い方策ネットワークを使用します。
- ノードに子がある場合は、Q値とユーティリティ関数が最大になる着手を**選択**します。
- シミュレーションで使用された着手を盤面に適用します。
- 指定された深さに達すると、価値ネットワークと方策によるロールアウトを組み合わせた価値関数を計算することによってこの葉ノードを**評価**します。
- シミュレーションからの葉の価値ですべてのAlphaGoのノードを更新します。

このプロセスはまさにselect_moveに実装するものです。このメソッドでは、後で説明する2つの他のユーティリティメソッド、policy_probabilitiesとpolicy_rolloutを使用します。

リスト13.18 AlphaGoの木探索プロセスにおけるmainメソッド

```
class AlphaGoMCTS(Agent):
...

    def select_move(self, game_state):
        for simulation in range(self.num_simulations):   ❶
            current_state = game_state
            node = self.root
            for depth in range(self.depth):   ❷
                if not node.children:         ❸
                    if current_state.is_over():
                        break
                    moves, probabilities = self.policy_probabilities(current_state) ❹
                    node.expand_children(moves, probabilities)

                move, node = node.select_child()                      }❺
                current_state = current_state.apply_move(move)       }

            value = self.value.predict(current_state)                 }❻
            rollout = self.policy_rollout(current_state)              }
            weighted_value = (1 - self.lambda_value) * value + \
                self.lambda_value * rollout      ❼
            node.update_values(weighted_value)   ❽
```

❶ 現在の状態からいくつかのシミュレーションを実行する
❷ 指定した深さに達するまで着手を行う
❸ 現在のノードに子がない場合 ...
❹ ... 強い方策からの確率でノードを展開する
❺ 子がある場合は、1つの子を選択して対応する着手を行う
❻ 価値ネットワークの出力と速い方策によるロールアウトを計算する
❼ 組み合わせた価値関数を決定する
❽ バックアップフェーズでノードの値を更新する

ここで気付いたかもしれませんが、シミュレーションはすべて実行しましたが、まだ何の着手も行っていません。それを最も訪問したノードをプレイすることによって行います。その後、することができる唯一の事は、対応する新しい根ノードを設定し、提案された着手を返すことです。

リスト 13.19　最も訪問されたノードを選択して木の根ノードを更新する

```
class AlphaGoMCTS(Agent):
...
    def select_move(self, game_state):
    ...
        move = max(self.root.children, key=lambda move:
                     self.root.children.get(move).visit_count)   ❶

        self.root = AlphaGoNode()
        if move in self.root.children:   ❷
            self.root = self.root.children[move]
            self.root.parent = None
        return move
```

❶ 次の着手として、最も訪問回数の多い根ノードの子を選ぶ
❷ 選択した 着手が子 の場合は、新しい根ノードにこの子ノードを設定する

これでAlphaGoの木探索のメインプロセスはすでに完了したので、先ほど省略した2つのユーティリティメソッドを見てみましょう。ノード展開で使用されるpolicy_probabilitiesは、強い方策ネットワークの予測を計算し、これらの予測を合法な着手に制限してから、残った予測を正規化します。このメソッドは、合法な着手と正規化された方策ネットワークの予測の両方を返します。

リスト 13.20　盤上の合法な着手のための正規化された強い方策の値の計算

```
class AlphaGoMCTS(Agent):
...

    def policy_probabilities(self, game_state):
        encoder = self.policy._encoder
        outputs = self.policy.predict(game_state)
        legal_moves = game_state.legal_moves()
        if not legal_moves:
            return [], []
        encoded_points = [encoder.encode_point(move.point) for move in legal_moves
           if move.point]
        legal_outputs = outputs[encoded_points]
        normalized_outputs = legal_outputs / np.sum(legal_outputs)
        return legal_moves, normalized_outputs
```

最後のヘルパーメソッドは、速い方策を使ってロールアウトのゲーム結果を計算するためのpolicy_rolloutです。このメソッドでは、ロールアウトの上限に達するまで速い方策に従っ

て最善の着手を貪欲に選択し、その後、誰が勝ったかを確認します。次に着手するプレイヤーが勝った場合は1を返し、他のプレイヤーが勝った場合は–1を返し、結果が得られなかった場合は0を返します。

リスト13.21 rollout_limitに達するまでプレイする

```
class AlphaGoMCTS(Agent):
...

    def policy_rollout(self, game_state):
        for step in range(self.rollout_limit):
            if game_state.is_over():
                break
            move_probabilities = self.rollout_policy.predict(game_state)
            encoder = self.rollout_policy.encoder
            valid_moves = [m for idx, m in enumerate(move_probabilities)
                           if Move(encoder.decode_point_index(idx)) in game_
                                   state.legal_moves()]
            max_index, max_value = max(enumerate(valid_moves),
                                        key=operator.itemgetter(1))
            max_point = encoder.decode_point_index(max_index)
            greedy_move = Move(max_point)
            if greedy_move in game_state.legal_moves():
                game_state = game_state.apply_move(greedy_move)

            next_player = game_state.next_player
            winner = game_state.winner()
            if winner is not None:
                return 1 if winner == next_player else -1
            else:
                return 0
```

Agentフレームワークの開発とAlphaGoエージェントの実装に費やしたすべての作業で、AlphaGoMCTSインスタンスを使用してゲームを簡単にプレイできるようになりました。

リスト13.22 3つの深層ニューラルネットワークを使ったAlphaGoエージェントの初期化

```
from dlgo.agent import load_prediction_agent, load_policy_agent, AlphaGoMCTS
from dlgo.rl import load_value_agent
import h5py

fast_policy = load_prediction_agent(h5py.File('alphago_sl_policy.h5', 'r'))
strong_policy = load_policy_agent(h5py.File('alphago_rl_policy.h5', 'r'))
value = load_value_agent(h5py.File('alphago_value.h5', 'r'))
```

```
alphago = AlphaGoMCTS(strong_policy, fast_policy, value)
```

このエージェントは、第7章から第12章で開発した他のすべてのエージェントとまったく同じ方法で使用できます。特に、第8章で行ったように、このエージェントのHTTPフロントエンドとGTPフロントエンドを登録できます。AlphaGoボットと対局したり、他のボットと対局したり、オンラインの囲碁サーバ（付録Eに示すOGSなど）に登録して実行することもできます。

13.5 自作AlphaGoを訓練するための実践的考察

前の節では、AlphaGoで使用されている木探索アルゴリズムの初歩的なバージョンを開発しました。このアルゴリズムは、超人間的なレベルの囲碁ゲームプレイにつながる可能性がありますが、そのためにはただし書きがあります。AlphaGoで使用されている3つすべての深層ニューラルネットワークを訓練するのに優れた仕事をするだけでなく、AlphaGoが次の着手を提案するまでに何時間も待たなくてよいように、木探索のシミュレーションが十分に速く実行されるようにする必要があります。ここにあなたがそれを最大限に行うためのいくつかのポインタがあります。

- 訓練の最初のステップである方策ネットワークの教師あり学習は、KGSの16万ゲームの棋譜で実行され、約3,000万のゲーム状態に変換されました。DeepMindのAlphaGoチームは合計で3億4000万の訓練ステップを計算しました。
- 良いニュースは、あなたがまったく同じデータセットにアクセスできるということです。DeepMindは、第7章で紹介したKGS訓練セットを同じように使用しました。原理としては、同じ数の訓練ステップを実行するのを妨げるものは何もありません。悪いニュースは、あなたが最先端のGPUを持っていたとしても、訓練プロセスは数年ではなくても何ヶ月もかかるかもしれないということです。
- AlphaGoチームはこの問題に対処するために、50 GPUに訓練を分散し、訓練期間を3週間に短縮しました。深層ネットワークを分散的に訓練する方法については特に説明していないため、これはあなたにとって選択肢になるとは考えにくいです。
- 満足のいく結果を出すためにあなたができることは、式の各部分を縮小することです。第7章または第8章の盤面エンコーダのいずれかを使用し、この章で紹介するAlphaGoの方策および価値ネットワークよりもはるかに小さいネットワークを使用してください。また、最初に小さな訓練セットから始めて、訓練プロセスに対する感触を得ます。

- 自己対局では、DeepMindは3000万の異なる局面を生成しました。これはあなたが現実的に生成できるよりはるかに大きいです。経験則として、教師あり学習から、人間のゲームの局面と同じ数の自己対局の局面を生成するようにしてください。
- この章で説明した大きなネットワークを使って、ごくわずかなデータで訓練するだけの場合は、より多くのデータで小さなネットワークを訓練するよりも悪い結果になる可能性があります。
- 速い方策ネットワークはロールアウトで頻繁に使用されるため、木探索を高速化するには、最初に第6章で使用したネットワークのように、速い方策が本当に小さいことを確認してください。
- 前の節で実装した木探索アルゴリズムは、シミュレーションを**シーケンシャル**に計算します。処理を高速化するために、DeepMindは探索を**並列化**し、合計40の探索スレッドを使用しました。この並列バージョンでは、複数のGPUを使用して深層ネットワークを並列に評価し、複数のCPUを使用して木探索の他の部分を実行しました。
- 複数のCPUで木探索を実行することも原理的には可能です（第7章でもデータの準備にマルチスレッドを使用したことを思い出してください）が、ここで取り上げるには少し複雑です。
- あなたがゲームプレイ体験を改善するためにできることは、強さとの速度を取引して、実行されるシミュレーションの数と探索で使用される探索の深さを減らすことです。これは超人的なパフォーマンスにはつながりませんが、少なくともシステムはプレイ可能になります。

これらの点からわかるように、この新しい方法で教師あり学習と強化学習を木探索と組み合わせる方法は見事な業績ですが、ネットワークの訓練、評価、および木探索の規模を拡大するためのエンジニアリングの努力が、トップのプロ棋士よりも優れたプレイを実現する最初の囲碁ボットを構築した名誉のかなりの部分を占めます。

最後の章では、AlphaGoシステムの次の開発段階について説明します。これは、人間のゲーム記録からの教師あり学習をスキップするだけでなく、この章で実装されたオリジナルのAlphaGoシステムよりも**さらに強い**プレイをします。

13.6 まとめ

- AlphaGoシステムを動かすには、2つの方策ネットワークと1つの価値ネットワークという3つの深層ニューラルネットワークを訓練する必要があります。
- 速い方策ネットワークは、人間のゲームプレイデータから訓練されており、AlphaGoの木探索アルゴリズムで多くのロールアウトを実行するのに十分な速さでなければなりません。ロールアウトの結果は、葉の局面を評価するために使用されます。
- 強い方策ネットワークは、最初に人間のデータについて訓練され、次に方策勾配アルゴリズムを使用して自己対局で改善されます。AlphaGoでこのネットワークを使用して、ノード選択のための事前確率を計算します。
- 価値ネットワークは、自己対局から生成された経験データに基づいて訓練され、方策によるロールアウトとともに、葉ノードの局面評価に使用されます。
- AlphaGoで着手を選択することは、ゲーム木を辿りながら、多数のシミュレーションを生成することを意味します。シミュレーションステップが完了した後、最も訪問されたノードが選択されます。
- シミュレーションでは、Q値とユーティリティ関数を最大化することによってノードが**選択されます**。
- 葉に到達すると、ノードは事前確率のための強い方策を使用して**展開**されます。
- 葉ノードは、価値ネットワークの出力と速い方策によるロールアウトの結果を組み合わせた価値関数によって評価されます。
- アルゴリズムのバックアップフェーズでは、訪問数、Q値、およびユーティリティ関数の値が、選択されたアクションに従って更新されます。

第14章 AlphaGo Zero：強化学習と木探索の統合

この章では、次の内容を取り上げます。

- モンテカルロ木探索のバリエーションによるゲームプレイ
- 木探索を強化学習のための自己対局に統合
- 木探索アルゴリズムを強化するためのニューラルネットワークの訓練

DeepMindがAlphaGoの第2版（コードネームMaster）を発表した後、世界中の囲碁ファンがその衝撃的なプレイスタイルを詳しく調べました。Masterのゲームは驚くべき新しい手でいっぱいでした。Masterは人間のゲームから開始されましたが、強化学習によって継続的に強化され、それによって人間が打たなかった新しい手を発見することができました。

このことから当然の疑問がわきます。AlphaGoが人間のゲームにまったく頼らず、代わりに完全に強化学習を使って学んだとしらどうなるでしょうか？ それでもまだ超人的なレベルに達することができるでしょうか、それとも初心者のプレイから抜け出せないでしょうか？ 人間の名人によってプレイされたパターンを再発見するでしょうか、または理解できない未知のスタイルでプレイするでしょうか？　2017年にAlphaGo Zero（AGZ）が発表されたときに、これらすべての疑問に答えました。

AlphaGo Zeroは改善された強化学習システムの上に構築されており、人間のゲームからの入力なしに0から自分自身を訓練しました。最初のゲームは人間の初心者の誰よりも劣っていましたが、AGZは着実に進歩し、すぐにAlphaGoの各エディションを上回りました。

私たちにとって、AlphaGo Zeroの最も驚くべきことは、少ないことでより多くのことができるということです。多くの点で、AGZはオリジナルのAlphaGoよりもはるかに単純です。もはや手作りの特徴量の面はありません。もはや人間のゲーム記録は使いません。もはやモンテカルロのロールアウトはありません。2つのニューラルネットワークと3つの訓練プロセスの代わりに、AlphaGo Zeroは1つのニューラルネットワークと1つの訓練プロセスを使用しました。

それでも、AlphaGo ZeroはオリジナルのAlphaGoよりも強くなりました。そんなことがあるでしょうか？

まず、AGZは本当に大規模なニューラルネットワークを使用しました。最も強力なバージョンは、オリジナルのAlphaGoネットワークのサイズの4倍を超える、ほぼ80層の畳み込み層に相当する容量を持つネットワーク上で実行されました。

次に、AGZは革新的な新しい強化学習手法を使用しました。オリジナルのAlphaGoは、第10章で説明したのと同様の方法で、方策ネットワークを単独で訓練しました。その後、その方策ネットワークが木探索を改善するために使用されました。対して、AGZは最初から強化学習と木探索が統合されていました。このアルゴリズムがこの章の焦点です。

まず始めに、AGZが訓練するニューラルネットワークの構造を調べます。次に、木探索アルゴリズムについて詳しく説明します。AGZは、自己対局ゲームと競技ゲームの両方で同じ木探索を使用します。その後、AGZが経験データからネットワークをどのように訓練するかについて説明します。最後に、AGZが訓練プロセスを安定かつ効率的にするために使用するいくつかの実用的なトリックを簡単に説明します。

14.1 木探索のためのニューラルネットワークの構築

AlphaGo Zeroは、1つの入力と2つの出力を持つ単一のニューラルネットワークを使用します。1つの出力は着手の確率分布を生成し、もう1つの出力は白か黒のどちらが優勢を表す単一の値を生成します。これは、第12章でactor-criticによる学習で使用したものと同じ構造です。

AGZネットワークの出力と第12章で使用したネットワークの出力との間には1つ小さな違いがあります。違いはパスに関するものです。私たちが自己対局を実装した以前のケースでは、ゲームを終了するためにパスの周りのロジックをハードコードしました。たとえば、第9章のPolicyAgent自己対局ボットにはカスタムロジックが含まれているため、自分の眼を埋めることはなく、それによって自分の石が殺されることはありません。唯一の合法手が自己破壊的であった場合、PolicyAgentはパスします。これにより、自己対局ゲームは確実に賢明な時点で終了しました。

AGZは自己対局中に木探索を使用するため、そのカスタムロジックは必要ありません。パスを他の着手と同じように扱うことができ、パスが適切であるときをボットが学習することを期待できます。木を探索した結果、石を着手することでゲームに負けることが判明した場合は、代わりにパスを選択します。これは行動の出力が盤上のすべての点と一緒にパスする確率を返す必要があることを意味します。盤上の各点を表すためにサイズ19×19＝361のベクトルを返す代わりに、ネットワークは盤上の各点を表すサイズ19×19＋1＝362のベクトルとパスを生成します。図14.1は、この新しい着手エンコーディングを示しています。

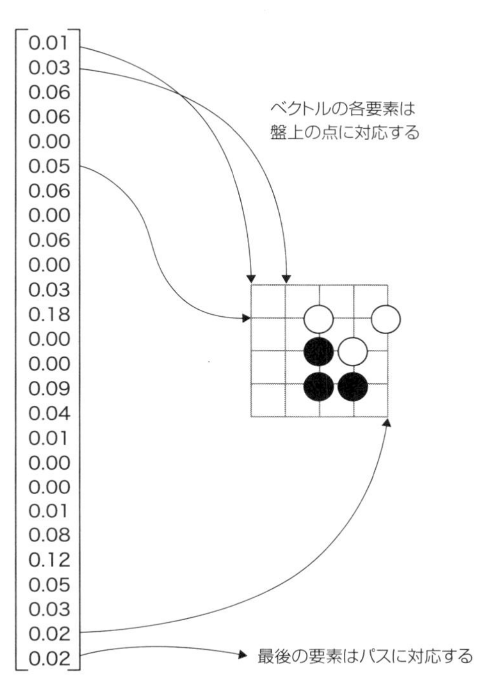

図14.1 可能な着手をベクトルとして符号化する：前の章と同様に、AGZは各要素が盤上の点にマッピングされるベクトルを使用します。AGZはパスにマップする最後の要素を1つ追加します。この例は5路盤上にあるので、ベクトルは26（盤上の点に対して25、パスのために1）の次元を持ちます。

つまり、盤面エンコーダを少し修正する必要があります。以前の盤面エンコーダでは、ベクトルの要素と盤上の点を変換するencode_pointとdecode_point_indexを実装しました。AGZスタイルのボットの場合は、これらを新しい関数encode_moveとdecode_move_indexに置き換えます。石を着手するためのエンコーディングは変わりません。次のインデックスを使ってパスを表します。

リスト14.1 パスを含むように盤面エンコーダを修正する

```
class ZeroEncoder(Encoder):
...
    def encode_move(self, move):
        if move.is_play:
            return (self.board_size * (move.point.row - 1) +
                (move.point.col - 1))                          }❶
```

```
        elif move.is_pass:
            return self.board_size * self.board_size      ❷
        raise ValueError('Cannot encode resign move')     ❸

    def decode_move_index(self, index):
        if index == self.board_size * self.board_size:
            return Move.pass_turn()
        row = index // self.board_size
        col = index % self.board_size
        return Move.play(Point(row=row + 1, col=col + 1))

    def num_moves(self):
        return self.board_size * self.board_size + 1
```

❶ 従来のエンコーダと同じ点のエンコーダ
❷ 次のインデックスを使ってパスを表す
❸ ニューラルネットワークは投了を学ばない

パスの扱いを除けば、AGZネットワークの入力と出力は、第12章で説明したものと同じです。ネットワークの内部の層には、AGZは、訓練をよりスムーズにするためのいくつかの最新の拡張（この章の終わりにそれらについて簡単に説明します）を伴う、非常に深い畳み込み層が積み重ねられています。大規模ネットワークは強力ですが、訓練と自己対局の両方のために、さらに多くの計算が必要になります。DeepMindと同じ種類のハードウェアにアクセスできない場合は、小規模なネットワークの方がうまくいくかもしれません。あなたのニーズに合ったパワーとスピードの適切なバランスを見つけることを試してみてください。

盤面エンコーディングに関しては、第6章の基本エンコーダから第13章の48面エンコーダまで、本書で取り上げたエンコーディング方式を使用できます。AlphaGo Zeroでは、最も単純なエンコーダを使用しました。盤上の黒石と白石とそれが誰の手番かを示す面だけです。（コウを処理するために、AGZには直前の7つの局面の面も含まれています。）しかし、ゲーム固有の特徴量の面を使用できないという技術的な理由はなく、それらを使うとより早く学べるようにすることもできます。1つには、研究者たちは、それが可能であることを証明するために、できるだけ多く人間の知識を取り除くことを望んでいました。あなた自身の実験では、AGZの強化学習アルゴリズムを使う際に、特徴量の面のさまざまな組み合わせを試してみることをお勧めします。

14.2 ニューラルネットワークによる木探索のガイド

強化学習では、方策はエージェントに決定を行う方法を指示するアルゴリズムです。強化学習のこれまでの例では、方策は比較的単純でした。方策勾配学習（第10章）とactor-criticによる学習（第12章）では、どの着手を選ぶべきかをニューラルネットワークが直接教えてくれました。それが方策です。Q学習（第11章）では、方策はそれぞれの可能な着手のQ値を計算することを含みます。それから最高のQの着手を選びます。

AGZの方策には、木探索の形式が含まれています。それでもニューラルネットワークを使用しますが、ニューラルネットワークの目的は、着手を直接選択または評価するのではなく、木探索をガイドすることです。自己対局中に木探索を含めることは、自己対局ゲームがより現実的であることを意味します。言い換えると、それは訓練プロセスがより安定することを意味します。

木探索アルゴリズムは、すでに学んだアイデアに基づいています。モンテカルロ木探索アルゴリズム（第4章）とオリジナルのAlphaGo（第13章）を学んだことがあれば、AlphaGo Zeroの木探索アルゴリズムはなじみがあるように思われます。表14.1は3つのアルゴリズムを比較したものです。まず、AGZがゲームツリーを表すために使用するデータ構造について説明します。次に、AGZがゲームツリーに新しい位置を追加するために使用するアルゴリズムについて説明します。

表14.1　木探索アルゴリズムの比較

	MCTS	AlphaGo	AlphaGo Zero
枝の選択	UCTのスコア	UCTのスコア＋方策ネットワークによる事前確率	UCTのスコア＋複合ネットワークによる事前確率
枝の評価	ランダムなプレイアウト	価値ネットワーク＋ランダムなプレイアウト	複合ネットワークによる価値

木探索アルゴリズムの一般的な考え方は、ボードゲームに適用されるときに、最良の結果につながる着手を見つけることです。後に続く着手の可能なシーケンスを調べることによってそれを決定します。しかし、可能なシーケンスの数は非常に多いので、可能なシーケンスのごく一部だけを検討しながら決定を行う必要があります。木探索アルゴリズムの技術と科学は、最短時間で最良の結果を得るためにどのように探索する枝を選択するかにあります。

MCTSと同様に、AGZの木探索アルゴリズムは特定のラウンド数で実行されます。各ラウンドで、木に別の局面が追加されます。より多くのラウンドを実行するにつれて、木が大きくなり続け、そしてアルゴリズムの推定値はより正確になります。説明のために、すでにアルゴリズムの途中にいることを想像してみてください。すでに部分的な木を作り上げていて、新しい局面で木を広げたいと思います。図14.2にそのようなゲーム木の例を示します。

ゲーム木の各ノードは盤面の可能な局面を表します。その局面から、後に続くどの着手が合法であるかもわかります。アルゴリズムはそれらの後に続く着手のいくつかを既に訪問しましたが、それらのすべてではありません。訪問したかどうかにかかわらず、後に続く着手ごとに枝を作成します。各枝は以下を追跡します。

- 訪問しようとする前に、この着手がどれほど良いと予想されるかを示す、着手の**事前**確率。
- 木探索中に枝にアクセスした回数。これは**0**かもしれません。
- この枝を通過したすべての訪問の**価値の期待値**。これは木を通るすべての訪問の平均です。この平均値を簡単に更新するために、値の合計を保存します。その後、平均を得るために訪問数で割ります。

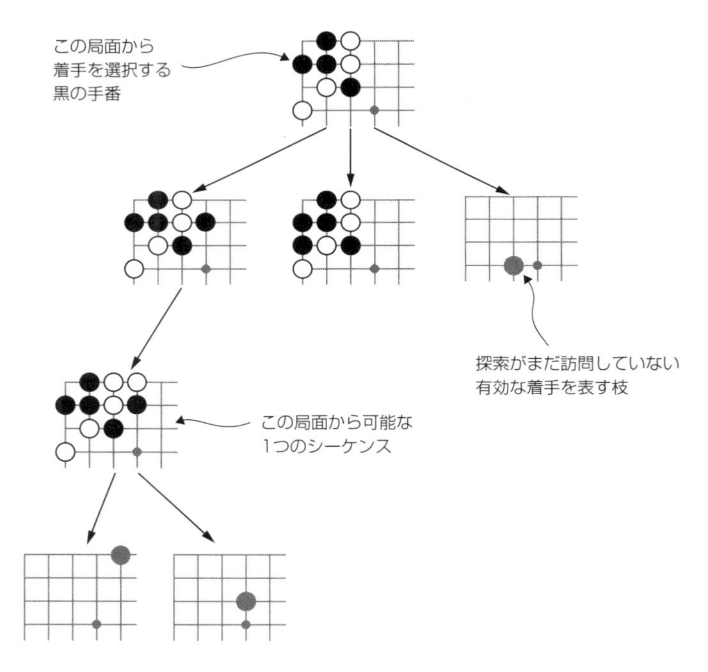

図14.2 AGZスタイルの探索木の一部：この例では、黒の手番で、探索はこれまでに3つの可能なゲーム状態を調査しました。木には、探索がまだ訪問していない着手を表す枝も含まれています。それらのほとんどはスペースのために省略されています。

訪問したそれぞれの枝について、そのノードは**子ノード**へのポインタも**含みます**。次のリストでは、枝の統計を含めるための最小限のBranchの構造を定義します。

リスト 14.2　枝の統計を追跡するための構造

```
class Branch:
    def __init__(self, prior):
        self.prior = prior
        self.visit_count = 0
        self.total_value = 0.0
```

これで、探索木を表す構造を構築する準備が整いました。以下のリストはZeroTreeNodeクラスを定義します。

リスト 14.3　AGZスタイルの探索木のノード

```
class ZeroTreeNode:
    def __init__(self, state, value, priors, parent, last_move):
        self.state = state
        self.value = value
        self.parent = parent            ❶
        self.last_move = last_move      ❶
        self.total_visit_count = 1
        self.branches = {}
        for move, p in priors.items():
            if state.is_valid_move(move):
                self.branches[move] = Branch(p)
        self.children = {}    ❷

    def moves(self):                          ❸
        return self.branches.keys()           ❸

    def add_child(self, move, child_node):    ❹
        self.children[move] = child_node      ❹

    def has_child(self, move):    ❺
        return move in self.children    ❻
```

❶ 木の根では、parentとlast_moveはNoneになる
❷ 後で、子はMoveから別のZeroTreeNodeにマッピングされる
❸ このノードからのすべての可能な着手のリストを返す
❹ 木に新しいノードを追加する
❺ 特定の着手のための子ノードがあるかどうかを確認する
❻ 特定の子ノードを返す

ZeroTreeNodeクラスには、その子から統計情報を読み取るためのヘルパーもいくつか含まれています。

リスト 14.4　木のノードから枝の情報を読みためのヘルパー

```
class ZeroTreeNode:
...
    def expected_value(self, move):
        branch = self.branches[move]
            if branch.visit_count == 0:
                return 0.0
            return branch.total_value / branch.visit_count

    def prior(self, move):
        return self.branches[move].prior

    def visit_count(self, move):
        if move in self.branches:
            return self.branches[move].visit_count
        return 0
```

14.2.1　木の走査

探索の各ラウンドでは、木を辿ることから始めます。重要なのは、それが良いかどうかを評価するために、将来の局面がどのようになる可能性があるかを確認することです。正確な評価を得るために、対局相手が自分の着手に可能な限り最善の方法で反応すると仮定するべきです。もちろん、最善の反応がまだ分かっていないかもしれません。どれが良いのかを見つけるには、さまざまな着手を試してみる必要があります。この節では、不確実な状況で強い着手を選択するためのアルゴリズムについて説明します。

価値の期待値はそれぞれの可能な着手がどれだけ良いかの推定値を提供します。しかし、推定値は同じくらい正確ではありません。特定の枝を読むのにより多くの時間を費やしたならば、その推定はより良いでしょう。

最も良い変化のうちの1つをより詳細に読み続けることができます。それはその推定をさらに改善するでしょう。また、推定を改善するために、探索したことのない枝を読むこともできます。おそらく、その着手は最初に思ったより良いです。それを見つける唯一の方法は枝をさらに展開することです。繰り返しますが、**利用**と**探索**という反対の目標があります。

オリジナルのMCTSアルゴリズムは、これらの目標のバランスをとるためにUCT（木の信頼区間の上限。4章を参照）の式を使用しました。UCTの式は、2つの優先事項をバランスさせます。

- 枝を何度も訪れたことがあれば、その推定価値は信頼できます。その場合は、より高い期待値を持つ岐を選択します。
- 枝に数回しかアクセスしなかった場合、その期待値は間違っている可能性があります。その期待値が良いか悪いかに関係なく、その推定値を改善するためにそれを数回訪問したいと思います。

AGZは第三の因子を追加しました。

- 訪問数が少ない枝の中では、優先順位の高い枝が優先されます。これは、このゲームの正確な詳細を検討する前に、直感的に良く見える着手です。

数学的には、AGZのスコアリング関数は次のようになります。

$$\mathrm{Q} + \mathrm{cP}\frac{\sqrt{N}}{a+n}$$

式の各部分は次のとおりです。

- Qは、枝を通過するすべての訪問にわたって平均された期待値です。（まだその枝を訪れていない場合は、0になります）。
- Pは検討中の着手の優先順位です。
- Nは、親ノードの訪問数です。
- nは、子の枝の訪問数です。
- cは、利用と探索のバランスをとる係数です（通常、試行錯誤によってこれを設定する必要があります）。

図14.3の例を見てください。枝Aは2回訪問され、Q = 0.1というわずかに良い評価を得ています。枝Bは一度訪れたことがあり、悪い評価をしています（Q = –0.5）。枝Cにはまだ訪問がありませんが、事前確率P = 0.038を持っています。

表14.2に不確実な要素の計算方法を示します。枝AのQが最も高く、その下にいくつかの優れた局面があることがわかります。枝Cは最も高いUCTを持っています。まだ訪れたことがないので、その枝の周りの不確実性は最も高いです。枝BはAより評価が低く、Cより訪問数が多いため、現時点では適切な選択肢とは言えません。

表14.2 次の枝の選択

	Q	n	N	P	$P\sqrt{N}/(n+1)$
枝A	0.1	2	3	0.068	0.039
枝B	−0.5	1	3	0.042	0.036
枝C	0	0	3	0.038	0.065

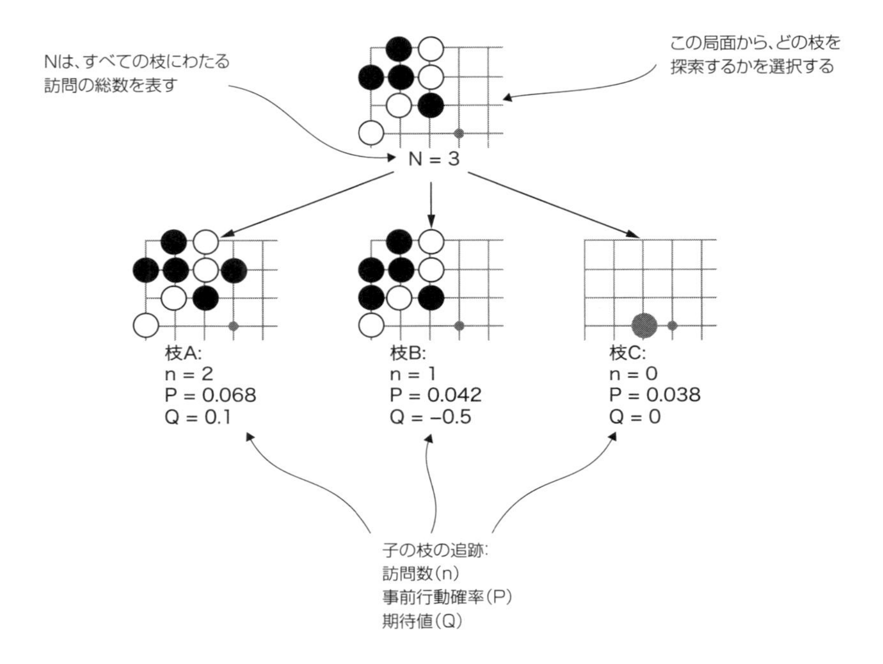

図14.3 AGZの木探索でどの枝をたどるかを選択する：この例では、開始局面から3つの枝を検討しています。(実際には、もっと多くの可能な着手がありますが、スペースのために省略しました。) 枝を選択するには、その枝をすでに訪問した回数、その枝の推定価値、および着手の事前確率を考慮します。

枝Bを取り除いたと仮定した場合、枝Aと枝Cのどちらを選択しますか？ それはパラメータcの値に依存します。cの値が小さいと、高い価値の枝（この場合はA）が優先されます。cの値が大きいと、不確実性が最も大きい枝が優先されます（この場合はC)。たとえば、c = 1.0の場合、Aを選択します（スコアは0.139対0.065)。c = 4.0では、C（0.260対0.256）を選択します。客観的な正解はありません。それは単なるトレードオフです。次のリストはPythonでこのスコアを計算する方法を示しています。

リスト 14.5　子の枝の選択

```
class ZeroAgent(Agent):
...
    def select_branch(self, node):
        total_n = node.total_visit_count

        def score_branch(move):
            q = node.expected_value(move)
            p = node.prior(move)
            n = node.visit_count(move)
            return q + self.c * p * np.sqrt(total_n) / (n + 1)

    return max(node.moves(), key=score_branch)    ❶
```

❶ node.moves() は移動のリスト。 key = score_branch を渡すと、max は score_branch 関数の最高値を持つ移動を返す

枝を選択したら、次の枝を選択するために、その子に対しても同じ計算を繰り返します。子のない枝に到着するまで、同じプロセスを続けます。

リスト 14.6　探索木の走査

```
class ZeroAgent(Agent):
...
    def select_move(self, game_state):
        root = self.create_node(game_state)    ❶

        for i in range(self.num_rounds):       ❷
            node = root
            next_move = self.select_branch(node)
            while node.has_child(next_move):   ❸
                node = node.get_child(next_move)
                next_move = self.select_branch(node)
```

❶ 次の節で create_node の実装を示す

❷ 着手のたびに何度も繰り返すプロセスの最初のステップ。self.num_moves は、探索プロセスを繰り返す回数を制御する

❸ has_child が False を返すと、木の一番下に到達した

14.2.2 木の展開

この時点で、木の未展開の枝にたどり着きました。現在の着手に対応するノードが木にないため、これ以上探索することはできません。次のステップは、新しいノードを作成してそれを木に追加することです。

新しいノードを作成するには、前のゲーム状態に、現在の着手を適用して新しいゲーム状態を取得します。その後、新しいゲームの状態をニューラルネットワークに入力します。これにより、2つの値を得ます。まず、新しいゲーム状態からのすべての可能な後に続く着手の事前確率を得ます。次に、新しいゲーム状態の推定価値を得ます。この情報を使用して、この新しいノードからの枝の統計を初期化します。

リスト 14.7 探索木に新しいノードを作成する

```
class ZeroAgent(Agent):
...
    def create_node(self, game_state, move=None, parent=None):
        state_tensor = self.encoder.encode(game_state)
        model_input = np.array([state_tensor])    ❶
        priors, values = self.model.predict(model_input)
        priors = priors[0]                          } ❷
        value = values[0][0]                        }
        move_priors = {                                   } ❸
            self.encoder.decode_move_index(idx): p        }
            for idx, p in enumerate(priors)               }
        }                                                 }
        new_node = ZeroTreeNode(
            game_state, value,
            move_priors,
            parent, move)
        if parent is not None:
            parent.add_child(move, new_node)
        return new_node
```

❶ Kerasの推論関数はサンプルの配列を受け取るバッチ関数。board_tensorを配列として囲む必要がある

❷ 同様に、predictは複数の結果を含む配列を返すので、最初の項目を取り出す必要がある

❸ 前の着手ベクトルを、Moveオブジェクトからそれに対応する事前確率へマッピングし辞書型にする

最後に、木を遡って、このノードにつながる各親の統計を更新します（図14.4を参照）。この経路の各ノードについて、訪問数を増やして合計の期待価値を更新します。各ノードで、視点は黒のプレイヤーと白のプレイヤーの間で切り替わるので、各ステップで値の符号を反転する必要があります。

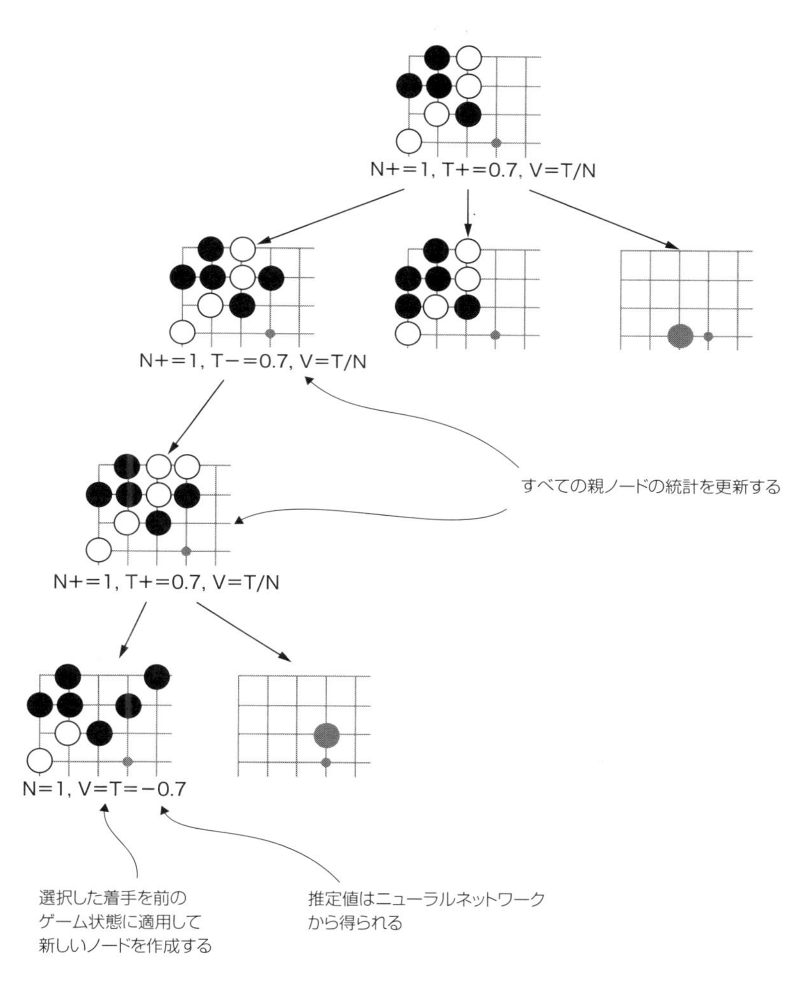

図14.4 AGZスタイルの探索木の展開：まず、新しいゲームの状態を計算します。そのゲーム状態から新しいノードを作成し、それを木に追加します。そして、ニューラルネットワークによりそのゲーム状態の価値を見積もります。最後に、新しいノードのすべての親を更新します。訪問数Nを1つ増やして平均値Vを更新します。ここで、Tはノードを通過するすべての訪問にわたる合計値を表します。平均値を簡単に再計算できるようにするための記録です。

リスト 14.8 探索木を展開してすべてのノード統計を更新する

```
class ZeroTreeNode:
...
    def record_visit(self, move, value):
        self.total_visit_count += 1
        self.branches[move].visit_count += 1
        self.branches[move].total_value += value

class ZeroAgent(Agent):
...
    def select_move(self, game_state):
...
        new_state = node.state.apply_move(next_move)
        child_node = self.create_node(
            new_state, parent=node)
        move = next_move
        value = -1 * child_node.value    ❶
        while node is not None:
            node.record_visit(move, value)
            move = node.last_move
            node = node.parent
            value = -1 * value
```

❶ 木の各階層で、2人のプレイヤーの間で視点を切り替える。したがって、値に–1を掛ける必要がある。黒にとって良いものは白にとっては悪く、白の場合はその逆。

このプロセス全体が何度も繰り返され、そのたびに木が展開します。AGZは、自己対局プロセスにおいて、一手あたり1,600ラウンドを行いました。競争するゲームでは、時間の限り多くのラウンドでアルゴリズムを実行する必要があります。ボットはより多くのラウンドを実行するにつれて、より良い着手を選択します。

14.2.3 着手の選択

できるだけ深く探索木を作成したら、着手を選択します。着手を選択するための最も簡単なルールは、訪問数が最も多い着手を選択することです。

期待値ではなく訪問数を使用するのはなぜでしょうか。最も訪問数の多い枝に高い期待値があると仮定することができます。その理由は次の通りです。前述の枝の選択の式を参照してください。枝への訪問数が増えるにつれて、係数 $1 / (n + 1)$ はどんどん小さくなります。したがって、枝の選択関数はQに基づいて選択するだけです。Q値が高い枝は最も多くの訪問を得ます。

今、枝に数回の訪問しかないのなら、まだ可能性があります。それは小さいQまたは大きいQを持つかもしれません。しかし、少数の訪問に基づいたその推測を信頼することはできません。Qが最も高い枝を選択した場合、訪問数が1回の枝を選択する可能性があり、その真の値ははるかに小さいかもしれません。そのため、代わりに訪問数に基づいて選択します。それは高い推定価値と信頼できる推定を持つ枝を選ぶことを保証します。

リスト 14.9　訪問数が最も多い着手を選択する

```
class ZeroAgent(Agent):
...
    def select_move(self, game_state):
...
        return max(root.moves(), key=root.visit_count)
```

本書の他の自己対局エージェントとは対照的に、ZeroAgentはいつパスするかについて特別なロジックを持っていません。これは、探索木にパスを含むからです。他の着手と同じように扱うことができます。

ZeroAgentの実装が完了したら、自己対局のためにsimulate_game関数を実装します。

リスト 14.10　自己対局ゲームをシミュレートする

```
def simulate_game(
        board_size,
        black_agent, black_collector,
        white_agent, white_collector):
    print('Starting the game!')
    game = GameState.new_game(board_size)
    agents = {
        Player.black: black_agent,
        Player.white: white_agent,
    }

    black_collector.begin_episode()
    white_collector.begin_episode()
    while not game.is_over():
        next_move = agents[game.next_player].select_move(game)
        game = game.apply_move(next_move)

    game_result = scoring.compute_game_result(game)
    if game_result.winner == Player.black:
        black_collector.complete_episode(1)
        white_collector.complete_episode(-1)
    else:
```

```
        black_collector.complete_episode(-1)
        white_collector.complete_episode(1)
```

14.3 訓練

価値出力の訓練目標は、エージェントがゲームに勝った場合は1、負けた場合は–1です。多くのゲームを平均することによって、それらの両端の間でボットが勝つ確率を示す価値を学びます。これは、Q学習（第11章）とactor-criticによる学習（第12章）で使用したものとまったく同じです。

行動出力は少し異なります。方策学習（第10章）やactor-criticによる学習（第12章）と同様に、ニューラルネットワークは合法な着手に対する確率分布を生成する出力を持っています。方策学習では、エージェントが選択した正解の着手に合わせてネットワークを訓練しました（エージェントがゲームに勝った場合）。AGZは微妙に異なった働きをします。木探索中に各着手を訪れた回数に合わせてネットワークを訓練します。

それがどのように強さを向上させることができるかを説明するために、MCTSスタイルの探索アルゴリズムがどのように機能するかについて考えてみましょう。今のところ、少なくともある程度正しい価値関数があるとしましょう。勝ちの局面と負けの局面を大体区別できる限り、それは厳密な精度である必要はありません。次に、事前確率を完全に捨てて探索アルゴリズムを実行するとします。そうすると、探索は最も有望な枝でより多くの時間を費やすでしょう。枝の選択ロジックによってこれが実現されます。UCT式のQの構成要素は、高い値の枝がより頻繁に選択されることを意味します。探索を実行する時間が無制限だった場合、最終的には最良の行動に収束するでしょう。

木探索で十分な数のラウンドが行われた後は、訪問数を正解の根拠として考えられます。着手した場合に何が起こるかを確認したので、これらの着手が良いか悪いかはわかります。そのため、探索の数は事前確率関数を学習するための目標値になります。

実行に十分な時間を与えた場合、事前確率関数は木探索が時間を費やす場所を予測しようとします。前回の実行で訓練された関数を備えた木探索は、時間を節約し、より重要な枝に直接進んで探索することができます。正確な事前確率関数を使用すると、探索アルゴリズムでロールアウトの回数を少なくすることができ、より多くのロールアウトを必要とする遅い探索と同様の結果が得られます。ある意味では、ネットワークは以前の探索で発生したことを「記憶」しており、その知識を使用して先にスキップしていると考えることができます。

このように訓練を設定するには、着手ごとに探索数を保存する必要があります。
前の章では、多くのRL実装に適用できる一般的なExperienceCollectorを使用しました。ただしこの場合、検索数はAGZに固有のものであるため、カスタムコレクターを作成します。構造はほとんど同じです。

リスト 14.11　**AGZスタイルの学習のための特別な経験コレクター**

```
class ZeroExperienceCollector:
    def __init__(self):
        self.states = []
        self.visit_counts = []
        self.rewards = []
        self._current_episode_states = []
        self._current_episode_visit_counts = []

    def begin_episode(self):
        self._current_episode_states = []
        self._current_episode_visit_counts = []

    def record_decision(self, state, visit_counts):
        self._current_episode_states.append(state)
        self._current_episode_visit_counts.append(visit_counts)

def complete_episode(self, reward):
    num_states = len(self._current_episode_states)
    self.states += self._current_episode_states
    self.visit_counts += self._current_episode_visit_counts
    self.rewards += [reward for _ in range(num_states)]

    self._current_episode_states = []
    self._current_episode_visit_counts = []
```

リスト 14.12　**経験コレクターに決定を渡す**

```
class ZeroAgent(Agent):
...
    def select_move(self, game_state):
...
        if self.collector is not None:
            root_state_tensor = self.encoder.encode(game_state)
            visit_counts = np.array([
                root.visit_count(
                    self.encoder.decode_move_index(idx))
                for idx in range(self.encoder.num_moves())
            ])
            self.collector.record_decision(
                root_state_tensor, visit_counts)
```

ニューラルネットワークの行動出力はsoftmax活性化関数を使います。softmax活性化関数は、その値の合計が1になることを思い出してください。訓練の場合、同様に訓練目標の合計が1になるようにする必要があります。これを行うには、すべての訪問数をその合計で割ります。この操作は**正規化**と呼ばれます。例を図14.5に示します。

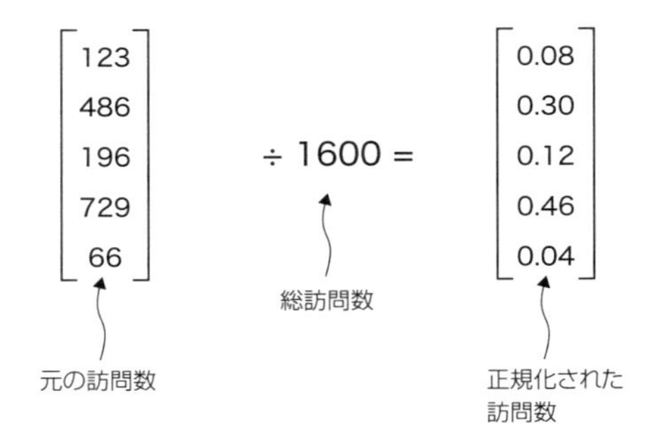

図14.5 ベクトルの正規化：自己対局中は、各着手に訪問した回数を追跡します。訓練のためには、合計が1になるようにベクトルを正規化する必要があります。

それ以外の訓練プロセスは第12章のactor-criticネットワークの訓練と似ています。次のリストはその実装を示しています。

リスト14.13 統合されたネットワークの訓練

```
class ZeroAgent(Agent):
...
    def train(self, experience, learning_rate, batch_size):     ❶
        num_examples = experience.states.shape[0]

        model_input = experience.states

        visit_sums = np.sum(
            experience.visit_counts, axis=1).reshape(
             (num_examples, 1))                                  ❷
        action_target = experience.visit_counts / visit_sums

        value_target = experience.rewards

        self.model.compile(
            SGD(lr=learning_rate),
            loss=['categorical_crossentropy', 'mse'])
        self.model.fit(
            model_input, [action_target, value_target],
            batch_size=batch_size)
```

❶ learning_rateとbatch_sizeについては第10章を参照
❷ 訪問数を正規化する。axis = 1でnp.sumを呼び出すと、行列の各行について合計される。reshape呼び出しは、その合計を行数が一致するように再形成する。それから元の数をその合計で割ることができる

全体的な強化学習サイクルは、第9章から第12章で学んだものと同じです。

1. 自己対局ゲームの巨大なバッチを生成します。
2. 経験データでモデルを訓練します。
3. 以前のバージョンに対して更新されたモデルをテストします。
4. 新しいバージョンが計測できる程度に強い場合は、新しいバージョンに切り替えます。
5. そうでない場合は、より多くの自己対局ゲームを作成してもう一度やり直します。
6. 必要に応じて何度でも繰り返します。

リスト14.14はこのプロセスの単一サイクルを実行する例を示しています。注意を明らかにしておきます。あなたは何もないところから強い囲碁AIを構築するために多くの自己対局ゲームを必要とするでしょう。AlphaGo Zeroは超人レベルのプレイを達成しましたが、そこに到達するには500万近くもの自己対局ゲームが必要でした。

リスト14.14　強化学習プロセスの1サイクル

```
board_size = 9
encoder = zero.ZeroEncoder(board_size)

board_input = Input(shape=encoder.shape(), name='board_input')
pb = board_input
for i in range(4):
    pb = Conv2D(64, (3, 3),
        padding='same',
        data_format='channels_first',
        activation='relu')(pb)                          ❶

policy_conv = \
    Conv2D(2, (1, 1),
        data_format='channels_first',
        activation='relu')(pb)
policy_flat = Flatten()(policy_conv)                    ❷
policy_output = \
```

```
    Dense(encoder.num_moves(), activation='softmax')(
        policy_flat)

value_conv = \
    Conv2D(1, (1, 1),
        data_format='channels_first',
        activation='relu')(pb)                                  ❸
value_flat = Flatten()(value_conv)
value_hidden = Dense(256, activation='relu')(value_flat)
value_output = Dense(1, activation='tanh')(value_hidden)

model = Model(
    inputs=[board_input],
    outputs=[policy_output, value_output])

black_agent = zero.ZeroAgent(
    model, encoder, rounds_per_move=10, c=2.0)    ❹
white_agent = zero.ZeroAgent(
    model, encoder, rounds_per_move=10, c=2.0)
c1 = zero.ZeroExperienceCollector()
c2 = zero.ZeroExperienceCollector()
black_agent.set_collector(c1)
white_agent.set_collector(c2)

for i in range(5):   ❺
    simulate_game(board_size, black_agent, c1, white_agent, c2)

exp = zero.combine_experience([c1, c2])
black_agent.train(exp, 0.01, 2048)
```

❶ 4つの畳み込み層でネットワークを構築する。強力なボットを構築するためには、さらに多くの層を追加する必要がある

❷ 行動出力をネットワークに追加する

❸ 価値出力をネットワークに追加する

❹ ここでは、デモがすばやく実行されるように、1回の着手につき10ラウンドを使用する。本物の訓練のためには、もっとたくさん必要。AGZは1,600を使用した

❺ 訓練の前に5つのゲームをシミュレートする。実際の訓練のためには、もっと大きなバッチ（何千ものゲーム）を訓練したいと思うだろう

14.4 ディリクレノイズによる探索の改善

自己対局による強化学習は本質的にランダムなプロセスです。ボットは、特に訓練プロセスの初期段階で、決まった方向に簡単に流されることがあります。ボットが成長しなくなるのを防ぐには、少しランダムにすることが重要です。そうすれば、ボットが本当にひどい着手に固執しても、より良い着手を学ぶチャンスはわずかにあります。この節では、AGZが優れた探索を確実にするために使用したトリックの1つについて説明します。

前の章では、ボットの選択に多様性を追加するためにいくつかの異なるテクニックを使用しました。たとえば、第9章では、ボットの方策出力からランダムにサンプリングしました。第11章では、ε-貪欲法アルゴリズムを使用しました。ある割合εで、ボットはモデルを完全に無視し、代わりに完全にランダムな着手を選択します。どちらの場合も、ボットの決定にランダム性を追加しました。AGZは、探索プロセスにおいて、ランダム性を早期に導入するために別の方法を使用します。

各手番で、1つか2つのランダムに選ばれた着手の事前確率を人工的に増加させたとします。探索プロセスの早い段階で、どの枝が探索されるかを事前に制御するため、それらの着手には追加の訪問があります。それらが悪い着手であることが判明した場合、探索はすぐに他の枝に移るので、害はありません。しかし、これによってすべての着手が時折数回訪問されるようになるため、探索に盲点が生じることはありません。

AGZは、ノイズ（小さな乱数）を各探索木の根の事前確率に追加することによって同様の効果を達成します。ディリクレ分布（Dirichlet distribution）からノイズを導出することで、前述したのとまったく同じ効果が得られます。いくつかの着手では人工的な増加が得られますが、その他ではそのままです。この節では、ディリクレ分布の特性を説明し、NumPyを使用してディリクレノイズを生成する方法を示します。

本書を通して、ゲームの着手に対して確率分布を使いました。そのような分布からサンプリングすると、特定の着手が得られます。ディリクレ分布は、確率分布に対する確率分布です。ディリクレ分布からサンプリングすると、別の確率分布が得られます。NumPy関数np.random.dirichletは、ディリクレ分布からサンプルを生成します。これはベクトルの引数を取り、同じ次元のベクトルを返します。次のリストはいくつかの例を示しています。結果はベクトルで、合計は常に1になります。つまり、結果はそれ自体有効な確率分布です。

リスト14.15 ディリクレ分布からサンプリングするためのnp.random.dirichletの使用

```
>>> import numpy as np
>>> np.random.dirichlet([1, 1, 1])
array([0.1146, 0.2526, 0.6328])
>>> np.random.dirichlet([1, 1, 1])
```

```
array([0.1671, 0.5378, 0.2951])
>>> np.random.dirichlet([1, 1, 1])
array([0.4098, 0.1587, 0.4315])
```

ディリクレ分布の出力は、通常αで表される**集中度母数**（concentration parameter）を使って制御できます。αが0に近い場合、ディリクレ分布は「凸凹」のベクトルを生成します。ほとんどの値は0に近く、2、3の値は大きくなります。αが大きい場合、サンプルは「滑らか」になります。値は互いに近くなります。次のリストは、集中度母数を変更した場合の効果を示しています。

リスト 14.16　αが0に近いときのディリクレ分布からのサンプリング

```
>>> import numpy as np

>>> np.random.dirichlet([0.1, 0.1, 0.1, 0.1])    ❶
array([0.  , 0.044 , 0.7196, 0.2364])
>>> np.random.dirichlet([0.1, 0.1, 0.1, 0.1])
array([0.0015, 0.0028, 0.9957, 0.  ])
>>> np.random.dirichlet([0.1, 0.1, 0.1, 0.1])
array([0.  , 0.9236, 0.0002, 0.0763])

>>> np.random.dirichlet([10, 10, 10, 10])    ❷
array([0.3479, 0.1569, 0.3109, 0.1842])
>>> np.random.dirichlet([10, 10, 10, 10])
array([0.3731, 0.2048, 0.0715, 0.3507])
>>> np.random.dirichlet([10, 10, 10, 10])
array([0.2119, 0.2174, 0.3042, 0.2665])
```

❶ 集中度母数の小さいディリクレ分布からのサンプリング。結果は「凸凹」。大部分の量は1つまたは2つの要素に集中している

❷ 集中度母数が大きいディリクレ分布からのサンプリング。各結果で、量はベクトルのすべての要素に均等に分散される

これは事前確率を変更するためのレシピを示しています。小さいαを選ぶことによって、いくつかの着手が高い確率を持ち、残りが0に近い分布を得ます。それから、ディリクレノイズで真の事前確率と加重平均をとることができます。AGZは集中度母数0.03を使用しました。

14.5 より深いニューラルネットワークのための最新のテクニック

ニューラルネットワークの設計は非常に注目されている研究テーマです。終わりのない問題の1つは、より深いネットワークで訓練を安定させる方法です。AlphaGo Zeroは、早々と標準になりつつある最先端の技術をいくつか適用しました。詳細は本書の範囲を超えていますが、ここではそれらを抽象的に紹介します。

14.5.1 Batch Normalization

深層ニューラルネットワークの考え方は、各層が元のデータのより高度な表現を学ぶことができるということです。しかし、これらの表現は正確には何を示すでしょうか？ つまり、元のデータの意味のある特性が、層内の特定のニューロンの活性化における特定の数値として現れるということです。しかし、実際の数値間のマッピングは完全に任意です。たとえば、層内のすべての活性化を2倍にしても、情報を失うことはありません。スケールを変更しただけです。原則として、このような変化はネットワークの学習能力には影響しません。

しかし、活性化の絶対的な価値は、実際の訓練のパフォーマンスに影響を与えます。**Batch Normalization**の考え方は、各層の活性化を0が中心となるようにシフトし、分散が1になるようにスケールすることです。訓練の開始時には、活性化がどのようになるかわかりません。Batch Normalizationは、訓練プロセス中にその場で正しいシフトとスケールを学習するためのスキームを提供します。Batch Normalizationの変換は、入力が訓練中に変化するにつれて調整されます。

Batch Normalizationは訓練をどのように改善するでしょうか？ それはまだ研究が始まった分野です。オリジナルの研究者らは、**共変量シフト**を減らすためにBatch Normalizationを開発しました。どの層の活性化も訓練中に漂う傾向があります。Batch Normalizationはその漂う傾向を修正し、後の層の学習負担を軽減します。しかし、最近の研究では、共変量シフトは当初考えられていたほど重要ではないかもしれないことが示唆されています。代わりに、価値はBatch Normalizationが損失関数をより滑らかにすることにあるかもしれません。

研究者たちは、**なぜ**Batch Normalizationが機能するのか、まだ研究していますが、機能することは十分に確立されています。Kerasは、ネットワークに追加できるBatchNormalization層を提供しています。次のリストは、Kerasの畳み込み層にBatch Normalizationを追加する例を示しています。

リスト14.17 **Kerasのネットワークに Batch Normalizationを追加する**

```
from keras.models import Sequential
from keras.layers import Activation, BatchNormalization, Conv2D
```

```
model = Sequential()
model.add(Conv2D(64, (3, 3), data_format='channels_first'))
model.add(BatchNormalization(axis=1))  ❶
model.add(Activation('relu'))  ❷
```

❶ 軸は畳み込み層のdata_formatと一致する必要がある。channels_firstには、axis=1（最初の軸）を使用する。channels_lastには、axis=-/1（最後の軸）を使用する

❷ 畳み込み層とrelu活性化関数の間で正規化が行われる

14.5.2 残差ネットワーク(Residual networks)

中間に3つの隠れ層を持つニューラルネットワークの訓練に成功したとしましょう。4層目を追加するとどうなるでしょか？　理論的には、これはネットワークの容量を正確に増やすはずです。最悪の場合、4層ネットワークを訓練すると、最初の3層は3層ネットワークで行ったのと同じことを習得できますが、4層目はそのまま入力を渡します。**より多く**を学ぶことができることを期待しており、**より少なく**学ぶことは期待しないでしょう。少なくとも、より深いネットワークでは過剰適合（必ずしも新規のサンプルを変換できない方法で訓練セットを記憶）することを期待するはずです。

実際には、常にそうなるわけではありません。4層ネットワークを訓練しようとすると、3層ネットワークよりもデータを構造化する方法が多くあります。時には、複雑な損失曲面上での確率的勾配降下では、層を追加して過剰適合することさえできないことがあります。**残差ネットワーク**（residual network）の考え方は、追加の層が学習しようとしていることを単純化することです。3つの層が問題を学んでOKの仕事をすることができるならば、最初の3つの層が学んだことと目的との間のギャップを学ぶことに第4層を集中させることができます。（そのギャップが**残差**（residual）であり、名前の由来になっています。）

これを実装するには、図14.6に示すように、追加の層への**入力**と追加の層からの**出力**を合計します。前の層から加算層への接続は、**スキップ接続**（skip connection）と呼ばれます。通常、残差ネットワークは小さなブロックにまとめられます。スキップ接続があるブロックごとにおよそ2つか3つの層があります。そうすれば、必要なだけブロックを積み重ねることができます。

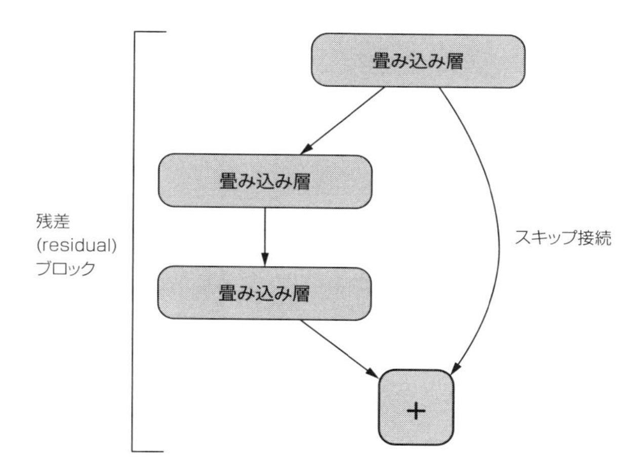

図14.6 残差（residual）ブロック：2つの内側の層の出力が前の層の出力に加算されます。その効果は、内側の層が目標と前の層が学んだこととの間の違い、すなわち残差を学ぶことです。

14.6 追加の資料の探索

AlphaGo Zeroスタイルのボットを試してみることに興味があるなら、オリジナルのAGZの論文に触発された多くのオープンソースプロジェクトがあります。もしあなたが超人間的な囲碁AIと対局したり、ソースコードを研究したりしたいのであれば、豊富な情報があります。

概要

- Leela ZeroはAGZスタイルのボットのオープンソース実装です。自己対局のプロセスは分散されています。もし余裕のあるCPUサイクルがあれば、自己対局のゲームを生成して訓練のためにアップロードすることができます。これを書いている時点で、コミュニティは800万を超えるゲームに貢献しています。そしてLeela Zeroはすでにプロの囲碁プレイヤーに勝つほどに十分に強くなっています。http://zero.sjeng.org/
- Minigoは、TensorFlowを使ってPythonで書かれたもう1つのオープンソース実装です。Google Cloud Platformと完全に統合されているため、Googleのパブリッククラウドを使用して実験を実行できます。https://github.com/tensorflow/minigo
- Facebook AI Researchは、ELF強化学習プラットフォームの上にAGZアルゴリズムを実装しました。その成果であるELF OpenGoは現在無料で入手可能であり、今日最強の囲碁AIのひとつです。https://facebook.ai/developers/tools/elf

- Tencent も AGZ スタイルのボットを実装して訓練し、PhoenixGo としてリリースしました。このボットは Fox Go サーバ上の BensonDarr としても知られており、世界のトッププレイヤーの多くを打ち負かしました。https://github.com/Tencent/PhoenixGo
- 囲碁派ではない場合、Leela Chess Zero は代わりにチェスを学ぶのに適した Leela Zero のフォークです。それはすでに人間のグランドマスターと少なくとも同じくらい強く、そしてチェスファンはそのエキサイティングでクリエイティブなプレーを称賛しました。https://github.com/LeelaChessZero/lczero

14.7 総仕上げ

これで、最新の囲碁 AI を駆動する最先端の AI 技術の紹介を終わります。ここから自分の手で問題に取り組むことをお勧めします。自分の囲碁ボットを試してみるか、これらの最新のテクニックを他のゲームに適用してみてください。

しかしまたゲーム以外のことも考えてみてください。機械学習の最新の応用について学んだので、今何が起こっているのかを理解するためのフレームワークが手に入りました。次のことを考えてください。

- モデルまたはニューラルネットワーク構造とは何でしょうか？
- 損失関数や訓練目標は何でしょうか？
- 訓練プロセスとは何でしょうか？
- 入力と出力はどのようにエンコードされていますか？
- モデルをどのようにして従来のアルゴリズムや実用的なソフトウェアアプリケーションに適合することができますか？

ゲームであっても他の分野であっても、私たちが、あなたが深層学習を使ってあなた自身の実験を試みる刺激となれることを願っています。

14.8 まとめ

- AlphaGo Zeroは、2つの出力を持つ単一のニューラルネットワークを使用します。1つの出力はどの着手が重要であるかを示し、もう1つの出力はどのプレイヤーが優勢であるかを示します。
- AlphaGo Zeroの木探索アルゴリズムは、モンテカルロ木探索と似ていますが、2つの大きな違いがあります。ランダムゲームを使用して局面を評価するのではなく、ニューラルネットワークだけに依存します。さらに、ニューラルネットワークを使用して探索を新しい枝に導きます。
- AlphaGo Zeroのニューラルネットワークは、探索プロセスで特定の着手を訪問した回数に対して訓練されています。このように、選択された着手を直接訓練するのではなく、木探索を強化するように特別に訓練されています。
- **ディリクレ分布**は、確率分布に対する確率分布です。集中度母数は、結果として得られる確率分布がどれだけまとまりがないかを制御します。AlphaGo Zeroは、ディリクレノイズを使用して探索プロセスに制御されたランダム性を追加し、すべての着手が時折探索されるようにします。
- Batch normalizationと残差ネットワーク(residual networks)は、非常に深いニューラルネットワークを訓練するのに役立つ2つの最新技術です。

付録

付録A 数学の基礎

数学なしでは機械学習はできません。特に、線形代数と微積分が不可欠です。この付録の目的は、本書のコードサンプルを理解するのに役立つ十分な数学のバックグラウンドを提供することです。この大規模なトピックを完全にカバーするための十分なスペースはありません。よりこのテーマを理解したいならば、さらなる学習のためにいくつかの提案を提供します。高度な機械学習技術にすでに慣れている場合は、この付録を完全に省略しても構いません。

参考文献

本書では、いくつかの数学の基礎のみをカバーします。機械学習の数学の基礎についてもっと学ぶことに興味があるなら、ここにいくつかの提案があります。

- 線形代数を徹底的に扱うには、Sheldon AxlerのLinear Algebra Done Right (Springer, 2015)をお勧めします。
- ベクトル計算を含む計算の完全で実用的なガイドとして、James StewartのCalculus: Early Transcendentals (Cengage Learning, 2015)をお勧めします。
- 微積分がどのようにそしてなぜ機能するのかという数学的理論を真剣に理解したいならば、Walter Rudinの古典的なPrinciples of Mathematical Analysis (McGraw Hill, 1976)を超えるは難しいです。

A1 ベクトル、行列、そしてそれ以上：線形代数入門

線形代数は、**ベクトル**、**行列**、および**テンソル**として知られるデータの配列を処理するためのツールを提供します。NumPyの配列型を使えば、これらすべてのオブジェクトをPythonで表現できます。

線形代数は機械学習の基本です。この節では、NumPyでそれらをどのように実装するかに焦点を当てながら、最も基本的な操作のみを扱います。

ベクトル：1次元データ

ベクトルは1次元の数の配列です。配列のサイズはベクトルの次元です。Pythonのコードでベクトルを表すには、NumPy配列を使用します。※1

np.array関数を使って、数値のリストをNumPy配列に変換できます。shape属性を使用すると、サイズを確認できます。

```
>>> import numpy as np
>>> x = np.array([1, 2])
>>> x
array([1, 2])
>>> x.shape
(2,)
>>> y = np.array([3, 3.1, 3.2, 3.3])
>>> y array([3. , 3.1, 3.2, 3.3])
>>> y.shape
(4,)
```

shapeは常にタプルであることに注意してください。これは、次の節で説明するように、配列が多次元になる可能性があるためです。

Pythonのリストであるかのように、ベクトルの個々の要素にアクセスできます。

```
>>> x = np.array([5, 6, 7, 8])
>>> x[0]
5
>>> x[1]
6
```

※1 これはベクトルの真の数学的定義ではありませんが、本書の目的のためには、十分に近いものです。

ベクトルはいくつかの基本的な代数演算をサポートしています。同じ次元の2つのベクトルを加算できます。結果は同じ次元の3番目のベクトルです。加算したベクトルの各要素は、元のベクトルの一致する要素を加算した値です。

```
>>> x = np.array([1, 2, 3, 4])
>>> y = np.array([5, 6, 7, 8])
>>> x + y
array([ 6,  8, 10, 12])
```

同様に、2つのベクトルを*演算子で要素ごとに乗算することもできます。(ここで、要素ごととは、対応する要素の各ペアを別々に乗算することを意味します。)

```
>>> x = np.array([1, 2, 3, 4])
>>> y = np.array([5, 6, 7, 8])
>>> x * y
array([ 5, 12, 21, 32])
```

要素ごとの積は**アダマール積**(Hadamard product)とも呼ばれます。

ベクトルに1つのfloat(または**スカラー**)を乗算することもできます。この場合、ベクトルの各値にスカラーを掛けます。

```
>>> x = np.array([1, 2, 3, 4])
>>> 0.5 * x
array([0.5, 1. , 1.5, 2. ])
```

ベクトルは、3種類目の乗算、つまり**ドット積**(または**内積**)をサポートしています。ドット積を計算するには、対応する要素の各ペアを乗算して結果を合計します。そのため、2つのベクトルのドット積は単一のfloatです。NumPy関数np.dotはドット積を計算します。Python 3.5以降では、@演算子で同じことを行います。(本書では、np.dotを使います。)

```
>>> x = np.array([1, 2, 3, 4])
>>> y = np.array([4, 5, 6, 7])
>>> np.dot(x, y)
60
>>> x @ y
60
```

行列：2次元データ

2次元の数値配列は**行列**と呼ばれます。行列をNumPy配列で表すこともできます。この場合、リストのリストをnp.arrayに渡すと、2次元行列が返されます。

```
>>> x = np.array([
  [1, 2, 3],
  [4, 5, 6]
])
>>>
x array([[1, 2, 3],
         [4, 5, 6]])
>>> x.shape
(2, 3)
```

行列の形状（shape）は2要素のタプルであることに注意してください。1番目は行数、2番目は列数です。二重添字表記で単一の要素にアクセスできます。1番目は行、2番目は列です。あるいは、NumPyではインデックスを[row, column]形式で渡すことができます。どちらも同じです。

```
>>> x = np.array([
  [1, 2, 3],
  [4, 5, 6]
])
>>> x[0][1]
2
>>> x[0, 1]
2
>>> x[1][0]
4
>>> x[1, 0]
4
```

行列から行全体を取り出してベクトルを取得することもできます。

```
>>> x = np.array([
  [1, 2, 3],
  [4, 5, 6]
])
>>> y = x[0]
>>> y
array([1, 2, 3])
>>> y.shape
(3,)
```

列を取り出すには、特別な表記[:, n]を使用します。それが助けになるのなら、Pythonのリストスライス演算子として考えてみてください。つまり、[:, n]は「すべての行を取得し、列nのみを取得する」という意味です。次に例を示します。

```
>>> x = np.array([
  [1, 2, 3],
  [4, 5, 6]
])
>>> z = x[:, 1]
>>> z
array([2, 5])
```

ベクトルと同じように、行列は要素ごとの加算、要素ごとの乗算、およびスカラー乗算をサポートします。

```
>>> x = np.array([
  [1, 2, 3],
  [4, 5, 6]
])
>>> y = np.array([
  [3, 4, 5],
  [6, 7, 8]
])
>>> x + y
array([[ 4, 6, 8],
       [10, 12, 14]])
>>> x * y
array([[ 3, 8, 15],
       [24, 35, 48]])
>>> 0.5 * x
array([[0.5, 1. , 1.5],
       [2. , 2.5, 3. ]])
```

A2　3階のテンソル

囲碁は格子上でプレイされます。チェス、チェッカー、そして他の様々な古典的なゲームもそうです。格子上のどの点にも、さまざまな種類のゲームの駒の1つを含めることができます。盤の内容を数学的なオブジェクトとしてどのように表現すればよいでしょうか？ 1つの解決策は、盤を行列の積み重ね（スタック）として表すことです。各行列はゲームの盤のサイズです。

スタック内の個々の行列は、**面**または**チャンネル**と呼ばれます。各チャンネルは、ゲームの盤上にあることができる単一の種類の駒を表します。囲碁では、黒石用のチャンネルと白石用のチャンネルがあります。例を図A.1に示します。チェスでは、ポーン用のチャンネル、ビショップ用のチャンネル、ナイト用のチャンネルなどがあるでしょう。行列のスタック全体を単一の3次元配列として表すことができます。これは**3階のテンソル**と呼ばれます。

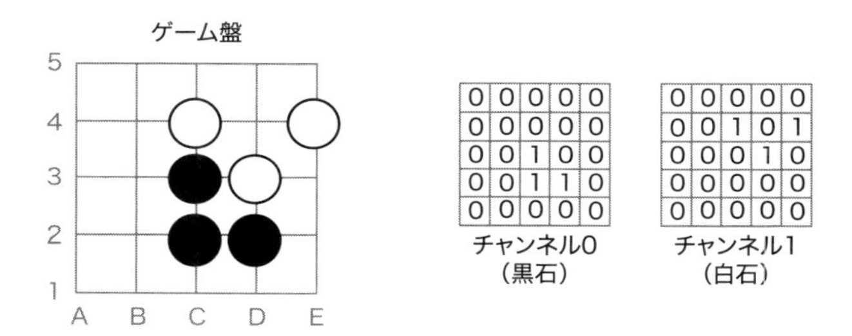

図A.1　2面のテンソルによる囲碁のゲーム盤の表現：これは5路盤です。黒石には1つのチャンネルを使い、白石には別のチャンネルを使います。したがって、盤を表すために2×5×5のテンソルを使用します。

もう1つの一般的なケースは画像の表現です。NumPy配列で128 × 64ピクセルの画像を表現したいとしましょう。その場合は、まず画像内のピクセルに対応する格子を考えます。コンピュータグラフィックスでは、通常、色を赤、緑、青の構成要素に分割します。そのため、その画像を3 × 128 × 64のテンソルで表すことができます。赤のチャンネル、緑のチャンネル、および青のチャンネルがあります。

繰り返しになりますが、np.arrayを使ってテンソルを作成することができます。形状（shape）は3つの要素からなるタプルになるでしょう。そして個々のチャンネルを取り出すために添字を使用します。

```
>>> x = np.array([
[[1, 2, 3],
 [2, 3, 4]],
[[3, 4, 5],
 [4, 5, 6]]
```

```
])
>>> x.shape
(2, 2, 3)
>>> x[0]
array([[1, 2, 3],
       [2, 3, 4]])
>>> x[1]
array([[3, 4, 5],
       [4, 5, 6]])
```

ベクトルや行列と同様に、テンソルは、要素ごとの加算、要素ごとの乗算、およびスカラー乗算をサポートしています。

3つのチャンネルを持つ8×8の格子がある場合は、それを3×8×8のテンソルまたは8×8×3のテンソルで表すことができます。唯一の違いは、インデックスの作成方法にあります。ライブラリ関数を使ってテンソルを処理するときは、どのインデックス方式を選択したかを関数が認識していることを確認する必要があります。ニューラルネットワークの設計に使用するKerasライブラリは、これら2つのオプションをchannels_firstとchannels_lastと呼びます。ほとんどの場合、選択は重要ではありません。ただ1つを選択し、それを一貫して使い続ける必要があります。本書では、channels_first形式を使用します。※2

4階のテンソル

本書の多くの場所で、ゲーム盤を表すために3階のテンソルを使用します。効率を良くするために、一度に多くのゲーム盤を関数に渡したいと思うかもしれません。1つの解決策は、盤のテンソルを4次元のNumPy配列にパックすることです。それは4階のテンソルです。この4次元配列は、3階のテンソルのリストとして考えることができ、それぞれが単一の盤を表します。

行列とベクトルはテンソルの特別な場合です。行列は2回のテンソル、ベクトルは1階のテンソルです。そして0階テンソルは普通の数です。

4階のテンソルは、本書で最もよく見られるテンソルですが、NumPyはあらゆる階数のテンソルを処理できます。高次元テンソルを視覚化するのは難しいですが、代数の扱いは同じです。

※2 形式を選択する動機が必要な場合は、特定のNVIDIA GPUでは、channels_first形式に対して特別な最適化が行われています。

A3　5分で計算：導関数と極大値の探索

微積分では、関数の微分はその導関数と呼ばれます。表A.1にいくつかの実例を示します。

表A.1　導関数の例

数量	導関数
遠くまで旅行した距離	移動した速度
浴槽の水量	水の排水速度
顧客の数	獲得した（または失った）顧客数

微分は固定量ではありません。それは時間や空間によって変わる別の関数です。車での旅行では、さまざまな時期に速くまたは遅く運転します。しかし、速度は常に移動する距離に関係しています。時間の経過とともにどこにいたかの正確な記録を持っていたならば、戻ってから旅行のどの時点でどれほど速く移動していたかを答えることができます。それが導関数です。

関数が増加しているとき、その導関数は正になります。関数が減少しているとき、その導関数は負です。図A.2にこの概念を示します。この知識があれば、導関数を使用して**極大値**または**極小値**を見つけることができます。導関数が正である場所ならどこでも、少し右に移動してより大きな値を見つけることができます。最大値を超えると、関数は減少しているはずです。その導関数は負です。その場合は、少し左に移動します。極大値では、導関数は正確に0になります。極小値を見つけるためのロジックは、反対方向に動くこと以外は同じです。

機械学習に現れる多くの関数は、入力として高次元ベクトルを取り、出力として単一の数値を計算します。そのような関数を最大化または最小化するために同じ考えを拡張することができます。このような関数の導関数（**勾配**と呼ばれる）は、その入力と同じ次元のベクトルです。勾配のすべての要素について、符号はその座標を移動する方向を示します。関数を最大化するために勾配に従うことは**勾配上昇**と呼ばれます。最小化している場合、そのテクニックを**勾配降下法**と呼びます。

この場合、起伏のある表面として関数を想像することが助けになります。どの点でも、勾配は表面の最も急な傾斜を指します。

勾配上昇を使用するには、最大化しようとしている関数の導関数の公式が必要です。ほとんどの単純な代数関数は既知の導関数を持っています。どんな微積分の教科書でもそれらを調べることができます。複数の単純な関数を連鎖させることによって複雑な関数を定義する場合、**連鎖律**（chain rule）として知られている式が、その複雑な関数の導関数を計算する方法を説明します。TensorFlowやTheanoのようなライブラリは連鎖律を利用して複雑な関数の導関数を自動的に計算します。Kerasで複雑な関数を定義する場合は、勾配の式を自分で計算する必要はありません。Keras は TensorFlow または Theano に作業を引き渡します。

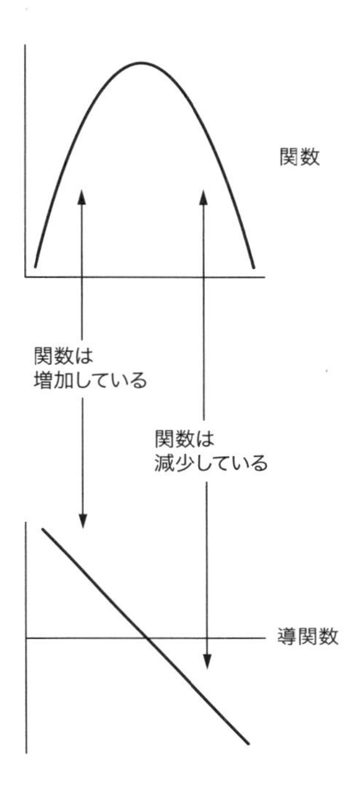

図 A.2 関数とその導関数：導関数が正の場合、関数は増加しています。導関数が負の場合、関数は減少しています。導関数が厳密に 0 のとき、関数は極小値または極大値になります。このロジックで、導関数を使って極小値や極大値を見つけることができます。

付録

付録B 誤差逆伝播法

第5章では、特にシーケンシャルニューラルネットワークと順伝播型ネットワークを紹介しました。ニューラルネットワークを訓練するために使用される**誤差逆伝播法**について簡単に説明しました。この付録では、第5章で簡単に述べて使用した勾配とパラメータの更新に到達する方法をもう少し詳しく説明します。

最初に順伝播型ニューラルネットワーク用の誤差逆伝播法のアルゴリズムを導出し、次にそのアルゴリズムをより一般的なシーケンシャルおよび非シーケンシャルネットワークに拡張する方法について説明します。数学をより深く理解する前に、段取りを定義し、その過程で役立つ表記法を紹介しましょう。

ちょっとした表記法

この節では、l層の順伝播型ニューラルネットワークを扱います。l層のそれぞれはシグモイド活性化関数を有します。i番目の層の重みはW^iで表し、バイアス項はb^iで表します。ネットワークへの入力データのサイズkのミニバッチを表すにはxを使用し、その出力を表すにはyを使用します。ここではxとyの両方をベクトルとして考えるのは安全ですが、すべての操作はミニバッチに引き継がれます。さらに、以下の表記法を導入します。

- i番目の層の活性化を伴う出力をy^{i+1}で表します。すなわち、$y^{i+1} = \sigma\left(W^i y^i + b^i\right)$です。$y^{i+1}$は$i+1$層への入力にもなることに注意してください。
- 活性化を伴わないi番目の全結合層の出力をZ_iとします。すなわち、$z^i = W^i \cdot y^i + b^i$です。
- 中間層の出力を表す便利な方法を紹介すると、$z^i = W^i \cdot y^i + b^i$および$y^{i+1} = \sigma\left(z^i\right)$と表記することができます。この表記法では、出力を$y = y^l$、入力を$x = y^0$と表すこともできますが、この表記法は以降では使用しません。
- 最後の表記法として、$\sigma\left(W^i y^i + b^i\right)$の代わりに$f^i\left(y^i\right)$と 書くことがあります。

順伝播型ネットワークのための誤差逆伝播法アルゴリズム

前述の規則に従って、ニューラルネットワークの i 番目の層のフォワードパスは、次のように書くことができます。

$$y^{i+1} = \sigma\left(W^i y^i + b^i\right) = f^i \circ y^i$$

この定義を各層に再帰的に使用して、予測を次のように書くことができます。

$$y = f^n \circ \cdots \circ f^1(x)$$

予測yとラベル$\widehat{y}$から損失関数Lossを計算するので、損失関数を同様の方法で分割できます。

$$\mathrm{Loss}(y, \hat{y}) = \mathrm{Loss} \circ f^n \circ \cdots \circ f^1(x)$$

ここに示されているように損失関数の導関数を計算して使用することは、関数（多変数の微分の基本的な結果）の連鎖律を賢く適用することによって行われます。上記の式に連鎖律を直接適用すると、次のようになります。

$$\frac{d\mathrm{Loss}}{dx} = \frac{d\,\mathrm{Loss}}{df^n} \cdot \frac{df^n}{df^{n-1}} \cdots \frac{df^2}{df^1} \cdot \frac{df^1}{dx}$$

ここで、i番目の層のデルタを次のように定義します。

$$\Delta^i = \frac{d\,\mathrm{Loss}}{df^n} \cdots \frac{df^{i+1}}{df^i}$$

これで、前のフォワードパスと同様の方法でデルタを表現できます。これをバックワードパスと呼びます。つまり、次のような関係になります。

$$\Delta^i = \Delta^{i+1} \frac{df^{i+1}}{df^i}$$

デルタの場合、計算が逆方向に進むとインデックスが下がります。形式的には、**バックワードパス**の計算は単純なフォワードパスと構造的に同等です。これで、複雑な実際の導関数を明示的に計算することに進みます。シグモイドとアフィンの両方の線形関数の入力に関する導関数はすぐに導き出されます。

$$\sigma'(x) = \frac{d\sigma}{dx} = \sigma(x)(1 - \sigma(x))$$

$$\frac{d(Wx + b)}{dx} = W$$

これら最後の2つの式を使用して、今度は$(i+1)$番目の層の誤差項Δ^{i+1}をi番目の層に伝播する方法を書くことができます。

$$\Delta^i = \left(W^i\right)^{\mathrm{T}} \cdot (\Delta^{i+1} \odot \sigma' \left(z^i\right)$$

この式において、上付き文字Tは行列の転置を表します。**アダマール積**$\odot$は、2つのベクトルの要素ごとの乗算を示します。前の計算は2つの部分に分かれています。1つは全結合層用、もう1つは活性化関数用です。

$$\Delta^\sigma = \Delta^{i+1} \odot \sigma' \left(z^i\right)$$
$$\Delta^i = \left(W^i\right)^\top \cdot \Delta^\sigma$$

最後のステップは、すべての層について、パラメーターW^iとb^iの勾配を計算することです。Δ^iはすでに計算したので、すぐにそこからパラメータの勾配を読み取ることができます。

$$\Delta W^i = \frac{d\mathrm{Loss}}{dW^i} = \Delta^i \cdot \left(y^i\right)^\top$$

$$\Delta b^i = \frac{dLoss}{db^i} = \Delta^i$$

これらの誤差項を使えば、ニューラルネットワークのパラメータを好きなように更新できます。つまり、オプティマイザもしくは更新規則を使って好きなように更新できます。

シーケンシャルネットワークの誤差逆伝播

一般に、シーケンシャルニューラルネットワークは、これまで説明してきたものよりも興味深い層を持つことができます。たとえば、あなたは第6章で説明したような畳み込み層や、第6章で説明したソフトマックス活性化関数などの他の活性化関数に関心を持つかもしれません。シーケンシャルネットワークの実際の層に関係なく、誤差逆伝播は主要な部分は同じ一般的な法則に従います。g^iが活性化なしのフォワードパスを示し、Act^iがそれぞれの活性化関数を示す場合、i番目の層にΔ^{i+1}を伝播すると、次の変換を計算する必要があります。

$$\Delta^i = \frac{d\,\mathrm{Act}^i}{dg^i}\left(z^i\right)\frac{dg^i}{dz^i}\left(y^i\right)\Delta^{i+1}$$

中間層の出力Z^iで評価された活性化関数の導関数と、i番目の層の入力に対する層を表す関数g^iの導関数を計算する必要があります。すべてのデルタを知っていれば、順伝播層の重みやバイアス項の場合と同じように、大抵は層に含まれるすべてのパラメータの勾配をすばやく演算できます。このように見れば、各層は周囲の層の構造について何も明示的に知らなくても、データの転送方法と誤差の伝播方法を知っています。

一般的なニューラルネットワークの誤差逆伝播

本書では、シーケンシャルニューラルネットワークのみを扱いますが、シーケンシャルの制約から脱却したときに何が起こるかを議論することは依然として興味深いことです。非シーケンシャルネットワークでは、層は複数の出力、複数の入力、またはその両方を持ちます。

たとえば、層にm個の出力があるとします。典型的な例は、ベクトルをm個の部分に分割する場合です。この層に対して局所的に、フォワードパスを**k個の別々の**関数に分割することができます。バックワードパスでは、これらの各関数の導関数を別々に計算することもでき、各導関数は前の層に渡されるデルタに等しく寄与します。

n個の入力と1個の出力に対処しなければならないという状況では、状況はやや逆になります。フォワードパスは、単一の値を出力する単一の関数からなるn個の入力コンポーネントから計算されます。バックワードパスでは、次の層から1つのデルタを受け取り、入力のn層のそれぞれに渡すためにn個の出力デルタを計算する必要があります。これらの導関数は互いに独立して計算され、それぞれの入力についてそれぞれ評価されます。

n入力とm出力の一般的なケースは、前の2つのステップを組み合わせることによって機能します。各ニューラルネットワークは、設定がいくら複雑で、合計で何層でも、局所的には同じように見えます。

誤差逆伝播法の計算上の課題

誤差逆伝播法は、特定の種類の機械学習アルゴリズムへの連鎖律の単なる適用であると主張できます。理論的にはそのように見えるかもしれませんが、実際には誤差逆伝播法を実装する際に考慮すべきことがたくさんあります。

最も注目すべきことは、どの層についてもデルタと勾配の更新を計算するには、フォワードパスのそれぞれの入力を評価の準備ができている必要があることです。単純にフォワードパスの結果を破棄した場合、バックワードパスでそれらを再計算する必要があります。したがって、効率的な方法でそれらの値をキャッシュする必要があります。第5章のゼロからの実装では、各層は、入力データと出力データ、および入力デルタと出力デルタについて、それぞれ自身の状態を保持していました。膨大な量のデータの処理に依存するネットワークを構築するには、計算効率とメモリ使用量の両方が少ない実装を確実に行う必要があります。

もう1つの関連する興味深い考慮事項は、中間の値の再利用です。たとえば、順伝播型ネットワークの単純なケースでは、アフィン線形変換とシグモイド活性化関数を1つの単位として見ることも、それらを2つの層に分割することもできます。アフィン線形変換の出力は、活性化関数のバックワードパスを計算するために必要なので、フォワードパスからの中間情報を保持する必要があります。一方、シグモイド関数にはパラメータがないため、バックワードパスを一度に計算できます。

$$\Delta^i = \left(W^i\right)^\top \left(\Delta^{i+1} \odot \sigma'\left(z^i\right)\right)$$

これは、2段階で実行するよりも計算上効率的です。どの操作を同時に実行できるかを自動的に検出することは、多くの速度向上をもたらします。より複雑な状況（リカレントニューラルネットワーク（基本的に最後のステップが入力となり**ループ**を計算する層）のような状況）では、中間状態の管理はさらに重要になります。

付録C 囲碁プログラムとサーバ

この付録では、オフラインまたはオンラインで囲碁をプレイするさまざまな方法について説明します。まず、2つの囲碁プログラム（**GNU Go** と **Pachi**）をローカルにインストールしてそれらと対局する方法を紹介します。次に、人気の高い囲碁サーバをいくつか紹介します。そのサーバ上では、さまざまな強みを持つ人間とAIの対局相手を見つけることができます。

囲碁プログラム

パソコンに囲碁プログラムをインストールすることから始めましょう。何年も前からある2つの古典的な無料のプログラムを紹介します。GNU GoとPachiはどちらも第4章で部分的に説明した古典的なゲームAIの方法を使用しています。私たちはそれらの方法論を議論するのではなく、テストのためにローカルで使用できる2つの対局相手としてこれらのツールを紹介します。そして、対局を楽しむこともできます。

他のほとんどの囲碁プログラムと同様に、PachiとGNU Goは第8章で紹介したGo Text Protocol（GTP）を話すことができます。どちらのプログラムもさまざまな方法で実行できます。

- コマンドラインから実行し、GTPコマンドを交換することによってゲームをプレイすることができます。このモードは、自分自身のボットをGNU GoやPachiと対局させるために第8章で使用したものです。
- どちらのプログラムもGTPフロントエンド（グラフィカルユーザインタフェイス）を使用してインストールすることができます。これにより、これらの囲碁エンジンと人間として対局することがはるかに楽しくなります。

GNU Go

GNU Goは1989年に開発され、現在も使用されている最も古い囲碁エンジンの1つです。最新のリリースは2009年でした。最近の開発はほとんどありませんでしたが、GNU Goは、多くの囲碁サーバで初心者に人気のあるAIの対局相手であり続けています。また、手作りのルールに基づいた最も強力な囲碁エンジンの1つです。これはMCTSや深層学習ボットとは対照的です。Windows、Linux、およびmacOSの場合は、www.gnu.org/software/gnugo/download.htmlからGNU Goをダウンロードしてインストールできます。このページには、GNU Goをコマンドラインインタフェース（CLI）ツールとしてインストールするための手順と、さまざまなグラフィカルインタフェースへのリンクが含まれています。CLIツールをインストールするには、http:// ftp.gnu.org/gnu/gnugo/から最新のGNU Goバイナリをダウンロードし、それぞれのtarballを解凍し、含まれているINSTALLファイルとREADMEファイルにあるプラットフォームごとの指示に従う必要があります。グラフィカルインタフェースについては、http：// sente.ch/software/goban/freegoban.htmlからwww.rene-grothmann.de/jago/からWindowsおよびLinux用JagoClientを、macOS用にはhttp:// sente.ch/software/goban/freegoban.html からFreeGobanをインストールすることをお勧めします。インストールをテストするために、以下を実行します。

```
gnugo --mode gtp
```

これはGNU GoをGTPモードで起動します。プログラムは19路の盤上で新しいゲームを開始し、コマンドラインからの入力を受け付けます。たとえば、genmove whiteと入力してEnterキーを押すことで、GNU Goに白の着手を生成させることができます。これは有効なコマンドを意味する＝記号を返し、その後に着手の座標が続きます。例えば、応答は＝C3になります。第8章では、GTPモードでGNU Goをあなた自身の深層学習ボットの対局相手として使用します。

グラフィカルインタフェースをインストールすることを選択したときは、すぐにGNU Goとの対局を始め、自分のスキルを試すことができます。

Pachi

http://pachi.or.cz/からダウンロードできるPachiは、全体的にGNU Goよりもはるかに強力なプログラムです。また、Pachiのソースコードと詳しいインストール手順はGitHubのhttps://github.com/pasky/pachiにあります。Pachiをテストするには、コマンドラインでpachiを実行し、genmove blackと入力して9路の盤上で黒の着手を生成させます。

囲碁サーバ

コンピュータ上で囲碁プログラムと対局するのは楽しく役に立ちますですが、オンライン囲碁サーバでは、よりいろいろな強い人間とAIと対局できます。人間とボットは、これらのプラットフォームにアカウントを登録し、ランク付けされたゲームをプレイして、ゲームプレイのレベルと最終的には自身の評価を向上させることができます。人間にとっては、より競争の激しい双方向性のある競技の場を提供し、同時にあなたのボットが世界中のプレイヤーに公開されることにより究極のテストを提供します。Sensei's Library（https://senseis.xmp.net/?GoServers）で囲碁サーバの広範なリストにアクセスすることができます。ここでは英語のクライアントを持つ3つのサーバを紹介します。これは偏りのあるリストです。これまでで最大の囲碁サーバは中国語、韓国語、または日本語であり、英語のサポートが付属していないためです。本書（原書）は英語で書かれているので、英語で操作できる囲碁サーバへのアクセスを提供します。

OSG

Online Go Server（OGS）は、美しくデザインされたWebベースの囲碁プラットフォームで、https://online-go.com/にあります。OGSは第8章と付録Eでボットを接続する方法を説明するために使用した囲碁サーバです。OGSは機能が豊富で頻繁に更新され、アクティブな管理者グループを持ち、西半球で最も人気のある囲碁サーバの1つです。それに加えて、私たちが気に入っています。

IGS

http://pandanet-igs.com/communities/pandanetで入手可能な**Internet Go Server**（IGS）は、1992年に作成された、最も古くからある囲碁サーバの1つです。継続的に人気があり、2013年には新しいインターフェースが追加されモデルチェンジしました。ネイティブMacクライアントを搭載した数少ない囲碁サーバの1つです。IGSはより競争の激しい囲碁サーバの1つであり、グローバルな利用者の母体を持っています。

Tygem

韓国に拠点を置く**Tygem**は、おそらくここで紹介されている3つの中で最大の利用者の母体を持つ囲碁サーバです。何時にログオンしても、あらゆるレベルで何千人ものプレイヤーが見つかります。競争も激しいです。世界最強のプロ棋士の多くがTygemでプレイしています（時には匿名で）。www.tygemgo.comで見つけることができます。

付録D Amazon Web Servicesを使用したボットの訓練とデプロイ

この付録では、クラウドサービスのAmazon Web Services（AWS）を使用して、深層学習モデルを構築およびデプロイ（配置）する方法を学習します。クラウドサービスの使用方法とモデルのホスティング方法の知識は、この囲碁ボットの事例だけでなく、一般的に有用なスキルです。次のスキルを習得します。

- AWSで仮想サーバを設定して深層学習モデルを訓練します
- クラウドで深層学習の実験を実行します
- 他の人と共有するために、サーバ上のWebインターフェースで囲碁ボットをデプロイします

この記事の執筆時点で、AWSは世界最大のクラウドプロバイダであり、多くのメリットを提供していますが、この付録のために他にも多くのクラウドサービスを選択できます。大手クラウドプロバイダは提供するサービスの点で大部分が重複しているため、1つを使用することで他も知ることができます。

AWSを使い始めるには、https://aws.amazon.com/にアクセスして、AWSが提供している幅広い製品群を確認してください。Amazonのクラウドサービスでは、ほとんど近寄り難いほどの数の製品にアクセスできますが、本書では、Amazon Elastic Compute Cloud（EC2）という1つのサービスを使用するだけで十分に対応できます。EC2を使用すると、クラウド内の仮想サーバに簡単にアクセスできます。要求に応じて、これらのサーバまたはインスタンスにさまざまなハードウェア仕様を装備させることができます。深層ニューラルネットワークを効率的に訓練するには、強力なGPUにアクセスする必要があります。AWSは常に最新世代のGPUを提供するわけではありませんが、クラウドGPUで柔軟に計算時間を購入することは、ハードウェアに多額の投資をすることなく始めるための良い方法です。

最初に必要なことは、https://portal .aws.amazon.com/billing/signupでAWSにアカウントを登録することです。図D.1に示すフォームに記入してください。

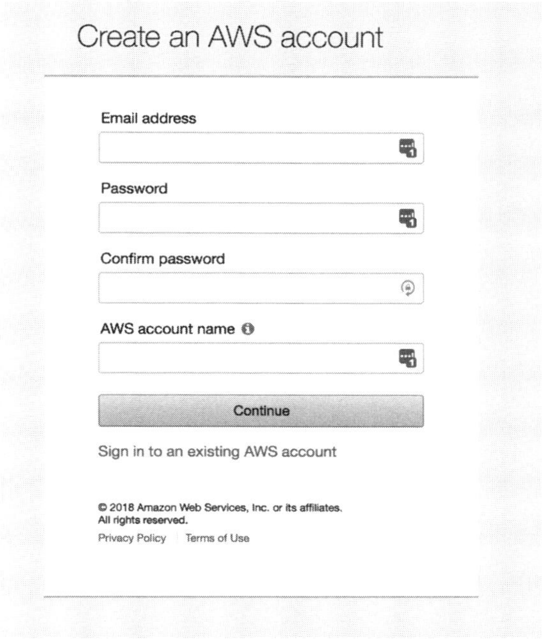

図 D.1　AWSアカウントにサインアップ

サインアップ後、ページ（https://aws.amazon.com/）の右上の [Sign in to the Console] をクリックしてアカウントの認証情報を入力してください。これにより、アカウントのメインダッシュボードにリダイレクトされます。上部のメニューバーから、[Services] をクリックします。これにより、AWSコア製品を表示するパネルが開きます。図D.2に示すように、Computeカテゴリの EC2 オプションをクリックしてください。

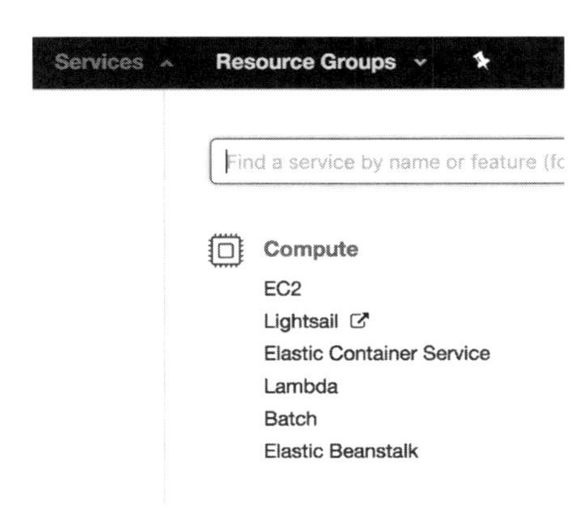

図 D.2　[Services] メニューから Elastic Cloud Compute（EC2）サービスを選択

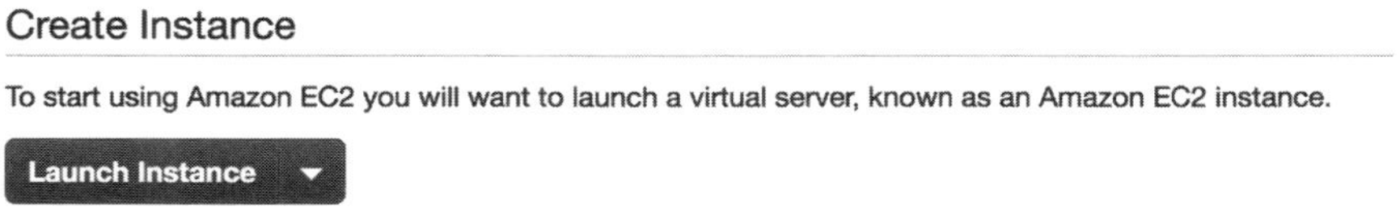

Create Instance

To start using Amazon EC2 you will want to launch a virtual server, known as an Amazon EC2 instance.

Launch Instance ▾

図D.3　新しいAWSインスタンスの起動

これによりEC2ダッシュボードに移動し、現在実行中のインスタンスとそのステータスの概要を確認できます。サインアップしたばかりであれば、実行中のインスタンスは0個になるはずです。新しいインスタンスを起動するには、図D.3に示すように、[Launch Instance]ボタンをクリックします。

この時点で、起動したインスタンスでAmazon Machine Image（AMI）（利用可能なソフトウェアの設計図）を選択するように求められます。すぐに使い始めるには、深層学習アプリケーション用に特別に調整されたAMIを選択します。左側のサイドバーに、AWS Marketplaceがあります（図D.4を参照)。これには、便利なサードパーティAMIが多数あります。

マーケットプレイスで、図D.5に示すようにDeep Learning AMI Ubuntuを検索します。名前が示すように、このインスタンスはUbuntu Linux上で動作し、すでに多くの便利なコンポーネントがプリインストールされています。たとえば、このAMIでは、TensorFlowとKerasが利用可能で、必要なすべてのGPUドライバもすでにインストールされています。インスタンスの準備が整ったら、ソフトウェアのインストールに時間と労力を費やす代わりに、深層学習アプリケーションをすぐに利用できます。

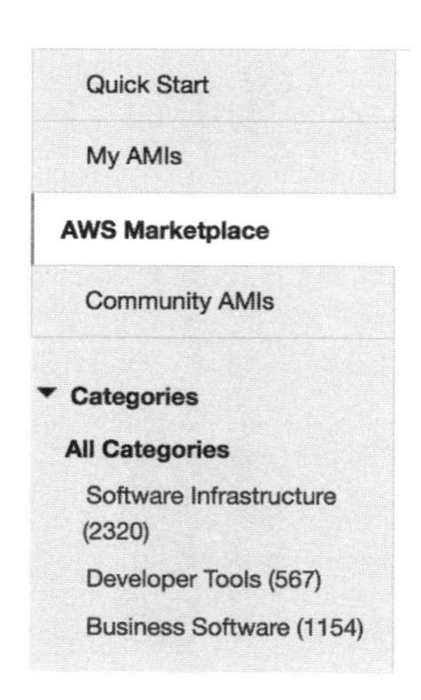

図D.4　AWSマーケットプレースの選択

特定のAMIは、安価ですが、完全に無料でないものもあります。代わりに無料のインスタンスを使用したい場合は、**[free tier eligible]**タグを探してください。たとえば、前の図D.4に示されているクイックスタートセクションでは、そこに示されているほとんどのAMIを無料で入手できます。

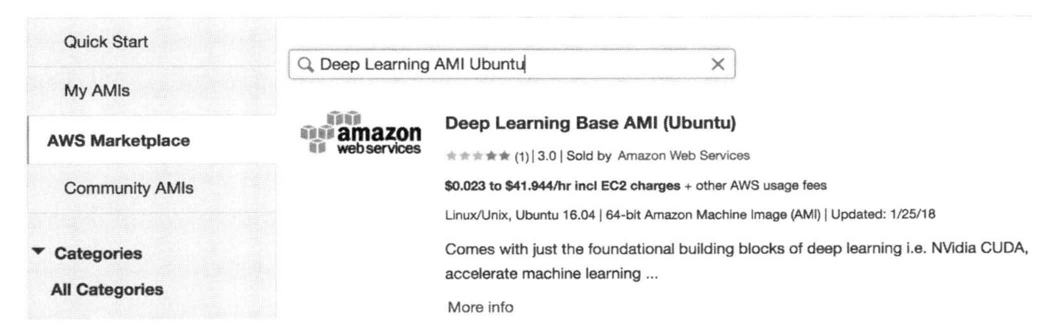

図D.5 深層学習に適したAMIの選択

Deep Learning Base AMI (Ubuntu)

amazon web services

Deep Learning Base AMI (Ubuntu)

Comes with just the foundational building blocks of deep learning i.e. NVidia CUDA, cuDNN, GPU drivers, and low-level system libraries to scale and accelerate machine learning operations on AWS EC2 instances. The base AMI serves as a clean slate to deploy your customized deep learning set up.

For example, for developers contributing to open ...
More info
View Additional Details in AWS Marketplace

Product Details

Pricing Details

Hourly Fees

Instance Type	Software	EC2	Total
R3 Eight Extra Large	$0.00	$3.201	**$3.201/hr**
M3 Extra Large	$0.00	$0.315	**$0.315/hr**
R4 16 Extra Large	$0.00	$5.122	**$5.122/hr**
M4 Extra Large	$0.00	$0.24	**$0.24/hr**
Graphics Two Extra Large	$0.00	$0.772	**$0.772/hr**
C3 Quadruple Extra Large	$0.00	$1.032	**$1.032/hr**
High I/O Quadruple Extra Large	$0.00	$1.488	**$1.488/hr**

図D.6 選択したインスタンスに応じた、深層学習AMIの価格

選んだAMIの[Select]をクリックすると、インスタンスタイプに応じた、このAMIの料金が表示されるタブが開きます。図D.6を参照してください。

続けて、インスタンスタイプを選択できます。図D.7では、すべてのインスタンスタイプがGPUのパフォーマンスに最適化されています。開始するにはp2.xlargeを選択することをお勧めしますが、すべてのGPUインスタンスは比較的高価です。あなたが最初にAWSの感触を得て、本書で紹介した機能に慣れたいならば、最初に安価なt2.smallインスタンスを選んでください。モデルのデプロイとホスティングだけに興味があるなら、t2.smallのインスタンスで十分です。より高価なGPUインスタンスを必要とするのはモデルの訓練だけです。

インスタンスタイプを選択したら、右下にある[Review and Launch]ボタンを直接クリックしてすぐにインスタンスを起動できます。ただし、まだいくつか設定する必要があるので、代わりに[Next：Configure Instance Details]を選択します。次のダイアログボックスのstep 3～5は、今のところスキップしても問題ありませんが、step 6（[Configure Security Group]（セキュリティグループの構成））には注意が必要です。AWSの**セキュリティグループ**は、**ルール**を定義することによってインスタンスへのアクセス権を指定します。次のアクセス権を与えます。

☐	GPU graphics	g3.4xlarge	16	122	EBS only
☐	GPU graphics	g3.8xlarge	32	244	EBS only
☐	GPU graphics	g3.16xlarge	64	488	EBS only
☐	GPU instances	g2.2xlarge	8	15	1 x 60 (SSD)
☐	GPU instances	g2.8xlarge	32	60	2 x 120 (SSD)
☐	GPU compute	p2.xlarge	4	61	EBS only
☐	GPU compute	p2.8xlarge	32	488	EBS only
☐	GPU compute	p2.16xlarge	64	732	EBS only

図D.7　要求に合った適切なインスタンスタイプの選択

- 主に、SSHを通してログインすることによってインスタンスにアクセスしたい場合、インスタンスのSSHポート22はすでに開かれているはずです（これは新しいインスタンスで唯一指定されている規則です）。しかし、アクセスを制限し、ローカルマシンからの接続のみを許可する必要があります。セキュリティ上の理由からこれを行うのは、他のユーザが自分のAWSインスタンスにアクセスできないようにするためです。あなたのIPだけからアクセスを許可します。これはSourceでMy IPを選択することで行います。
- Webアプリケーションや、後で他の囲碁サーバに接続するボットもデプロイする必要があるため、HTTPポート80も開く必要があります。最初に[Add Rule]をクリックし、タイプとして[HTTP]を選択します。これでポート80が自動的に選択されます。他の人がどこからでもあなたのボットに接続できるようにしたいので、SourceとしてAnywhereを選択するべきです。
- 第8章のHTTP囲碁ボットはポート5000で動作するので、このポートも開く必要があります。実稼働のシナリオでは、通常、ポート80（前の手順で構成したもの）をlistenする適切なWebサーバをデプロイします。これにより、トラフィックは内部的にポート5000にリダイレクトされます。物事を単純にするために、セキュリティと利便性を交換し、ポート5000を直接開きます。これを行うには、別のルールを追加し、タイプとして[Custom TCP Rule]を、ポート範囲として[5000]を選択します。HTTPポートに関しては、ソースをAnywhereに設定します。機密性の高い、または独自のデータやアプリケーションを扱っていないため、セキュリティ警告が表示されますが、無視してください。

説明したようにアクセスルールを設定した場合、設定は図D.8のようになります。

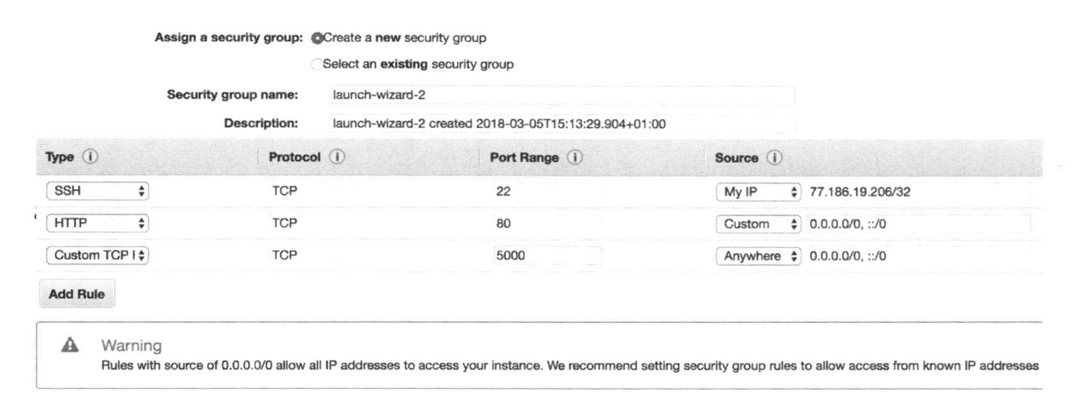

図D.8　AWSインスタンスのセキュリティグループの設定

セキュリティ設定が完了したら、[Review and Launch]、[Launch]の順にクリックします。これによりウィンドウが開き、新しいキーペアを作成するか既存のキーペアを選択するように求められます。ドロップダウンメニューから[Create a New Pair]を選択する必要があります。あなたがする必要がある唯一のことは、**キーペア**の名前を選択してから[Download Key Pair]をクリックして**秘密鍵**をダウンロードすることです。ダウンロードした鍵には、指定した名前に.pemの拡張子が付きます。この秘密鍵は安全な場所に保管してください。秘密鍵に対する公開鍵はAWSによって管理され、起動しようとしているインスタンスに配置され、秘密鍵を使って、インスタンスに接続できます。鍵を作成したら、[Choose an Existing Key Pair]を選択することで、後で再使用できます。図D.9では、maxpumperla_aws.pemというキーペアがどのように作成されたかがわかります。

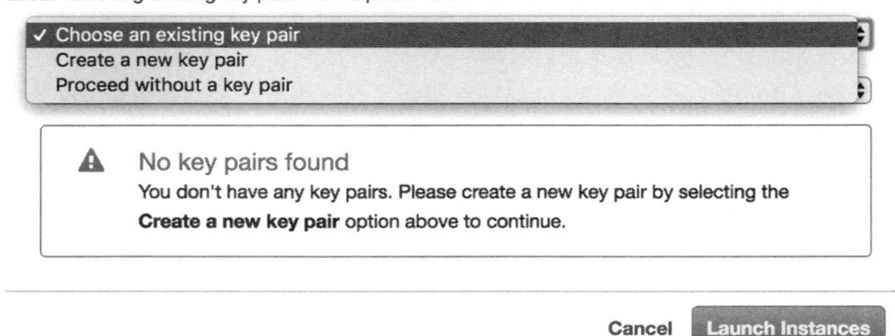

図D.9　AWSインスタンスにアクセスするための新しいキーペアの作成

これが最後のステップです。[Launch Instance]をクリックしてインスタンスを起動できます。Launch Statusが表示されたら、右下にある[View Instances]を選択して先に進むことができます。これにより、([Launch Instances]を選択して)開始したEC2メインダッシュボードに戻ることができます。インスタンスがそこに一覧表示されているはずです。少し待った後、インスタンスの状態が「running」になり、stateの横に緑色の点が表示されます。これはインスタンスが準備できたことを意味し、そのインスタンスに接続することができます。これを行うには、まずインスタンスの左側にあるチェックボックスをオンにします。これにより、上部の[Connect]ボタンがアクティブになります。このボタンをクリックすると、図D.10に示すようなウィンドウが開きます。

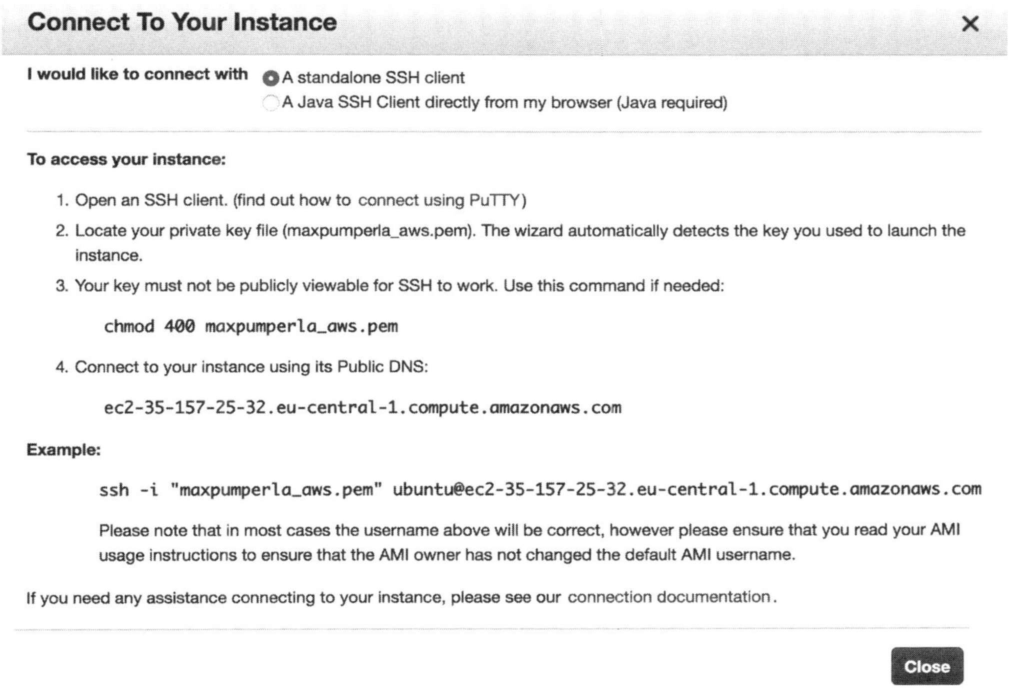

Connect To Your Instance ×

I would like to connect with ◉ A standalone SSH client
○ A Java SSH Client directly from my browser (Java required)

To access your instance:

1. Open an SSH client. (find out how to connect using PuTTY)
2. Locate your private key file (maxpumperla_aws.pem). The wizard automatically detects the key you used to launch the instance.
3. Your key must not be publicly viewable for SSH to work. Use this command if needed:

   `chmod 400 maxpumperla_aws.pem`

4. Connect to your instance using its Public DNS:

   `ec2-35-157-25-32.eu-central-1.compute.amazonaws.com`

Example:

`ssh -i "maxpumperla_aws.pem" ubuntu@ec2-35-157-25-32.eu-central-1.compute.amazonaws.com`

Please note that in most cases the username above will be correct, however please ensure that you read your AMI usage instructions to ensure that the AMI owner has not changed the default AMI username.

If you need any assistance connecting to your instance, please see our connection documentation.

Close

図D.10　AWSインスタンスにアクセスするための新しいキーペアの作成

このウィンドウはインスタンスに接続するためのたくさんの役に立つ情報を含んでいるので、それを注意深く読んでください。特に、sshでインスタンスに接続する方法について説明しています。端末を開いてから[Example]に一覧表示されているsshコマンドをコピーして貼り付けた場合は、AWSインスタンスへの接続を確立する必要があります。このコマンドは次のとおりです。

```
ssh -i "<full-path-to-secret-key-pem>" <username>@<public-dns-of-your-instance>
```

これはコマンドが長く、作業するには少し不便です。多くのインスタンスや他のマシンへのSSH接続を扱う場合は特にそうです。作業を楽にするために、SSH設定ファイルを使用します。UNIX環境では、この設定ファイルは通常~/.ssh/configに保存されます。他のシステムでは、このパスが異なる可能性があります。必要に応じてこのファイルと.sshフォルダを作成し、次の内容をこのファイルに記述します。

```
Host aws
HostName <public-dns-of-your-instance>
```

```
User ubuntu
Port 22
IdentityFile <full-path-to-secret-key-pem>
```

このファイルを保存したら、端末にssh awsと入力してインスタンスに接続できます。初めて接続するときに、接続するかどうかを尋ねられます。yesと入力してEnterキーを押してこのコマンドを送信します。あなたの鍵は恒久的にインスタンスに追加され（cat ~/.ssh/authorized_keysを実行することで、あなたの鍵ペアの安全なハッシュが返り、チェックすることができます）、再び尋ねられることはありません。

Deep Learning AMI Ubuntu AMI（これを使用した場合）のインスタンスに初めて正常にログインしたとき、いくつかのPython環境を選択することができます。Python 3.6用のKerasとTensorFlowのフルインストールを可能にするオプションは、source activate tensorflow_p36、Python 2.7を使用する場合はsource activate tensorflow_p27です。この付録の残りの部分では、これをスキップして、このインスタンスですでに提供されている基本的なPythonバージョンで作業すると仮定します。

インスタンス上でアプリケーションを実行する前に、インスタンスを終了する方法について簡単に説明しましょう。高価なインスタンスをシャットダウンするのを忘れた場合、1か月に数百ドルのコストがかかってしまう可能性があるため、これは知っておくことが重要です。インスタンスを終了するには、（以前と同様に）そのインスタンスを選択し（次にその横のチェックボックスをクリックして）、次に[Instance State]と[Terminate]をクリックします。インスタンスを終了すると、そのインスタンスに保存されていたものもすべて削除されます。終了する前に、必要なものすべて（たとえば、訓練したモデルなど）を必ずコピーしてください（後で少しだけ説明します）。もう1つの選択肢は、インスタンスを[Stop]することです。これにより、後でインスタンスを起動できます。ただし、インスタンスに搭載されているストレージによっては、これでもデータが失われる可能性があります。このような状況では、警告が表示されます。

AWSでのモデルの訓練

AWS上で深層学習モデルを実行することは、すべてを準備した後では、ローカルで実行する場合と同じように機能します。まず、インスタンスに必要なすべてのコードとデータを忘れずに用意する必要があります。そのための簡単な方法は、scpを使用して安全にコピーすることです。たとえば、ローカルマシンから次のコマンドを実行して、end-to-endサンプルを実行できます。

```
git clone https://github.com/maxpumperla/deep_learning_and_the_game_of_go
cd deep_learning_and_the_game_of_go
scp -r ./code aws:~/code   ❶
ssh aws   ❷
cd ~/code
python setup.py develop   ❸
cd examples
python end_to_end.py   ❹
```

❶ ローカルからリモートのAWSインスタンスにコードをコピーする
❷ sshでインスタンスにログイン
❸ dlgo Pythonライブラリをインストール
❹ end-to-endサンプルを実行

この例では、最初にGitHubレポジトリをクローンすることから始めます。実際には、これはすでに行っているので、代わりに独自の実験を構築したいと思うでしょう。これを行うには、訓練したい深層学習ネットワークを作成し、必要なサンプルを実行します。ここで説明したend_to_end.pyサンプルでは、examplesフォルダからの相対パス../agents/deep_bot.h5にあるシリアル化された深層学習ボットが作成されます。サンプルを実行した後は、モデルをそこに残すか（たとえば、モデルをホストするか作業を続ける場合）、AWSインスタンスから取得して自分のマシンにコピーすることができます。たとえば、ローカルコンピュータの端末から、次のようにしてdeep_bot.h5というボットをAWSからlocalにコピーできます。

```
cd deep_learning_and_the_game_of_go/code
scp aws:~/code/agents/deep_bot.h5 ./agents
```

これにより、以下にまとめる比較的スリムなモデル訓練ワークフローが可能になります。

1. dlgoフレームワークを使用して、深層学習実験をローカルで準備してテストします。
2. あなたが加えた変更を安全にAWSインスタンスにコピーします。
3. リモートマシンにログインして実験を始めます。
4. 訓練が終了したら、結果を評価し、実験を調整して、1から新しい実験サイクルを開始します。
5. 望む場合は将来使用するために訓練済みモデルをローカルマシンにコピーします。それ以外の場合は続行します。

HTTP経由でAWSでボットをホスティングする

第8章では、HTTP経由でボットを提供する方法について説明しました。これにより、あなたとあなたの友人は便利なWebインターフェースを介してボットと対局することができます。難点は、Python Webサーバを自分のマシン上でローカルに起動しただけであるということです。ですから、他の人があなたのボットをテストするためには、あなたのコンピュータに直接アクセスする必要があります。Webアプリケーションを AWSにデプロイして（インスタンスの設定時に行ったように）必要なポートを開くことで、URLを共有することによってボットを他のユーザと共有できます。

HTTPフロントエンドを実行すると、以前と同じように機能します。あなたがする必要があるのは次のコマンドを実行するだけです。

```
ssh aws
cd ~/code
python web_demo.py \
  --bind-address 0.0.0.0 \
  --pg-agent agents/9x9_from_nothing/round_007.hdf5 \
  --predict-agent agents/betago.hdf5
```

これは、AWSにボットのプレイ可能なデモをホストして、それを以下のアドレスで利用可能にします。

それでおしまいです！ 付録Eでは、さらに一歩進んで、ここに示すAWSの基本を使用して、Go Text Protocol（GTP）を使用してOnline Go Server（OGS）に接続する本格的なボットをデプロイする方法を説明します。

付録E Online Go Serverへのボットの提出

この付録では、人気の高いOnline Go Serverにボットをデプロイする方法を学びます。そのためには、本書の第8章までのボットフレームワークを使用して、Go Text Protocol（GTP）を介して通信するボットをクラウドのAmazon Webサービス（AWS）にデプロイします。このフレームワークの基本を理解するために最初の第8章までを読んでください。AWSの基本については付録Dを読んでください。

OGSにボットを登録して有効にする

Online Go Server（OGS）は、他の人間プレイヤーやボットと囲碁の対局ができる人気のあるプラットフォームです。付録Cでは他にもいくつかの囲碁サーバを紹介しましたが、この付録ではボットのデプロイ方法を示すためにOGSを選択しました。OGSは、https://online-go.comで閲覧できる最新のWebベースのプラットフォームです。OGSに登録するには、https://online-go.com/registerにサインアップする必要があります。OGSでボットをデプロイしたい場合は、**2つ**のアカウントを作成する必要があります。

1. 人間のプレイヤーとしてあなた自身のためのアカウントを登録してください。利用可能なユーザ名、パスワードを入力し、必要に応じてあなたのメールアドレスを入力してください。Google、Facebook、Twitter経由でも登録できます。このアカウントを<human>と呼びます。
2. もう一度登録に戻り、別のアカウントを登録してください。これはあなたのボットアカウントとして機能するので、それにボットとしてそれを表す適切な名前を付けます。以下では、このアカウントを<bot>と呼びます。

この時点で、あなたが持っているのは2つの通常のアカウントだけです。達成したいのは、2番目の**アカウント**を、ユーザアカウントが所有および管理する**ボットアカウント**にすることです。これを実現するには、まずOGSに人間のアカウントでサインインし、ボットアカウントをアクティブにできるOGSモデレータを見つける必要があります。左上のOGSロゴの横にあるメニューを開いて名前でユーザを検索できます。OGSのモデレータであるcrocrobotとanoekが本書の登録手続を手伝ってくれます。これらの名前のいずれかを検索してから検索結果でアカウント名をクリックすると、図E.1に示すようなポップアップボックスが開きます。

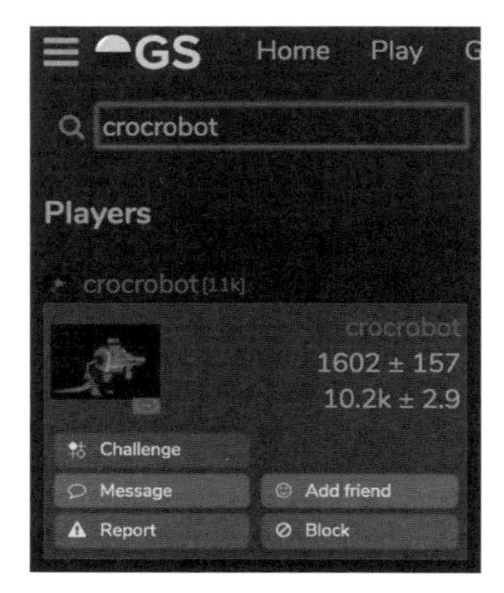

図E.1　ボットアカウントを有効にするためのOGSモデレータへの連絡

このボックスで、[メッセージ]をクリックしてモデレータと連絡を取ります。メッセージボックスが右下に開きます。あなたは、<bot>のボットアカウントを有効にし、このボットが人間のアカウント<human>（あなたが現在ログインしているアカウント）に属していることをモデレータに伝えなければなりません。通常、OGSモデレータは24時間以内にあなたに返信をしますが、少し辛抱強くなければならないかもしれません。一番上のOGSメニューのChatオプションでモデレータを見つけます。名前の横にハンマー記号が付いているすべてのユーザがOGSモデレータです。モデレータが休暇中またはその他の理由で忙しい場合、あなたを手伝うことができる他の誰かが見つかるかもしれません。

モデレータと直接連絡が取れない場合は、OGSフォーラム（https://forums.online-go.com）のOGS Developmentセクションでメッセージを作成してみることもできます。モデレータは皆、暇なときに手助けをするボランティアであることを忘れないでください。だから、辛抱してください！

連絡を取ったモデレータから返信があったら、<bot>アカウントにログインできます。OGSページの左上にあるメニューシンボルをクリックしてProfileを選択すると、ボットのプロフィールページが表示されます。すべてうまくいけば、あなたの<bot>アカウントはArtificial Intelligenceとしてリストされ、管理者（つまりあなたの<human>アカウント）を持ちます。つまり、ボットのプロフィールは、図E.2のBetagoBotアカウントのものと似ているはずです。これは、Maxの人間のアカウントDoubleGotePandaによって管理されています。

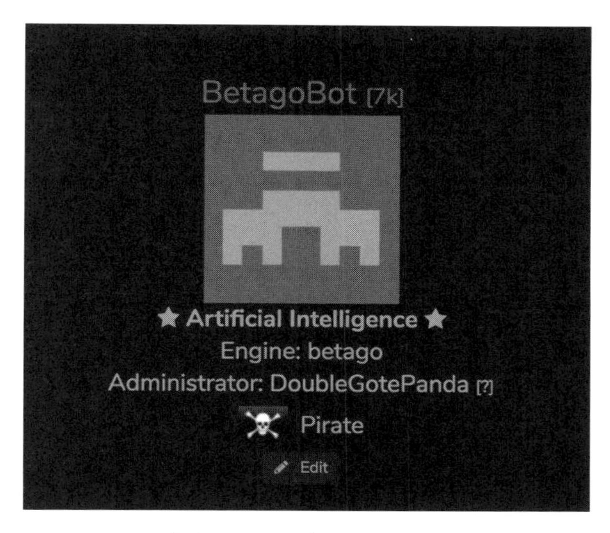

図E.2　ボットのプロフィールページがアクティブになったことを確認する

次に、<bot>アカウントからログアウトし、<human>アカウントに戻ります。ボット用のAPIキーを生成するには、これを実行する必要があります。これは、人間の管理者アカウントを介してのみ実行できます。<human>にログインしたら、<bot>のプロフィールページにアクセスします（たとえば、<bot>を検索してクリックするなどして）。少しスクロールダウンすると、[Generate API Key]ボタンを含む[Bot Controls]ボックスが表示されます。このボタンをクリックしてAPIキーを生成し、次に[Save]をクリックして保存します。この付録の残りの部分では、APIキーは<api-key>と呼ばれます。

OGSですべての設定を終えたので、ボットの名前とAPIキーを使用してGTPボットをOGSに接続します。

OGSボットをローカルでテストする

第8章では、GTPコマンドを理解して発行できるボットを開発しました。あなたは今OGSのボットアカウントも持っています。この2つを接続するための不足しているのはgtp2ogsというツールです。これはあなたのボットの名前とAPIキーを受け取り、ボットが動くマシンとOGSの間に接続を確立します。gtp2ogsはNode.jsで構築されたオープンソースライブラリで、https:// github.com/online-go/gtp2ogsにある公式のOGS GitHubリポジトリで入手可能です。このツールをダウンロードしたりインストールしたりする必要はありません。私たちは私たちのGitHubレポジトリですでにコピーを提供しています。あなたのhttp://mng.bz/gYPeのローカルコピーには、gtp2ogs.jsというファイルとpackage.jsonというJSONファイルがあります。後者は依存関係をインストールするために使用します。前者はツールそのものです。

ボットをOGSに配置するときは、このボットを全員がずっと利用できるようにしておくことをお勧めします。この配置タスクは、長期にわたるプロセスです。そのため、（リモート）サーバからボットを提供するのが理にかなっています。次の節でこれをまさに行いますが、最初にすべてがローカルマシンを使用して機能するかどうかを手っ取り早くテストします。そのためには、Node.jsとそのパッケージマネージャ（npm）の両方がシステムにインストールされていることを確認してください。ほとんどのシステムでは、選択したパッケージマネージャから両方を取得できます（たとえば、Macではbrew install node npmを実行し、Ubuntuではsudo apt-get install npm nodejs-legacyを実行します）。しかし、これらのツールをhttps://nodejs.org/en/download/からダウンロードしてインストールすることもできます。

次に、GitHubリポジトリの最上位にあるrun_gtp.py Pythonスクリプトをシステムパスに配置する必要があります。Unix環境では、次のコマンドを実行してコマンドラインからこれを実行できます。

```
export PATH=/path/to/deep_learning_and_the_game_of_go/code:$PATH
```

run_gtp.pyがPATHに置かれるので、コマンドラインのどこからでも呼び出すことができます。特に、gtp2ogsは、OGSであなたのボットに新しいゲームが要求されたときはいつでも、run_gtp.pyを使って新しいボットを生成します。あとは、必要なNode.jsパッケージをインストールしてアプリケーションを実行するだけです。Node.jsのforeverパッケージを使用して、アプリケーションがいつ失敗した場合にも確実に起動して再開するようにします。

```
cd deep_learning_and_the_game_of_go/code
npm install
forever start gtp2ogs.js \
  --username <bot> \
  --apikey <api-key> \
  --hidden \
  --persist \
  --boardsize 19 \
  --debug -- run_gtp.py
```

コマンドラインを分解しましょう。

- --usernameと--apikeyは、サーバへの接続方法を指定します。
- --hiddenはあなたのボットを公開ボットリストから除外し、他のプレイヤーがあなたのボットに挑戦する前にすべてをテストする機会を与えます。

- --persistはあなたのボットが着手の間動き続けるようにします（さもなければ、gtp2ogsは着手をする必要があるたびにボットを再起動します）。
- --boardsize 19は、19路盤のゲームを受け入れるようにボットを制限します。9路盤（または他のサイズ）をプレイするようにボットを訓練した場合は、代わりにそれを使用してください。
- --debugは追加のログを出力するので、自分のボットが何をしているのかを見ることができます。

ボットが起動したら、OGSに行き、<human>アカウントにログインして、左側のメニューをクリックします。検索ボックスにボットの名前を入力し、名前をクリックしてから[Challenge]ボタンをクリックします。それから、あなたのボットと対局を始めて、プレイを開始することができます。

あなたが自分のボットを選択できれば、すべてがうまくいった可能性が高いので、今あなた自身が作成したボットと最初のゲームをプレイすることができます。ボットの接続テストに成功したら、forever stopallと入力して、ボットを実行しているNode.jsアプリケーションを停止します。

AWSにOGSボットをデプロイする

次に、ボットをAWSに無料でデプロイする方法を紹介します。そうすれば、あなたや世界中の他の多くのプレイヤーがいつでも（ローカルコンピュータでNode.jsアプリケーションを実行することなく）対局できます。

この部分では、付録Dに従って、SSH設定を使用してAWSインスタンスにssh awsでアクセスできるように設定していると想定します。使用するインスタンスは制限することができます。なぜなら、すでに訓練された深層学習モデルから予測を生成するためにそれほど計算能力を必要としないからです。つまり、t2.microのような、AWSで無料利用可能なインスタンスを使用することができます。付録Dに従い、t2.smallで動作するUbuntu用のDeep Learning AMIを選択した場合、完全に無料にはなりません。しかし、OGSでボットを実行し続ける場合にも月額数ドルしかかかりません。

GitHubレポジトリには、以下のリストE.1に示すrun_gtp_aws.pyというスクリプトがあります。#!で始まる最初の行は、Node.jsプロセスに、どのPythonインストールを使用してボットを実行するかを指示します。AWSインスタンスで基本的なPythonのインストールは、/usr/bin/pythonのようになります。端末でwhich pythonと入力することで確認できます。この最初の行が、dlgoのインストールに使用していたPythonのバージョンを指していることを確認してください。

リストE.1　**OGSに接続するボットをAWSで実行するためのrun_gtp_aws.py**

```
#!/usr/bin/python    ❶
from dlgo.gtp import GTPFrontend
from dlgo.agent.predict import load_prediction_agent
from dlgo.agent import termination
import h5py

model_file = h5py.File("agents/betago.hdf5", "r")
agent = load_prediction_agent(model_file)
strategy = termination.get("opponent_passes")
termination_agent = termination.TerminationAgent(agent, strategy)

frontend = GTPFrontend(termination_agent)
frontend.run()
```

❶ インスタンス上の「which python」の出力と一致することを確認することが重要

このスクリプトは、ファイルからエージェントをロードし、終局戦略を初期化し、第8章で定義したGTPFrontendのインスタンスを実行します。選択されたエージェントと終局戦略は説明のためのものです。要望に合わせて両方を修正して、代わりにあなた自身の訓練されたモデルと戦略を使うことができます。しかし、初めてボットを提出するプロセスに慣れるには、今のところスクリプトをそのままにしておきます。

次に、ボットを実行するためにすべてがAWSインスタンスにインストールされていることを確認する必要があります。まず始めに、GitHubリポジトリをローカルに複製し、それをAWSインスタンスにコピーし、ログインして、dlgoパッケージをインストールしましょう。

```
git clone https://github.com/maxpumperla/deep_learning_and_the_game_of_go
cd deep_learning_and_the_game_of_go
scp -r ./code aws:~/code
ssh aws
cd ~/code
python setup.py develop
```

これは基本的に付録Dのエンドツーエンドのサンプルを実行するために実行した一連のステップと同じです。foreverとgtp2ogsを実行するために、Node.jsとnpmが利用可能であることも確認する必要があります。aptを使用してこれらのプログラムをAWSにインストールした後は、ローカルで行ったのと同じ方法でgtp2ogsをインストールできます。

```
sudo apt install npm
sudo apt install nodejs-legacy
npm install
sudo npm install forever -g
```

最後のステップはgtp2ogsを使ってGTPボットを実行することです。現在の作業ディレクトリをシステムパスにエクスポートし、今度はボットランナーとしてrun_gtp_aws.pyを使用します。

```
PATH=/home/ubuntu/code:$PATH forever start gtp2ogs.js \
  --username <bot> \
  --apikey <api-key> \
  --persist \
  --boardsize 19 \
  --debug -- run_gtp_aws.py > log 2>&1 &
```

標準出力とエラーメッセージをlogというログファイルにリダイレクトし、バックグラウンドプロセスとして&を使用してプログラムを起動します。このようにして、インスタンス上のコマンドラインがサーバログによって乱されることはなく、そのマシンで動作を続けることができます。OGSボットのローカルテストのように、今ではOGSに接続してボットとゲームをプレイすることができるはずです。何かが壊れたり期待通りに動かなかったりした場合は、最新のボットログをtail logで調べることができます。

行うことはこれで全部です。このパイプラインの準備（特にAWSインスタンスの作成と2つのOGSアカウントの設定）にはしばらく時間がかかりますが、基本的な準備が完了した後は、ボットのデプロイはかなり簡単です。ローカルで新しいボットを開発してそれをデプロイしたい場合は、行うのは次のことだけです。

```
scp -r ./code aws:~/code
ssh aws
cd ~/code
PATH=/home/ubuntu/code:$PATH node gtp2ogs.js \
  --username <bot> \
  --apikey <api-key> \
  --persist \
  --boardsize 19 \
  --debug -- run_gtp_aws.py > log 2>&1 &
```

あなたのボットは--hiddenオプションなしで実行されているので、サーバ全体からの挑戦を受け付けます。自分のボットを見つけるには、あなたの<human>アカウントにログインして、メインメニューの[Play]をクリックします。Quick Match Finderで、[Computer]をクリックして対局するボットを選択します。あなたのボットの名前<bot>がドロップダウンメニューにAI Playerとして表示されます。図E.3では、MaxとKevinが開発したBetagoBotを見ることができます。今、OGSにはほんの一握りのボットしかありません。あなたの興味深いボットを追加してみませんか？ これで付録は完成です。これで、エンドツーエンドの機械学習パイプラインをデプロイして、ボットをオンラインの囲碁プラットフォーム上でプレイ可能にできました。

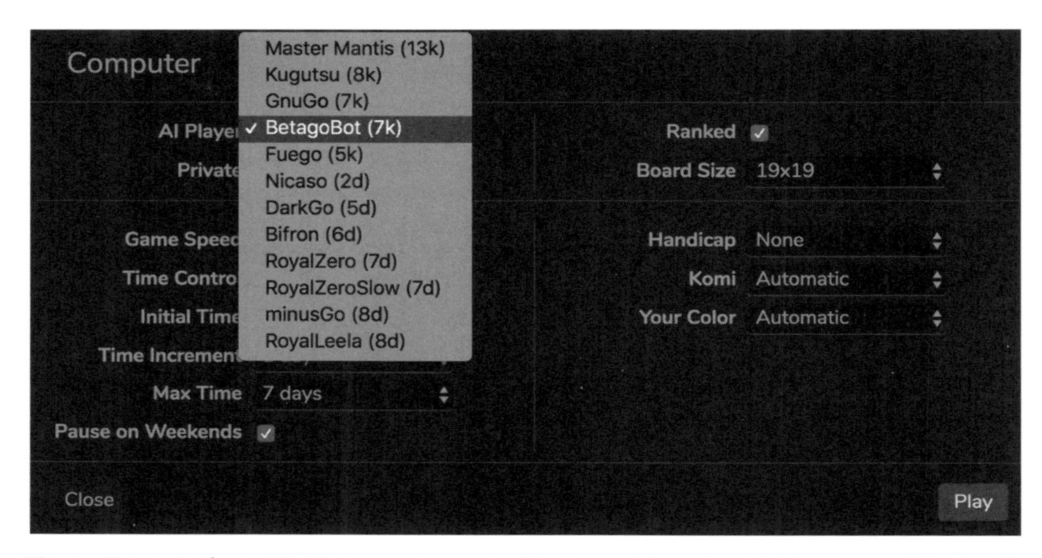

図E.3　あなたのボットがOGSのマッチファインダーにコンピュータの対局相手として現れるはず

索引

■数字・英字

■あ行

■か行

■ さ行

■ た行

■な行

■は行

■ま行

■や・ら・わ行

謝辞

本書の発刊を可能にしてくれたManningのチーム全体に感謝します。特に、2人の疲れ知らずの編集者、最初の作業の8割ほどを担当してくれたMarina Michaels、そして次の作業の8割ほどを担当してくれたJenny Stoutに感謝します。私たちのすべてのコードをくまなく調べてくれた技術的な編集者Charles Fedukeと技術的な校正者Tanya Wilkeにも感謝します。

そして貴重なフィードバックを提供してくれたすべてのレビューア

Aleksandr Erofeev、Alessandro Puzielli、Alex Orlandi、Burk Hufnagel、Craig S. Connell、Daniel Berecz、Denis Kreis、Domingo Salazar、Helmut Hauschild、James A. Hood、Jasba Simpson、Jean Lazarou、Martin Møller Skarbiniks Pedersen、Mathias Polligkeit、Nat Luengnaruemitchai、Pierluigi Riti、Sam De Coster、Sean Lindsay、Tyler Kowallis、Ursin Staussの皆様に感謝します。

私たちのBetaGoプロジェクトを実験してくれたり、貢献してくれたりしたすべての人、特にElliot GerchakとChristopher Malonにも感謝します。

最後に、囲碁をプレイするようにコンピュータに教えて、研究を共有しようとされた皆さんに感謝します。

Carlyの辛抱強さとサポートに、そして書き方を教えてくれたDadとGillianへ感謝します。

—Kevin Ferguson

この話を持ってきてくれたKevin、たくさんの有益な議論をしてくれたAndreas、そして絶え間ない支援をしてくれたAnneに心から感謝します。

—Max Pumperla

[著者について]

Max Pumperila（マックス・パンパーラ）：人工知能の会社skymind.aiで深層学習を専門とするデータサイエンティストおよびエンジニア。また深層学習プラットフォームaetros.comの共同創設者でもあります。

Kevin Ferguson（ケビン・ファーガソン）：分散システムとデータサイエンスの分野で18年の経験があります。Honorのデータサイエンティストであり、GoogleやMeeboなどの企業での経験もあります。

MaxとKevinは、Pythonで開発された非常に少数のオープンソースの囲碁ボットの1つであるbetagoの共作者です。

[訳者]

山岡 忠夫（やまおか ただお）
東京工業大学工学部電子物理工学科卒業。システムエンジニア。著書『将棋AIで学ぶディープラーニング』（マイナビ出版）。AlphaGo でディープラーニングに興味を持ち将棋ソフト「dlshogi」を開発中。開発状況は随時ブログに掲載。
http://tadaoyamaoka.hatenablog.com/

カバーイラスト　槇えびし
カバーデザイン　アピア・ツウ
制作　島村龍胆
編集担当　山口正樹

囲碁ディープラーニングプログラミング

2019年　4月22日　初版第1刷発行

著　者　Max Pumperla、Kevin Ferguson
翻　訳　山岡忠夫
発行者　滝口直樹
発行所　株式会社 マイナビ出版
〒101-0003 東京都千代田区一ツ橋2-6-3 一ツ橋ビル 2F
TEL：0480-38-6872（注文専用ダイヤル）
03-3556-2731（販売）
03-3556-2736（編集）
E-mail: pc-books@mynavi.jp
URL：http://book.mynavi.jp
印刷・製本　シナノ印刷 株式会社

ISBN978-4-8399-6709-3